引黄入冀补淀工程征迁移民安置决策和实施评价

肖俊和　赵卫东　李　昊　等　编著

黄河水利出版社
·郑州·

内 容 提 要

本书全面、系统地回顾了引黄入冀补淀工程的征迁移民安置决策和实施管理过程,通过调查、对比分析,科学评价了工程征迁移民安置决策,总结出引黄入冀补淀工程移民安置的特点;系统梳理了征地补偿和移民安置政策,客观评价引黄入冀补淀工程移民政策的实施情况和实施效果,也指出了政策及实施的不足;客观评价了移民实施管理体系和管理效率,揭示了管理复杂的调水工程移民实施的可行路径;归纳了移民安置模式,提出了工程移民安置的经验和不足。

本书可为调水工程征迁移民安置决策和实施管理提供借鉴,也可为移民安置规划理论研究提供实践案例和参考。

图书在版编目(CIP)数据

引黄入冀补淀工程征迁移民安置决策和实施评价/肖俊和等编著. —郑州:黄河水利出版社,2018.10
ISBN 978 - 7 - 5509 - 2196 - 2

Ⅰ.①引… Ⅱ.①肖… Ⅲ.①黄河 - 引水 - 水利工程 - 移民安置 - 研究 - 河北 Ⅳ.①TV67②D632.4

中国版本图书馆 CIP 数据核字(2018)第 253236 号

组稿编辑:岳晓娟 电话:0371 - 66020903 E-mail:2250150882@qq.com

出 版 社:黄河水利出版社
  地址:河南省郑州市顺河路黄委会综合楼 14 层   邮政编码:450003
发行单位:黄河水利出版社
  发行部电话:0371 - 66026940、66020550、66028024、66022620(传真)
  E-mail:hhslcbs@126.com
承印单位:河南新华印刷集团有限公司
开本:787 mm×1 092 mm 1/16
印张:19.5
字数:450 千字   印数:1—1 000
版次:2018 年 10 月第 1 版   印次:2018 年 10 月第 1 次印刷

定价:49.00 元

前　言

引黄入冀补淀工程是国务院确定的国家172项节水供水重大水利工程之一,也是国务院2015年确定必须开工的27个重大水利工程之一。该工程是利用黄河向河南濮阳、河北5市农业供水、补充地下水,以及向白洋淀生态补水的水利工程,受益区为河南省濮阳市和河北省邯郸、邢台、衡水、沧州、保定5市,受益面积465万亩。工程输水线路总长482 km,其中濮阳段84 km、河北段398 km。工程自濮阳市渠村引黄闸引水,经南湖干渠入第三濮清南干渠,至清丰苏堤,穿卫河进入河北邯郸东风干渠。年设计引水量7.4亿m³,其中河北省引水6.2亿m³、濮阳引水1.2亿m³。工程总投资42.41亿元,河南省境内投资22.69亿元,河北省境内投资19.72亿元。工程是缓解冀东南地区农业灌溉和生态环境用水严重短缺的基础工程,是维持白洋淀生态环境的民生工程,是保障国家粮食安全、协调区域经济发展、缓解水资源供需矛盾的战略性工程。

引黄入冀补淀工程的修建,占用了沿线大量土地,带来大量移民安置问题。大中型水利水电工程移民安置问题,一直是我国的一个社会焦点问题,同时也是工程建设的关键问题。如何解决移民问题,实现和谐移民,保障工程建设,是工程建设的重大课题和重大任务,在项目规划阶段就得到了有关方面的重视。从科学、系统规划设计移民安置方案,到构建系统、完整的移民安置实施体系,引黄入冀补淀工程做出很多创新和探索,值得总结。通过对工程移民安置实施的系统梳理和总结,首先满足移民安置后续工作的完善,妥善安置移民,促进移民安置区和谐发展;其次通过经验交流,对其他工程提高移民安置规划和实施管理水平提供借鉴;再次也为水利水电工程移民研究留下宝贵历史资料。

本书运用文献法,全面地回顾了引黄入冀补淀工程建设历程,全面、完整地梳理了相关的国家法律、法规、技术规范、河南省政策,系统展示移民安置政策体系;依据工程建设活动和征地移民安置过程,分析、归纳了调水工程移民安置特征和关键任务;运用移民安置规划基本理论,分析了引黄入冀补淀工程的安置任务,总结评价移民安置规划,揭示了移民安置能够顺利实施的前提条件;运用管理学理论,分析了工程移民实施管理体系,客观评价了实施管理成效,总结了管理先进经验;运用归纳法,剖析移民安置过程中各参与主体的职责、履职手段和履职效果,从规划决策、实施决策,以及各级政府协调,政府与其他参与单位之间的协调,跨省之间的实施管理协调等方面,全面总结经验和实践创新。

本书主要由肖俊和和赵卫东撰写,由肖俊和、赵卫东和李昊统稿,由余文学、韩振燕主审,具体编写分工如下:肖俊和编写前言,第一章第一、四节,第三、五、九章;赵卫东编写第一章第二、三节,第二章,第六章第一、二、三节;李昊编写第四章第一、二、三节;梁炳华编写第四章第四、五节,第六章第四、五节,附表;李俊峰和卜明玉编写第七章,附录;李相朝编写第八章。

本书工作得到了中水北方勘测设计研究有限责任公司、濮阳市引黄入冀补淀工程建设指挥部、河海大学、新疆额尔齐斯河流域开发工程建设管理局等单位的大力支持,同时也得到工程沿线县（区）、乡（镇）政府的支持,得到了工程监理、工程移民安置规划设计等单位的支持,在此一并表示感谢。

作　者

2018 年 8 月

目　录

第一章　绪　论

第一节　研究背景与意义

一、研究背景

引黄入冀补淀工程是国务院确定的"十二五"期间172个重大节水供水水利工程之一,跨越黄河、海河两大流域。作为我国水利史上浓墨重彩的一笔,引黄入冀补淀工程是河南濮阳、河北东南部农业供水,补充华北漏斗区地下水及白洋淀生态补水的战略性工程。随着雄安新区国家战略的规划实施,引黄入冀补淀工程又被赋予了新的历史使命。工程于2015年开工建设,2017年11月全线通水。在河南、河北两省的共同努力和有关部门的大力支持下,工程建设按照计划顺利推进,工程征迁安置工作到2017年底也基本完成,进入收尾阶段。

引黄入冀补淀工程是解决冀东南水资源短缺的民生工程,是全面提升濮阳农业水利灌溉保障能力、改善城乡生态环境的基础工程。工程等别为Ⅰ等工程,工程规模为大(1)型。河南段工程总投资约22.69亿元,绝大部分投资在濮阳市境内。引黄入冀补淀工程渠首设计年引水量7.4亿 m^3 ,其中河北引水量6.2亿 m^3 ,濮阳引水量1.2亿 m^3 。工程自渠村引黄闸引水,经新开挖的南湖干渠入第三濮清南干渠至清丰县苏堤村,穿卫河倒虹吸入河北省邯郸市东风干渠。工程受益区为河南省濮阳市和河北省邯郸、邢台、衡水、沧州、保定,总受益面积465万亩(1亩 = 1/15 hm^2),濮阳市受益面积193万亩(含第一濮清南调剂水改善面积),河北省受益面积272万亩。工程输水线路全长482 km,河北段398 km,濮阳段84 km。工程建成后,第三濮清南干渠引水流量由25~10 m^3/s 提高到100~62 m^3/s ,南乐县、清丰县由引水下游变为上游,彻底解决清丰县、南乐县西部用水困难问题。引黄入冀补淀工程标准高、设施好,将改变濮阳市沿线现有工程输水能力差、建筑物老化失修、功能衰减的不良状况,提高输水能力,提升供水保证率,改善水质,在濮阳西部打造一条水生态走廊。

引黄入冀补淀工程由国家和河北省政府共同投资兴建,国家投资占55%,河北省投资占45%。国家发展和改革委员会批复建设单位和项目法人为河北水务集团。2015年9月23日,河北水务集团与濮阳市引黄入冀补淀工程建设指挥部签订了《引黄入冀补淀工程(河南段)征迁安置委托协议》(详见附录一),濮阳段征迁资金102 445.6万元,由河南省包干使用。根据国家发展和改革委员会对项目的批示,河北水务集团全面负责招标投标和工程建设管理工作,河北省委托濮阳市负责河南段的征地补偿和拆迁安置工作。2015年11月8日河北水务集团组建河北省引黄入冀补淀工程管理局河南工程建设部进驻濮阳市。2015年12月17日,引黄入冀补淀工程(濮阳段)开工仪式在濮阳县渠村乡隆重举行。

大型水利工程建设必然要涉及征地拆迁安置，而工程建设的关键也在于拆迁安置。征迁补偿和安置不仅关系到水利工程前期的立项，也直接影响着水利工程建设能否顺利实施，同时也关系到征迁影响区居民的切身利益和区域社会稳定。可以说做好征迁安置，整个工程也就成功了一半。征迁安置涉及工程影响区居民的切身利益，稍有不慎就会发生社会不稳定问题，在大型水利水电项目中做好征迁安置是整个工程的难点和要点。

引黄入冀补淀工程征地面积大、涉及范围广、影响人口多，是濮阳水利建设史上最大的工程项目。引黄入冀补淀工程用地范围涉及濮阳市濮阳县、开发区、示范区和清丰县4个县(区)，濮阳县涉及34个行政村、开发区涉及31个行政村、城乡一体化示范区涉及5个行政村、清丰县涉及28个行政村，涉及安阳市内黄县2个行政村，共计100个行政村以及单位、公路及水域等国有土地。工程总用地面积15 221.8亩，其中土地征收9 327.8亩(包括管理机构用地9.5亩)，临时用地5 894亩。工程涉及濮阳市永久占地9 150亩，临时占地5 967亩，需拆迁房屋4.8万 m²。树木37.7万株，坟墓5 439座，机井321眼，专项设施改建246处。工副业、单位124家，需搬迁安置人口773人。

水利工程征地拆迁工作政策性强、敏感度高、涉及面广、利益关系复杂，是工程建设难题中的关键。引黄入冀补淀工程是"十二五"规划需要实施的172个重大水利项目中开工建设比较迟的项目，由于一些特殊原因，还要加快工程实施进度，在时间紧、任务重，而且还要面对着濮阳市从来没有如此大的征迁水利工程项目，缺乏经验、实施规划出台因客观原因推迟、没有和国家水利水电工程征地补偿和移民安置条例相配套的地方政策等诸多不利前提下，要做好工程征迁工作是一项艰巨和困难的任务。在国家水利工程征地拆迁"政府领导、分级负责、县为基础、项目法人参与"的管理体制下，濮阳市迅速成立了工程建设指挥部，濮阳县、开发区、示范区和清丰县政府也迅速成立各县区引黄入冀补淀建设指挥部，负责工程征地拆迁工作的具体实施管理。在没有经验、没有实施方案的情况下，根据工程建设需要，探索出适合工程建设需要的征迁安置之路，摸索出了适合本地区的工程征迁方法，顺利完成了工程征迁工作，既保障了征迁影响区居民的权益，又保证了工程顺利建设。在工程建设即将完成验收之际，为了总结经验和教训，为了系统整理和保存工程建设资料，为了为地方水利工程征迁政策出台提供借鉴，对工程征迁安置工作进行系统、全面总结是十分必要和及时的。

二、研究目的和意义

(一)研究目的

征地拆迁安置是工程建设的先决条件，也是工程成功推进的重要保障。但众所周知，征地拆迁安置也是大中型工程的"第一大难"。征地拆迁涉及经济、政治、社会、技术、思想等，是利益再分配过程，牵扯多方利益，尤其是征地补偿和拆迁安置，直接涉及群众利益，稍一不慎就会发生矛盾、冲突。若在征地拆迁安置过程出现问题处理不好，由此引起的民间纠纷和群体上访会不断增多，不仅影响工程建设的推进，影响国家利民工程的实施，更会严重影响工程建设地区的社会稳定，成为区域经济发展不容忽视的负面影响因素。

引黄入冀补淀工程论证时间长,决策上马时间短,征地拆迁前期工作准备时间短,施工进度要求征地拆迁急,而且战线长,征地和拆迁安置量大,跨越城乡,情况复杂,拆迁安置任务相当繁重。面对引黄入冀补淀征地拆迁安置艰巨的任务,2015年10月8日,河南省濮阳市委、市政府召开工程征迁工作动员会;2015年10月14日,一场和时间赛跑的引黄入冀补淀工程征迁安置攻坚战,在濮阳大地打响。在省委、省政府和市委、市政府的正确领导和高度重视下,以及设计单位、监理单位等征迁实施和配合单位的通力合作,和全市近千名一线征迁干部战风雪、冒酷暑,放弃节假日,昼夜奔波在征迁一线,并由于沿线群众的理解和支持,才使得工程征迁安置工作在近2年的时间里取得了全面胜利。截至2017年底,工程征迁工作已全部完成,下拨县区征迁资金9.5亿元,濮阳市境内完成永久征地9 150亩,临时用地4 824亩,房屋拆迁229户、4.6万 m²。

此次项目工程征地面积大、涉及范围广、影响人口多,是濮阳水利建设史上最大的工程项目。但是在各方的齐心协力下,顺利完成了2017年下半年正式全线通水的目标任务,成绩斐然。引黄入冀补淀工程建设征地拆迁安置实施以来,决策者和实施管理者发挥集体智慧,坚持科学发展观,大胆探索,在政策、制度、实施管理等方面不断创新,适应要求和条件,本着切切实实解决问题,确保征迁群众权益,保障工程建设,在征地拆迁安置前期条件并不完善的情况下,创新实施方法和途径,按照国家和政府要求完成了征地拆迁安置任务,取得了很多实施管理经验,也有一定的教训和不足,这些成果是引黄入冀补淀移民征迁实施管理者勇于实践和探索的结果,凝结着每一个参与者的智慧,值得和必要认真总结和思考。通过梳理引黄入冀补淀工程的前期安排、政策规定、实施过程等整个征地拆迁安置的具体过程,整理引黄入冀补淀工程的成功个案,对征迁安置实施进行全面总结和评价,既有利于进一步推进、完善后期相关征迁安置工作的深入开展,也通过整理、分析历史资料,归纳、升华实践经验,为工程总结验收提供系统资料,也可以为濮阳市后续水利工程建设征地补偿和拆迁安置实践提供借鉴和参考,同时也为水利工程征迁安置实施管理提供案例参考。引黄入冀补淀工程征迁安置工作的成功完成提供了很多实践层面的框架搭建、模式和理论层面的创新思考,通过本次对于此工程征迁安置的研究总结,希望可以达成总结个例、典型推广的研究目的。

(二)研究意义

从理论上来看,征迁安置过程是每个大型水利水电工程的难点,工程建设能否顺利推进也全看征迁,这不仅仅需要实践检验,还需要理论支撑,梳理整个项目征迁工程,明确整个征迁安置过程的各个要点和基本逻辑关系,归纳总结经验,对水利工程征迁安置实施管理具有理论指导意义,对于国家大中型水利水电的征迁安置政策完善也具有参考价值。

从实践上来看,2017年11月,工程已经通水,征迁已经结束,安置工作也在收尾,各方面核算等都在进行整理,通过对项目的来龙去脉、个中过程有一个完整的总结,有助于后期资料的整理归档工作;通过对征迁安置过程的梳理与总结,有利于分析工程决策行为的经验和不足。面对如此紧张的工期建设和征迁安置任务,在濮阳市对工程项目建设征迁安置缺乏经验的大前提下,学习、参照南水北调中线工程的征迁工作经验,因地制宜,灵活运用,顺利完成了征迁安置任务。与此同时,工程决策方邀请了河南省水利勘测设计研究院的人员对各指挥部、乡镇基层官员、村委会人员进行了培训,使得大家对于征地拆迁的过程有了初步的了解,从而在面对有史以来最大型的工程征迁工作,缺乏实施经验的窘境下,不慌不忙,使得征迁安置工作有序开展。在市指挥部成立后,组织理顺了工作人员彼此之间的权责关系,明确了各方的任务,确立了相应的工程建设征迁安置实施管理办法,使得整个征迁工作忙而不乱、井然有序地进行。妥善完成工程征迁宣传手册,积极宣传征迁政策,使得百姓们有所准备和预期。在资金的使用和兑付、工程征迁等出现问题和困惑时,指挥部因地制宜,在包干制对于本工程的征迁不尽适用的前提下,独创了"清单制"———一事一议的征地拆迁补偿执行策略;每天早晨开设"早餐会",致力解决每天遇到的各种问题,不把疑问和矛盾留到第二天;遇到大事或者同类型的问题,聚集各方开展联席会,以会议纪要的形式进行记录,从而合理地把控了市县关系,最终促进了征迁的顺利完成。这些成果和经验需要通过书面进行整理和归纳总结;引黄入冀补淀工程河南段的征迁安置工作对于濮阳市乃至河南省来说,形成了一个很好的征迁案例,总结的实践意义也在于留下宝贵的经验财富。

引黄入冀补淀工程(河南段)建设征地拆迁安置实施过程中,各级单位集思广益,创新体制机制、创新方式方法,探索出了一套行之有效的征迁管理模式,积累了新时期征迁工作经验。引黄入冀补淀工程在移民工程、移民搬迁的理论体系上独树一帜,通过对整个征迁安置过程的总结,有利于在管理、决策等方面完善现有的移民安置体系。

同时,虽然现阶段建设征地拆迁安置已经取得了成功,但移民安置的后继工作,如永久用地的手续办理、临时用地的复垦与返耕、征迁变更手续的整理、环境问题的确保等方面还面临诸多考验。因此,对河南省引黄入冀补淀工程移民安置实施进行全面总结和评价,既进一步推进移民安置后续工作深入开展,促进移民和谐、稳定发展,也通过整理、分析历史资料,总结和评价、升华实践经验,为调水工程建设征地补偿和拆迁安置提供借鉴和参考。

第二节 文献综述及理论基础

一、文献综述

(一)国外研究综述

对于移民政策的研究,世界银行、亚洲银行等国际组织的相关研究较为全面,也比较具有代表性。世界银行的非自愿移民政策是在其贷款项目执行过程中出现许多失误的情况下制定和实施的,目前世界银行针对水库移民的一些相关的制度规章有:非自愿移民业务政策和世行程序 OP/BP4.12、土著居民业务政策和世行程序 OP/BP4.10、监测和评价业务政策 OP13.60 等,这些规章制度共同构成了世界银行非自愿移民的政策框架。世界银行非自愿移民政策的基本内容是要尽可能避免非自愿移民并减少到最低程度;其政策的目标是恢复移民的生活水平和获取经济收入能力,并在可能时加以改善;其政策主张是鼓励移民和移民社区的人们参与移民安置和生计恢复的计划;世界银行的政策体系中对于非自愿移民的补偿,强调只给予现金补偿是远远不够的,还应考虑移民找到新家园和就业机会的能力。此外,世界银行还将环境保护视为移民安置计划的重要目标。世界银行着重强调"开发计划",以及以重建家园为目标的原则,各国政府为获得世行贷款,逐渐遵循世行的基本原则来处理移民安置。在世界银行关于非自愿移民政策的基础上,亚洲开发银行于1995年制定了《非自愿移民政策》,并在1998年对该非自愿性移民政策进行了补充,出台了《移民手册》,对移民的运作要求、技术方法进行了细化并给出了许多具体的案例,成为规划与实施人员的行动指南。但是由于亚行援助项目日益复杂,需解决财产、资产、移民后续发展等多方面的问题,因此亚行于2009年重新修订出台了《亚行保障性政策声明》,这一声明主要包括非自愿移民、原住民、环境保护三个方面政策要求。亚行非自愿移民政策的目标是保证因工程产生的移民能从工程中受益。世界大坝委员会(WCD)在它的报告《大坝与发展》中针对全球4 000万~8 000万水库移民由于水库的建设而带来的种种问题,提出了一些减少移民工作中的负面影响和冲突的建议,并且指出要得到公众支持,赢得好的结果,就必须做到公平、效率、参与决策、可持续和责任感,主要强调的是良好决策机制的建立。

米雪燕指出,从国外水利水电工程移民政策的发展看,可分成两个阶段:20世纪80年代以前为第一阶段,是单纯补偿和救济政策,移民是完全依赖政府补偿的依赖性政策,不鼓励自食其力,各国按本国制定的政策进行移民安置;20世纪80年代以后为第二阶段,世界银行于1980年制定了"世行资助项目处理非自愿移民的政策",提出开发性移民策略,鼓励移民重建生产资料。这是开发援助机构首次制定专门指导移民工作的开发性移民政策,并在1986年由世行经理部批准的新的业务政策备忘录,以强化此项工作的开展[1]。

谢伟光总结出世界各国早期的水库移民安置方式大致可归纳为两类。第一类以美国的移民安置方式为代表。移民安置方式通常以一户或一个农场为一个单位,国家支付给移民一定款项后,由移民自己选择去向,工作重点放在房屋建设,而不是社区新的就业机会和土地制度。第二类以非洲的移民安置方式为代表。非洲各国政府移民安置采用社区整体搬迁,集中安置的方式[2]。

不同发展水平和自然条件国家在安置模式选择方面存在的差异。像美国这样地广人稀、经济高度发达国家,水利水电工程建设导致的移民数量较少,且公众的教育水平高,农业高度机械化,许多农村移民本身已经在城市里就业,因此美国通常以一户或一个农场为单位考虑,在支付给移民一定补偿金以后,在政府的指导下,由移民自己选择去向。重点放在房屋建设,而不是社区新的就业机会和土地制度上。同为发达国家的日本则土地稀少、人口密集,工程移民的数量一般较多,可供安置的土地较少,但是从20世纪60年代和70年代起,随着日本城市化和工业化的迅速发展,由于经济繁荣和城市化产生了较多的工作机会,许多移民愿意改变他们的传统职业,从事其他职业,因此日本就在靠近城市的地方提供给他们用于建房、而不是从事农业的土地。而发展中国家由于移民的教育程度低,改变生活方式的能力较差,目前还是主要以土地安置为主,如土耳其的农村移民在选择由政府进行统一安置的情况下,每户移民有权享有:土地、房屋、最初农业生产信贷、畜牧信贷、农机具及农业投入,并且政府给予很多培训、服务等。而在土地相对紧张的印度,则采用在工程受益地区安置移民的方式,具体而言,政府根据受益地区与水库蓄水区的土地数量,确定在受益地区征收移民安置土地的比例,然后根据移民家庭成员的数量进行土地分配。冯时认为世行、亚行的移民政策规定对依赖土地生活的移民,应该优先考虑以土地为基础的安置策略,包括在将他们安置在公有土地、征用或购买的私有土地上。如果土地不是移民的首选,或缺乏价格合适的土地,除给予土地和资产损失现金补偿外,非土地安置方案的设计应围绕提供就业机会或创业机会展开。可见移民安置政策需要根据不同的经济发展阶段、不同的自然条件,因地制宜地设计[3]。

(二)国内研究综述

(1)工程移民安置政策。目前,移民工作普适性法律法规有《中华人民共和国宪法》、《中华人民共和国土地管理法》、《中华人民共和国水法》等。专门条例有《大中型水利水电工程建设征地补偿和移民安置条例》、《土地复垦条例》和《国有土地上房屋征收与补偿条例》等,以及一系列强制性文件和专业规程规范,如《国务院关于完善大中型水库移民后期扶持政策的意见》(国发〔2006〕17号)、《水电工程水库淹没处理规划设计规范》、《水利水电工程水库淹没处理设计规范》(简称《规范》)等。特别是1991年国务院74号令颁布的《大中型水利水电工程建设征地补偿和移民安置条例》,是水库移民的第一部专业法规,是大中型水利水电工程水库移民政策体系中最重要的法规依据。其中确定的大中型水利水电工程建设征地的移民补偿安置"采取前期补偿、补助与后期生产扶持的方法",移民安置与"经济发展相结合,逐步使移民生活达到或者超过原有水平";《规范》规定了移民安置区的公用设施须按照原标准、原规模建设。

孙汉民、王延刚指出水库移民工作的法律法规和政策是做好水库移民工作的重要组成部分[4]。施国庆等采用研究报告和案例分析相结合的方法,从移民政策法律框架、移民实践、组织机构、经验和教训等方面,对完善移民安置工作提出了很多好的政策性建议[5]。此外,各地方又因地制宜地制定符合本地区的移民安置政策,如2007年,在云南省委、省政府的重视下,创新了"移民补偿安置16118政策"[6]。即"立足一个长效补偿机制、实行六种安置方式并举、建立一项库区发展资金、享受统一后期扶持政策、采取八条移民安置措施",简称"16118",把"以土安置为主"转变为"以长效补偿为基础的多渠道安置",取得了显著成效。国务院及湖北省对于南水北调中线工程的移民安置补偿问题出台了一系列政策,覆盖移民的生产生活补偿、外迁补偿、基础设施等方面。

在对移民后期扶持方面的政策,《国务院关于完善大中型水库移民后期扶持政策的意见》(国发〔2006〕17号)指出,后期扶持标准为每人每年补助600元,对2006年7月1日以后搬迁的纳入扶持范围的移民,从其完成搬迁之日起扶持20年。主要通过资金扶持和项目扶持的方式。在后期扶持政策方面,张绍山[7]对水库移民后期扶持政策做了综述,介绍了库区维护基金、库区建设基金和移民扶助金、后期扶持基金、移民后期扶持的优惠政策。丛俊良、谭振东、潘枫[8]介绍了我国现行的水库移民主要的后期扶持形式,并结合现行的后期扶持政策提出了我国移民后期扶持政策中存在的主要问题,最后提出了我国水库移民后期扶持的几点思路,即要加强水库移民安置区的基础设施建设努力抓好库区移民的生产和提高移民的科技文化素质。李晓明、焦慧选[9]总结:严格程序,完善制度,加强监督是落实国家移民后期扶持政策,做好水库移民后期扶持项目的关键所在。付远全指出在后期扶持工作上要坚持"立足当前,着眼长远;统筹安排,突出重点;分类处理,区别对待"的总体思路。

（2）工程移民安置方式。水库移民搬迁安置的稳定与否关乎着工程建设的顺利进行和建成后的安全运行，研究探索既符合水电开发项目业主的要求，也符合地方政府与移民群众根本利益的移民参与性和谐安置方式成为目前亟待解决的问题。目前，我国的专家学者主要从大农业安置（依土安置）、非农业安置、自谋职业安置、以城镇为依托集中安置、混合安置等几种方式对水库移民安置进行了探讨。

①农业安置就是坚持以土为本，以农为主，实行集中安置与分散安置相结合，通称大农业安置。主要是通过调剂土地、开发荒地等手段，为移民提供一份能够满足生存与发展需要的耕地。②非农业安置模式指库区移民在迁移后不再从事农业生产、不占用农业用地，从事非农产业主要包括第二产业和第三产业安置模式。第二产业安置指主要从事第二产业获得稳定的就业和收入来源，这种方式的核心是通过利用现有企业和发展新企业来吸纳农村移民劳动力，使移民以在企业中劳动所得到的收入作为长期主要经济来源。第三产业安置指主要从事第三产业解决移民的生产生活问题。现实中，第三产业安置的移民主要从事商业、运输、建筑、服务业等行业。③自谋职业无土安置方式是指移民在获取淹没损失的一次性补偿费、搬迁损失费和其他补助费后，自谋就业门路和自找生活安置去处的一种办法。④以城镇为依托集中安置大多以就近为原则，保留了一部分未淹没的山地，一些人可继续从事农业生产，发展"三高"农业，基本生活较有保障。可统一解决安置区的生产生活基础设施，尽量避免浪费。⑤混合安置主要根据移民自身条件以及安置区的实际情况，采取农业、非农业、自谋出路和其他安置方式相结合的移民安置模式。可以考虑采取大部分外迁，少部分后靠进行大农业安置及小部分城镇安置的混合方式安置移民，也可考虑将库区移民全部外迁到经济发达地区安置，并对安置区中已进城多年从事第二产业、第三产业的居民实行"农转非"，以换取他们的土地承包权来安置农村移民，使移民同当地居民一样，既可以拥有一份土地从事农业，又可以在发达的安置区从事第二产业、第三产业等方式。

同时，有很多的学者对创新移民安置方式进行了研究，例如：王斌等[10]提出了长期实物补偿、定期现金支付以及养老保障等多种安置方式。孔令强等[11]对水电工程农村移民入股安置模式的相关问题进行了初步研究，水电工程农村移民入股安置模式是指农村移民将经评估后承包地使用权或者将被征用土地的土地补偿款和安置补助款，以资本金的方式投入到水电工程项目开发经营中，根据所占股份比例分享水电工程经营效益。段跃芳[12]提出了"效益分享+自谋职业"的效益分享安置模式，"效益分享+自谋职业"主要是通过发展小城镇和在交通方便的地方建居民点来安置移民，移民不需外迁他乡。沈际勇[13]提出了参与约束、交易费用与"前期补偿后期扶持"的水库移民补偿模式。樊启祥等[14]提出"长效补偿+入股分红+社会保障"移民安置模式，"长效补偿+入股分红+社会保障"模式中的"长效补偿"是将土地补偿投资中的耕园地按照年产值进行逐年长期货币补偿，每年补偿总额为年产值与耕园地数量的乘积，并按生产力水平的提高动态调整增长；"入股分红"是将耕园地之外剩余土地的补偿补助费作为电站的资本金入股投资电站，分享这部分土地价值入股后电站投产的资本金收益；"社会保障"是支付移民参加新型农村社会养老保险以及新型农村合作医疗保险的移民社会保障费用。张娜，孙中艮就水电工程移民还提出养老保险安置模式、入股分红安置模式、长效补偿安置模式、"政银企"三方联动安置模式、移民培训教育安置模式、城市楼房安置模式、"多样化组合"移民安置模式等[15]。

（3）工程移民安置实施管理体制。徐俊新等指出我国的水库移民管理体制需要根据变化了的新形势与时俱进并对现存的管理体制进行谋划和创新，提出以"政府平衡、业主与移民协商、中介参与、综合监理"的管理体制，以便能更好地服务于工程建设，为移民谋福利[16]。施国庆总结广西百色工程在整个移民安置过程中实行"投资包干，政府负责，县为基础，业主参与，综合治理，专业指导"的管理体制[17]。余勇、姚亮认为三峡移民安置管理实行"中央统一领导、分省负责、县为基础"的管理体制，具有政府主导、计划型管理、层层委托责任的特点[18]。李连栋提出小浪底水利枢纽工程征地移民涉及河南、山西两省，实行"水利部领导、业主管理、两省包干、县为基础"的管理体制[19]。谢伟光等提出嫩江尼尔基工程是实行"黑龙江省和内蒙古自治区政府负责、县市旗政府实施、业主参与管理、水利部行业指导"的管理体制[20]。方长荣总结出江垭水库移民管理体制是：在省政府统一领导下，省移民局归口管理，市移民办组织协调，两县负责实施，设计院负责技术归口，业主负责筹措移民资金[21]。刘平指出皂市水库移民安置采取"政府负责、业主参与、投资包干、综合监理"管理体制[22]。

（4）工程移民安置规划。水利工程移民安置规划是工程方案设计的重要组成部分，与移民的生产生活和地区国民经济的恢复和发展以及社会稳定息息相关。移民、移民区和当地的社会环境构成了一个带有典型群体特征的社会子系统，对于整个社会系统来说，只有社会系统内部各个子系统之间以及各子系统内部相互协调，才能减少社会矛盾、保证社会的稳定和国家的发展。此外，党的"十九大"报告指出，发展要坚持以人民为中心，为人民的美好生活而奋斗。做好移民安置规划，为移民的美好未来生活做好保障，是所有相关学者和工程实施人员的任务重心。

目前，移民安置规划方面的研究主要着眼于规划编制的依据、规划原则以及通过对具体水利工程的总结得到的启示。规划编制依据主要是相关国家法律法规、行业规范和技术标准以及相关文件，如《中华人民共和国土地管理法》、《大中型水利水电工程建设征地补偿及移民安置条例》、《水电工程建设征地移民安置规划设计规范》、《水电站建设征地移民安置实施规划设计大纲》等。编制原则多是围绕依法规划、以人为本、注重当地经济发展以及处理好近期建设和可持续发展的关系。

何汉生、康引戎指出贯彻以人为本构建和谐社会的思想，移民安置规划工作要进行科学环境容量分析、土地环境承载容量分析和搬迁安置规划，做好农村移民安置规划、城（集）镇迁（复）建规划、环境保护工程规划等方面的工作，使移民得到妥善安置，安置区社会、经济、环境和谐[23]。齐美苗、蒋建东通过对三峡工程的移民安置规划的总结，认为三峡工程移民安置规划工作在移民安置规划技术体系、环境容量理论、补偿投资的评估理论等方面取得了创新性的成果，并通过对遗留问题的分析，指出必须要重视移民安置规划工作，致力于促进移民脱贫致富和地方经济社会发展，积极探索新时期的移民安置方式，加深规划设计深度、引入监测评估机制[24]。尹忠武在分析如何使移民群众安稳致富时，提出移民规划设计应加强基础设施及公共服务设施建设规划设计、创新移民生产安置模式，研究以工程建设为契机，促进地方经济社会发展的措施，以当地经济的总体发展，支持移民安置区的经济发展[25]。金斌在其研究中对国内水库工程移民实例进行分析,包括三峡水库、三门峡水库、葛洲坝水利枢纽工程等,总结出我国移民经验和教训,认为在移民规划方面重视度不够,且缺乏对移民环境容量的研究,片面强调就地就近后靠安置[26]。在论述移民安置原则时,将以人为本原则放在第一位,且在安置规划各个方案中、在对策研究中,始终贯彻可持续发展这一主旨,例如以科技推动移民发展、加强移民教育培训服务。由以上研究也可看出,移民规划的合法性、合理性以及可持续性是不容忽视的。

(5)工程移民安置监督评估。水利水电工程移民安置是一项艰巨而复杂的社会系统重建工程。为了保证水利水电工程移民项目的顺利实施,保障移民的合法权益,真正使移民生活得到恢复和提高,必须加强对移民安置的监督管理,既包括对政府移民工作、移民安置具体实施机构工作的监督,也包括对移民安置工作效果、移民生产生活恢复水平的评估。我国的工程移民监督评估最初开展于世行、亚行贷款项目中,2006年国务院颁布并实施的《大中型水利水电工程建设征地补偿和移民安置条例》规定国家对移民安置实行全过程监督评估,2015年水利部颁布的《水利水电工程移民安置监督评估规程》规定了移民安置监督评估的方方面面。

国内学者对移民安置监督评估方面的研究,虽在监督评估内容、监测方法、监督方式等方面有些许差异,但也大体相同。李德启等对南水北调中线干线京石段应急工程征迁安置监理工作进行总结,结合征迁安置实施和征迁安置监理,提出征迁安置监理主要工作内容包括"三控制、两管理、一协调",即进度控制、质量控制、征迁安置投资控制、合同管理、信息管理、监理协调工作[27]。左萍等也提出移民安置监督评估主要是对农村移民安置、城(集)镇迁建、工业企业处理、专业项目处理、库底清理及工程建设区场地清理、移民资金拨付和使用管理、移民安置实施管理等移民安置实施情况等进行全过程检查、监测,并对监测中发现的问题进行协调[28]。移民安置监督评估工作中,必须熟悉移民政策,熟悉移民安置规划,按照规划的各项指标,系统、全面、规范、专业地进行监督评估,切实维护移民的合法权益。韩振燕等通过对河南省丹江口库区征迁监督管理的特点和效果进行分析,提出从突出移民监督、加强移民干部监督、重视社会舆论监督、强化第三方监督等方面来为水库征迁监督管理提供有益的经验借鉴[29]。

大部分学者对移民安置监督评估的研究最大的不同在于,虽然这些学者都意识到定性研究应与定量研究相结合,但在使用的评估指标体系以及定量研究方法上有所不同,这可能与学者个人的受教育经历、认知水平、价值观等不同有关。张元节将移民安置实施情况监督评估、移民生活水平恢复情况监督评估作为移民安置监督评估内容,并以夹岩水利枢纽工程移民安置为例,对建设征地拆迁、安置区基础设施、移民生活水平三个方面监督评估进行论述,运用层次分析法、模糊综合评价模型从收入水平、消费水平、生产条件与水平、生活环境等六个指标层面对移民生活水平恢复情况进行实证研究[30]。杨帆通过对国内开展水库移民安置监测与评估的理论和实践的梳理,认为不少学者从不同角度提出了"移民生产生活水平评估指标体系的概念",但这种指标体系偏重于移民生产生活水平的描述,而忽视对移民迁建过程社会、环境等方面认识与评价不利于人们对移民安置规划的全面认识。因此,其在分析比较迁出区移民前和安置区移民前、后三者在经济、社会、环境三方面的变化后,采集相关数据,用专家打分法确定主观权重、熵信息法输出客观权重、最小二乘法输出评估权重,最终编成一个综合评价指标体系[31]。黄建文等从实施过程、经济效益、社会效益和生态效益四个方面建立了后评价体系,使用正态云综合评价模型,采用九朵云模型以及浮动云算法进行指标权重云的计算,对三峡库区后靠移民安置工程进行的分析[32]。李海芳通过珊溪水利枢纽工程试点期及第一期移民搬迁后在生活安置、生产发展等方面监测评估,对该工程移民收入和生活水平恢复进行了定量分析,并对移民收入和反映其生活水平的恩格尔系数进行了回归分析。除以上研究方法外,另有基于Logistic模型、BP神经网络模型、复合DEA模型等对移民安置效果的评价研究[33]。

(6)工程移民安置补偿。在移民补偿机制研究方面,国内学者普遍认为当前尽管移民经济补偿已有较大提高,但移民补偿费偏低、补偿标准低以及对不同地域和身份的移民补偿标准不同、政策补偿力度小、立法缺失等问题依然是移民补偿存在的问题。研究重点也集中于补偿方式、补偿范畴以及相关立法上面。

我国水库移民补偿分为经济补偿和政策补偿两种。经济补偿是通过一定量的实物或资金给予的补偿,《大中型水利水电工程建设征地补偿和移民安置条例》中关于经济补偿已有详细规定。强茂山,汪洁[34]等相关研究表明仅依据财产损失进行经济补偿是远远不能满足移民生活重建所需要的全部资本投入。政策补偿是指通过国家有关政策而非实物或资金给予的补偿,包括国家的产业政策、投资比例的倾斜和税收的减免等形式。

除这两种主要补偿方式外,还有科技补偿和教育补偿等,而且已有学者注意到这两种补偿方式的重要性。周少林,李立[35]在其研究中不仅对经济补偿和政策补偿两种类型补偿方式的差别和联系进行论证,而且指出通过科技补偿来提高移民自身素质,转化为当地的高水平人才,既能使移民提高自身劳动能力,也能提升当地人力资本水平,利于生产生活恢复。汪洁,强茂山[36]认为学者已经开始意识到非财产性补偿的重要性,诸如移民精神损失、个人技能损失和社会关系网络破坏等方面,但是针对这部分损失研究尚没有形成任何成熟的量化方法。因此,现行的补偿政策并没有将这部分损失纳入到补偿范畴之中。基于生活水平理论,系统地分析了水库移民生活水平的构成要素及关联路径,确定了水库移民补偿的补偿范畴,包括货币补偿、技能培训、就业补偿、破除制度障碍。补偿立法方面,崔广平指出了移民补偿存在的问题,并从立法角度对提出水库移民立法应当规定以政府作为移民补偿法律关系的主体、确立移民补偿投资法律关系的主体地位、以立法形式保证移民补偿方式的多样化、以法律形式规定给予库区经济结构调整的特别优惠政策等建议[37]。

除上述研究方面外,我国学者也从其他不同角度例如移民社会保障、生态管理、土地征迁、城镇化视角、新农村建设视角、补偿公平性视角等对移民安置和管理进行了研究。

二、理论基础

理论是系统化的科学知识,是关于客观事物的本质及其规律性的相对正确的认识,是经过逻辑论证和实践检验并由一系列概念、判断和推理表达出来的知识体系,理论的根本意义在于解释、认识事物。因此,任何现实活动的解释和实践都离不开理论指导。要全面、系统总结引黄入冀补淀工程征迁工作,必须根据工程征迁工作实践情况,运用一个或者一系列理论来指导、论述阐明,才能够说清楚引黄入冀补淀工程征地补偿和拆迁安置工作为什么这样做,这样做的效果怎么样,才能够进一步归纳总结,再来指导其他实践活动。

(一)项目评价理论

项目评价就是在项目可行性研究的基础上,分别从宏观、中观、微观的角度,对项目进行全面的技术经济的预测、论证和评价,从而确定项目的投资经济效果和未来发展的前景。项目评价主要包括技术评价、财务评价、国民经济评价、社会评价、不确定性分析、风险评价等几部分内容。

项目评价是在项目的生命周期全过程中,为了更好地进行项目管理和决策,采用合适的评价尺度,应用科学的评价理论和方法,所进行的评价活动,有时也指这一评价活动过程。由于项目生命周期的各个阶段,其项目管理的内容和侧重点不同,因而项目评价的内容也随之而异,可以根据项目生命周期的不同阶段,按照评价时期的不同,把项目评价划分成三部分内容,即项目前评价、项目中评价和项目后评价。

项目前评价主要指的是项目的评价与选择,它通常是在项目生命周期的初始立项阶段——概念及论证阶段进行的,为项目决策提供依据,确定项目是否上马。项目中评价是指在项目立项上马以后,在项目实施时期,历经项目的发展、实施、竣工三个阶段,对项目状态和项目进展情况进行衡量与监测,对已完成的工作做出评价,为项目管理和决策提供所需的信息,指出以后项目管理的努力方向。项目后评价的内容包括项目验收评价、项目经济后评价和项目管理后评价。项目验收评价是对项目结束后所进行的一种验收及考核评估;项目经济后评价主要是对应于项目前评价而言的,是指竣工以后对项目投资经济效果的再评价;项目管理后评价是指当项目竣工以后,对前面(特别是实施阶段)的项目管理工作所进行的评价。

本书主要是项目中评价,既是源于引黄入冀补淀项目所处的阶段(项目基本完成,即将结束验收),也是因为引黄入冀补淀项目征地拆迁安置评价的特点和意义。项目中评价具有现实性、阶段性、探索性、反馈性、适度性等特点,相较于项目前评价,项目中评价中的数据来源更加可靠,涉及客体更加全面。相较于项目后评价,项目中评价具有更好的总结意义,首先,可以为后续本工程的收尾工作,结合项目的进展情况提出改进措施和经验总结;其次,可为其他相关工程提出更为具体的借鉴意义。从狭义上来说评价的主体是引黄入冀补淀工程建设指挥部,但对于外部项目评价来讲,本课题中的评价主体包括引黄入冀补淀工程建设指挥部和工程业主——河北水务集团以及监理部门和设计单位。项目中评价的主要目的是为了让项目的各级管理者和利害相关者了解和掌握项目执行的基本情况,以便找出问题,及时调控,总结经验。项目中评价是面向项目控制的,它时刻对应着项目实施管理的主要任务(项目组织、进度控制、费用控制、质量管理等),另外又受到项目其他配合支撑条件的约束(如资源限制、项目实施风险、项目范围变更、项目合同、环境条件等),这就决定了项目中评价的基本范围应包括组织评价、进度评价、费用评价、质量评价、配合支撑条件评价(如资源使用评价、风险评价、范围变更评价、合同评价、环境评价等),此也可称之为对项目中评价的横向分析。

引黄入冀补淀工程建设征迁安置工作进行到现在,已经完成了征地拆迁的全部任务。在本工程中,征地居民补偿投资总计 102 445.59 万元,目前也已基本完成兑付。在整个征迁安置过程中,最为重要是四件大事:征迁、安置、专项和工程建设对灌溉影响处理。截至2017年末,濮阳市永久征地的复核完成率达到100%,临时用地的符合率达到79.18%。累计完成房屋拆迁任务217户,共计房屋面积37 001 m²,搬迁人口697人[38]。引黄入冀补淀工程已于2017年11月16日完成全线通水。目前,所存在的问题主要为工程和安置两个大的部分。在工程上,部分巡视道路、桥梁交叉工程以及部分管理设施需要进一步处理和完善,同时也需要做好防尘工作以及征迁变更手续的资料整理;在安置上,目前主要是临时用地的复垦及返还、南湖村生产安置的完善工作。

总的来说,在濮阳市引黄入冀补淀工程建设指挥部的正确领导,濮阳县、开发区、示范区、清丰县地方政府和征迁实施机构以及河南省勘测设计研究有限责任公司等单位以及监理方中水北方勘测设计有限责任公司的全力配合下,目前已经基本完成了工程和征迁安置的全部任务。在确保征迁群众合法利益的同时,各方团结一心,积极推动项目进展,共同想方法、谋出路,攻坚克难,齐心协力,为施工单位的顺利进场以及引黄入冀补淀工程全线的开工提供了强有力的保障,引黄入冀补淀工程建设的成功以及河南段征迁安置的顺利落实是大家齐心合力的结果[38]。

征迁安置工作一直是大型水利水电工程的难点,在整个征迁安置的过程中同样也面对着各种各样的困难和问题,比如说资金的兑付、设计的变更等等。目前工程的征迁安置工作已经取得了阶段性的胜利,但是仍然需要相关的文献整理。本书运用了项目评价理论中的项目中评价理论,梳理本工程项目征迁安置过程的进行脉络,对项目进度和阶段性的成果进行分析。同时,引黄入冀补淀工程征迁安置工作的进行也有一定的创新性和借鉴意义,需要全方位的总结和整理,这也是本课题通篇所需要做的。

(二)政策分析理论

政策是国家机关、政党及其他政治团体在特定时期为实现或服务于一定的社会政治、经济、文化目标所采取的政治行为或规定的行为准则,它是一系列谋略、法令、措施、办法、方法、条例的总称。

政策分析指的是对政策的调研、制订、分析、筛选、实施和评价的全过程进行研究的方法,又称政策科学。政策分析的核心问题是对备选政策的效果、本质及其产生原因进行分析。可以一般地将政策科学定义为"一个综合地运用各种知识和方法来研究政策系统和政策过程,探求公共政策的实质、原因和结果的学科",它的目的是提供政策相关知识,改善公共决策系统,提高公共政策质量[39]。

在引黄入冀补淀工程建设征迁安置的过程中,除严格遵循国家和省级层面的法律法规和政策规范外,面对项目工程实施时间紧迫,开工时间早等客观因素而导致实施规划出台之后和濮阳市缺乏大型水利水电工程征迁安置经验,包干制无法有效推行的主观条件限制,濮阳市建设指挥部在征迁安置资金拨付和其余征迁问题上采取清单制、晨会制和联席会议制,将正式与非正式的政策合理结合,在坚持原则的基础上,进行合理程度范围内的政策变通,整理推行出了一套适合引黄入冀补淀工程建设征迁安置的相关政策。

政策系统是公共政策运行的载体,是政策过程展开的基础。政策系统由政策主体、政策客体及其与政策环境相互作用而构成的社会政治系统。在本项目中,政策客体主要指的是整个引黄入冀补淀工程河南段的征迁安置工作,政策主体指的是以濮阳市引黄入冀补淀工程建设指挥部为主的征迁安置政府职能派出部门。政策系统的运行主要包括政策制定、政策执行、政策评估、政策监控、政策终结这样五个环节。

其中政策执行是政策系统的最关键的环节，也是将政策目标转化为政策现实的唯一途径，政策执行的有效与否事关政策的成败。政策执行是一个动态的过程，在整个过程中，负责执行的机关与人员组合各种必要的要素，采取各项行动，扮演管理的角色，进行适当的裁量，建立合理可行的规则，培塑目标与激励士气，应用协商化解冲突，以成就某特殊的政策目标[40]。在引黄入冀补淀工程河南段的征迁安置过程中，在政策确立的基础上，还需要实际可行和确切落实的政策执行方式和策略。濮阳市指挥部在征迁安置的过程中，市、县、乡协调一致，在及时学习和了解相关政策的前提下，统筹调配各方力量，克难攻坚，加压奋进，扎实做好征迁安置，全力优化施工环境，全面推进工程建设进程。同时，在征迁安置项目进行过程中，不断调整和优化，在征迁联席会议上不断调整政策执行方向和方式，确保最终的政策目标——妥善完成引黄入冀补淀工程河南段征迁安置任务。在征迁安置工作进行的各个阶段，政策执行也在不断根据现实情况和需求进行调整，例如在项目后期保通水阶段，征迁工作已经基本完成。濮阳市指挥部根据当时段目标，落实了联席调度会议制度、工程日报制度、阻工问题登记通报制度等，市、县区指挥部办公室、工程建设单位、施工企业坚持 5 天召开 1 次联席调度会，对负责工程进展的各单位进行排名，鞭策工程建设进展慢的单位加强措施，迅速行动。狠抓维护施工环境，打击非法阻工，坚决组织协调好征迁扫尾工作，为施工环境提供保障。

在政策系统中，政策监控也是其基本环节，它贯穿于政策过程的始终，制约或影响着其他环节，起着重要的作用。在政策的制定、执行、评估等环节中，由于信息不充分、有限性、既得利益偏好以及意外事件，使得政策方案不完善、曲解、误解、滥用政策或执行不力，直接影响政策本身的质量及执行结果。因此，必须对政策过程的各个环节，尤其是政策的制定和执行加以监督和控制，以保证制定出尽可能完善的政策，保证正确的政策得以贯彻实施，并及时发现与纠正政策偏差。这样才能提高政策绩效，实现政策目标。在引黄入冀补淀工程河南段的建设和征迁安置过程中，濮阳市指挥部、监理单位、设计单位进行了：征迁政策宣传动员工作、基底调查评估工作、实物指标复核工作、征迁联席会议工作、补偿费用公示工作、征迁资金拨付工作、专项设施迁建工作、施工环境协调工作、征迁安置例会工作九个方面[38]的工作，针对征迁安置实施过程中发现的问题，例如资金批复和复核问题，通过现场进行勘查。无法现场确定或存在争议的，由濮阳市指挥部、监理部门、设计单位、河北水务集团、建管局、施工单位、产权单位、县区办等开展联席会议，在共同会上商议讨论。对勘查中存在的问题，由设计单位提出处理意见，监督评估单位现场见证，并做好影像资料的留存工作。同时，对于处理的问题进行公示，纠正资金拨付中存在的问题。

引黄入冀补淀工程征迁政策分析可以通过六个步骤来展开，即界定政策问题→确立政策目标→搜寻备选方案，并对其进行设计和筛选→对备选方案的前景和后果进行预测→根据预测结果做出抉择→对于决策实施后所产生的效果进行评估。同时结合政策系统理论，对于引黄入冀补淀工程建设征迁安置过程中所制定和运用的政策进行整理和分析，探讨其一致性、完善性、适用性。

（三）利益相关者理论

利益相关者，理论最初来源于公司企业的治理模式探索。利益相关者管理理论是指企业的经营管理者为综合平衡各个利益相关者的利益要求而进行的管理活动。与传统的股东至上主义相比较,该理论认为任何一个公司的发展都离不开各利益相关者的投入或参与,企业追求的是利益相关者的整体利益,而不仅仅是某些主体的利益。

利益相关者包括企业的股东、债权人、雇员、消费者、供应商等交易伙伴,当然也包括政府部门、本地居民、本地社区、媒体、环保主义等的压力集团,甚至包括自然环境、人类后代等受到企业经营活动直接或间接影响的客体。这些利益相关者与企业的生存和发展密切相关,他们有的分担了企业的经营风险,有的为企业的经营活动付出了代价,有的对企业进行监督和制约,企业的经营决策必须要考虑他们的利益或接受他们的约束。从这个意义讲,企业是一种智力和管理专业化投资的制度安排,企业的生存和发展依赖于企业对各利益相关者利益要求的回应的质量,而不仅仅取决于股东。

引黄入冀补淀工程的整个建设和征迁安置阶段需要各负责单位的默契配合,也需要征迁影响群众的理解。从引黄入冀补淀工程征迁安置工作的组织系统和架构来看,本工程的利益相关者主要分为四个层面:第一层次是决策层面,也就是国家发展和改革委员会和水利部,是项目审查批准单位,决定项目规模、投资和是否上马。第二层次是建设实施层面,一是项目建设业主,即河北省水务集团;二是征地拆迁实施主体,以濮阳市引黄入冀补淀工程征迁指挥部为核心的政府多部门参与;三是征迁规划设计以及实施监督评估单位,即江河水利水电咨询中心、黄河勘测规划设计有限公司、河南省水利勘测设计研究有限公司、中水北方勘测设计研究有限责任公司为主的设计单位及监督评估单位。第三层次是政策执行层次,以县政府为基础的乡镇政府、村委会等,主要执行政策,实施补偿和拆迁安置政策。第四层次就是政策执行的客体、征地拆迁影响的居民以及各个单位,他们既是利益受损者,也是工程受益者。

根据国家发展和改革委员会批复,以及河北省水务集团和濮阳市签订的征地拆迁协议,濮阳市人民政府是征迁工作的实施主体,濮阳市政府没有水利水电工程移民政府部门,成立了指挥部具体主要负责引黄入冀补淀工程河南段的征迁安置工作。为更好完成艰巨的征迁安置任务,市委、市政府成立了以市长为指挥长,分管副书记、副市长为副指挥长,水利、督查、国土、公安、检察、纪委等有关部门主要负责人为成员的工程建设征迁指挥部。为保障在2017年实现通水目标任务,市、县指挥部与建设单位协同共进,成立了河北建设部、渠首建管处、濮阳市县指挥部和施工企业负责人参加的工程建设调度小组,实行联席调度会议制度,联合办公,统一协调,每周召开一次调度会,及时解决工程建设存在的困难和问题。建设单位、施工企业增加施工力量和设备,抢抓工期,在确保质量、安全和扬尘治理的前提下,工程进度明显加快。对各施工企业进行排名,对进度快、质量好的施工企业,由建设单位给予实打实的奖励。市、县指挥部认真梳理遗留问题,制定台账,明确解决问题的时间节点和责任人,靠前指挥,现场协调,逐个攻克,加快推进征迁扫尾和施工环境保障工作,并统筹县(区)、乡(镇)、公安等部门力量,成立联防队伍,开展施工环境整治专项行动,24小时在施工现场巡逻,及时解决问题,并依法对阻碍施工建设的各种违法行为进行严厉打击,营造良好施工环境,为工程建设保驾护航。同时在征迁过程中,因为前期宣传工作的到位,建设区百姓也给予了充分的理解和支持,在与政府方面、建设方面的沟通协商中,互相信任,解决问题。

在引黄入冀补淀工程的实施过程中,政府征迁方、工程建设方、监理方、建设区群众方秉持互信共建原则,共同推进了此惠民工程的成功完成。

(四)理性选择理论

理性选择理论,"理性"是解释个人有目的的行动与其所可能达到的结果之间联系的工具性理性。一般认为,理性选择范式的基本理论假设包括:个人是自身最大利益的追求者;在特定情境中有不同的行为策略可供选择;人在理智上相信不同的选择会导致不同的结果;人在主观上对不同的选择结果有不同的偏好排列。可简单概括为理性人目标最优化或效用最大化,即理性行动者趋向于采取最优策略,以最小代价取得最大收益。

理性选择理论在目前的研究发展延伸中更加强调价值理性和有限理性。工具理性强调在行动与目的之间完全基于个人最大化利益所采取的手段,而事实上,人都是有情感、责任感、有信仰的社会人,故很多情况下,个体完全可能会采取遵循着戒命或要求的引导而不顾及行动后果的价值合理性行动。因此,以追求个人经济利益最大化的"经济人"假设在许多情况下表现出很大的局限性,"社会人"假设开始浮出水面。有限理性强调"满意准则"取代"最大化"假设。两者的差别在于:经济人企求找到最锋利的针,即寻求最优,从可为他所用的一切备选方案当中,择其最优者。经济人的堂弟——管理人找到足可以缝衣服的针就满足了,即寻求满意,寻求一个令人满意的或足够好的行动程序。

引黄入冀补淀工程整个建设征地拆迁安置阶段涉及人员众多、事件也相对复杂,很难做到人尽满意。征地拆迁工作政策性强、敏感度高、涉及面广、利益关系复杂,是工程建设难题中的难题。而在引黄入冀补淀工程濮阳段推进过程中,却鲜有不和谐声音。工程沿线涉及征地拆迁 100 个村庄 41 000 人,涉及群体非常大。同时,工程建设管理、施工还涉及很多单位等诸多利益主体,每个利益主体都选择自己利益最大化,那么在征地拆迁安置活动中,利益矛盾、摩擦和冲突是避免不了的。在征迁实施过程中,如何平衡各方利益,始终是一个选择问题。所以,从理性选择理论出发,解释征迁实施过程中各利益主体的行动动机及目标,解释政府如何权衡各方利益,做出适于客观实际的裁量,缓解矛盾,减少利益摩擦,尽量避免利益冲突,是总结工程征迁工作"得"与"失"重要内容。

(五)治理理论

治理是近几年公共管理领域讨论比较热烈,在我国如何实践争议比较大的理论和实践问题,尤其是依法治国下推出的社会治理,改变了以往政府社会管理的基本理念,从单一主体管理转向多主体参与的社会治理。治理的原意是控制、引导和操纵,指的是在特定范围内行使权威。它隐含着一个政治进程,即在众多不同利益共同发挥作用的领域建立一致或取得认同,以便实施某项计划。治理有四个特征:①治理不是一套规则条例,也不是一种活动,而是一个过程;②治理的建立不以支配为基础,而以调和为基础;③治理同时涉及公、私部门;④治理并不意味着一种正式制度,而确实有赖于持续的相互作用。

但治理理论也存在内在困境,可以概括为四种两难选择:一是合作与竞争的矛盾;二是开放与封闭的矛盾;三是原则性与灵活性的矛盾;四是责任与效率的矛盾。

在治理理念下还有一个"善治"模式。"善治"是使公共利益最大化的社会管理过程,其本质在于它是政府与公民对社会生活的合作管理,是政治国家与公民社会的一种新型关系,是两者的最佳状态。随着经济市场化、行政法治化、政治民主化的进程不断加快,为善治提供了很好的社会条件。

利用治理理论对引黄入冀补淀工程征迁安置工程中的安置原则、安置方式的确定、重大决策的制定、工作方式的确立和不断转变、工作重心的不断调整、管理方式和方法的调整以及新型移民管理模式的构建等进行分析,尤其是几次"突击攻坚"的组织和实施,来揭示引黄入冀补淀工程征迁实施工程的合法性、透明与参与性、责任与有效性,从另一个层面再次论述工程征迁实施的"得"与"失"。

第三节 工程及工程征地拆迁影响基本概况

一、工程基本概况

(一)工程建设地点、任务

河北省是严重缺水地区,自20世纪80年代以来,白洋淀发生多次干旱。河北省经济社会发展靠超采地下水、城市、工业挤占农业用水来维持。农业发展受到制约,生态环境受到破坏,严重影响河北省经济、社会、生态环境协调发展。南水北调中线解决了沿线城市供水,但农业灌溉缺水问题依然严重。河北省为贯彻落实《中共中央 国务院关于加快水利政策改革发展的决定》,再次提出实施引黄入冀补淀工程。

引黄入冀补淀工程是国务院确定的"十二五"期间172项重大水利工程之一,该工程是自河南濮阳向河北东南部农业供水、地下水补源及白洋淀生态补水的战略工程,对缓解华北漏斗区地下水位持续下降状况、改善冀东南水生态环境将发挥重要作用,是河南、河北两省互利双赢的民生工程,也是支持雄安新区生态建设的重要基础工程。工程是在兼顾河南、河北沿线部分地区农业用水的前提下,为白洋淀实施生态补水。沿线总灌溉面积465.1万亩(河南省灌溉面积为193.1万亩,河北省灌溉面积约为272万亩),同时为白洋淀湿地生态系统良性循环提供可靠水源保障。

经总体线路比选及局部线路比选,引黄入冀补淀工程最终确定的输水线路自河南省濮阳市濮阳县渠村引黄闸引水,全线基本沿已有线路。工程跨越河南、河北两省的4个市,全长481.7 km,其中河南段84 km,如图1-1所示。

引黄入冀补淀工程共分河南、河北两段分别实施,如图1-2所示,

其中河南省境内输水线路为:自渠村引黄闸引水,经1号枢纽分流入南湖干渠后汇入第三濮清南干渠,沿第三濮清南干渠至金河堤倒吸虹,经皇甫闸、顺河闸、范石村闸、走第三濮清南西支至苏堤节制闸向西北,至清丰县南留固村穿卫河入东风渠,河南境内全长约84 km。

河北省境内输水线路包括分省界至白洋淀主输水线路及滏阳河支线输水线路。其中主输水线路为由穿卫倒吸虹出口,经新开渠入留固沟、东风渠、南干渠、支漳河、老漳河、滏东排河、北排河、献县枢纽段、紫塔干渠、陌南干渠、古洋河、韩村干渠、小白河东支、小白河和任文干渠最终入白洋淀,线路全长397.6 km;滏阳河支线由南干渠穿支漳河倒虹吸进口闸分水,通过穿支漳河倒虹吸进入滏阳河,沿滏阳河输水至邯郸边界,输水线路全长26.7 km。

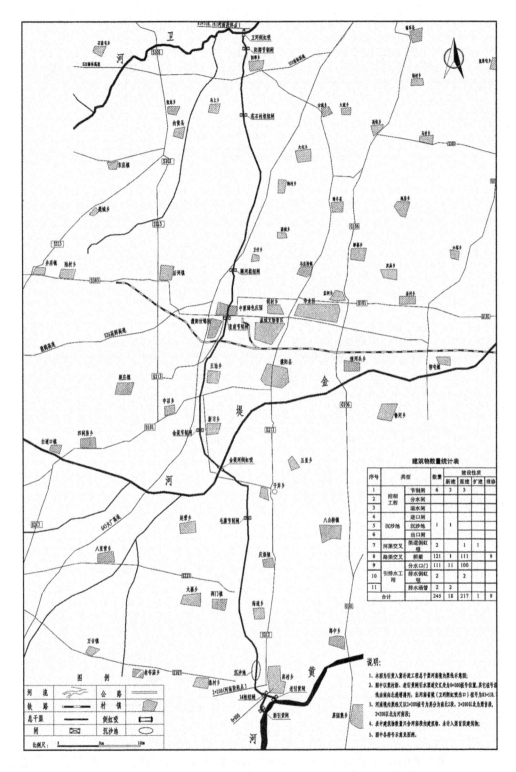

图 1-1　引黄入冀补淀工程总干渠（河南段）线路示意图

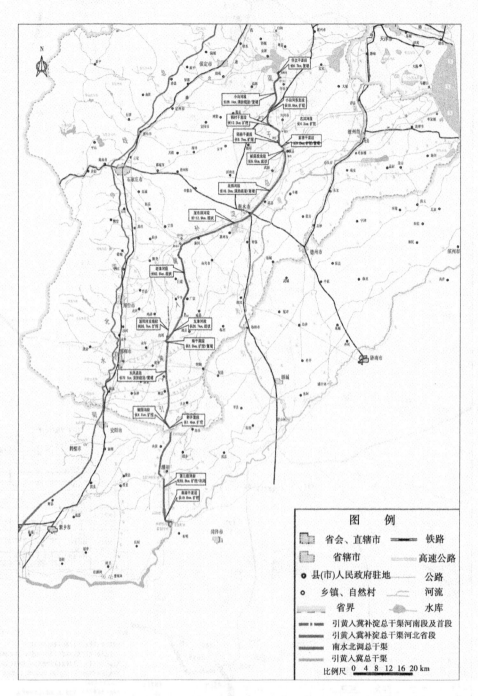

图 1-2　引黄入冀补淀工程细节图

由于全线渠道引水流量均在 20~100 m³/s,因此渠道堤防级别为 3 级,各类建筑物中除引黄闸依据黄河大堤为Ⅰ级、金堤节制闸依据北金堤为Ⅰ级、卫河倒虹吸依据卫河大堤级别的 2 级外,主要工程为 3 级建筑物,跨渠桥梁按公路Ⅱ级或公路Ⅱ级折减设计。

在保证工程技术可行、经济合理、环境不存在重大制约因素、社会稳定处于低风险可控状态的前提下，引黄入冀补淀规模在叠加河南用水过程的基础上，综合考虑各方面因素，经过多方案比选后确定。经过综合分析，确定渠村新、老引黄闸总引水设计流量为150.0 m³/s。其中，河北受水区设计引水流量为67.8 m³/s(包括入冀流量61.4 m³/s，调水损失流量6.4 m³/s)，河南受水区设计引水流量为82.2 m³/s(包括引黄入冀总干渠引水流量32.2 m³/s，第一濮清南干渠、桑村干渠及市政供水流量50.0 m³/s)。最不利工况时，引水规模也应满足河南受水区引水流量82.2 m³/s要求，河南受水区不灌溉时能满足河北受水区引黄要求。引黄入冀补淀输水总干渠渠首设计流量为100.0 m³/s，其中，河北调水入冀设计流量61.4 m³/s，河北调水在河南段损失流量6.4 m³/s，河南受水区设计流量32.2 m³/s。

引黄渠首设计最大引水量为122 969万 m³，其中，河南设计引水量为32 994万 m³，河北设计引水量为89 975万 m³(包括河南境内蒸发、渗漏损失水量8 491万 m³和入冀设计水量81 484万 m³)；引黄入冀输水干渠渠首设计最大引水量为101 661万 m³，其中河南设计引水量为11 686万 m³，河北设计引水量为89 975万 m³。

(二)工程建设内容及建设单位

根据国家发展和改革委员会及水利部批复引黄入冀补淀工程的建设内容为：新建、改建、重建各类建筑物263座，其中：节制闸9座，沉沙池1处，穿金堤河、卫河倒虹吸2座，桥梁128座，各类分水口门119座，其他建筑物4座；疏浚渠道84.9 km，衬砌渠道66.2 km；新建巡堤道路50.2 km。

本书的主要研究对象和研究范围为引黄入冀补淀工程河南段的工程建设和征迁安置情况，河南段的主要施工和迁安地点为濮阳市，如图1-3所示。

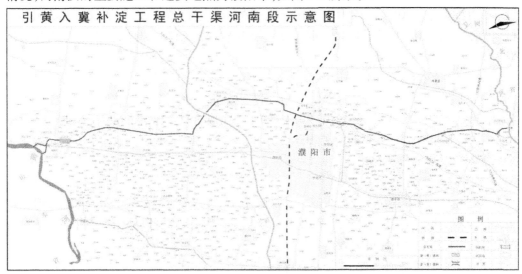

图1-3　引黄入冀补淀工程总干渠河南段示意图

引黄入冀补淀工程濮阳段输水线路长84 km，投资22.7亿元，占引黄入冀补淀工程总投资的53.5%，是濮阳建市以来投资规模最大的水利基础设施项目。工程自濮阳县渠村引黄闸引水,经新开挖的南湖干渠入第三濮清南干渠至清丰县苏堤村,穿卫河倒虹吸入河北省邯郸市东风干渠。效益区涉及濮阳市西部 6 个县(区),效益区面积 193 万亩,占濮阳市耕地总面积的近 1/2。工程的兴建,将全面提升濮阳水利基础设施保障能力,有效改善农业灌溉和城市生态用水供水条件,提高供水保证率,为濮阳经济社会发展提供水利支撑。该工程的项目法人为河北水务集团,全面负责工程建设管理工作。引黄入冀补淀工程总投资 42.4 亿元,其中濮阳段 22.7 亿元。濮阳段工程共长 84 km。其中,濮阳县 31 km、开发区 24.6 km、示范区 4 km、清丰县 24.4 km;涉及濮阳市 4 县(区)15 个乡镇(办)98 个村庄和内黄县马上乡 2 个村庄,工程总用地面积 15 221.8 亩,其中永久征地 9 327.8 亩(包括管理机构用地 9.5 亩),临时用地 5 894 亩;涉及农村居民拆迁 90 户、442 人;副业126 家;单位 13 家;拆迁各类房屋 53 087.3 m²;影响专项管线 226 处。

(三)工程规划设计建设

河南段工程建设分为渠首段和河北省直管段。渠首段建设单位为河南黄河河务局渠首建管处,辖 3 个施工单位。河北直管段建设单位为河北引黄管理局河南建设部,辖河北水利工程局、中国水利水电十一局 2 个施工标段。

引黄入冀补淀工程的建设设计单位为江河水利水电咨询中心、黄河勘测规划设计有限公司、河南省水利勘测设计研究有限公司、河北省水利水电第二勘测设计研究院组成的引黄入冀补淀工程勘察设计联合体(江河水利水电咨询中心为联合体牵头人)。征地补偿和移民安置规划设计基准年为 2014 年,规划设计水平年为 2016 年。规划水平年生产安置人口 2 365 人,搬迁安置 773 人,其中包含濮阳县渠村乡南湖村异地安置随迁人口421 人。

2015 年 11 月 8 日,河北水务集团组建河北省引黄入冀补淀工程管理局河南工程建设部进驻濮阳市。2015 年 12 月 17 日,引黄入冀补淀工程(濮阳段)开工仪式在濮阳县渠村乡隆重举行,两省水利厅和濮阳市主要领导出席了开工仪式,标志着工程正式开工建设。

截至 2017 年 6 月 6 日,濮阳段共完成工程总投资 16.07 亿元,占总投资额的 81.5%(其中征迁投资完成 100%,工程建设投资完成 69.3%),主干渠基本贯通,已于 5 月 31 日向濮阳市城区进行了初步试通水。2017 年 10 月完成主体工程建设,截至 2017 年 11 月16 日,已实现全线通水。目前就工程建设方面,主要是施工道路的扬尘等环境问题及施工后续问题需要解决和扫尾。

(四)工程效益

本工程建成前和建成后对比,河南受水区效益不太明显,虽然补充了灌溉水,但也带来泥沙堆积问题,给沉沙池周边带来生态环境影响,但河南省可以依托工程建设机遇进行配套建设,争取发挥工程更大效益。

工程主要效益在河北省,一是灌溉效益;二是生态环境效益。

2017 年 4 月,雄安新区横空出世,引黄入冀补淀工程作为雄安新区生态建设的重要基础设施提上了新的高度,赋予了新的功能和历史使命,是对接国家战略宣传濮阳的一个重要窗口,也是豫冀两省合作交流的一个平台和契机。

对于河南省濮阳市来讲,第三濮清南干渠引水流量由 10 ~ 25 m³/s 提高到 62 ~ 100

m^3/s，水量加大，水位抬高，供水时间加长，南乐县、清丰县由引水下游变为上游，彻底解决濮阳市西部用水困难问题，也将改变现有工程输水能力差、建筑物老化失修功能衰减的不良状况，供水保证率提高，水质得到改善。还可依靠濮阳市西高东低的地形条件，通过支沟渠与第一、第二濮清南相互调剂，形成水网，扩大效益范围。引黄入冀补淀工程的兴建将全面提升濮阳水利基础设施保障能力，有效改善农业灌溉和城市生态用水供水条件，提高供水保证率，为濮阳市经济社会发展提供水利支撑。

与此同时，濮阳市委市政府紧紧抓住引黄入冀补淀工程建设的重大机遇，依托这条主干线，也将规划建设一系列配套工程。

通道工程——濮阳市已规划沿引黄入冀补淀工程干渠，建设一条长 84 km 的综合交通通道。该通道在干渠一侧，宽 38 m，从渠道红线向外，首先是道路绿化带，之后是 3 m 宽的自行车道，再是隔离带，外侧是一条贯通的二级公路。这条通道必将成为贯穿濮阳市西部的一条交通大动脉和沿渠观光通道，对带动沿线经济发展，改善城乡居民生活条件发挥重大作用。

生态林业示范带——借助国家储备林项目在濮阳市的实施，率先在引黄入冀补淀干渠两岸植树造林，建设每侧 100～200 m 的高标准、高规格的生态林业示范带。

现代农业示范带——为促进沿线农业结构转型升级，加快美丽乡村建设，实现生态修复和农民增收，濮阳市农业部门委托中国农业大学编制完成了《濮阳市高效生态观光特色现代农业示范带总体规划终期成果》，并通过了市委市政府的审查，今后将逐步实施。按照该规划，将位于干渠两侧各 1 km，规划建设 28 万亩的综合农业开发示范廊道，规划建设重点为"一带"、"八区"、"七星"。

城市水系建设——濮阳市委市政府着力构建"九河贯城、九湖映城、五泽润城、多环成网"的城市生态水系。引黄入冀补淀工程无疑是水系的主要供水水源。

旅游开发项目——引黄入冀补淀工程像一条线，将沿线规划的景观点串连起来，形成一条亮丽的风景线和景观带。据不完全统计，这些景观点从上到下依次有国家级黄河湿地、南湖小镇、沉沙池、海通荷园、金堤河湿地、后河调蓄工程、马辛庄调蓄工程，一河两园、龙湖、班家耕读小镇、大秦小镇、卫河码头等，将"水"、"城"、"村"、"田"、"文"紧密联系，打造水利联动、河景多样、多业相融、特色出彩的生态田园。突出濮阳文化底蕴，体现不同主题，具备观光体验、休闲娱乐、康体养生、文化创意等多功能的旅游景观效果。

对河北省来讲，引黄入冀补淀工程将大大缓解冀东南地区农业灌溉缺水及地下水超采状况，通过以灌代补、沟渠入渗和灌溉回归，有效补给地下水，对于遏制华北地下水漏斗区扩大和维护区域水生态环境具有重大意义，可改善沿线群众生产、生活条件，促进受水区经济社会协调可持续发展。

（五）工程征迁安置基本情况

引黄入冀补淀工程总投资 42.4 亿元，其中河南濮阳段 22.7 亿元，河北段投资 19.7 亿元，由国家和河北省共同投资兴建（国家投资 55%，河北省投资 45%）。2015 年 9 月 23 日，河北水务集团与濮阳市引黄入冀补淀工程建设指挥部签订了《引黄入冀补淀工程（河南段）征迁安置委托协议》（详见附录一），濮阳段征迁资金共 102 445.6 万元。河北水务集团全面负责招标投标和工程建设管理工作，由濮阳市负责移民征迁和群众工作。

按照国务院令第 679 号《国务院关于修改〈大中型水利水电工程建设征地补偿和移民安置条例〉的决定》,征迁安置工作实行"政府领导、分级负责、县为基础、项目法人参与"的管理体制。引黄入冀补淀工程河南段征迁安置工作实行河南省政府领导、濮阳市政府负责、相关县(区)政府组织实施、河北水务集团参与的管理体制。濮阳市引黄入冀补淀工程建设指挥部办公室为濮阳市引黄入冀补淀工程征迁安置工作的主管部门,相关县(区)引黄入冀补淀工程建设指挥部办公室为本辖区内引黄入冀补淀工程征迁安置工作的主管部门,负责本辖区内征迁安置实施工作,保证征迁安置工作顺利实施。

引黄入冀补淀工程的征地面积大、涉及范围广、影响人口多,是濮阳水利建设史上最大的工程项目。工程涉及濮阳市永久占地 9 150 亩,临时占地 5 967 亩,需拆迁房屋 4.8 万 m²。树木 37.7 万株,坟墓 5 439 座,机井 321 眼,专项设施改建 246 处。工副业、单位 124 家,需安置人口 773 人。

引黄入冀补淀工程用地范围涉及濮阳市 4 个县区,其中涉及濮阳县 34 个行政村、开发区 31 个行政村、城乡一体化示范区 5 个行政村、清丰县 28 个行政村和内黄县 2 个行政村共计算 100 个行政村以及单位用地、公路及水域等国有土地。工程总用地面积 15 221.76 亩,其中永久征地 9 318.23 亩,管理机构用地 9.5 亩,临时用地 5 894.03 亩;专项设施包括输变电工程设施、通信(广电)工程设施、军事设施及管道,共涉及专项管线 220 条/处,其中电力线路 79 条;通信(广电)线路 115 条、通信基站 2 处;军事光缆 2 处;各类管道 22 处。采取恢复、改建、保护、一次性补偿等处理方式进行专项处理。专业项目复建投资共 2 129.0 万元(含文物保护发掘费 242.3 万元)。

河南段涉及 13 家单位,其中濮阳县 8 家,开发区 3 家,示范区 2 家,均为补偿处理,补偿费用共计 966.9 万元。涉及农村居民拆迁 90 户、442 人;副业 125 家;单位 13 家;拆迁各类房屋 53 087.3 m²。本工程设计基准年为 2014 年,规划设计水平年为 2016 年,水平年生产安置人口 2 365 人。截至 2017 年末累计完成调查复核永久征地 9 406.8 亩(含原渠道土地面积),完成调查复核临时占地 4 919.4 亩。其中,濮阳县完成调查复核永久征地 5 388.0 亩,完成调查复核临时用地 3 810.00 亩;开发区完成调查复核永久征地 1 748.7 亩,完成调查复核临时用地 514.2 亩;示范区完成调查复核永久征地 256.7 亩,完成临时用地 18.2 亩;清丰县完成调查复核永久征地 1 839.2 亩,完成调查复核临时用地 575.7 亩。安阳内黄县永久征地 22.5 亩,临时用地 1.3 亩,详见表 1-1。

截至 2017 年 12 月 31 日,市指挥部根据征迁进度已下达县(区)建设征地移民安置补偿资金 82 638.0 万元。其中:濮阳县 45 993.0 万元(耕地占补平衡费 6 000 万元,耕地占有税 2 993 万元,机构开办费 93 万元,实施管理费 650 万元),占濮阳县批复资金的 84.8%;清丰县 11 163.3 万元(耕地占有税 321 万元,机构开办费 38 万元,实施管理费 108 万元),为清丰县批复资金的 95.5%;开发区 14 662.8 万元(耕地占有税 321 万元,机构开办费 45 万元,实施管理费 190 万元),占开发区批复资金的 95.3%;城乡一体化示范区 2 205.6 万元(其中耕地占有税 43 万元,机构开办费 10 万元,实施管理费 38 万元),占城乡一体化示范区批复资金的 97.8%。市属 1 598.4 万元,占总任务的 8.4%。已拨付资金达到 85.4%,详见表 1-2。

表 1-1　引黄入冀补淀工程(河南段)征迁进展情况统计表

县(区)	永久征地(亩)			临时用地(亩)		
	已完成	复核量	复核率	已完成	复核量	复核率
濮阳县	5 388.0	5 388.0	100%	3 810	3 810	100%
开发区	1 748.7	1 748.7	100%	514.2	514.2	100%
示范区	256.7	256.7	100%	18.2	18.2	100%
清丰县	1 839.2	1 839.2	100%	575.7	575.7	100%
内黄县	22.5	22.5	100%	1.3	1.3	100%
小计	9 255.1	9 255.1	100%	4 919.4	4 919.4	100%
市属	151.7	151.7	100%	0	1 293.9	0
合计	9 406.8	9 406.8	100%	4 919.4	6 213.3	79.20%

表 1-2　引黄入冀补淀工程 2017 年征迁资金拨付情况统计表

编号	分区	批复资金(万元)	已拨付资金(万元)	完成率(%)	备注
一	濮阳市	102 445.6	82 638.0	80.7	
1	濮阳县	54 228.7	50 690.8	93.5	
2	开发区	15 347.5	16 217.7	105.7	
3	示范区	2 315.3	2 218.5	95.8	
4	清丰县	11 414.7	11 912.6	104.4	含内黄
5	市属	19 139.4	1 598.4	8.4	含专项
二	占补平衡费		8 000.0		
三	临时用地占用税		3 846.3		
	合计	10 2445.6	94 484.3	85.4	

在搬迁安置方面,根据搬迁村民的意愿及县(区)政府(管委会)的认定,引黄入冀补淀工程搬迁安置均采取本村后靠安置,分为两种形式:后靠集中安置和分散安置。引黄入冀补淀工程占压房屋涉及人口搬迁的 15 个行政村 90 户,采取本村后靠集中安置的有濮阳县 3 个村,分别为南湖村 19 户、王月城村 20 户和毛寨村 17 户共 56 户;采取分散安置方式的有濮阳县 4 个村、开发区 5 个村、示范区 2 个村共 33 户;清丰县的一个村 1 户为一次性补偿安置。

在生产安置方面,由于引黄入冀补淀工程为线性工程,耕地占压面积小而分散,针对每村每户占压面积不大,且对生产不会产生太大影响,所以最终根据村委会及地方政府意见,开发区、示范区和清丰县均不再调整土地安置。濮阳县分为组内调地和不调整土地安置,同时对永久征用土地发放土地补偿款,并结合失地农民社会保障相关政策,使农民安置后生活水平不降低。对沉沙池占压耕地较多的南湖村,初设批复出村远迁安置,调整土地。但在实施规划阶段根据村民代表大会商议及县政府意见，并出具《关于引黄入冀补淀工程濮阳县段建设征地拆迁实物成果及安置方案认定意见的报告》（濮政文〔2016〕220号），不再调整土地安置。

截至 2017 年年底，引黄入冀补淀工程（河南段）征迁安置工作基本结束，整体安置效果较好。征迁安置工作过程中发现的问题，通过协调及时整改。在濮阳市指挥部的组织协调下，相关单位部门积极参与，采取多种形式就有关问题进行研究处理，找出符合实际的、多方都能够接受的方案，很好地解决了征迁工作问题，同时也保障了征迁工作进度和工程顺利建设。虽然现阶段建设征地拆迁安置已经取得了成功，但还有一些移民安置的后继工作需要加快进度，如永久用地的手续办理、临时用地的复垦与返耕、征迁变更手续的完善等。

二、工程建设区基本情况

引黄入冀补淀工程（河南段）涉及河南省濮阳市的清丰县、开发区、濮阳县、示范区，安阳市内黄县；河北省段涉及邯郸市魏县、肥乡、广平、曲周、鸡泽，邢台市平乡、广宗、巨鹿、宁晋、新河，衡水市冀州市、桃城区、武邑、武强，沧州市泊头、献县、肃宁、河间、任丘，保定市高阳。

（一）河南段基本情况

（1）自然地理概况。濮阳市位于河南省东北部，黄河下游，冀、鲁、豫 3 省交界处。东南部与山东省济宁市、菏泽市隔河相望，东北部与山东省聊城市、泰安市毗邻，北部与河北省邯郸市相连，西部与河南省安阳市接壤，西南部与河南省新乡市相倚。地处北纬 $35°20′0″ \sim 36°12′23″$，东经 $114°52′0″ \sim 116°5′4″$，东西长 125 km，南北宽 100 km。全市总面积为 4 188 km^2。

地貌系中国第三级阶梯的中后部，属于黄河冲积平原的一部分。地势较为平坦，自西南向东北略有倾斜，海拔一般在 48 ~ 58 m。濮阳县西南滩区局部高达 61.8 m，清丰县巩营镇里直集西南仅 44.2 m。平地约占全市面积的 70%，洼地约占 20%，沙丘约占 7%，水域约占 3%。濮阳境内有河流 97 条，多为中小河流，分属于黄河、海河两大水系。过境河主要有黄河、金堤河和卫河。另外，较大的河流还有天然文岩渠、马颊河、潴龙河、徒骇河等。

濮阳市位于中纬度地带，常年受东南季风环流的控制和影响，属暖温带半湿润大陆性季风气候。特点是四季分明，春季干旱多风沙，夏季炎热雨量大，秋季晴和日照长，冬季干旱少雨雪。光辐射值高，能充分满足农作物一年两熟的需要。年平均气温为 13.3 ℃，年极端最高气温达 43.1 ℃，年极端最低气温为 -21 ℃。无霜期一般为 205 d。年平均日照时数为 2 454.5 h，平均日照百分率为 58%。年太阳辐射量为 118.3 kcal/cm^2，年有效辐射量为 57.9 kcal/cm^2。年平均风速为 2.7 m/s，常年主导风向是南风、北风。夏季多南风，冬季多北风，春秋两季风向风速多变。年平均降水量为 502.3 ~ 601.3 mm。

濮阳市土地面积 4 188 km^2，其中耕地占 57.09%，人均 0.071 hm^2（1.07 亩）。其基本特征是：地势平坦，土层深厚，便于开发利用；垦植率较高，但人均占有量少，后备资源匮乏。濮阳市土地开发利用历史悠久。绝大部分已开辟为农田，土地垦殖率 87.5%。除生产建设和生活用地外,宜农而尚未开垦的荒地已所剩无几。濮阳市的土壤类型有潮土、风砂土和碱土3个土类,9个亚类,15个土属,62个土种。潮土为主要土壤,占全市土地面积的97.2%,分布在除西北部黄河故道区以外的大部分地区。潮土表层呈灰黄色,土层深厚,熟化程度较高,土体疏松,沙黏适中,耕性良好,保水保肥,酸碱适度,肥力较高,适合栽种多种作物,是农业生产的理想土壤。风砂土有半固定风砂土和固定风砂土两个亚类,主要分布在西北部黄河故道,华龙区、清丰县和南乐县的西部。风砂土养分含量少,理化性状差,漏水漏肥,不利耕作,但适宜植树造林,发展园艺业。碱土只有草甸碱土一个亚类,主要分布在黄河背河洼地。碱土因碱性太强,一般农作物难以生长,改良后可种植水稻。

(2)经济发展基本概况。引黄入冀补淀工程(河南段)主要影响到濮阳市濮阳县、开发区、城乡一体化示范区、清丰县4个县(区)的32个行政村。濮阳市位于河南省东北部,黄河下游,北与河北省邯郸市交界,西与安阳市、滑县、汤阴县接壤,西南与长垣县毗邻,东与山东省泰安市、济宁市接壤,东北与山东省聊城市接壤,东南与山东省济宁市、菏泽市接壤,是连接山东、河北的重要城市。近年来,濮阳市经济迅速,各项经济指标均有较大幅度增加,主要经济指标表详见表1-3。

表1-3 工程涉及市县(区)主要经济指标(2016年情况)

地区经济指标	生产总值(亿元)	第一产业增加值(亿元)	第二产业增加值(亿元)	第三产业增加值(亿元)	财政收入(亿元)	农民年人均纯收入(元)	城镇居民年可支配收入(元)	人均生产总值(元)
濮阳市	1 253.61	158.07	840.81	254.73	108.12	8 828	23 766	34 895
濮阳县	316	38.7	229.4	47.9	16	9 205	20 977	27 315
开发区	70	13	40	17	6	8 173	23 767	—
清丰县	164	38	96	30	8	9 120	17 172	25 816
示范区	—	—	—	—	—	—	—	—

濮阳位于中原经济区、京津冀经济区和山东半岛蓝色经济区的交汇处,是河南省距离港口最近、最便捷的省辖市,是中原经济区的重要出海通道和对外开放的前沿城市。

此外,濮阳还是国家重要的商品粮生产基地,粮棉油主产区之一。石油、天然气、盐、煤等地下资源丰富,是中原油田所在地,是国家重要的石油化工基地、石油机械装备制造基地。濮阳发展优势明显,投资条件良好,是中部最具发展活力的地区之一。

(3)社会基本情况。濮阳市辖2区5县,即华龙区、开发区、濮阳县、清丰县、南乐县、范县、台前县。2012年8月,河南省委省政府正式批复成立濮阳市城乡一体化示范区,成为全市新型城镇化的龙头,全市经济社会发展新的增长极。

濮阳市交通便利。正在建设的晋豫鲁铁路通道横穿濮阳市,在台前县与京九铁路交汇,列入《中原经济区规划》的郑济客专境濮阳在华龙区设站,与已开工的郑渝客专连成一线,将形成我国西南腹地到东北沿海的客运通道;规划的菏泽—濮阳—邯郸铁路向两端延伸,将形成我国西北直通东南沿海地区的另一条便捷铁路运输通道。大广高速、德商高速、106国道、212省道贯穿南北,南林高速、范辉高速、101省道横穿东西。距濮阳仅半小时车程的豫东北机场即将开工建设。

濮阳是中华民族发祥地之一,是国家历史文化名城。人文资源丰富,上古文化(颛顼遗都)、春秋文化(卫国都城)、杂技文化(中华杂技之乡)、龙文化(中华龙都)、字文化(字圣故里)、姓氏文化(张姓祖根地)、民间工艺(麦秆画、草辫)、红色文化(冀鲁豫边区革命根据地)、油田文化等交相辉映,共同形成濮阳厚重的历史文化底蕴。

在人口方面,2016年全市总人口389.93万人,常住人口360.10万人。出生人口4.45万人,出生率11.4‰,死亡人口2.43万人,死亡率6.2‰;自然变动净增人口2.02万人,自然增长率5.2‰。全市城镇化率达到38.5%。

在教育方面,2016年普通高等学校招生0.23万人,在校生0.81万人,毕业生0.39万人。中等职业技术教育招生1.63万人,在校生5.15万人,毕业生1.70万人。普通高中招生2.28万人,在校生6.56万人,毕业生1.98万人。初中学校招生5.89万人,在校生17.54万人,毕业生4.22万人。普通小学招生7.61万人,在校生37.74万人,毕业生5.90万人。"两免一补"安排资金4.10亿元,资助困难学生3.40万人次。

濮阳市社会治安形势总体稳定,但由于各项改革正向纵深推进,社会利益关系错综复杂,因利益调整问题,局部仍存在发生突发性事件的可能性。引黄入冀补淀工程(河南段)移民安置生产生活水平监测评估本底调查报告中发现,工程影响各县(区)近3年均无较大规模群体性事件或信访事件,但在征地拆迁和土地调整方面容易引发群众上访事件,此次工程建设在此方面应当倍加重视;工程影响县(区)都具备非常完善的维稳机制,包括维稳工作责任机制、情报搜集研判机制、矛盾纠纷排查机制、社会稳定风险评估机制、网络舆情监控机制、应急处置机制、综合治理考评奖惩机制等。

(二)河北段基本情况

(1)自然地理概况。本次河北段的工程涉及地区主要位于河北省中南部的邯郸、邢台、衡水、沧州、保定5市。

河北省环抱首都北京,地处东经113°27′~119°50′,北纬36°05′~42°40′。总面积187 693 km²,省会石家庄市。北距北京283 km,东与天津市毗连并紧傍渤海,东南部、南部衔山东、河南两省,西倚太行山与山西省为邻,西北部、北部与内蒙古自治区交界,东北部与辽宁省接壤。

河北省地势西北高、东南低,由西北向东南倾斜。地貌复杂多样,高原、山地、丘陵、盆地、平原类型齐全,有坝上高原、燕山和太行山山地、河北平原三大地貌单元。坝上高原属蒙古高原一部分,地形南高北低,平均海拔1 200~1 500 m,面积15 954 km²,占全省总面积的8.5%;燕山和太行山山地,包括中山山地区、低山山地区、丘陵地区和山间盆地区4种地貌类型,海拔多在2 000 m以下,高于2000 m的孤峰类有10余座,其中小五台山高达2 882 m,为全省最高峰,山地面积90 280 km²,占全省总面积的48.1%;河北平原区是华北大平原的一部分,按其成因可分为山前冲洪积平原区、中部中湖积平原区和滨海平原区3种地貌类型,全区面积81 459 km²,占全省总面积的43.4%。

河北省地处中纬度欧亚大陆东岸,位于我国东部沿海,属于温带湿润半干旱大陆性季风气候,本省大部分地区四季分明,寒暑悬殊,雨量集中,干湿期明显,具有冬季寒冷干旱,雨雪稀少;春季冷暖多变,干旱多风;夏季炎热潮湿,雨量集中;秋季风和日丽,凉爽少雨的特点。省内总体气候条件较好,温度适宜,日照充沛,热量丰富,雨热同季,适合多种农作物生长和林果种植。

(2)社会及经济发展基本概况。本工程中,河北省5市涉及地区人口总数约为641万人。在社会资源中,劳动力资源雄厚是河北省的重要特点,进入20世纪80年代以后,由于广开就业门路,农村乡(镇)企业大发展,城乡第三产业日益兴旺,劳动就业面增宽,为社会创造了大量财富。河北社会资源另一优势是旅游资源丰富,境内历史名胜古迹星罗棋布,全省列为国家和省级重点文物保护单位的古建筑、古遗址等有304处,出土文物数量占全国总数的1/6,自然景观和人文景观皆具深层开发潜力。

根据2016年年底的初步核算,全年河北省生产总值31 827.9亿元,按可比价格计算,比上年增长6.8%。其中,第一产业增加值3 492.8亿元,增长3.5%;第二产业增加值15 058.5亿元,增长4.9%;第三产业增加值13 276.6亿元,增长9.9%。

三、工程征迁范围及影响

(一)工程征迁范围

引黄入冀补淀工程建设征地范围包括渠道工程用地、建筑物工程用地、管理用地等永久用地,其中渠道工程用地包括渠道工程用地、巡视道路用地,建筑物工程用地包括倒虹吸、沉沙池和桥梁引道用地。施工临时用地包括施工营地(含生活及文化福利设施、仓库、油库、混凝土及砂石料堆放场、施工机械保养站、钢木加工厂、风水电系统等用地)、施工道路、弃渣场、临时堆土场、导流渠等用地。

工程用地范围涉及濮阳市濮阳县、开发区、城乡一体化示范区、清丰县4个县(区)以及安阳市内黄县,其中涉及濮阳县35个行政村、开发区31个行政村、城乡一体化示范区5个行政村、清丰县28个行政村和内黄县2个行政村共计101个行政村以及单位用地、公路及水域等国有土地。按所占土地的用途,分为渠道工程用地、建筑物工程用地、施工用地、管理机构用地四部分;按土地的用地性质分为永久征地和临时用地。

永久征地。本工程永久征地范围采用由工程设计施工图设计阶段确定的成果,包括渠道工程用地、建筑物工程用地、管理用地,其中建筑物工程用地包括倒吸虹、沉沙池和桥梁引道用地。

渠道工程用地:扩(改)建渠道,填方渠段以左右外坡脚线外扩3 m作为永久占地边线,挖方渠段以左右外河口线外扩1 m作为永久占地边线。

巡视道路用地:本工程为长距离线性输水工程,为便于渠道工程管理、调度运行,在渠道一侧设置巡视道路。

结合原渠道两侧现有道路情况、渠道扩挖改建占压原有道路的情况以及渠道附近可供利用的道路情况,对沿渠巡视道路本着尽量利用已有、力求全线贯通的原则,基本将渠道沿线的道路贯通,为工程管理运行创造了条件。

对于堤路联合布置的渠段,由于将道路由地面抬高至堤顶,高出地面3 m左右,为保证交通安全,需在堤顶道路两侧布置警示桩或栏杆。

建筑物工程用地:倒吸虹以建筑物轮廓线外扩15 m作为永久征地范围界线;渠系节制闸、分水闸均位于渠道范围内,以渠道占地线控制;桥梁引道在渠道永久征地范围以外的部分,以引道外坡脚外扩 1 m 作为永久征地范围界线。

管理机构用地:根据工程管理规划,设管理段 3 个,按行政区划分为渠首段、濮阳县段和清丰县段,每处占地面积分别为 1.5 亩、4 亩、4 亩,管理机构用地面积共 9.50 亩。

临时用地。以初步设计为基础,根据施工图阶段的施工组织设计确定施工临时用地。临时用地范围包括施工营地(含生活及文化福利设施、仓库、油库、混凝土及砂石料堆放场、施工机械保养站、钢木加工厂、风水电系统等用地范围)、施工道路、弃渣场、临时堆土场、导流渠等用地。

工程占地具体情况如表 1-4 所示。

表 1-4 主要实物指标和投资基本情况表

行政区		户数(户)	人口(人)	土地(亩)			房屋(m²)	投资(万元)
				合计	永久	临时		
濮阳市	濮阳县	73	366	9 029.8	5 328.7	3 701.1	40 869.9	54 228.7
	开发区	13	58	2 179.7	1 731.9	447.8	8 422.6	15 347.5
	示范区	3	13	270.8	256.3	14.5	944.0	2 315.2
	清丰县	1	5	2 326.2	1 836.7	489.5	2 850.7	11 297.1
	市属	—	—	1 391.3	151.7	1 239.6	—	19 139.4
濮阳市合计		90	442	15 198.0	9 305.3	5 892.7	53 087.3	102 327.9
安阳市内黄县		—	—	23.8	22.5	1.3	—	117.6
工程总计		90	442	15 221.8	9 327.8	5 894.0	53 087.3	102 445.6

工程总用地面积 15 221.8 亩,其中永久征地 9 327.8 亩(包括管理机构用地 9.5 亩),临时用地 5 894.0 亩;涉及农村居民拆迁 90 户、442 人;副业 125 家;单位 13 家;拆迁各类房屋 53 087.3 m²;影响专项管线 220 处。

本工程征地补偿和拆迁安置设计基准年为 2014 年,规划设计水平年为 2016 年。基准年生产安置人口 3 936 人;规划水平年生产安置人口 3 985 人;基准年拆迁房屋搬迁安置 442 人,沉沙池征地外迁安置搬迁 864 人,规划水平年搬迁安置人口 1 318 人。

(二)工程征地拆迁安置影响

1. 积极影响

引黄入冀补淀工程的兴建对河南、河北以及白洋淀的可持续发展都有着重要意义。引黄入冀补淀工程濮阳段投资 22.7 亿元,是濮阳市建市以来投资规模最大的水利基础设施项目。对濮阳市带来的经济社会效益更是不言而喻。

(1)供水作用。具体表现为:一是向工程沿线部分地区农业供水,缓解沿线地区农业灌溉缺水及地下水超采状况;二是为白洋淀实施生态补水,保持白洋淀湿地生态系统良性循环;三是乡村供水管道的修建,改善了乡村居民生活用水环境,提高了农村居民的生活质量;四是可作为沿线地区抗旱应急备用水源。

(2)经济效益。建设期间,每年可拉动濮阳市经济增长 1 个百分点,而且还具有直接经济效益。一是向濮阳市缴纳各种税费 4.8 亿元,包括耕地占用税、耕地占补平衡费、社保费、森林植被恢复费、施工建筑税等。二是节约濮阳市第三濮清南老渠道占地3 278 亩的征地及补偿费2.6 亿元,过去以租代征的第三濮清南渠道占地遗留问题得到了彻底解决。三是工程建成投入使用后,按设计濮阳市每年向河北供水6.2 亿 m³,因此濮阳市还有一定数额的水费收益。引黄入冀补淀工程是拉动濮阳市经济增长的重点工程。当前,濮阳市正处于"保持态势、创新优势、转型升级、赶超发展"的关键时期,稳增长、保态势的任务艰巨。从客观形势上看,濮阳市和全国一样,出口、消费的拉动作用不够明显,产业投资、房地产投资相对乏力,这就要求必须充分发挥基础设施投资的主力军作用。工程的建设必将对濮阳市经济增长产生强有力的拉动作用。

(3)社会效益。引黄入冀补淀工程是促进濮阳市农业发展的基础工程。引黄入冀补淀工程效益区涉及濮阳市濮阳县、开发区、华龙区、城乡一体化示范区、清丰县、南乐县6个县区,受益区面积达193 万亩,占全市总耕地面积的近1/2。工程选定的输水线路是:恢复渠村老引黄闸,扩建南湖干渠和第三濮清南干渠,现渠道上的建筑物全部改建。工程的兴建,输水量加大,水位提高,将改变现有工程输水能力差、建筑物功能衰减的状况,有效改善濮阳市农业灌溉条件,清丰、南乐由引水下游变为上游,解决了清丰、南乐两县西部用水困难问题,更好地满足濮阳市农业灌溉需求,为濮阳市农业发展、农民增收提供水利支撑。濮阳人民受益于黄河,正是由于濮阳的区位优势和濮阳市黄河北岸的悬河特点决定了引黄入冀补淀工程的渠首在濮阳,上游在濮阳。濮阳市地形地势是南高北低、西高东低,引黄入冀补淀工程沿我市西部边陲呈南北走向,工程的建成将成为濮阳市水系水网建设的骨干工程。

(4)引黄入冀补淀工程是改善濮阳市生态环境的民生工程,会带来影响深远的环境效应。水利工程是绿色工程,是生态工程,是民生工程,是国民经济的基础产业。该工程在濮阳市新建渠道20 km,改扩建渠道64 km,使第三濮清南干渠引水流量由目前10～25 m³/s 每秒提高到62～100 m³/s。这不仅能够大大增强城市水系的供水能力,有效改善水体水质,补充地下水源,而且还将构建起濮阳市水网的基础,在濮阳市西部形成一条亮丽的水生态走廊,成为濮阳市水生态的基线,为进一步加快生态城市建设、提升濮阳生态宜居水平发挥重大作用。

2. 不利影响

大型水利水电工程难免给当地社会、经济、环境等带来一定暂时性的不利影响,具体表现为:一是从影响程度看,工程区特别是河南省段沉沙池永久征用耕地面积大,村民经济损失大;二是从土地征收来看,由于工程永久征用的土地质量相对较好,多数为耕地,导致当地生活水平受到一定影响;三是从社会民情看,移民搬迁安置,使社会关系变化,经济将有所变化;四是从环境来看,工程的修建对当地自然、社会环境会带来一定的负面影响。

第四节　研究内容和研究方法

一、研究内容

根据研究目的,总结研究主要是围绕引黄入冀补淀工程河南段的工程建设征迁安置过程、梳理工程决策过程、开工上马的背景,回顾 2015 年年底工程建设开始到征迁安置基本完成的历程,系统、全面梳理工程征迁工作的规划设计、实施管理以及工程征迁安置取得的成效,分析工程征迁安置工作的得失,归纳经验、教训、不足。主要研究任务如下:

(1)通过回顾河南省引黄入冀补淀工程移民安置全过程,展示项目前期决策过程以及决策背景;揭示引黄入冀补淀工程征迁安置工作的特点;系统、全面、翔实记录工程前期的工作成果、工程实施管理过程。

(2)对引黄入冀补淀工程征地补偿和拆迁安置政策体系进行梳理,对政策执行状况进行调查分析、评估,客观评价引黄入冀补淀工程征迁政策的实施情况和实施效果。

(3)调查分析可研、初设、实施规划阶段的征迁安置规划,对比分析其变化,并全面调查实施过程中的项目变更,分析程序、变更项目是否合规、合理,分析项目变更的原因。

(4)总结征地补偿和拆迁安置资金筹集、拨付及管理,调查征迁资金的使用范围和使用情况。

(5)对工程征迁安置实施管理进行全面调查,梳理实施管理体系、制度建设、运行机制及管理活动过程,管理活动中的决策方式、方法,评价管理机构运行效率,尤其是对指挥部管理模式在行政管理改革背景下如何运行、运行效果进行剖析。

(6)对引黄入冀补淀工程监督评估方法的工作机制和运行成果进行调查,分析出其监督评估机构组织、制度建设、工作程序、工作方式,以及对征迁安置实施的管理作用进行评价。

(7)依据国家《大中型水利水电工程征地补偿和移民安置条例》,对引黄入冀补淀工程(河南段)的征迁安置工作进行全面评价;总结工程征迁工作的经验、教训、不足。

二、研究方法与技术路线

(一)研究方法

根据研究内容,主要运用文献分析法、调查分析法、比较分析法和演绎法对引黄入冀补淀工程建设征迁安置工作进行系统梳理和总结。

(1)文献分析法。主要指收集、鉴别、整理文献,并通过对文献的研究,形成对事实科学认识的方法。本书在全面收集有关水利水电工程移民安置实施评价研究资料、法律法规、规范规程和政策性文件、工程征地补偿和移民安置规划设计文件、工程征迁安置实施管理文件、监督评估相关资料、总结性资料、地方社会经济发展资料等文献资料的基础之上,经过归纳整理、分析鉴别,对工程征迁安置规划和实施过程进行分析,进一步明确研究思路,梳理政策体系,为总结评价思路、技术路线、梳理政策体系提供基础。

(2)调查分析法。指的是为了达到设想的研究目的,制订调查方案,提供实地调查、观察,全面或比较全面地收集研究对象的各种材料,了解研究对象的客观事实,并作出分析、比较,得出结论的研究方法。运用调查分析法可以是全面把握当前的状况,揭露现实存在的问题,暴露矛盾、冲突,弄清前因后果,为进一步研究或决策提供观点和论据,通过深入分析内外部的各种矛盾和冲突,也可以为部门制定政策、规则提供事实依据。

调查分析法具体包括问卷法、访谈法、观察法。问卷法是通过由一系列问题构成的调查表收集资料以测量人的行为和态度的方法。如从征迁户中按照一定的方法抽取一定的样本,了解受征迁影响群众的看法、征迁安置实施过程存在的问题、生产生活恢复状况等。访谈法是指通过访员和受访人面对面地交谈来了解受访人的心理和行为的心理学基本研究方法。因研究问题的性质、目的或对象的不同,访谈法具有不同的形式。根据访谈进程的标准化程度,可将它分为结构型访谈和非结构型访谈。如对引黄入冀补淀工程征迁安置指挥部、监理部门、设计部门以及濮阳市下属县乡的指挥部及政府基层部门进行了访谈,了解了征迁安置实施管理中存在的问题、矛盾、冲突,以及解决过程;对征迁户进行访谈了解他们参与安置的过程,以及对实施政策和管理的看法,通过交谈、口述过程获得相关的一手数据和文献资料,为总结评价提供依据。

(3)比较分析法。是运用发展、变化的观点分析客观事物和社会现象的方法。客观事物是发展、变化的,分析事物要把它发展的不同阶段加以联系和比较,才能弄清其实质,揭示其发展趋势。有些矛盾或问题的出现,总是有它的根源,在分析和解决某些问题的时候,只有追根溯源,弄清它的来龙去脉,才能提出符合实际的解决办法。比较分析法通过纵向比较解释工程征迁安置实施进展,将各阶段放在不同背景下,分析客观现象发生的原因,通过横向与其他类似项目进行对比,可以发现本工程征迁工作的特征、经验、不足。

(4)演绎法。演绎推理是由一般到特殊的推理方法。与"归纳法"相对。推论前提与结论之间的联系是必然的,是一种确实性推理。运用此法研究问题,首先要正确掌握作为指导思想或依据的一般原理、原则;其次要全面了解所要研究的课题、问题的实际情况和特殊性;然后才能推导出一般原理用于特定事物的结论。演绎法包含三个部分:大前提——已知的一般原理,小前提——所研究的特殊情况,结论——根据一般原理,对特殊情况作出判断。本工程在大前提——水利水电工程移民政策和基本理论下,充分分析工程征迁实施的小前提——引黄入冀补淀工程征迁工作的特殊性,如何分析得出结论——本工程征迁工作何以如此。

首先,需要对项目可研、初设、实施规划中的建设用地、生活安置、生产安置等进行梳理,同时整理其变更程序和具体的变更条目;其次,比较工程建设前后、征迁安置前后对于项目区的改变,从而更加明确地看出工程建设带来的变化和征迁的影响,知晓安置实施情况是否达到不低于原先生活标准和让群众满意的和谐征迁;最后,因为引黄入冀补淀工程的建设具有工期短、要求高等特点,以及本工程的征迁安置实施管理有一些实践探索,比如说其资金拨付方面的清单制,指挥部的联席会、晨会制等管理实施方式,分析其实施管理创新环境。比较其与其他工程征迁的不同,归纳其异质性及创新性。

(二)技术路线

技术路线是指研究者对要达到研究目的、研究内容,准备采取的技术手段、具体步骤及解决关键性问题的方法等在内的研究途径。研究技术路线应尽可能详尽,每一步骤的关键点要阐述清楚并具有可操作性,要方法、手段和内容密切结合,研究步骤清晰可行。根据本课题研究的目的、内容和方法,研究的总体步骤是:项目立项→制定研究工作大纲→文献、政策资料收集、分析→调查研究→资料收集与整理分析→征迁安置工作客观描述→实施效果评价→总结→编写报告。研究技术路线见图1-4。

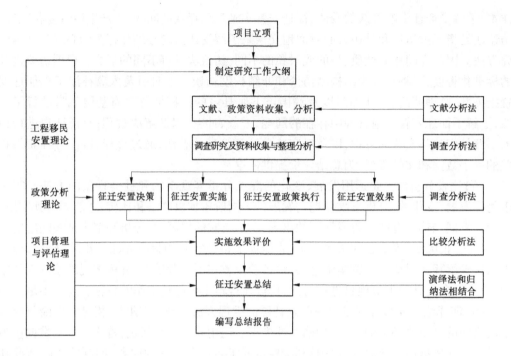

图 1-4 研究技术路线

参考文献

[1] 米雪燕. 国内外水利水电工程移民政策对比分析研究[J]. 水电与新能源,2015(7):60-63.

[2] 谢伟光. 水库移民安置实施管理研究[D]. 南京:河海大学,2005.

[3] 冯时,禹雪中,廖文根. 国际水利水电工程移民政策综述及分析[J]. 中国水能及电气化,2011(7):18-26.

[4] 孙汉民,王延刚. 水库移民工作的法律体系、政策及水库移民的安置方式[J]. 黑龙江水利科技,2006(3):137-138.

[5] 施国庆,陈绍军,苟厚平. 中国移民政策与实践[M]. 银川:宁夏人民出版社.2011.

[6] 杨贵平,肖蕾. 水电移民安置补偿"16118"政策实践分析[J]. 水力发电,2012,38(11):11-12.

[7] 张绍山. 水库移民后期扶持政策综述[J]. 河北水利水电技术,2003(3):1-3.

[8] 丛俊良,谭振东,潘枫. 我国现行水库移民后期扶持政策刍议[J]. 黑龙江水利科技,2011,39(3):255-256.

[9] 李晓明,焦慧选. 如何做好水库移民后期扶持项目[J]. 河南水利与南水北调,2010(7):157-158.

[10] 王斌,龚和平,等. 创新农村移民安置方式研究[J]. 水力发电,2008,34(11):15-19.

[11] 孔令强,施国庆. 水电工程农村移民入股安置模式初探[J]. 长江流域资源与环境,2008,17(2):185-189.

[12] 段跃芳. 水库移民补偿理论与实证研究[D]. 武汉:华中科技大学,2003.

[13] 沈际勇. 参与约束、交易费用与"前期补偿后期扶持"的水库移民补偿模式[J]. 水力发电学报,2010,29(2):80-84.

[14] 樊启祥,陆佑楣,强茂山,等. 可持续发展视角的中国水电开发水库移民安置方式研究[J]. 水力

发电学,2010,29(2):80-84.

[15] 张娜,孙中艮.水库移民新型组合安置方式研究[J].人民长江,2011,42(S2):185-187.

[16] 徐俊新,施国庆,郑瑞强.水库移民和谐管理模式探讨[J].湖北社会科学,2008(5):66-69.

[17] 施国庆.移民迁建与发展——百色水利枢纽云南库区移民实践与探索[M].南京,河海大学出社.
2012.

[18] 余勇,姚亮.三峡工程库区农村移民安置管理[J].人民长江,2010,41(23):35-40.

[19] 李连栋.黄河小浪底移民安置实施与管理[J].水利经济,2002,(3):13-17.

[20] 谢伟光,张静波.尼尔基水利枢纽工程移民安置实施管理[J].水力发电,2005(11):22-25.

[21] 方长荣.论江垭水库移民安置特点及管理模式[J].水利经济,2002,(4):64-67.

[22] 刘平.皂市水利枢纽移民安置方案与实施管理[J].水利技术监督,2004,(5):24-25.

[23] 何汉生,康引戎.用科学发展观做好水利工程建设移民安置规划[J].人民长江,2007(11):10-12.

[24] 齐美苗,蒋建东.三峡工程移民安置规划总结[J].人民长江,2013,44(2):16-20.

[25] 尹忠武.水利水电工程建设征地移民安置规划设计[J].中国水利,2011(2):18-20.

[26] 金斌.水库工程移民安置研究[D].西安:西安理工大学,2009.

[27] 李德启,张辛,李娜.南水北调中线干线工程征迁安置监理工作探讨[J].南水北调与水利科技,
2008,6(S2):152-156.

[28] 左萍,杨建设,杨涛.水利水电工程移民安置监督评估内容探讨[J].人民黄河,2011,33(12):132-
133.

[29] 韩振燕,郎晓苏,童晓军.河南省丹江口库区移民迁安监督管理体系研究[J].水利经济,2014,32
(3):58-62.

[30] 张元节.新形势下水库移民监督评估研究[D].郑州:华北水利水电大学,2017.

[31] 杨帆.水库移民安置监测与评估方法研究[D].天津:天津大学,2006.

[32] 黄建文,王东,廖再毅,等.基于云模型的水库移民安置效果评价研究[J].水力发电,2017,43(8):
14-17.

[33] 李海芳.珊溪水库移民收入与生活水平恢复定量分析[J].水利学报,2001(3):37-40.

[34] 强茂山,汪洁.基于生活水平的水库移民补偿标准及计算方法[J].清华大学学报(自然科学版),
2015,55(12):1303-1308.

[35] 周少林,李立.关于水库移民补偿方式的思考[J].人民长江,1999(11):1-2.

[36] 汪洁,强茂山.基于生活水平的水库移民补偿范畴研究[J].水力发电学报,2015,34(7):74-79.

[37] 崔广平.论水库移民补偿的立法完善[J].中国流通经济,2005(3):63-66.

[38] 2017年中水北方引黄入冀补淀工程征地补偿和移民安置监理年报。

[39] 陈振明.政策科学:公共政策分析导论[M].北京:中国人民大学出版社,2003.

[40] 林永波,张世贤.公共政策[M].台北:五南图书出版社,1988.

第二章　调水工程及征地拆迁安置特征

调水工程是采用工程技术措施,从水源地通过取水建筑物、输水建筑物引水至需水地的一种水利工程,是解决水资源时空分布不均,合理、充分利用水资源的工程手段。水利是农业的命脉,尤其是中国这个农业人口大国,"水利灌溉、河防疏泛"是兴国之大事。在中国古文明中,治水是其辉煌的一面。古代遗留下的四大水利工程,至今还造福于中国人民,其中都江堰、灵渠和新疆坎儿井是典型的调水工程。就中华人民共和国成立后,为解决部分地区水资源紧张和时空分布不均问题,我国相继修建了30余项大型跨流域调水工程,如东深供水、引滦入津、引滦入唐、引黄济青、引黄入晋、东北的北水南调工程、引江济太、引大入秦、引碧入连、引江入淮、南水北调东线、中线等,为受水区域的经济发展和生态环境建设发挥了显著的作用。

调水工程建设需要征收大量的土地,征用大量临时用地,而且工程建设和运行对沿线原有的基础设施、灌排体系、自然汇水渠道产生较大的破坏作用,对当地的社会、经济以及环境产生直接或间接的影响。尤其是征地拆迁安置,既是征地拆迁政策实施,也是事关失地农民生产、生活恢复,以及区域社会经济影响恢复和发展,是一个复杂的问题和实施过程。

第一节　调水工程的特征

一、典型调水工程

(一)南水北调工程

南水北调工程总体规划东线、中线和西线三条调水线路。通过三条调水线路与长江、黄河、淮河和海河四大江河的联系,构成以"四横三纵"为主体的总体布局,以利于实现我国水资源南北调配、东西互济的合理配置格局。东线工程:利用江苏省已有的江水北调工程,逐步扩大调水规模并延长输水线路。东线工程从长江下游扬州抽引长江水,利用京杭大运河及与其平行的河道经13级泵站逐级提水北送,并连接起调蓄作用的洪泽湖、骆马湖、南四湖、东平湖。出东平湖后分两路输水。一路向北,在经山东位山附近经隧洞穿过黄河;另一路向东,经济南通过胶东地区输水干线输水到烟台、威海。中线工程从丹江口水库加坝扩容后,在陶岔渠首闸引水,沿唐白河流域西侧过长江流域与淮河流域的分水岭方城垭口后,经黄淮海平原西部边缘,在郑州以西孤柏嘴处穿过黄河,继续沿京广铁路西侧北上,自流到河北、北京、天津。西线工程在长江上游通天河、支流雅砻江和大渡河上游筑坝建库,开凿穿过长江与黄河的分水岭巴颜喀拉山的输水隧洞,调长江水入黄河上游。西线工程的供水目标主要是解决涉及青、甘、宁、内蒙古、陕、晋等6省(自治区)黄河上中游地区和渭河关中平原的缺水问题。结合兴建黄河干流上的骨干水利枢纽工程,还可以向邻近黄河流域的甘肃河西走廊地区供水,必要时也可相机向黄河下游补水。工程主要由蓄水工程、输水工程、枢纽工程和供电工程组成。

南水北调东线一期工程 2013 年 8 月 15 日通过全线通水验收,工程具备通水条件,2013 年 12 月 8 日全线通水。东线工程全长 1 467 km,设计年抽江水量 87.7 亿 m³,供水范围涉及江苏、安徽、山东 3 省的 71 个县(市、区),直接受益人口约 1 亿,总投资 533 亿元。

南水北调中线一期工程 2014 年 12 月 12 日正式通水。南水北调中线一期工程于 2003 年 12 月 30 日开工建设。工程从丹江口水库调水,沿京广铁路线西侧北上,全程自流,向河南、河北、北京、天津供水,包括丹江口大坝加高、渠首、输水干线、汉江中下游补偿等内容。干线全长 1 432 km,年均调水量 95 亿 m³,沿线 20 个大中城市及 100 多个县(市)受益。作为缓解北方地区水资源严重短缺局面的重大战略性基础设施,南水北调工程规划分东、中、西三条线路从长江调水,横穿长江、淮河、黄河、海河四大流域,总调水规模 448 亿 m³,供水面积达 145 万 m²,受益人口 4.38 亿。

工程征地拆迁安置涉及北京、天津、山东、江苏、河北、河南、湖北等 7 个省(直辖市),100 多个县,共需永久占地 100 多万亩,临时用地 50 万亩,仅中线工程移民迁安近 42 万人,其中丹江口库区移民 34.5 万人。另外,东、中线输水干线还有约几十万农村人口虽然房屋不拆迁,但由于承包地被占用,大部分需要通过调整土地进行生产安置;少部分被占地村(约 16%)因附近无法调剂土地而需要搬迁安置。南水北调工程布置示意图见图 2-1。

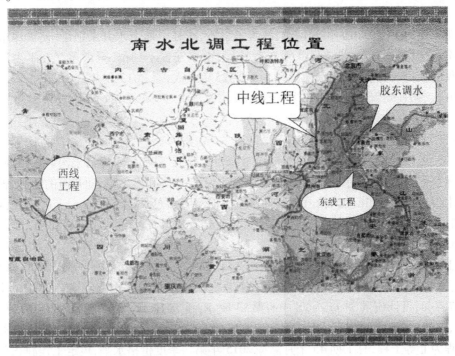

图 2-1　南水北调工程布置示意图

（二）引滦入津

20世纪70年代末，天津遭遇半个世纪以来最严重的水荒，由于经济迅速发展，人口剧增，用水量急剧加大，而主水源海河的上游由于修水库、灌溉农田等原因，流到天津的水量大幅度减少，造成天津供水严重不足。天津面临水源断绝，城市用水量由原来的每天180万 m^3 降到100万 m^3，后又压缩到70万 m^3。人民生活用水由原来每人每天70 kg降到65 kg，并且还是含1 000多mg/kg氯化物的苦涩咸水。工业生产用水由原来77万 m^3/d降到45万 m^3/d，天津第一发电厂被迫停止发电，纺织、印染、造纸等用水大户随时面临停产威胁。

1981年8月，党中央、国务院决定兴建引滦入津工程。滦河在距天津几百里外的河北省迁西县和遵化地区，引滦入津就是把滦河上游、河北省境内的潘家口和大黑汀2座水库的水引进天津市。引水渠全长234 km，中间还要在滦河和蓟运河的分水岭处开凿一条逾12 km长的穿山隧洞，需治理河道100多km，开挖64 km的专用水渠。为了早日造福天津人民，天津市委、市政府下令：1983年必须把滦河水引到天津。

工程于1982年5月11日动工，于1983年9月11日建成。整个工程由取水、输水、蓄水、净水、配水等工程组成。工程自大黑汀水库开始，通过输水干渠经迁西、遵化进入天津市蓟县于桥水库，再经宝坻区至宜兴埠泵站，全长234 km。分两路进入天津市：一路由明渠入北运河、海河；另一路由暗渠、暗管入水厂。输水总距离为234 km，年输水量10亿 m^3，最大输水能力60～100 m^3/s。主要工程包括河道整治、进水闸枢纽、提升和加压泵站、平原水库、大型倒虹吸、明渠、暗渠、暗管、净水厂、公路桥，以及农田水利配套、供电、通信工程等。引滦入津工程示意图见图2-2。

工程缓解了天津市的供水困难，改善了水质，减轻了地下水开采强度，使天津市区地面下沉趋于稳定。但也带来了大量工程移民，由于安置不到位，至今还存在不少移民问题。仅潘家口、大黑汀2座水库就产生移民25 720人，至2013年年底，移民人口发展至41 256人，搬迁安置涉及唐山市17个县（市）、区，169个乡（镇），1 504个村（整建制村75个）。

（三）鄂北地区水资源配置工程

鄂北地区水资源配置工程以丹江口水库为水源，自丹江口水库清泉沟取水，自西北向东南横穿鄂北岗地，沿途经过襄阳市的老河口市、襄州区和枣阳市，随州市的随县、曾都区和广水市，止于孝感市的大悟县王家冲水库。输水线路总长269.67 km，工程全线自流引水，利用受水区36座水库进行联合调度，设24处分水口，设计供水人口482万，灌溉面积363.5万亩。

工程由取水建筑物、输水明渠、暗涵、隧洞、倒虹吸、渡槽、节制闸、分水闸、检修闸、退水闸、排洪建筑物、公路（铁路）交叉及王家冲水库扩建等工程组成。渠首工程设计水位为147.7 m，设计流量38 m^3/s，其中明渠53段、暗涵38座、隧洞55座、倒虹吸10座、渡槽23座，节制闸、分水闸（阀）、检修闸和退水闸等59座，排洪建筑物20座。鄂北水资源配置工程为Ⅱ等工程，总工期45个月。按2015年第二季度价格水平，核定工程静态总投资为177亿元，总投资为180亿元。

2015年10月22日，鄂北地区水资源配置工程拉开全面开工建设的序幕。截至2016

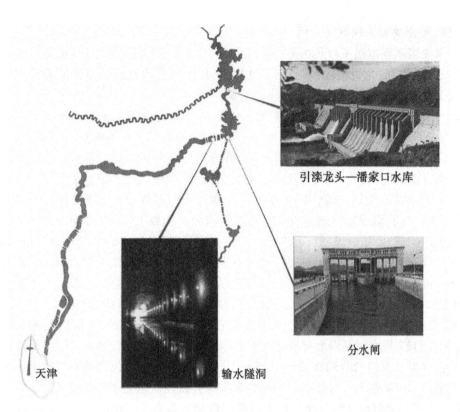

引滦龙头—潘家口水库

输水隧洞

分水闸

图 2-2　引滦入津工程示意图

年 2 月中旬,工程投资累计完成金额 12.2 亿元。完成永久征地 1 650 亩,临时征地 6 500 亩,征地拆迁综合进度达到 82%。从丹江口清泉沟纪洪隧洞到大悟王家冲水库,全线开工建设长度达 90 km,占设计施工总长度的 30%。1~2 月中旬超额完成月进度计划,全面开工 4 个月完成施工总进度 15%。截至 2016 年 3 月底,工程投资累计完成 13.6 亿元,累计拨付资金 15.9 亿元,2016 年度已完成投资 2.1 亿元。工程布置示意图见图 2-3。

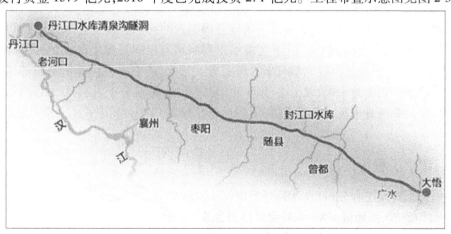

图 2-3　鄂北地区水资源配置工程布置示意图

（四）贵州夹岩水利枢纽工程

贵州夹岩水利枢纽工程是国务院确定的172项重大水利工程之一,也是贵州省水利建设"三大会战"的龙头项目。夹岩水利枢纽工程作为贵州省迄今为止最大的水资源综合配置工程,对贵州省水利建设具有全局意义。

2009年7月至2010年5月,西南地区(云、贵、川、渝、桂)发生了100年不遇的特大旱灾,凸显了西南地区水源工程供水能力严重不足问题。2010年4月,为积极应对近十年来西南地区频繁而日益严重的旱灾形势,贯彻落实中共中央、国务院以及水利部的安排部署,由长江水利委员会牵头、珠江水利委员会配合,西南地区各有关省(市、区)参加编制了《西南五省(自治区、直辖市)重点水源工程近期建设规划》(简称"骨干水源工程规划")。同年4月,温家宝总理亲临贵州省视察指导抗旱救灾工作时指示:贵州要针对干旱暴露出的问题,要积极谋划长远水利工程设施建设,把贵州省的水利建设与生态建设、石漠化治理三者结合起来,三位一体,科学规划,统筹安排,从根本上解决制约贵州省发展的问题。遵照温家宝总理的重要指示,国家发展和改革委员会同贵州省人民政府编制了《贵州省水利建设生态建设石漠化治理综合规划》(简称"三位一体"规划)。"三位一体"规划及"骨干水源工程"规划均提出了兴建夹岩水利枢纽工程。2012年3月,水利部以水规计〔2012〕127号文对夹岩水利枢纽工程规划进行了批复。2013年8月,国家发展和改革委员会以发改农经〔2013〕1625号文批复了《贵州省夹岩水利枢纽及黔西北供水工程项目建议书》。2014年11月国家发展和改革委员会以发改农经〔2014〕2647号文批复了《贵州省夹岩水利枢纽及黔西北供水工程可行性研究报告》。2015年4月水利部以水总〔2015〕194号文批复了《贵州省夹岩水利枢纽及黔西北供水工程初步设计报告》。

夹岩水利枢纽工程位于贵州省毕节市和遵义市境内,水库枢纽坝址位于长江流域乌江一级支流六冲河中游,工程由水源工程、毕大供水工程、灌区骨干输水工程等组成。水库正常蓄水位为1 323 m,正常蓄水位以下库容为12.34亿 m³,总库容为13.23亿 m³,为Ⅰ等大(1)型工程。工程总工期为66个月,总投资186.49亿元,其中工程部分125.1亿元,征地移民部分61.39亿元,占工程总投资的近50%。

水源枢纽工程坝址位于七星关区与纳雍县界河六冲河中游潘家岩处。大坝采用混凝土面板堆石坝,最大坝高154.0 m;毕大供水工程采用有压隧洞库内取水,设一级泵站提水,出水池后采用自流无压隧洞接有压管道的方式输水,终点接入位于山家寨的连接池。灌区骨干输水工程由总干渠、北干渠、南干渠、金遵干渠、黔西分干渠、金沙分干渠、供水管线、支渠,以及灌区骨干泵站等组成,骨干渠道总长648.19 km,其中6条干渠总长266.79 km。

二、调水工程特征

根据以上典型工程分析可以得出,我国调水工程具有以下特征。

（一）跨流域、跨地区调水,对社会经济发展影响巨大

我国一般调水工程都是跨流域、跨地区调水,对区域社会经济发展影响巨大。如南水北调工程横贯长江、淮河、黄河、海河等四大流域,解决了区域水资源补给的问题,更是从全局上实现更大范围的水资源优化配置,为国家,尤其是沿线地区的经济、社会可持续发

展提供了水资源保障,有力地促进当地社会经济发展。调水既实现了调水区水资源充分、合理利用,在水资源补偿前提下,资金的输入,也对该区域社会经济发展带来动力;同时解决了受水区水资源对社会经济发展的制约问题,不仅促进了社会经济发展,也改善了生态环境,促进了区域社会经济和生态环境协调发展,达到了可持续发展的目标。

(二)输水距离长、调水量大

我国调水工程输水距离较长,基本都在 200 km 以上,输水量比较大,沿线工程建设地质情况比较复杂,长距离调水工程受气候的变化影响很大,工程建设和运行的要求非常高。如南水北调工程东、中线加起来长度近 3 000 km,三条线共调水 448 亿 m³,相当于一条黄河的水量。鄂北地区水资源配置工程尽管在湖北省境内建设,输水线路总长也达269.67 km。

(三)工程建设内容多,技术复杂

一般情况下,调水工程建设内容比较大。由于长距离输水,不仅要水量规模保障,也要一定的水头落差保障,同时还要解决沿线各种河道、构筑物的交叉问题,所以工程基本有水源工程(水库)、取水建筑物、输水明渠、暗涵、隧洞、倒虹吸、渡槽、节制闸、分水闸、检修闸、退水闸、排洪建筑物、公路(铁路)交叉。仅南水北调中线工程就建设跨渠桥梁1800多座,跨越的公路、铁路、油气管道加在一起几千处,在施工技术上遇到诸多挑战。

(四)占用大量农村土地,产生大量移民安置

调水工程建设在扭转我国水资源分配不均的同时,也占用了大量良田沃土。如南水北调中线工程涉及的搬迁人口约 40 万,但征地需要生产安置人口则达到 60 万,尤其是输水干线涉及的村,尽管占地量少,多数在 5% 以下,但生产安置人口远远大于搬迁人口。而且调水工程往往占用的土地质量是比较高的,移民生产安置是一个复杂、关键的问题。

失去土地的农民由于受文化、技能限制,很难在非农业就业,意味着失去土地也就失去生活资金的来源,加之搬迁改变了移民的生活条件和生活环境,对移民产生较大的影响,给移民的心理造成一定的压力,对移民生活造成不利影响。调水工程农村移民生产安置必须更加重视。

(五)促进地区产业结构调整与经济转型

调水工程影响的区域很多是以第一产业中的简单种植业为主的产业结构。社会经济发育程度和生产力水平低下,生产方式简单,生产手段落后,产业结构单一,第一产业占非常高的比重,自身资金积累能力低下,缺乏自我发展的能力。但工程建设和移民安置资金的投入,以及水资源的改善,为地区经济结构调整提供了机会,通过对移民资金的合理利用,水资源的合理调整,结合当地政府的政策要求,加强水利等农业基础设施建设,合理调整经济结构、农业种植结构,发展高效农业,发展第二、三产业等各种生产规划措施,来保证移民安置以后不低于原有生活水平,促进安置区社会经济发展。从区域实际情况出发,与区域经济发展所处的阶段相适应,发挥区域优势,在优势产业基础上向地区专门化方向发展,充分发挥劳动力的优势,减轻区域劳动人口的就业压力,同时考虑环境保护和区域环境质量的提高,可以使生产结构调整和移民安置有机结合,促进区域经济发展,提高移民就业和收入。

(六)建设周期长

调水工程由于涉及水资源调配和征地移民安置,工程建设对沿线地区社会经济发展影响大,工程建设前期论证时间长。工程建设内容多,穿越地区多,地形、地质条件复杂,涉及很多交叉工程,工程征地和工程量大,施工组织复杂,因此工程建设时间比较长。

第二节 调水工程建设征地影响及拆迁安置特征

一、调水工程建设征地影响特征

(一)影响区域呈块、条带状分布

调水工程一般要建设水源工程(水库、枢纽)和输水渠道工程,征地拆迁影响区域的块、线特征明显:水源工程呈块状影响,淹没土地和搬迁人口比较大,而且比较集中,对一个地区的局部影响比较大;输水渠道工程呈线状分布,由于线路长,工程总体影响大,但对一个地区的局部影响相对较小。如南水北调中线工程,丹江口大坝加高搬迁水库移民34.5万人,输水干线沿线大约搬迁10万人,但输水干线征地量大,需要解决生产安置的人口达40万。

(二)征地搬迁安置政策存在差异

调水工程的跨行政区域性,使得工程征地补偿和搬迁安置政策存在地区的差异性。尽管国家有征地补偿和移民安置法律法规,但各省、市都有一些自己的具体规定,由于各行政区域内的土地数量、经济发展水平差异性很大,在土地征收补偿和移民安置政策上存在区域的差异,移民容易产生对比和不平衡心理。如何做好工程征地拆迁政策与各省、市政策的衔接,如何统筹协调政策执行,如何宣传政策的科学性和合理性,保证移民工作的有效实施,是调水工程独特现实问题,也是一个值得研究的课题。

(三)各地补偿和安置投入资金不同

输水干线沿线各地土地拥有量不同,经济发展水平不同,导致补偿和安置投入资金存在差异,移民人均投资呈现不一致,移民安置难易不同、安置方式不同,尤其是土地少的地区,安置难度大,移民安置区域差异,容易使移民产生不平均,甚至不公平的意识。如南水北调建设委员会办公室征地移民司曾对南水北调干渠进行调查,根据抽样的1 336个村,北京市人均耕地在1亩以下的占56%,1亩以上的占44%;天津市人均耕地在1亩以下的占10%,1亩以上的占90%;河北省人均耕地在1亩以下的占23%,1亩以上的占77%;河南省干渠人均耕地在1亩以下的占34%,1亩以上的占66%;山东省人均耕地在1亩以下的占32%,1亩以上的占68%;江苏人均耕地在1亩以下的占25%,1亩以上的占75%。

(四)建设时期长,经济发展和政策及政策环境变化对移民安置影响大

调水工程的前期工作是统一决策和规划设计的,但由于建设战线长、建设内容多,建设时一般分不同的单项工程,分期实施和完成,不可能在同一时间内完成某区域调水工程的所有项目。各单项工程设计深度不同,整个工程建设周期长,加之社会经济发展水平变化、政策和政策环境变化,都会对移民产生各种影响和预期变化,给征地补偿和移民安置

带来难题,而且可能面临不断出现的新问题。

(五)城市拆迁与农村拆迁安置相交织

调水工程一是输水距离长;二是调水目的的城市工业供水、农业灌溉供水、生态环境补水的综合性,工程建设区域一般会涉及农村、城乡结合部,城市拆迁与农村拆迁移民相交织,城市与城市、地区与地区补偿和实施也不同,土地价值差别较大,城市房屋拆迁政策和农村房屋拆迁安置政策存在差异,加之各地政策存在差异,如何统筹城乡安置,宣传政策,使得移民理解政策,合理变化移民权益,不断处理复杂、多样的移民诉求是调水工程征地补偿和移民安置的难题和挑战。

(六)对沿线的企业单位影响大

输水工程一是直接影响企业单位,导致企业运行暂停或搬迁;二是由于线状施工,对企业交通、管线产生影响,从而对企业生产产生影响。尤其是穿越经济发达或者较发达地区,影响企业更多、影响程度更大。一般情况下,调水工程直接对企业单位的影响可分为五种情况:①整个企业都在征地红线范围内。②企业主生产车间或主要生产设备在征地红线范围内,导致整个企业无法正常生产,对企业的生产经营有很大影响。③企业非主要生产车间、非主要生产设备或仓库在征地红线内,导致企业减产,部分辅助产品或辅助材料无法正常生产,对整个企业的正常生产经营产生一定程度的影响。④企业办公场所在征地红线内,影响企业办公,对企业的正常生产基本没有影响。⑤企业土地、门卫、附属房屋、围墙或其他零星附属物在征地红线内,对企业正常生产经营和办公无影响。间接影响主要是交通,供水、气、电、原料等管线影响。

对于上述情况,需要对企业根据具体影响采取不同的处理方式,消除影响,恢复生产。如整体搬迁,后靠改建、原址改建、货币补偿、关停并转等手段。在具体操作中,要考虑企业恢复重建的意愿,考察企业自身及周边用地情况,同时结合国家和地方的产业政策、城镇规划、村庄规划和地方工业园区发展规划等专业规划进行操作。要对企业影响进行深入细致的评估,才能够充分规划设计处理措施,保障企业的损失得到合理补偿和恢复生产。

(七)影响沿线专业设施多,而且复杂

调水工程的建设对沿线周围的专业设施产生影响。其具体内容包括电力设施、通信设施,交通设施、水利设施、管道设施、文物古迹、风景名胜、自然保护区、重要矿藏以及路标、路灯、窑、大棚、栅栏等。对于电力设施,有的位于水源工程永久征地范围内,有的位于干线和建筑物工程的永久征地范围内,有的只是杆(塔)紧靠输水干线,有的则属于弃土、取土区范围内影响。对专业项目的影响既有地上的,也有地下的,种类繁多,规模大小不一,权属单位诸多,尤其是会涉及一些复杂的大型管线或者军用设施,如石油管道、天然气管道、高等级输电线路、公路等。以上特征会对专业项目影响评估和恢复重建带来难题。

(八)水源工程社会关系影响大、输水干线社会关系影响小

水源工程淹没(征占地)局部影响大,移民要远离原居住地重新安置,生产关系和社会关系破坏较大;输水干线工程移民呈线性分布,搬迁和生产安置基本上采取就地后靠,或者出村近距离迁移,因而移民生存的群体关系、社区没有大的破坏,移民的社会关系、地域条件、居住环境、文化特点以及搬迁后情感和心理上基本没有产生差异。

二、调水工程征地补偿和拆迁安置的难点

(一)对区域社会经济影响评价

如何客观全面地进行调水工程的社会经济影响评价是进行调水工程移民安置的前提之一。调水工程的建设一般都对当地的社会经济有正反两面的影响,如何评价工程对当地社会经济影响状况及影响程度是一大难点。在正面影响方面,虽然调水工程挖压占地造成影响区耕地的减少,但安置补偿和移民搬迁也带来了新的发展机遇,移民安置资金的投入可为地区经济结构调整提供了机会,移民搬迁和房屋重建改善了移民住房条件,居民安置亦可结合小城镇建设,加快城镇建设的步伐。河道工程建设不仅促进了地区商品流通和消费,也为劳动力就业提供了新的机会。

在负面影响方面,由于征用耕地和房屋拆迁造成从事农业生产的人失去或部分失去了耕地和居住地,可能需要搬迁安置,工程建设可能使局部道路、桥梁、排灌工程等也受到影响。耕地减少不仅减少了粮食产量与农业税,有可能造成影响区农业收入减少,增加土地承载强度,给当地的生产、生活与经济发展带来一定的不利影响。征用耕地与移民搬迁还改变了移民原来的生产、生活环境,短期的移民搬迁会给移民的心理造成一定的压力,有可能给移民生活造成不利影响,需要一定时间的心理调整,这些都需要细细考虑。

(二)移民安置方式的选择

《国务院关于修改〈大中型水利水电工程建设征地补偿和移民安置条例〉的决定》(国务院令第 679 号)规定,对农村移民安置进行规划,应当坚持以农业生产安置为主,遵循因地制宜、有利生产、方便生活、保护生态的原则,合理规划农村移民安置点;有条件的地方,可以结合小城镇建设进行。水利工程移民一般情况下都采取大农业模式,坚持以土为本,以农为主,实行集中安置与分散安置相结合,把移民外迁到工程受益区或经济相对发达且具有安置容量的地区进行安置,同时着力为移民提供集中连片的土地,保证每个移民拥有一份基本口粮田。这种安置模式主要是通过调剂土地、开发荒地、滩涂等手段,为移民提供一份能够满足生存与发展的耕(园)地、牧草地或林地。大农业安置适合社会经济发展水平不高、商品经济欠发达、人口密度不大、以农业生产为主的地区。然而一些经济发达或者较发达地区,尤其是城乡结合部,人多地少,很多情况下难以采用大农业安置的方式。

调水工程一般跨越的行政区较多,且地域差异较大,自然经济条件各异,局部影响不大,但可能对个别农户影响较大,在调水工程移民安置的方式选择上,农户意愿比较分散,难以统一,这就要根据当地的实际情况,结合移民自身的特点来进行确定多元化安置,但多元化安置容易导致攀比,实施起来困难较大。

(三)临时占地复垦

调水工程因取土、弃土和施工,会需要对某些土地进行临时占用。调水输水干线开挖弃土量较大,在严格保护耕地制度下,不能征收,只能临时占用,而且对土地的占用因施工方式不同和弃土土质不同,占用类型也多种多样,有机械干法施工弃土区临时占地、水下施工弃土(浆)、挖泥船施工排泥场临时占地、施工临时占地、表层土临时堆放占地等。像挖泥船、水下施工所占用的临时用地复垦难度较大,且不同类型临时占地对土地的影响也

不同,复垦难度、占用时间都存在差异。临时占地可能造成一定时间内的土地漏水、漏肥、降低土壤肥力等情况,在复耕时必须充分考虑损失补偿和恢复期,以及复耕措施。占用施工过程中采用大面积机械化作业有可能对土壤结构产生破坏,甚至改变原有耕植层的土壤养分平衡,使得土壤生态条件相应发生变化,有的临时占地还会使得原有的农田排灌系统遭到破坏。如何针对具体情况综合采取耕作层处理、土地平整、土壤改良、恢复农田水利和道路工程功能等恰当的临时用地复垦措施,使得土地能够恢复到之前的状态,是一个需要妥善解决的问题。

(四)专项设施恢复

调水工程战线长,平地开河或扩浚河道,与交通、管线、河道、水利设施交叉多,影响专项项目类型的,地下、地上复杂,容易造成错漏登记,专项设施产权单位调查复杂,影响情况千差万别,影响程度不一,恢复措施不一,看似影响很小,可能恢复起来十分困难,如军事光缆等。加之实物指标调查、拆迁安置规划重视不够,往往导致专项设施恢复滞后,影响整个拆迁安置工作。实施规划未出台之前,对专项设施和农副业各方面情况要给予充分重视,从实物指标调查开始,地方政府就要提前介入工作中,协调相关部门,协助调查清楚,摸清影响状况,分析程度,尽量减少设计变更,减少专项设施再调查工作。

(五)征迁政策的不适应性

《大中型水利水电工程征地补偿和移民安置条例》采取前期补偿、补助,后期扶持的移民安置原则,和条例相配套的还有国发〔2006〕17号文,即《国务院关于完善大中型水库移民后期扶持政策的通知》。引水工程不属于水库移民,在实施时,也不称为移民安置,而称为征迁安置,避免后期扶持没有来源的矛盾。另外,和条例配套的技术性政策《水利水电工程建设征地移民安置规划设计规范》(SL 290—2009),也是针对水库及水利枢纽工程的,缺乏针对引水工程特征制定相应的、必要的条款,所以在实践中,政策落实常常会出现很多问题,比如,前期补偿、补助,后期扶持的落实问题,引水工程征迁户经常和水库移民比较,要求后期扶持,尤其是引水工程包含有水库工程的项目更加严重;临时占地复垦没有相应的广泛性条款,而且和现在实施的土地复垦条例不协调,导致引水工程临时占地问题频发,甚至工程已建成通水多年,临时占地还没有恢复、还地。

第三章　征迁安置政策与政策执行

引黄入冀补淀工程的由来如下:早在 1983 年 12 月,水电部就以水规字〔1983〕第 63 号文指示海河水利委员会开展"黄河下游北岸引水可行性研究工作",初步提出了引黄入淀的设想,并进行了线路查勘和比选。但由于让步南水北调中线工程等种种原因,这一设想一直未有实质性进展。随着近年来河北省水资源短缺状况加剧,白洋淀水生态环境恶化,河北省把引黄入冀补淀提上了议事日程。引黄入冀补淀工程的由来历程:

十多年来,河南省濮阳市与河北跨区域供水工程一直都在探索和尝试。2005 年,濮阳市水利局完成引黄入梁(南乐县梁村镇)工程建设,为引黄入大(河北省大名县)工程奠定了基础。2006 年 12 月,濮阳市引黄工程管理处开始谋划跨区域调水工程,成立了引黄入冀跨区域调水办公室,总工程师赵卫东任办公室主任。2007 年 3 月 15 日,濮阳黄河河务局、濮阳市水利局与邯郸市水利局签订引黄入邯供水意向书。2007 年春天,濮阳、邯郸两市水利工程技术人员共同研讨和调研跨区引黄供水工程。2007 年 6 月,濮阳市水利局组织完成《濮阳市引黄入邯工程可行性研究报告》。2007 年 9 月,邯郸市水利局组织完成《邯郸市引黄入邯工程可行性研究报告》。2008 年,濮阳、邯郸两市水利工程技术人员就供水指标、供水水价、供水水质和工程投资情况进行多次专题研讨和调研。2009 年 7 月 23 日,濮阳市引黄工程管理处与邯郸市大名县水利局签订《引黄入大工程供用水协议》。2009 年 12 月 25 日,引黄入大工程建成通水。2009 年 11 月 18 日,引黄入邯(邯郸市)工程签约仪式在邯郸市举行,濮阳市水利局与邯郸市水利局代表两市政府正式签订《引黄入邯工程建设与供用水合同》。2009 年 12 月 28 日,河南黄河河务局供水局濮阳供水分局与濮阳市引黄工程管理处签订《引黄入邯供用水协议》。2009 年 12 月 29 日,邯郸市委、市政府召开邯郸市引黄入邯工程开工建设动员会,邯郸境内工程正式开工建设。2010 年 2 月 8 日,濮阳市发展和改革委员会发文(濮发改农经〔2010〕70 号)批复《第三濮清南北延引黄工程可行性研究报告》。2010 年 3 月 29 日,濮阳市发展和改革委员会发文(濮发改设计〔2010〕111 号)批复《第三濮清南北延引黄工程初步设计报告》。2010 年 5 月 16 日,濮阳市水利局召开濮阳市第三濮清南北延引黄工程开工建设现场会,濮阳境内工程正式开工建设。2010 年 8 月 8 日,濮阳市第三濮清南北延引黄工程建成试通水。2010 年 11 月 23 日,引黄入邯工程正式通水。2010 年 11 月 17 日,濮阳市水利局、财政局、发展和改革委员会共同组织濮阳市第三濮清南北延引黄工程竣工验收。2011 年 1 月 14 日,引黄入邯濮阳境内工程竣工验收资料交接仪式在濮阳市引黄工程管理处举行。

引黄入大、引黄入邯工程的相继建成通水,创造了跨区域供水的成功范例,人们普遍认识到从濮阳引黄河水入冀线路短、水位适、有基础。于是,2011 年春天,开启了濮阳引黄入冀工程的新征程。

引黄入邯工程简介如下:

（1）濮阳市工程。

引黄入邯工程是自河南省濮阳市渠村引黄闸引水，先后经濮清南引黄总干渠、第三濮清南引黄总干渠和第三濮清南北延引黄干渠穿卫河后入邯。引黄入邯工程输水渠纵贯濮阳县、高新区、市城区和清丰县，全长85.8 km，上段利用渠村引黄灌区第三濮清南输水总干渠19.6 km，中段改扩建渠村引黄灌区第三濮清南输水总干渠55.6 km，下段为改扩建的第三濮清南北延引黄干渠自范石村枢纽以下8.7 km和新开挖的第三濮清南北延引黄干渠自阳邵闸枢纽至卫河大堤段1.9 km。设计入邯流量25 m³/s，供水灌溉补源效益区给予濮阳市西部和邯郸市东部地区。

第三濮清南引黄工程是自濮阳市渠村引黄闸引水，途经濮阳县、高新区、市城区、清丰县及南乐县，1998年通水运行，用于受水区的农业灌溉、生态水循环及地下水补给。第三濮清南北延引黄工程是自范石村枢纽至卫河右堤，长10.6 km，设计流量25 m³/s，年引水量1~3亿 m³。建设项目有渠道扩挖8.7 km，新挖渠道1.9 km，新建阳邵节制闸1座、桥梁4座、涵洞1座、阳邵管理所1处，维修范石村节制闸1座，经卫河倒虹吸进入邯郸东风渠，工程投资1400万元，2010年11月23日建成通水。工程通水后，丰富了濮阳市西部供水，形成了濮阳城区内大流量动态水面，增强了濮阳市西部地区地下水补源能力，解决了清丰县西部无水源灌溉问题，构成了邯郸市东部7县引黄灌溉体系，有力地支撑了该区域农业灌溉和经济社会发展。

2007年3月15日，濮阳黄河河务局、濮阳市水利局和邯郸市水利局三方签订《供水意向书》。2009年11月18日，濮阳市水利局与邯郸市水利局代表两市政府正式签订《引黄入邯工程建设与供用水合同》。2010年11月23日，引黄入邯工程建成正式通水，历时4年，濮邯水利人共同谱写了引黄入邯、跨区调水的水利篇章。

（2）邯郸市工程。

邯郸市属于资源性缺水地区，人均水资源占有量191 m³，仅是全国人均水平的8%，远远低于联合国确定的人均500 m³的严重缺水标准。受近年全球气候变暖影响，十年九旱的邯郸市本已日益突出的水安全问题和水资源固有的脆弱性，也在进一步加剧。

引黄入邯工程是河北省引黄西线工程的重要组成部分。该工程自河南省濮阳市濮清南总干渠渠首引黄河水，在魏县第六店村西穿卫河入冀，濮阳市境内渠道全长约86 km，邯郸市境内干渠全长约110 km。工程建设任务主要包括修建"引黄穿卫倒虹吸枢纽工程"，河北境内新开1.5 km连接渠，整修部分配套渠道，新建8座桥梁和3座水闸。工程全部按计划完成，总投资7 300多万元。引黄入邯工程设计流量25 m³/s，近期年引水量1~3亿 m³，工程供水范围主要在东风渠以东区域，包括魏县、大名、馆陶、广平、肥乡、曲周、邱县等7县的部分地区，共30多个乡镇、400余个自然村、近80万人口。用于上述地区的农业灌溉、生态用水及补充地下水，不仅可有效补充地下水，而且可改善广大苦水区、地下水漏斗区的土壤结构和生态环境，带来巨大的生态效益，同时将置换出岳城水库、东武仕水库两大水库水源，给邯郸市主城区和西部山区的经济社会发展、城市景观用水等增加水源供给。

根据河南、河北两省统一安排部署，经过濮阳市实施引黄入冀输水通道，远期流量将扩大到100 m³/s，年引水量将达到15亿 m³，供水目标扩大到邢台、衡水、沧州等地区，其中邯郸市控制灌溉面积达到 170 万亩，受水区面积约 3 000 km²，受益人口 180 万。黄河水滋润民生心田，优化发展环境，是豫、冀两省当代水利人共同担当的责任。

引黄入邯工程虽然通水多年了，然而大量的信息和场景亦然在脑海中生动、鲜活地再现，久久不得消化。所以，提升起来感到困难。其实，现实化为历史需要时间和空间转换后的认证，几个文字只是点点滴滴，就此记下吧，算是真实的历史。引黄入邯工程的意义远非我们今天感知的这些，回头看，吾辈将豪情满怀，壮志未酬，时间将荡涤出价值的金色，历史因此形成特色时代的轨迹，管理的规则和未来的车辙有了新的起点……引黄入冀补淀工程得到孕育和出生！

受河北水务集团委托，江河水利水电咨询中心、黄河勘测规划设计有限公司、河南省水利勘测设计研究有限公司和河北省水利水电第二勘测设计研究院于 2012 年 7 月共同编制完成了《引黄入冀补淀工程项目建议书》（简称《项目建议书》）。河北省水利厅以冀水规计〔2012〕236 号文将该项目建议书报送水利部。2012 年 11 月 16 日，水利部以水规计〔2012〕485 号文出具了《水利部关于报送引黄入冀补淀工程项目建议书审查意见的函》。2013 年 6 月 15 日，中国国际工程咨询公司以咨农发〔2013〕2349 号文出具了《中国国际工程咨询公司关于引黄入冀补淀工程（项目建议书）的评估报告》。2013 年 11 月，项目建议书得到国家发展和改革委员会的批复。2014 年 2 月，河北省人民政府下达"关于在引黄入冀补淀工程河北段建设与管理范围内禁止新增建设项目和迁入人口的通告"，同年 6 月，河南省人民政府下达"关于严格控制引黄入冀补淀工程河南段建设用地范围内基本建设和人口增长的通知"（豫政文〔2014〕97 号）。河北省水利水电第二勘测设计研究院于 2014 年 3 月 1～20 日，历时 20 天完成引黄入冀补淀工程河北省段实物全面调查工作；河南省水利勘测设计研究有限公司于 2014 年 7 月 1 日至 8 月 16 日，历时 48 天完成引黄入冀补淀工程河南省段实物全面调查工作；在实物调查的同时进行了移民安置规划工作。2014 年 9 月，黄河勘测设计公司、河南省水利勘测设计研究有限公司、河北省水利水电第二勘测设计研究院共同编制完成《引黄入冀补淀工程建设征地移民安置规划大纲》、《引黄入冀补淀工程建设征地移民安置规划报告》。2015 年 7 月 31 日，国家发展和改革委员会以发改农经〔2015〕1785 号文下发了《国家发展改革委关于引黄入冀补淀工程可行性研究报告的批复》。2015 年 8 月，河南省水利勘测设计研究有限公司编制完成了《引黄入冀补淀工程初步设计报告》，2015 年 9 月 5～8 日，水利部水规总院组织专家，对初设报告进行了审查，2015 年 9 月 23 日水利部以水规计〔2015〕370 号《水利部关于引黄入冀补淀工程初步设计报告的批复》对引黄入冀补淀工程的初步设计进行了批复。河南段（濮阳市段）工程总用地面积 14 942.6 亩，其中永久用地 9 039.1 亩（含原有渠道用地 3 278.6 亩），管理机构用地 9.5 亩，临时用地 5 894 亩；涉及农村居民拆迁 70 户、350 人，副业 119 家，单位 8 家，拆迁各类房屋 49 733.3 m²，影响专项管线 246 条。受濮阳市引黄入冀补淀工程建设指挥部委托，河南省水利勘测设计研究有限公司于 2016 年 12 月底编制完成了《引黄入冀补淀工程（河南段）建设征地拆迁安置实施规划报告》。

引黄入冀补淀工程征迁安置政策主要是征地拆迁安置前期工作中依据的国家有关法律法规、规程规范和征迁安置补偿规定，以及征迁安置实施和管理中依据的法律法规、规程规范和政策性文件，既包括国家法律法规、中央政策文件，也包括地方法规和政府政策文件。

第一节　征迁安置政策

一、征迁安置政策体系

（一）政策含义及其特点

政策是国家机关、政党及其他政治团体在特定时期为实现或服务于一定社会的政治、经济、文化目标所采取的政治行为或规定的行为准则，它是一系列谋略、法令、措施、办法、方法、条例等的总称。从纵向角度按照政策空间层次的不同，可以将政策划分为总政策、基本政策、具体政策和配套政策等。总政策是一个国家或地区带有全局性、根本性，决定社会发展基本方向的政策；基本政策是次于总政策而在社会生活的各个领域或方面起主导作用的实质性政策；具体政策是实现基本政策的手段，或者说是基本政策的具体规定，为落实基本政策而制定的具体实施细则；配套政策是为了更好地推进特定活动的开展而制定的辅助性政策，是围绕特定工作中心对其他部门或领域的措施、办法、条例等。

政策是政策主体意志的体现，是政策主体与客体都必须遵从的行为规范，包含政策制定与政策执行。就内容而言，政策是政府、政治团体以及其他公共部门对社会成员或者公共部门自身的限制规则或引导措施；从主体看，政府和其他国家权威机构，政党及其他具有法定权威性的公共部门均可能成为政策主体；政策不仅是符号特征，而且是一个行为过程；就功能而言，政策是非私人物品（价值）的权威性分配方案。

政策目标是政策的出发点和归宿，制约着政策制定和实施全过程，必须具有明确的目标取向。政策目标取决于社会和组成社会的个人价值判断，而价值判断取决于人在社会中的经济地位、利益、伦理道德观、传统与历史等因素。实际上不存在每个人都认同的、统一的社会价值判断，因此作为确定政策的价值判断实际上不是社会价值判断，而仅仅是部分人或者某些利益集团的价值判断。政策目标是通过政策手段要实现的目的，随着社会发展阶段的不同而变化。社会主义市场经济下，政策目标基本集中在效率、稳定和公平三个方面进行均衡制定和调整，首先取决于社会价值判断，其次取决于决策者自身的政治需求，再次是各利益集团的利益关系，最后则取决于国内、国际的政治与经济形势变化。

当代公共政策的主要特征：第一，在政治领域出现由统治政治向治理政治转化的同时，政策也体现出由统治政策走向治理政策的特征。第二，政策的合法性受到更多重视。合法性有两重含义，一是政策经过特定的法律程序，或依据公认及约定的习惯性程序而被制定出来，并由法定的公共部门执行；二是指公共部门自身在政治系统意义上的合法性。第三，政策问题日益复杂。主要体现在导致政策问题的原因是复杂的；解决问题的办法能否成功是不确定的；解决问题的设想常常因"牵一发而动全身"难以付诸实施。第四，当代公共政策还经常有目标及内容上的冲突，结果与预期之间的重大偏差。

（二）水利水电工程征迁安置政策系统

水利水电工程征迁安置政策是特定领域的一项公共政策，是为保障水利水电工程建设和群众利益，促进水利水电事业发展的政府限制性规则。与一般的政策系统一样，征迁安置政策系统也是由征迁安置政策主体、客体及其与环境之间的相互作用所构成的大系统。

征迁安置政策主体(即征迁安置政策活动者)是指直接或间接参与政策制定、执行、评估和监控的团体或组织。从我国征迁安置政策主体的构成来看,征迁安置政策主体涉及中央政府、国家发展和改革委员会、水利部、国家能源局、地方政府等各级政府及相关部门。征迁安置政策客体指的是政策所发生作用的对象,包括征迁安置政策所要处理的具体问题(事)和所要发生作用的社会成员(人)两个方面。我国现阶段征迁安置政策所要解决的问题主要涉及征地补偿、征迁安置、项目业主和受影响群众的利益诉求以及行为规范等问题。征迁安置政策实施对象主要涉及受影响群众和业主、中央和地方、迁出地居民与迁入地居民等各方群体,征迁安置政策所要调整或规范的就是征地和安置活动中各利益相关者之间的关系。征迁安置政策环境是指影响征迁安置政策产生、存在和发展的一切因素的总和,包括自然环境和社会环境。自然环境对征迁安置政策具有影响或制约作用,包括政治状况、经济状况、文化状况、教育状况、法律状况、人口状况、科技状况等在内的诸多社会因素,也对征迁安置政策有着更为直接而重要的影响。政策环境既是政策制定必须调查研究的构建因素,也是政策执行必须动态研究的因素,决定政策执行效率和效果。

(三)水利水电工程征迁安置政策类型

按照系统层次的分类标准,征迁安置政策类型划分为总体政策、基本政策、具体政策和配套政策四大类。征迁安置总体政策是在国家或地区层面上制定和实施的征迁安置政策,是其他层级征迁安置政策的出发点和落脚点,是其他征迁安置政策制定、实施与评估的依据。征迁安置总体政策的地位与特点决定了征迁安置总体政策具有指引方向和统摄其他层级征迁安置政策的功能。征迁安置基本政策处于征迁安置总体政策和具体政策之间,具有中介性、制约性、稳定性与变动性,发挥承上启下、协调整合、倾斜扶持的功能。征迁安置具体政策涉及面广、形式多样、针对性强、内容详尽,能直接在征迁安置中协调公众利益、解决具体问题。例如技术性的规范、实施细则和方案等。征迁安置配套政策是为实现征迁安置政策目标而制定的辅助性政策,是保证征迁安置总体政策、基本政策顺利实施的重要条件,也是对征迁安置具体政策的进一步补充完善。

(四)水利水电工程征迁安置政策功能

政策所能发挥的功效和作用通过政策的地位、结构、作用表现出来,总是在与某种社会目标的联系中得到判定。征迁安置政策的特定功能也是在征迁安置活动中与征迁安置目标的联系中得到判定的。①征迁安置政策具有导向功能。尽管有不同层级的征迁安置政策,但每一层级的征迁安置政策都规定着征迁安置活动的目标与方向,并在征迁安置过程中对征迁安置政策客体进行教育指导,因势利导,使征迁安置政策主体与客体统一认识、协调行动。②征迁安置政策具有控制功能。征迁安置政策的出台都是为了解决一定的征迁安置问题或是为了预防征迁安置中特定社会问题的发生。征迁安置政策制定主体在政策上对所希望发生的行为予以鼓励,对不希望发生的行为予以限制和处罚,从而实现对征迁安置活动的控制。③征迁安置政策具有协调功能。征迁安置活动是一个复杂的系统过程,涉及不同利益主体,有较多的利益关系需要理顺和调整,征迁安置政策能够协调不同主体间的利益关系,进而保证征迁安置活动有序进行。

(五)水利水电工程征迁安置政策特点

根据征迁安置活动基本规律和社会经济环境条件,我国水利水电工程征迁安置政策具有如下特点。

1. 征迁安置政策制定的与时俱进性

征迁安置中各项政策的制定、实施是一个动态过程。经济发展和社会矛盾突显的时期,征迁安置政策必须做出适应性调整。如20世纪90年代初制定的征迁安置政策法规没有完全反映市场经济规律和以人为本理念,市场经济体制确立以后,以政府行为运作的征迁安置工作与按市场经济规律运作的工程建设之间因利益巨大反差而带来一系列矛盾。迫使政府必须根据经济社会发展变化对总体政策进行了调整与完善。

2. 征迁安置政策架构的高度整体性

征迁安置涉及社会经济方方面面,既涉及土地征收补偿,又涉及移民安置的完成情况;既要保障群众利益,又要保障工程顺利建设;既要保障国家利益,又要考虑地方利益。要解决的问题是复杂的,每一项征迁安置政策的制定都不可避免地涉及不同公共部门之间利益的调整,各部门利益的调整就会出现不同程度的联动效应。征迁安置政策架构的高度整体性是保障政策目的和目标实现的基础。征迁安置政策整体性体现在:一是征迁安置政策问题的整体性。以征迁安置政策目标有效实现为原则,充分考虑各相关部门征迁安置政策的变动情况,把各项征迁安置政策作为一个有机整体,有步骤地进行统筹调整,充分考虑征迁安置政策衔接与交互作用,准确把握与预测征迁安置政策问题的整体性。二是征迁安置政策内容的整体性。征迁安置政策体系由数量众多、类型不一的政策组成,这些政策相互一致和协调,强化征迁安置政策的系统目标实现;征迁安置政策过程的整体性,包括征迁安置政策的制定、执行、评价和调整等多个环节,不同的环节之间相互联系共同对征迁安置政策的质量发生作用。

3. 征迁安置政策体系的显著层次性

为保障征迁安置顺利进行,作为政府行为产出项的政策,根据不同层次的征迁安置政策主体具有不同规格。从权利主体来划分,征迁安置政策包括中央政策和地方政策。从内容上来看,征迁安置政策体系又可分为总体政策、基本政策、具体政策、配套政策等。显著层次性从纵向和横向两个维度为具体的移民征迁安置工作提供了纲领性文件,指明了清晰的操作方向,严格而灵活的操作规范。不同层级政策之间相互联系,但并非是"平起平坐"的关系,具有明显的主次之分。从征迁安置政策体系的纵向分析,高层次的征迁安置政策即总体政策和基本政策对低层次的征迁安置政策即具体政策、配套政策起支配作用。

二、工程征迁安置政策内容

在引黄入冀补淀工程征迁安置中,涉及的相关政策内容可以具体地分为国家层面、省级层面和市乡级层面。

(一)国家层面的政策体系

国家政策框架体系主要包括法律、法规、国务院文件、国务院有关部委文件、规程规范

(技术性政策)等。工程建设征迁安置过程中,可依据的法律法规及国务院文件如表3-1所示。

表3-1 与工程建设征迁安置相关的国家层面主要法律、条例

序号	法律名称类型	颁布者	颁布(修正、修订)日期(年-月-日)
1	《中华人民共和国宪法》	全国人大	2004-03-14 修正
2	《中华人民共和国民法通则》	全国人大	1986-04-12
3	《中华人民共和国土地管理法》	全国人大	1999-01-01
4	《中华人民共和国物权法》	全国人大	2007-10-01
5	《中华人民共和国农村土地承包法》	全国人大	2009-08-27
6	《中华人民共和国农业法》	全国人大	2002-12-28 修正
7	《中华人民共和国电力法》	全国人大	1995-12-28
8	《中华人民共和国水法》	全国人大	2002-01-01
9	《中华人民共和国公路法》	全国人大	2004-08-28
10	《中华人民共和国森林法》	全国人大	1998-04-29 修正
11	《中华人民共和国环境保护法》	全国人大	1989-12-26
12	《中华人民共和国建筑法》	全国人大	2011-04-22 修正
13	《中华人民共和国村民委员会组织法》	全国人大	2010-10-28 修订

序号	行政法规名称	颁布者	颁布(修正、修订)日期(年-月-日)
1	《财政部、国家税务总局关于耕地占用税平均税额和纳税义务发生时间问题的通知》	财税〔2007〕176 号	2007-12-28
2	《森林植被恢复费征收使用管理暂行办法》	财综〔2002〕73 号	2002-10-25
3	《国家投资土地开发、整理、复垦项目管理暂行办法》	国土资发〔2000〕316 号	2000-11-07
4	《关于土地登记收费及其管理办法》	国土〔籍〕字〔1990〕第 93 号	1990-07-21
5	《土地利用分类》	国土资源部	2007-08

序号	行政法规名称	颁布者	颁布(修正、修订)日期 (年-月-日)
6	《中华人民共和国土地管理法实施条例》	国务院令第 256 号	2014-07-29
7	《基本农田保护条例》	国务院令第 257 号	1998-12-24
8	《大中型水利水电工程建设征地补偿和移民安置条例》	国务院令第 471 号	2006-09-01
9	《中华人民共和国耕地占用税暂行条例》	国务院令第 511 号	2007-12
10	《国务院关于深化改革严格土地管理的决定》	国发〔2004〕28 号	
11	《中华人民共和国耕地占用税暂行条例实施细则》	国家税务总局令第 49 号	2008-02-26
12	《土地复垦条例》	国务院令第 592 号	2011-05
13	《关于加大改革创新力度加快农业现代化建设的若干意见》	2015 年中央一号文件	2015-02-01
14	《国务院关于促进节约集约用地的通知》	国发〔2008〕3 号	2008-01-03
15	《村庄和集镇规划建设管理条例》	国务院令第 116 号	1999-11-01
16	《水利工程设计概(估)算编制规定(建设征地居民补偿)》	水利部	2015-02

随着经济社会的不断发展,工程建设项目逐渐增多,征地补偿和移民安置越来越成为项目顺利建设的关键。在国家相关法律法规的基础上,2006 年,国家相继修订出台了《大中型水利水电工程建设征地补偿和移民安置条例》(国务院令第 471 号)(简称《移民安置条例》)和《国务院关于完善大中型水库移民后期扶持政策的意见》(国发〔2006〕17 号文),2009 年水利部也针对新条例颁布了大中型水利水电工程建设征地移民安置规划设计规范等。目前,我国工程建设征迁安置补偿有法可循,主要包括相关法律法规、规范和国务院及有关部委文件等。其中,核心政策是《中华人民共和国土地管理法》、《大中型水利水电工程建设征地补偿和移民安置条例》(国务院令第 471 号)和《水利水电建设征地移民安置规划设计规范》(SL 290—2009)等。所涉及国家层面的核心政策、法规法律具体内容详见表 3-2。

表 3-2　核心政策法律法规具体内容

名称	具体内容
《中华人民共和国宪法》	第十条：国家为了公共利益的需要，可以依照法律规定对土地实行征收或者征用并给予补偿。
《中华人民共和国土地管理法》	第四十七条：征收土地的，按照被征收土地的原用途给予补偿；征收耕地的补偿费用包括土地补偿费、安置补助费以及地上附着物和青苗的补偿费；征地补偿安置方案确定后，有关地方人民政府应当公告，并听取被征地的农村集体经济组织和农民的意见。
《大中型水利水电工程建设征地补偿和移民安置条例》（国务院令第 471 号）	第三条：移民生活达到或者超过原有水平。第五条：移民安置工作实行政府领导、分级负责、县为基础、项目法人参与的管理体制。土地补偿费和安置补助费之和为该耕地被征收前三年平均年产值的 16 倍。
《中华人民共和国土地复垦条例》	第三条：生产建设活动损毁的土地，按照"谁损毁，谁复垦"的原则，由生产建设单位或者个人（以下称土地复垦义务人）负责复垦。 第十九条：土地复垦义务人对在生产建设活动中损毁的由其他单位或者个人使用的国有土地或者农民集体所有的土地，除负责复垦外，还应当向遭受损失的单位或者个人支付损失补偿费。
《中华人民共和国耕地占用税暂行条例》	第三条：占用耕地建房或者从事非农业建设的单位或者个人，为耕地占用税的纳税人，应当依照本条例规定缴纳耕地占用税。

规程规范（技术性文件）详见表 3-3。

表 3-3　工程建设征地拆迁安置相关的技术规范和标准

序号	名称	代号
1	《水利水电工程建设征地移民安置规划设计规范》	SL 290—2009
2	《水利水电工程建设农村移民安置规划设计规范》	SL 440—2009
3	《水利水电工程建设征地移民实物调查规范》	SL 442—2009
4	《水利水电工程建设征地移民安置规划大纲编制导则》	SL 441—2009
5	《水利工程设计概(估)算编制规定》	水总〔2014〕429 号
6	《防洪标准》	GB 50201—94
7	《村镇规划标准》	GB 50188—2007
8	《生活饮用水卫生标准》	GB 5749—2006
9	《土地复垦技术标准》	1995 年 7 月
10	《土地开发整理项目规划设计规范》	TD/T 1012—2000
11	《土地利用现状分类标准》	GB/T 21010—2007
12	《村镇供水工程设计规范》	SL 310—2004
13	《工程建设标准强制性条文》	水利工程部分
14	《国民经济行业分类与代码》	GB/T 4754—94

根据《大中型水利水电工程建设征地补偿和移民安置条例》，为规范水利水电工程建

设征地移民安置规划设计工作,合理使用土地,以人为本,妥善安置移民,保障水利水电工程建设征地移民的合法权益,水利部颁布了相应技术规范《水利水电工程建设征地移民安置规划设计规范》(SL 290—2009),以及相配套的《水利水电工程建设征地移民实物调查规范》(SL 442—2009)、《水利水电工程建设农村移民安置规划设计规范》(SL 440—2009)、《水利水电工程建设征地移民安置规划大纲编制导则》(SL 441—2009)和《水利水电工程建设征地移民补偿投资概(估)算编制规定》等。

国家层面核心技术资料的具体内容详见表3-4。

表3-4 核心技术资料的具体内容

名称	具体内容
《水利水电工程建设征地移民安置规划设计规范》(SL 290—2009)	规定了征地移民范围确定的方法,实物调查的内容、方法和要求,移民安置规划方案有关要求,农村移民安置、城(集)镇迁建、工业企业处理、专业项目恢复改建设计原则、标准、内容和深度,征地移民补偿投资概(估)算编制规定
《土地利用现状分类标准》(GB/T 21010—2007)	在耕地上临时(1个月到2年)种植药材、草皮、花卉、苗木的土地以及其他临时改变用途的耕地计为耕地。对耕地和园地之间经常变换的园地(临时园地,一般为草本园地)一般确认为耕地。 下列土地不按园地确认:①在耕地上间作、套种果树的,以种植和收获农作物为主的土地。②果林间作,果树覆盖度和合理株数小于标准指标时的土地。③由于季节、年份等原因,在耕地上临时种植园艺作物,如桑树等的土地。粗放经营的核桃、板栗、柿子等干果,确认为林地
《水利水电工程建设征地移民安置规划设计规范》(SL 290—2009)	补偿投资概(估)算应依据国家和有关省、自治区、直辖市的法律、法规及有关规定,以建设征地移民实物调查成果、移民安置规划成果为基础进行编制。 专业项目应采用相关专业的概(估)算编制办法、计算标准和定额,分析计算的补偿单价或采用类比综合单位指标进行编制。 征地移民涉及的农村、城(集)镇基础设施建设、工业企业处理和专业项目处理以及防护工程建设,应按照原规模、原标准或者恢复原功能所需的投资,列入征地移民补偿投资概(估)算。凡结合迁建或防护需要提高标准、扩大规模增加的投资,不列入征地移民补偿投资概(估)算。对不需要或难以恢复或改建的淹没对象,可给予合理的补偿

(二)省级层面的政策体系

一般工程建设征迁安置中,各省会根据实际征迁安置具体情况,制定省级层面可操作的部门规章和政策性文件。引黄入冀补淀工程征迁安置过程中,可供依据的河南省相关政策文件详见表3-5。

表 3-5　河南省工程建设征迁安置相关的部门规章及政策性文件

序号	政策名称	政策编号
1	《河南省人民代表大会常务委员会关于修改〈河南省实施土地管理法办法〉的决定》(简称《河南省土地管理办法》)	2009-11-27
2	《河南省〈耕地占用税暂行条例〉实施办法》	河南省人民政府令〔2009〕124 号
3	《河南省人民政府关于公布取消停止征收和调整有关收费项目的通知》	豫政〔2008〕52 号
4	《河南省人民政府关于调整河南省征地区片综合地价的通知》	豫政〔2013〕11 号
5	《关于公布各地征地区片综合地价社会保障费用标准的通知》	豫劳社办〔2008〕72 号
6	《河南省人民政府关于严格控制引黄入冀补淀工程(河南段)建设用地范围内基本建设和人口增长的通知》	豫政文〔2014〕97 号
7	《河南省人民政府关于公布实施河南省征地区片综合地价标准的通知》	豫政〔2009〕87 号
8	《河南省人民政府办公厅关于进一步规范房屋征收与拆迁行为的通知》	豫政办〔2016〕5 号

在上述部门规章及政策性文件中,河南省人民政府以豫政〔2013〕11 号文发布了《河南省人民政府关于调整河南省征地区片综合地价的通知》,发布了新的片区价,片区价包含社会保障费用,并明确费用标准仍按照原河南省劳动和社会保障厅《关于公布各地征地区片综合地价社会保障费用标准的通知》(豫劳社办〔2008〕72 号)执行。新的征地区片综合地价标准涵盖了每个行政村。征地区片综合地价是针对土地确定的综合补偿标准,包括土地补偿费、安置补助费和新增加的社会保障费用,不包括地上附着物和青苗补偿费。征地补偿安置费的分配和使用按照《河南省人民政府办公厅关于规范农民集体所有土地征地补偿费分配和使用的意见》(豫政办〔2006〕50 号)执行,其中土地补偿费占40%,安置补助费占 60%。地上附着物和青苗补偿费标准由各省辖市政府制定、完善并公布,与征地区片综合地价配套实施,其中经济林补偿标准由省林业厅制定和调整。

(三)引黄入冀补淀工程具体制度规范

引黄入冀补淀工程的不同时期,相应依据的政策规范有所不同。工程前期,根据项目审批要求主要运用了与审批相关的一些工程建设规划报告等政策资料,保障了整个工程建设征迁安置的合理、合法化开展。前期准备文件资料如表 3-6 所示。

表 3-6 引黄入冀补淀工程建设征地拆迁安置过程中前期准备文件资料

序号	名称
1	项目区 1/1 000 地形图,土地勘界图
2	《引黄入冀补淀工程建设征地移民安置规划大纲》及批复
3	《引黄入冀补淀工程建设征地移民安置规划报告》及审查意见
4	《引黄入冀补淀工程可行性研究报告》及批复
5	《引黄入冀补淀工程初步设计报告》及批复
6	《引黄入冀补淀工程(河南段)征迁安置委托协议》
7	《引黄入冀补淀工程初步设计报告及招标文件》
8	各县(区)社会经济统计资料和有关部门提供的规划统计资料

　　引黄入冀补淀工程征迁安置的过程中,由于工程建设征迁任务重、要求高、施工时间紧,在没有大型工程建设征迁安置经验可借鉴的前提下,濮阳市通过成立市、县、区级引黄入冀补淀工程建设指挥部,采取了一系列适用性措施和具体办法,以保障工程征迁安置工作的顺利进行。指挥部成立文件详见表 3-7。

表 3-7 指挥部成立文件

序号	政策名称	政策编号
1	《濮阳市人民政府关于成立濮阳市引黄入冀补淀工程建设指挥部的通知》	濮政文〔2015〕110 号
2	《濮阳县人民政府关于成立濮阳县引黄入冀补淀工程建设指挥部的通知》	濮县政文〔2015〕150 号
3	《濮阳经济技术开发区管委会关于成立引黄入冀补淀工程征迁指挥部的通知》	濮经开文〔2015〕79 号
4	《濮阳开发区引黄入冀补淀工程征迁指挥部关于成立濮阳开发区引黄入冀补淀工程征迁指挥部办公室的通知》	濮开入冀指〔2015〕1 号
5	《濮阳市城乡一体化示范区管委会关于成立濮阳市城乡一体化示范区引黄入冀补淀工程建设指挥部的通知》	濮示范政文〔2015〕95 号
6	《中共清丰县、清丰县人民政府关于成立清丰县引黄入冀补淀工程建设指挥部的通知》	清文〔2015〕66 号
7	《清丰县引黄入冀补淀工程建设指挥部关于成立清丰县引黄入冀补淀工程建设指挥部办公室的通知》	清入冀补淀指〔2015〕1 号

　　(1)以南水北调中线工程征迁安置相关政策为指导。征迁安置是引黄入冀补淀工程建设征迁安置的关键,也是对征迁责任主体——以濮阳市指挥部为主的各级指挥部的一

次实践考验。引黄入冀补淀工程建设征地拆迁安置工作由于时间紧、任务重,在缺乏相关管理经验和没有出台相应配套政策的前提下,主要是以南水北调中线工程征迁安置相关政策和工作经验为依据,参考了《南水北调工程建设征地补偿和移民安置暂行办法》以及《南水北调工程建设征地补偿和移民安置资金管理办法(试行)》等政策文件,对引黄入冀补淀工程征迁安置实施进行管理,并在2015年开展对南水北调工程相关政策的专项研讨会。指挥部曾于2015年12月草拟《引黄入冀补淀工程建设征迁安置实施管理暂行办法》(详见附录二)。虽然实施过程中没有正式颁布,但对后期的征迁安置工作起到的一定的指导作用。

(2)制定了一系列管理办法和工作制度。为了做好征迁安置工作,濮阳市引黄入冀补淀工程征迁安置指挥部办公室制定了《征迁安置资金管理办法》、《征迁安置资金财务核算办法》、《财务管理制度》、《办公室人员考勤管理制度》、《例会工作制度》、《移民资金廉政风险防控制度》等规章制度,通过制度规范权力运行,确保资金安全、干部安全。同时为了让施工影响区群众了解征迁,推进理性征迁,濮阳市指挥部于2015年底印发了《引黄入冀补淀工程征迁安置宣传手册》。

实施的《例会工作制度》是颇具行政命令色彩、简单划一的工作制度。《例会工作制度》包括晨会、碰头会等。市级指挥部办公室每天07:30召开晨会,指挥部办公室全体人员参加;碰头会两天召开1次;《办公室人员考勤制度》要求每天早晨07:30考勤,由综合科专人负责,不得代签。《考核奖惩办法》,对完成任务成效好的部门、区县和乡镇办等给予通报表彰,对推进不力、完不成任务的则进行通报批评、严肃问责。2017年2月,市指挥部拿出200万元对在工程推进中做出突出贡献的县区、乡镇办和单位进行表彰奖励,调动了大家的工作积极性,掀起了新一轮大干快干的高潮。在2017年4月保通水阶段,市指挥部印发了《关于维护施工环境打击非法阻工问题的通知》,制定了引黄入冀补淀工程建设推进台账。针对项目后期的环境问题制定了《关于维护施工环境打击非法阻工问题的通知》、《引黄入冀补淀工程扬尘污染防治细则》、《引黄入冀补淀工程河南段征迁安置补充协议》等规定。所有这些制度办法和规定有力地保障了工程建设征地征迁安置的顺利进行。

(3)采取"清单制"+会议纪要的执行策略。所谓"清单制",即每征一块地或者每进行一项补偿,都由市指挥部办公室人员,会同征迁设计方、监理方、县乡领导、技术人员等亲临现场进行相关测量、调查。然后以村或者地块为单位,列出补偿清单,并将其下发到村或工作组进行公示,由受影响群众进行确认。确认后,市指挥部依据清单向县级指挥部拨钱,县再拨到乡,乡拨到村,村里分到户。在实施规划尚未正式出台又必须在规定时间内完成工作的情况下,以清单制的方式弥补初步设计、规划大纲等文件标准过于宽泛、具体操作细节不足等缺陷,能够面对征迁工作中不可预测、千变万化的实际情况,更加灵活机动、集思广益地解决实际问题。

在征迁安置补偿核实调查过程中,若现场存在解决不了的矛盾或问题,如测量标准、数量等问题,由乡级指挥部提出申请,通过县级转到市级,由市指挥部召开各方联席会议,共同商讨、解决问题。联席会一般有市指挥部、征迁设计代表、监理代表、县指挥部办公室、乡镇指挥部办公室、河南建设部、施工单位参加,有时还需要第三方评估单位参加。最终以会议纪要的形式记录下来,并成为解决问题的操作依据。征迁会议纪要内容涉及引黄入冀补淀工程建设征地拆迁安置过程中所面对的各种类型的事务,主要包括:征地补偿、征迁安置、征迁实施的管理、临时占地的复垦、各项税收的标准等五个方面的内容。具体有附着物的清理与复核、施工期间建设区用水用电情况的处理、临时用地返还、土地征收与补充、工程建设资金拨付等问题。

表 3-8 按征迁纪要五大主要内容分类,列举了一些具体的征迁纪要内容。

表 3-8　部分征迁纪要内容

类别	条目举例
征地补偿	征字〔2016〕2 号:关于开发区《关于征迁补偿清单存在问题申请复核的报告》及其他有关问题会议纪要
征迁安置	征字〔2017〕2 号:关于濮阳县征迁安置若干问题的处理意见
征迁实施的管理	征字〔2016〕5 号:关于清丰县固城段、大屯段、韩村段、阳邵段集体房屋、附属物复核及阳邵段遗留问题的处理意见 征字〔2016〕13 号:关于开发区王助镇西郭寨村改线段有关问题专题会议纪要
临时占地的复垦	征字〔2017〕10 号:关于清丰县征迁建设有关问题的处理意见
各项税收的标准	征字〔2016〕22 号:关于引黄入冀专项设施补偿费有关问题的会议纪要

征迁安置过程中的大事件都被以征迁纪要的形式整理记录了下来。截至引黄入冀补淀工程正式通水前,形成了"征"字开头的征迁纪要 50 多份,如图 3-1 所示。

(4)专项行动的开展。自征迁工作开展的 20 个月内,引黄入冀补淀工程(濮阳段)已先后开展了 8 次专项行动。一是工程征迁之初,为保证金堤河倒虹吸、卫河倒虹吸等控制性工程早日开工建设,濮阳市抓住重点,不讲条件,当好工程建设的先行官,保证了节点性控制工程的顺利开工。二是 2015 年年底,针对征迁补偿资金兑付不到位的问题,开展了资金兑付专项行动。围绕资金下达、兑付工作,明确责任,狠抓落实,用 20 d 时间使工程征迁资金兑付率达 80% 以上。三是 2016 年 3 月,工程建设用地清障交地进展缓慢。为保证施工企业能够进场施工,市指挥部带领有关各方,连续 6 d 沿渠徒步现场解决问题,逐乡逐村督促大面积清障交地,保障了工程建设需求。四是 2016 年 5 月,沉沙池施工受阻,市指挥部配合濮阳县,县乡主要领导亲自带队,周密研判,出动民警、联防队员等 500余人,开展了依法打击恶意阻工、扰乱施工环境专项行动,为沉沙池工程建设打开了良好局面。五是 2016 年 8 月,为打通濮阳县、开发区工程施工通道,市指挥部联合市督查局、公安局、河北建设部、施工企业开展施工道路贯通专项行动,快速完成了施工道路全线贯通的目标任务,为工程整体推进打开了新的局面。六是 2016 年 9 ~ 10 月,开展了为期 2个月的征迁集中攻坚行动,着重于渠首段开工、土地组卷、专项设施迁建、征迁安置实施规划报批等工作。为明确任务,落实责任,制定了系列工作推进机制,取得了显著实效。七是 2016 年 11 ~ 12 月开展了征迁安置决战冲刺专项行动。这次专项行动,解决了大量征迁遗留问题,房屋拆迁基本上在这一阶段完成。至 2016 年年底,征迁工作基本完成。八

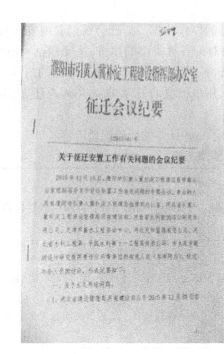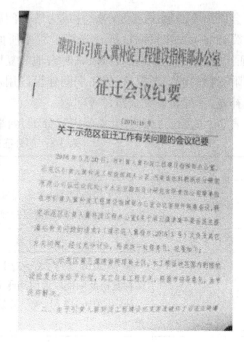

图 3-1 征迁纪要文件举例

是保通水大会战。2017 年 2 月濮阳市委、市政府提出了 5 月城区段试通水目标后,市指挥部开展了保通水集中大会战,担当起重任,经受住考验,进一步强化目标责任,完善推进机制,加强沟通协调,落实方案措施,解决实际问题,强化督查督导。重点是督促配合河北建设单位和施工企业采取超常规措施,保环境,促进度,抓扬尘,顺利实现了 5 月 31 日试通水目标。每一次专项行动都为工程推进打开了新的局面,取得了显著成效。

第二节 征迁安置政策执行

一、政策执行流程

按照国务院令第 679 号《国务院关于修改〈大中型水利水电工程建设征地补偿和移民安置条例〉的决定》,大中型水利水电工程建设征迁安置工作实行"政府领导、分级负责、县为基础、项目法人参与"的管理体制。在引黄入冀补淀工程(河南段)建设征地拆迁安置实施过程中,濮阳市引黄入冀补淀工程建设指挥部办公室为濮阳市引黄入冀补淀工程征迁安置工作的主管部门,相关县(区)引黄入冀补淀工程建设指挥部办公室为本辖区内引黄入冀补淀工程征迁安置工作的主管部门,负责本辖区内征迁安置实施工作,保证征迁安置工作顺利实施。

濮阳市引黄入冀补淀工程建设指挥部即是具体实施政策制定的主体,也全面负责政策宣传、政策分解、组织准备、政策实验与推广等工作。同时各区设立下辖指挥部,进行征迁工作的分包工作。乡镇、村设立工作组,负责征迁安置工作的具体实施。市、县、乡、村指挥部四级联动,组织体制运行畅通,保障征迁安置政策措施顺利实施。政策执行流程图如图 3-2 所示。

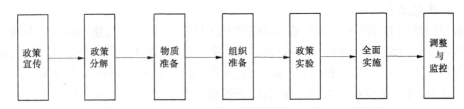

图 3-2　政策执行流程图

除上述的自上而下的政策分解方式,以及"清单式"政策实验性补偿兑现外,在整个引黄入冀补淀工程征迁安置的政策执行过程中,也伴有自下而上的政策调整与监控。政策的具体执行方为征迁安置地区的镇办公室和村工作组,他们负责联系村民,落实征迁政策,同时协助设计单位、监督评估单位土地核查、资金拨付等工作,从而及时地向上级指挥部反映政策的适应性,保障政策执行的有效性,也进一步促进政策系统的优化调整。

二、政策执行保障和手段

政策执行是一种有目的、有计划、有组织的活动过程。引黄入冀补淀工程(河南段)建设征地拆迁安置实施,因时间紧、任务重、缺乏经验积累和前期准备不充分的前提下,在参照其他工程项目做法和既有政策环境的条件下,采取因地制宜、备战式、议事清单的政策措施。为保障工程征迁安置顺利进行,以濮阳市引黄入冀补淀工程建设指挥部为核心的市、县(区)指挥部和乡(镇)、村工作组是征迁安置政策措施实施的组织保障。良好的开端是成功的一半,充分的准备工作为政策执行提供前提保障。

(一)组建执行机构,提供组织保证

组建相关的政策执行机构是组织准备中首要的任务。由于征迁安置政策所要执行的是涉及多个部门的非常规性政策,而非原有执行机构所能承担,因此需要抽调有关人员组建新的执行机构,以确保政策的有效执行。濮阳市委、市政府研究决定成立濮阳市引黄入冀补淀工程建设指挥部,指挥部下设办公室,作为指挥部的日常办事机构,负责征迁安置工作的组织、协调、指导、监督检查和服务,落实工作经费,强化资源配置,集中精力,全力以赴,扎扎实实地开展征迁工作。同时,每个征迁安置县(区)也相应建立指挥部,乡(镇)、村成立征迁安置工作组。

(二)进行物资准备,强化执行基础

政策措施的实施需要充足的装备、物资设备以及其他的支持设施,仅仅依靠政策执行的权威和主要工作人员的承诺是不够的。做好政策执行的物质准备是政策执行准备工作中必不可少的一项工作。物质准备主要包含政策执行所必需的经费(财力)和必要的设备(物力)两方面的准备。一方面,根据征迁安置活动中的各项开支项目与数量,本着既保证征迁安置工作正常开展,又坚持勤俭节约原则编制预算;另一方面,为满足工作需要,合理设计和配备必要的交通工具、办公用品等物资为政策措施执行活动的顺利开展提供了良好的物质条件。

(三)多元化的政策执行手段

濮阳市各相关部门在政策工具、中介途径、措施方法等执行手段的选择上恰到好处,

形式多元,大大提升了政策措施的执行力。

1.强化行政手段

各级行政机关以国家权力为基础,以濮阳市引黄入冀补淀工程建设指挥部为核心,全市范围内统一组织、统一指挥、统一行动,共同完成征迁安置任务。各种命令、指示、规章、纪律等形式出现之后,出台相应的行政处罚、奖惩、监督机制,保证在规定时间内,作为一项政治任务,任何单位和个人都必须执行,否则就要承担一定责任,受到一定惩罚。因其内容、对象、时间、范围、限度、措施等都是针对完成征迁安置工作这一具体内容而做出的,手段很具体。上级部门在政策措施执行过程中,可以随时对下级的人、财、物进行调动和使用,不存在等价关系,具有无偿性。正是由于行政手段的权威性、强制性和具体性的特征使政策措施发挥作用快。

2.采取法律手段

法律手段是通过各种法律、法令、司法、仲裁等工作来制约和调整政策执行活动中各种关系的方法。法律手段的运用,一是通过相关部门对违法行为进行制裁;二是政府机关依法制定和执行行政法规、部门规章,以调整相关社会关系,并对政策执行活动进行控制和监督。濮阳市结合实际,在充分调研、广征意见的基础上,通过每天的晨会和例会工作制,制定《征迁安置资金管理办法》、《征迁安置资金财务核算办法》、《财务管理制度》、《办公室人员考勤管理制度》、《例会工作制度》、《移民资金廉政风险防控制度》等征迁安置规章制度,形成比较完善的制度管理体系,促进了征迁安置工作健康有序地开展,同时维护了群众的合法权益。

3.实施经济手段

合理运用经济手段调整各方经济利益关系,根据客观经济规律和物质利益原则,利用各种经济杠杆,将任务与物质利益挂钩,并以责、权、利相统一的形式固定下来,提供政策实施的内在推动力,充分调动相关人员执行政策的积极性和主动性。协调征迁安置居民等各种不同经济利益主体间的关系,保证政策措施的顺利实施。即时拨付资金、对安置居民采取提前征迁安置奖励、奖励先进单位和个人、对违法或故意延迟者进行处罚或罚款等措施来组织、调节和影响各相关部门执行政策和政策对象之间的活动。与行政手段和法律手段不同,经济手段具有间接性、关联性和有偿性。经济手段不是直接干预上下各级政策的实施执行,而是利用经济杠杆作用对各个方面的经济利益进行调节,实现间接调控。

4.加大宣传力度

在整个征迁安置过程中,为了让施工影响群众了解征迁,推进理性征迁,濮阳市指挥部于2015年年底印发了《引黄入冀补淀工程征迁安置宣传手册》。各级相关政府、领导耐心说服、正确引导征迁安置居民及影响群众。通过宣传,使目标群体相信政府的立场和征迁安置的必要性,促进政策目标群体对政策措施的认知、增强他们的认同。在说服引导过程中,各级相关执行人员始终站在群众角度,用真情、动真心、办真事,采取循序渐进、耐心说服的方法进行正确引导,摆明事实、讲清道理,加深他们的认识和理解,引导其自觉、主动地执行相关政策措施。与此同时,地方政府门户网站、报纸等媒体主动及时地发布相关信息,促进政府政务公开,转变政府职能,优化公共服务,建立各级相关政府部门与目标群体的互动机制,提高执行的质量和效率。

三、政策执行效果

征迁安置政策执行是将征迁安置政策理想化为征迁安置现实、征迁安置政策目标转化为征迁安置政策效益的唯一途径。征迁安置政策执行的有效性事关征迁安置政策的成败。它是将征迁安置政策付诸于实施的各种活动,并通过一定组织作为执行主体、作为依托来执行。其价值在于:一是征迁安置政策执行是征迁安置政策解决问题的手段;二是征迁安置政策执行的高绩效是达成征迁安置政策目标的坚强保障。

征迁安置工作是一项内容繁杂、涉及广大群众切身利益、政策性极强的政治工作、经济工作和群众工作,是一项巨大的社会系统工程,濮阳市能够统揽全局,用系统的观点,兼顾各个方面利益,对征迁安置工作进行综合管理,使得征迁安置政策能够得到强有力的实施。

2017 年 11 月 16 日,河北省水利厅、河南省水利厅组织濮阳市指挥部办公室、河北引黄局河南部、濮阳县办、中水十一局、设计单位、媒体单位等,在濮阳县渠村乡南湖村沉沙池进口闸举行引黄入冀补淀工程试通水仪式,标志引黄入冀补淀工程建设已达到通水条件。截至 2017 年 12 月底,引黄入冀补淀工程(河南段)征迁安置工作接近尾声。征迁安置整体质量效果较好,前期存在协调问题都能及时发现并有效整改。在市级指挥部的组织协调下,相关单位部门积极参与,对过程中出现的问题及时研究处理,有效解决了征迁问题,保障了征迁工作进度。

引黄入冀补淀工程(河南段)征迁安置工作一方面集中体现了以民为本的价值取向。以民为本就是以实现人的全面发展为目标,从人民群众的根本利益出发谋发展、促发展,切实保证人民群众的经济、政治和文化权益,让发展的成果惠及全体人民。这是实现濮阳引黄入冀补淀工程征迁安置政策措施有效实施的出发点和落脚点。以民为本的理念得益于地方各级政府的具体工作,正是由于地方各级政府的贯彻落实,努力工作,征迁安置目标才一步步得以实现,保证了政策高效执行,汇集了强大的凝聚力。另一方面,体现了政策措施内容宣传的公开透明。对政策执行者而言,只有在对政策意图和具体实施措施明确认识和充分了解的情况下,才能够积极主动地执行征迁安置政策。对目标群体而言,只有使其知晓政策,理解政策,认同政策,才能进一步为政策的有效执行形成良好的政策环境。濮阳引黄入冀补淀工程征迁安置根据实际情况因地制宜,每一项重大决策通过集体协商、统一决策,重要事项向公众公示、解释。对政策宣传做到有的放矢,高度注重对目标群体的分析,根据目标群体的实际情况来选择适当的宣传方式、策略、渠道、工具等,有效减少了政策执行的阻力。

政策执行有利于任务、责任的落实,维护群众的利益。在政策执行过程中,强化责任追究机制,增加各级部门的使命感、责任感和危机意识,保障政策措施执行的科学合理。同时,建立畅通的信息反馈渠道,使群众信息反馈经常化、制度化,有效确保信息沟通的广度、深度和真实度,提高政策措施的执行效果。

总的来说,在各相关部门的共同努力下,工程按期保质保量完成,没有人员伤亡,没有大型群体性事件。引黄入冀补淀工程在政策制定和政策执行的过程中,面对现实情况的变化和实际经验的缺乏,因地制宜地提出了一系列适合自身的特殊解决方法,顺利实现工程预期目标。

第四章 工程征迁安置规划

第一节 工程征迁安置规划要求

水利水电工程征迁安置规划设计是水利水电工程设计的重要组成部分,是工程设计方案比选的一项重要内容,关系到工程规模的合理确定,关系到失地农民的生产、生活和影响区国民经济的恢复与发展以及社会稳定,必须以实事求是的科学态度,深入细致地调查研究来精心设计。

征迁安置规划设计,应遵循国家的有关法律、法规和政策规定;贯彻《大中型水利水电工程建设征地补偿和移民安置条例》(国务院第471号,2017年6月1日修订后重新颁布开始实施),《国务院关于修改〈大中型水利水电工程建设征地补偿和移民安置条例〉的决定》(国务院第679号)的各项规定。

一、《大中型水利水电工程建设征地补偿和移民安置条例》相关规定

《大中型水利水电工程建设征地补偿和移民安置条例》对征迁安置规划做了明确的要求,其中第四条规定,大中型水利水电工程征迁安置应当遵循如下原则:以人为本,保障移民的合法权益,满足移民生存与发展的需求;顾全大局,服从国家整体安排,兼顾国家、集体、个人利益;节约利用土地,合理规划工程占地,控制移民规模;可持续发展,与资源综合开发利用、生态环境保护相协调;因地制宜,统筹规划。

在征迁安置管理体制上,实施"政府领导、分级负责、县为基础、项目法人参与"的管理体制。国务院水利水电工程移民行政管理机构负责全国大中型水利水电工程移民安置工作的管理和监督;县级以上地方人民政府负责本行政区域内大中型水利水电工程移民安置工作的组织和领导;省(自治区、直辖市)人民政府规定的移民管理机构,负责本行政区域内大中型水利水电工程移民安置工作的管理和监督。

已经成立项目法人的大中型水利水电工程,由项目法人编制移民安置规划大纲,按照审批权限报省(自治区、直辖市)人民政府或者国务院移民管理机构审批;省(自治区、直辖市)人民政府或者国务院移民管理机构在审批前应当征求移民区和移民安置区县级以上地方人民政府的意见。没有成立项目法人的大中型水利水电工程,项目主管部门应当会同移民区和移民安置区县级以上地方人民政府编制移民安置规划大纲,按照审批权限报省(自治区、直辖市)人民政府或者国务院移民管理机构审批。

工程占地和淹没区实物调查,由项目主管部门或者项目法人会同工程占地和淹没区所在地的地方人民政府实施;实物调查应当全面准确,调查结果经调查者和被调查者签字认可并公示后,由有关地方人民政府签署意见。实物调查工作开始前,工程占地和淹没区所在地的省级人民政府应当发布通告,禁止在工程占地和淹没区新增建设项目和迁入人

口,并对实物调查工作作出安排。

移民安置规划大纲应当主要包括移民安置的任务、去向、标准和农村移民生产安置方式以及移民生活水平评价和搬迁后生活水平预测、水库移民后期扶持政策、淹没线以上受影响范围的划定原则、移民安置规划编制原则等内容。编制移民安置规划大纲应当广泛听取移民和移民安置区居民的意见;必要时,应当采取听证的方式。经批准的移民安置规划大纲是编制移民安置规划的基本依据,应当严格执行,不得随意调整或者修改;确需调整或者修改的,应当报原批准机关批准。

已经成立项目法人的,由项目法人根据经批准的移民安置规划大纲编制移民安置规划;没有成立项目法人的,项目主管部门应当会同移民区和移民安置区县级以上地方人民政府,根据经批准的移民安置规划大纲编制移民安置规划。编制移民安置规划应当以资源环境承载能力为基础,遵循本地安置与异地安置、集中安置与分散安置、政府安置与移民自找门路安置相结合的原则。编制移民安置规划应当尊重少数民族的生产、生活方式和风俗习惯。移民安置规划应当与国民经济和社会发展规划以及土地利用总体规划、城市总体规划、村庄和集镇规划相衔接。

移民安置规划应当对农村移民安置、城(集)镇迁建、工矿企业迁建、专项设施迁建或者复建、防护工程建设、水库水域开发利用、水库移民后期扶持措施、征地补偿和移民安置资金概(估)算等做出安排。对农村移民安置进行规划,应当坚持以农业生产安置为主,遵循因地制宜、有利生产、方便生活、保护生态的原则,合理规划农村移民安置点;有条件的地方,可以结合小城镇建设进行。农村移民安置后,应当使移民拥有与移民安置区居民基本相当的土地等农业生产资料。编制移民安置规划应当广泛听取移民和移民安置区居民的意见;必要时,应当采取听证的方式。征地补偿和移民安置资金、依法应当缴纳的耕地占用税和耕地开垦费以及依照国务院有关规定缴纳的森林植被恢复费等应当列入大中型水利水电工程概算。征地补偿和移民安置资金包括土地补偿费、安置补助费、农村居民点迁建、城(集)镇迁建、工矿企业迁建以及专项设施迁建或者复建补偿费(含有关地上附着物补偿费),移民个人财产补偿费(含地上附着物和青苗补偿费)和搬迁费,库底清理费,淹没区文物保护费和国家规定的其他费用。

二、水利行业标准对征迁安置规划有关要求

大中型水利工程征迁安置规划编写严格按照水利部发布的中华人民共和国水利行业标准《水利水电工程建设征地移民安置规划设计规范》(SL 290—2009)和《水利水电工程建设农村移民安置规划设计规范》(SL 440—2009)的要求开展。征迁安置规划大纲根据《水利水电工程建设征地移民安置规划大纲编制导则》(SL 441—2009)编写,实物调查依据《水利水电工程建设征地移民实物调查规范》(SL 442—2009)实施。在各个工作阶段,以规范在不同阶段的要求开展规划设计工作和报告编写工作。在工程设计报告编写上,各阶段都有不同的规范要求。项目建议书应按照《水利水电工程项目建议书编制规程》(SL 617—2013)的要求编写;可行性研究报告的编写依据《水利水电工程可行性研究报告编制规程》(SL 618—2013)的要求操作;初步设计报告编写按照《水利水电工程初步设计报告编制规程》(SL 619—2013)的要求进行。水利行业标准名称、编号、实施日期等见

表 4-1。

表 4-1　征迁安置规划设计适用的水利行业规范

序号	标准名称	标准编号	发布日期 (年-月-日)	实施日期 (年-月-日)
1	《水利水电工程建设征地移民安置规划设计规范》	SL 290—2009	2009-07-31	2009-10-31
2	《水利水电工程建设农村移民安置规划 设计规范》	SL 440—2009	2009-07-31	2009-10-31
3	《水利水电工程建设征地移民安置规划大纲 编制导则》	SL 441—2009	2009-07-31	2009-10-31
4	《水利水电工程建设征地移民实物调查规范》	SL 442—2009	2009-07-31	2009-10-31
5	《水利水电工程项目建议书编制规程》	SL 617—2013	2013-11-20	2014-02-20
6	《水利水电工程可行性研究报告编制规程》	SL 618—2013	2013-11-20	2014-02-20
7	《水利水电工程初步设计报告编制规程》	SL 619—2013	2013-11-20	2014-02-20

(一)《水利水电工程建设征地移民安置规划设计规范》(SL 290—2009)要求

根据《水利水电工程建设征地移民安置规划设计规范》(SL 290—2009)的总则要求,该规范的制定目的是规范水利水电工程建设征地移民安置规划设计工作,合理使用土地,以人为本,妥善安置移民,保障水利水电工程建设征地移民的合法权益。要求根据我国人多地少的实际情况,水利水电工程建设应尽量减少建设用地和移民数量。在该规范中,规定水利水电工程建设征地移民安置规划设计的主要任务应包括以下几个方面:确定征地移民范围;查明征地及影响范围内的人口和各种国民经济对象的经济损失;分析评价所产生的社会、经济、环境、文化等方面的影响;参与工程建设方案和规模的论证;确定征迁安置规划方案;进行农村征迁安置、城(集)镇迁建、工业企业处理、专业项目恢复改建、防护工程的规划设计和水库移民后期扶持措施;提出水库水域开发利用和水库移民后期扶持措施;编制实施总进度及年度计划;编制建设征地移民补偿投资概(估)算。

项目建议书阶段(征迁安置规划设计)应完成以下各种工作:初步确定水库淹没处理设计洪水标准,初步确定泥沙淤积年限,初步进行水库洪水回水计算;初步确定水库淹没影响范围,包括水库淹没范围,浸没、坍岸、滑坡及其他影响范围;初步查明水库淹没主要实物,对工程规模有制约作用的淹没影响实物应重点调查其数量、分布范围及高程;初步进行建设项目所涉及的水库淹没区和安置区的经济社会调查;评价水库淹没对涉及地区经济社会的影响;参与工程建设规模的方案论证;初步确定移民安置规划设计水平年、人口自然增长率等有关设计参数;农村移民以行政村为单位计算生产安置人口和搬迁安置人口,以乡(镇)为单位调查移民安置区环境容量,拟定移民安置去向,编制农村移民安置初步规划;初步确定城(集)镇人口和用地规模,拟定迁建方式,初选迁建新址,提出迁建方案;提出工业企业和专业项目处理原则,拟定处理方案;对重要淹没影响对象,初步分析防护可行性,提出处理意见;确定征地移民补偿投资估算编制依据和原则,估算水库淹没影响处理补偿投资,编制年度投资计划;编制征地移民安置规划设计篇章或专题报告。

可行性研究阶段(征迁安置规划设计)应完成以下各种工作:可行性研究报告阶段的

建设征地移民安置规划设计工作包括移民安置规划大纲编制及移民安置规划设计。移民安置规划大纲应在确定工程建设征地范围,完成实物量调查以及移民区、移民安置区经济社会情况和资源环境承载能力调查的基础上编制。依据批准的移民安置规划大纲开展移民安置规划设计。确定水库区淹没处理设计洪水标准;确定泥沙淤积年限,进行水库洪水回水计算;分析计算风浪爬高值及船行波影响。根据水库回水计算成果及水库浸没、坍岸、滑坡及其他影响的预测成果,确定水库淹没影响处理范围。查明各项淹没影响实物,编制实物调查报告进行建设项目所涉及的水库淹没区和移民安置区的经济社会调查;评价水库淹没对涉及地区社会经济的影响。对工程设计方案必选提出推荐意见。基本确定移民安置规划设计水平年、人口自然增长率等有关设计参数。农村移民以村民小组为单位计算生产安置人口和搬迁安置人口,以行政村为单位分析移民安置区环境容量,确定生产安置标准,明确移民安置去向;选定集中居民点选址,基本查明新址工程地质和水文地质条件,确定居民点人口规模、建设用地规模和基础设施建设标准,进行居民点典型勘测设计,编制农村移民安置规划。选定城(集)镇迁建新址,确定城(集)镇人口、用地规模和基础设施建设标准,进行城(集)镇新址地形测绘和水文地质、工程地质勘察。编制城镇控制性详细规划和集镇建设规划。提出工业企业处理方案。进行专业项目恢复改建规划设计。对具备防护条件的重要淹没影响对象,确定防护方案,提出可行性研究报告。提出库底清理技术要求,编制库底清理规划。提出移民后期扶持措施。根据国家和省级人民政府的有关规定,分析确定补偿补助单价和标准。编制征地移民补偿投资估算和年度投资计划。编制征地移民安置规划设计专题报告或篇章。

初步设计阶段(征迁安置规划设计)应完成以下各种工作:复核水库设计洪水回水计算成果;结合本设计阶段的浸没、坍岸、滑坡等地质勘察成果,复核库区居民迁移、土地征收及其他受影响的范围。对因范围变化引起的实物量变化进行补充调查,必要时,可全面复核水库淹没影响实物;进行农村集中居民点新址地形图测绘和水文地质、工程地质勘察;对城(集)镇新址进行水文地质、工程地质详勘;农村移民以村民小组为单位复核移民安置区环境容量,落实移民安置去向;进行生产开发设计,完成农村居民点基础设施设计,编制农村移民安置规划设计文件。复核集镇建设规划,进行集镇基础设施设计;编制城镇修建性详细规划报告,进行城镇道路及竖向工程等重点项目设计;复核工业企业处理方案;进行专业项目恢复改建初步设计;进行防护工程初步设计;提出水库水域开发利用规划;进行水库库底清理设计;编制移民后期扶持规划;编制征地移民补偿投资概算;编制征地移民迁建进度和年度投资计划;编制征地移民安置规划设计专题报告。

技施设计阶段(征迁安置实施规划)应完成以下各种工作:核定水库淹没影响范围,测设水库居民迁移和土地征收界线,埋设永久界桩;配合地方人民政府编制移民安置实施计划,按权属分解各项实物(项目)及补偿投资;开展农村移民生产开发和居民点基础设施施工图设计,提出设计文件。不需要开展施工图设计的项目,提出实施技术要求;开展城(集)镇的基础设施施工图设计,提出设计文件;开展专业项目施工图设计,提出设计文件;开展防护工程施工图设计;编制库底清理实施方案;派出建设征地移民安置综合设计代表,进行移民安置规划设计交底,处理移民安置设计变更等工作;根据验收需要,编制征地移民安置规划设计工作报告。

(二)《水利水电工程项目建议书编制规程》(SL 617—2013)要求

在《水利水电工程项目建议书编制规程》(SL 617—2013)中对建设征地与移民安置做了如下的要求:概述部分要概述建设征地涉及地区的自然条件和社会经济概况;征地范围要基本确定水库淹没土地、居民迁移、工业企业和专业项目处理的设计洪水标准,基本确定枢纽工程建设区和其他水利工程建设区的征地原则。根据水库回水计算、水库区工程地质成果,基本确定水库淹没影响范围;根据工程总布置、施工组织和工程管理设计成果,基本确定枢纽工程建设区及其他水利工程建设区征地范围;征地实物方面,基本查明征地范围内人口、房屋、土地、工业企业、专业项目、有开采价值的矿产、重要文物古迹以及其他重要对象等主要实物。对正常蓄水位选择和项目建设总体布置有制约作用的重要实物应予以查明。初步调查工程建设区、移民安置区经济社会情况,评价建设征地对当地经济社会的影响;说明征地实物调查的组织、时间、内容和方法;说明农村部分实物调查成果,包括涉及的行政区域、户数、人口、房屋及附属建(构)筑物和土地等;说明征地涉及城(集)镇的基本情况,在本区域的经济社会地位,实物调查成果和建设征地对其影响程度。说明征地涉及工业企业的基本情况、实物调查成果和建设征地对其影响程度;说明建设征地影响的交通、输变电、电信和广播电视设施等专业项目以及矿产资源、文物古迹等实物量的数量、等级、规模和影响程度;说明工程比选方案的建设征地主要实物调查成果;在征迁安置方面,要初步确定移民安置的规划水平年、人口自然增长率和安置标准等,计算和确定农村移民生产安置人口和搬迁安置人口;根据推荐的建设方案以镇(乡)为单位分析农村移民安置环境容量。在征求移民和安置区居民意见、听取地方政府意见的基础上,初步确定农村移民生产安置及搬迁安置方案,编制农村移民安置初步规划;初步确定城集镇人口和用地规模,拟定迁建方式,初选迁建新址,进行地质调查,提出迁建方案;提出工业企业和专业项目的处理原则,在征求地方政府和有关部门及企业意见的基础上,拟定初步处理方案;对重要淹没对象,分析防护的必要性和可行性,提出初步处理方案;初步确定库底清理范围和内容。对重要的固体废物和危险废物、卫生清理对象进行调查,提出清理措施。

(三)《水利水电工程可行性研究报告编制规程》(SL 618—2013)要求

在《水利水电工程可行性研究报告编制规程》(SL 618—2013)中对建设征地与移民安置做了如下的要求:在概述方面,一是概述征地涉及地区的自然条件和经济社会情况;二是概述项目建议书阶段建设征地与移民安置初步规划主要成果及审批情况;三是概述本阶段建设征地与移民安置规划主要成果。

征地范围方面,一是确定水库淹没土地、居民迁移、工业企业和专业项目处理设计洪水标准,确定枢纽工程建设区和其他水利工程建设区征地原则。二是根据水库回水计算、水库区工程地质成果,确定水库淹没影响范围;根据工程总布置、施工组织和工程管理设计成果,确定枢纽工程建设区及其他水利工程建设区征地范围。

征地实物方面,一是查明工程范围内的实物,编制征地实物调查报告。二是调查水库区、枢纽工程建设区和其他水利工程建设区、移民安置区经济社会情况,评价建设征地对当地经济社会的影响。三是说明征地实物调查的组织、时间、内容和方法。四是说明农村部分实物调查成果。五是说明征地涉及城集镇的基本情况,在本区域的经济社会地位,实物调查成果和建设征地对其影响程度。六是说明征地涉及工业企业的基本情况,实物调查成果和建设征地对其影响程度。七是说明工程建设征地影响的交通、输变电、电信、广播电视设施和水利水电工程等专业项目以及矿产资源、文物等实物的数量、等级、规模和影响程度。八是说明工程各必选方案的建设征地主要实物调查成果。九是说明主要实物调查成果与项目建议书阶段相比变化时,应说明其变化原因。

农村移民安置方面,一是确定移民安置的规划设计水平年、人口自然增长率和安置标准等,水库工程以村民小组为单位计算和确定生产安置人口和搬迁安置人口,其他水利工程可以行政村为单位计算确定;二是根据推荐的建设方案,水库工程以行政村为单位分析确定移民安置环境容量,其他水利工程可以乡镇或行政村为单位分析确定移民安置环境容量;三是在广泛征求移民意见和安置区居民意见、听取地方政府意见的基础上,结合环境容量分析成果,以行政村为单位确定农村移民安置去向和生产安置方式,并进行生产安置规划投资平衡分析,编制农村移民生产安置规划。四是根据推荐的建设方案,在广泛征求移民和安置区居民意见、听取地方政府意见的基础上,结合生产安置方案,确定农村移民搬迁安置点,确定居民点的人口规模、用地规模;基本查明集中居民点新址工程地质和水文地质条件,进行场地稳定剂建筑适应性评价、地质灾害评估;选择有代表性的集中居民点,按不小于1:1 000比例尺进行地形图测绘,完成居民点设计;编制农村移民搬迁安置规划。

在工业企业处理方面,一是确定工业企业处理规划的依据和原则;二是提出工业企业处理方案。在专业项目处理方面,一是确定专业项目处理规划的依据和原则;二是确定专业项目的处理方案,对重要和规模、投资较大的专业项目,应按照相应专业等同于初步设计阶段的要求进行典型设计,提出设计文件;三是提出文物保护和压覆矿产资源处理措施。

(四)《水利水电工程初步设计报告编制规程》(SL 619—2013)要求

在《水利水电工程初步设计报告编制规程》(SL 619—2013)中对建设征地与移民安置做了如下的要求:在概述方面,一是概述建设征地涉及地区的自然条件和社会经济情况;二是概述可行性研究报告建设征地与移民安置规划的主要成果及审批情况。

在征地范围方面,一是根据涉及洪水回水成果、水库区工程地质成果,复核水库淹没影响区处理范围;二是根据本阶段确定的工程总布置、施工组织和工程管理设计成果,复核枢纽工程建设区和其他水利工程建设区的征地范围。

在征地实物方面,一是当建设征地范围发生变化时,应对变化部分进行全面调查;二是距离上阶段调查时间间隔较长时,宜复核工程建设征地范围内的实物,编制建设征地实物调查报告;三是说明农村、城集镇、工业企业、专业项目等实物成果;四是与可行性研究阶段的实物调查成果相比有较大变化时,应分析其变化原因。

在农村移民安置方面,一是复核移民安置的规划设计水平年、人口自然增长率和安置标准等;二是以村民小组为单位复核生产安置人口和搬迁安置人口;三是以村民小组为单位,复核移民安置环境容量;四是以村民小组为单位落实移民生产安置规划,对集中连片的土地进行生产开发设计;五是以户为单位落实移民搬迁安置去向,对集中居民点进行勘测设计;六是提出移民后期扶持措施;七是编制农村移民安置规划设计文件。

在工业企业和专业项目处理方面,一是对专业项目恢复改建,应按照相应设计阶段深度要求提出设计文件;二是在必要时,应复核工业企业处理方案。

三、本工程征迁安置规划依据与指导思想

(一)规划依据

引黄入冀补淀工程建设征地拆迁安置规划工作主要依据以下政策法规、规程规范、有关文件及有关经济社会资料等进行。有关法律法规等政策法规依据见表4-2,规范和标准依据见表4-3,地方社会经济发展规划及其他社会经济资料依据见表4-4。

表4-2 引黄入冀补淀工程建设征地移民安置规划政策法规依据

序号	政策法规名称	颁布实施日期
1	《大中型水利水电工程建设征地补偿和移民安置条例》(国务院令第679号)	2017年6月1日实施
2	《中华人民共和国土地管理法》	2004年8月28日修订
3	《中华人民共和国环境保护法》	1989年12月26日实施
4	《中华人民共和国水土保持法》	2011年3月1日实施
5	《中华人民共和国农村土地承包法》	2003年3月1日实施
6	《中华人民共和国矿产资源法》	1996年8月29日颁布
7	《中华人民共和国文物保护法》	2007年12月29日颁布
8	《城乡规划法》	2008年1月1日实施
9	《土地复垦条例》(国务院令第592号)	2011年3月5日实施
10	其他国家和地方有关政策、法规和文件等	

表4-3 引黄入冀补淀工程建设征地移民安置规划规范和标准依据

序号	规范规程名称	标准编号
1	《水利水电工程建设征地移民安置规划设计规范》	SL 290—2009
2	《水利水电工程建设农村移民安置规划设计规范》	SL 440—2009
3	《水利水电工程建设征地移民安置规划大纲编制导则》	SL 441—2009
4	《工程建设标准强制性条文》	建标〔2000〕179号
5	《镇规划标准》	GB 50188—2007
6	《防洪标准》	GB 50201—94
7	《生活饮用水卫生标准》	GB 5749—2006
8	《土地利用现状分类》	GB/T 21010—2007
9	《土地复垦技术标准》(试行)	
10	其他规程规范等	

表 4-4　引黄入冀补淀工程建设征地移民安置规划相关资料依据

序号	资料名称
1	工程区涉及各县国民经济和社会发展第十二个五年规划
2	工程区涉及各县 2013 年、2014 年、2015 年政府工作报告
3	工程区涉及各县 2013 年、2014 年、2015 年国民经济统计年鉴
4	工程区涉及各县人口普查资料及近年人口调查资料
5	引黄入冀补淀工程建设征地实物调查成果
6	其他相关资料

（二）指导思想与原则

安置规划应遵循以人为本,保障征迁安置群众的合法权益,满足征迁安置群众的生存与发展需求;规划要达到可持续发展与综合开发利用资源、生态环境保护相协调,要因地制宜,走开发性安置道路,实现征迁安置群众就业;使征迁安置群众生活达到或者超过原有水平等为指导思想。

在制定居民安置规划时,遵循以下原则:根据"因地制宜,统筹规划"的原则,针对工程沿线不同的征迁安置群众影响状况和要求,可采取多种安置方式;按照"有利生产、方便生活、便于管理、节约用地"的原则,选择征迁安置群众搬迁新址,确定集中或分散安置,居民点规划布局科学合理,方便生产,尊重风俗习惯;根据"尊重群众意愿,政府统一安排"的原则,在充分征求征迁安置群众意见的基础上,由当地政府统一安排生产和生活安置方案。

四、规划设计过程

（一）工程决策过程

20 世纪 80 年代中后期,河北省东南部缺水日趋严重,在保障城市和工业供水下,农业灌溉供水更加严重。地表水短缺,地下水超采,地面漏斗现象也越来越严重。河流干涸,环境恶化,尤其是华北明珠——白洋淀,由于缺水持续干涸,对区域生态环境造成极大危害,急需寻求新的水源来解决水资源短缺问题。但由于漳卫河流域水资源总体规模有限,开源节流也难以解决问题。

1983 年原水电部以水规字〔1983〕第 63 号文指示海河水利委员会开展黄河下游北岸引水可行性研究工作,初步提出引黄入淀设想,并进行了线路选择和查勘。1987 年为解决黄河流域水资源不足,合理、优化配置水资源,促进区域社会经济协调发展,水利部协商黄河流域各省进行水资源分配,为解决河北省水资源短缺,决定分配给河北省黄河水资源指标。但由于南水北调中线工程决策影响,黄河水资源河南省、河北省、黄河水利委员会协商以及引水线路等问题没有达成一致意见,河北省一直没有正式用上黄河水。但和河南省濮阳市交界的邯郸市,在两市政府协商下,充分利用濮阳市现有灌溉渠道,于 2005 年引水入大名县,于 2008 年开始实施的黄河水引入邯郸市工程,2010 年年底实现了通水,初步解决了邯郸市东南部 5 县的农业灌溉应急用水问题。河北省从引黄入邯工程看到了从濮阳市引水的优越性,2011年春天开始与濮阳市协商引黄入冀补淀事宜。

在河北省和濮阳市充分协商下,双方就工程方案基本达成一致,在取得河南省省委、省政府同意下,2011年4月"引黄入冀补淀工程"前期工作正式开始。河北省多次向水利部、国家发展和改革委员会汇报,得到了国家支持。2013年11月国家发展和改革委员会批准了项目建议书,并将工程列入国务院确定的"十二五"期间172个重大节水供水水利工程。2015年7月国家发展和改革委员会批复了项目可行性研究报告;2015年9月水利部批复了工程初步设计报告。[1]

(二)工程征地拆迁安置规划设计过程

在河北省、河南省政府以及地方协商沟通一致,征得国家有关部门同意以后,引黄入冀补淀工程进入了规划设计阶段。

引黄入冀补淀工程的勘察设计工作由河北水务集团(项目业主)与江河水利水电咨询中心、黄河勘测规划设计有限公司、河南省水利勘测设计研究有限公司、河北省水利水电第二勘测设计研究院组成的引黄入冀补淀工程勘察设计联合体(设计咨询单位)于2014年12月18日签署设计合同。江河水利水电咨询中心作为咨询单位负责项目规划设计的总体协调和咨询工作;黄河勘测规划设计有限公司负责渠首段(包括老闸恢复、一号枢纽、渠首2.2 km渠道)设计和工程总体设计汇总以及向有关方面汇报;河南省水利勘测设计研究有限公司负责河南段(除去渠首82 km)的工程设计工作;河北省水利水电第二勘测设计研究院负责河北省境内的工程规划设计工作。

河南省境内的工程征迁安置规划设计由黄河勘测规划设计有限公司、河南省水利勘测设计研究有限公司会同濮阳市人民政府、濮阳市引黄入冀补淀工程建设指挥部、河北省引黄入冀补淀工程建设管理局河南工程部,以及建设征地拆迁安置涉及的濮阳县、开发区、示范区和清丰县人民政府(管委会)按照有关法律法规和规程规范展开实物指标调查、规划设计工作。河南省水利勘测设计研究有限公司技术总负责,有关部门共同参与完成。

2014年6月4日河南省人民政府印发《河南省人民政府关于严格控制引黄入冀补淀工程河南段建设用地范围内基本建设和人口增长的通知》(豫政文〔2014〕97号),对工程影响范围内的建设活动和人口迁移实施了暂停活动,然后规划设计单位组成工作组,会同地方政府对工程征地范围进行了实物指标调查和社会经济调查。

2014年8月初,黄河勘测设计公司、河南省水利勘测设计研究有限公司、河北省水利水电第二勘测设计研究院共同完成了工程征地影响范围内的实物指标和社会经济调查工作,并得到了地方政府认可,在实物指标调查和社会经济调查基础上编制完成《引黄入冀补淀工程建设征地移民安置规划大纲》。2014年8月26日,水利部水利水电规划设计总院在郑州组织召开了《引黄入冀补淀工程建设征地移民安置规划大纲》审查会。2015年1月水利部对移民安置规划大纲进行了批复(批复内容见附录四)。

在编制《引黄入冀补淀工程建设征地移民安置规划大纲》的同时,3个设计院也开展了征迁安置规划工作,并于2015年2月编制完成了《引黄入冀补淀工程建设征地移民安置规划》(可行性研究阶段)。2015年3月中国国际工程咨询公司组织对《引黄入冀补淀工程可研报告》进行审查。在专家审查意见基础上,对征迁安置规划报告进行了修改、完善,于 2015 年 6 月形成最终报告。2015 年 7 月 31 日,国家发展和改革委员会以发改农经〔2015〕1785 号文下发了《国家发展改革委关于引黄入冀补淀工程可行性研究报告的批复》。

2015 年 8 月三个设计院编制完成了《引黄入冀补淀工程初步设计报告》(简称《初设报告》),9 月 23 日水利部以水规计〔2015〕370 号《水利部关于引黄入冀补淀工程初步设计报告的批复》对引黄入冀补淀工程的《初设报告》进行了批复。

初步设计报告批准后,根据国家发展和改革委员会及水利部的安排,引黄入冀补淀工程立即启动开工,征地拆迁工作必须为 11 月工程开工做好准备,这就导致没有时间编制工程征地拆迁安置实施规划。为保障濮阳市引黄入冀补淀工程征地拆迁安置实施工作,同时开展实施规划设计工作,濮阳市引黄入冀补淀工程建设指挥部办公室与河北省工程建设管理处河南工程部、河南省水利勘测设计研究有限公司、监督评估等单位建立了联席工作制,一方面保障工程开工,先启动征迁工作;另一方面推进实施规划尽快编制。同时成立濮阳市引黄入冀补淀工程征地拆迁安置实施规划工作领导组,下设规划工作领导小组和规划工作组。

(1)规划工作领导小组。

濮阳市人民政府为组长单位,濮阳市引黄入冀补淀工程建设指挥部、河北省引黄入冀补淀工程建设管理局为副组长单位,濮阳市引黄入冀补淀工程建设指挥部办公室、濮阳县、开发区、示范区和清丰县人民政府及河南省水利勘测设计研究有限公司为成员单位。规划工作领导小组负责安置规划工作的组织、协调,解决工作中出现的重大问题。规划工作领导小组构成见表 4-5。

表 4-5　规划工作领导小组构成

职务	组成单位
组长	濮阳市人民政府
副组长	濮阳市引黄入冀补淀工程建设指挥部、河北省引黄入冀补淀工程建设管理局
成员	濮阳市引黄入冀补淀工程建设指挥部办公室、濮阳县、开发区、示范区和清丰县人民政府、河南省水利勘测设计研究有限公司

(2)规划工作组。

濮阳市引黄入冀补淀工程建设指挥部办公室为组长单位,河北省引黄入冀补淀工程建设管理局河南建设部、濮阳县、开发区、示范区和清丰县人民政府、河南省水利勘测设计研究有限公司为副组长单位,濮阳县、开发区、示范区和清丰县引黄入冀补淀工程建设指挥部办公室为成员单位。

规划工作组负责安置规划的具体工作:组织对相关工作人员进行技术培训,进行实物指标复核、公示,征迁安置方案的确定,督促各县、区和专业部门及时提交征地、搬迁安置方案和专项规划设计成果,组织编制居民点安置规划,编制征迁安置实施规划报告。规划工作组构成见表 4-6。

表 4-6　规划工作组构成

职务	组成单位
组长	濮阳市引黄入冀补淀工程建设指挥部办公室
副组长	河北省引黄入冀补淀工程建设管理局河南建设部、河南省水利勘测设计研究有限公司、有关县(区)人民政府
成员	各县(区)引黄入冀补淀工程建设指挥部办公室、县(区)有关部门(指挥部办公室、国土局、林业局、水利局、统计局、电信局、电力公司、交通局、环保局、广播电视局)、有关乡(镇)政府、非地方所属的专项单位、河南省水利勘测设计院负责技术归口和把关。

河南省水利勘测设计研究有限公司负责对相关工作人员进行技术培训,分析整理安置规划所需的基础资料,调查复核实物,分析论证地方政府提交的居民安置方案(含县属单位专项成果)和专业部门提交出来的专项设计成果,编制居民点安置规划设计和实施规划报告。

县(区)引黄入冀补淀工程建设指挥部办公室负责协调有关部门,配合河南省水利勘测设计研究有限公司开展实施规划工作,完成并向规划工作小组提交居民点安置方案和专业项目产权单位提出的规划设计方案。同时,县(区)直有关部门、有关乡(镇)政府和非地方所属的专项单位为成员单位。县(区)引黄入冀补淀工程建设指挥部办公室为规划工作的业务归口单位,负责县域内规划工作的相关工作保障。县(区)直有关部门及有关乡(镇)负责有关规划资料的收集,提出农村居民安置方案和县属单位、专业项目的设计文件。非地方所属的专项单位负责提交本单位的专项规划设计成果。

2016 年 12 月,河南省人民政府移民工作领导小组办公室批复了引黄入冀补淀工程河南省境内征迁安置实施规划。而此时,工程征迁安置工作已基本完成。

第二节　工程征迁安置规划成果

一、各阶段征地拆迁安置规划设计基本情况

(一)可行性研究阶段

2015 年 7 月 31 日,国家发展和改革委员会以发改农经〔2015〕1785 号文下发了《国家发展改革委关于引黄入冀补淀工程可行性研究报告的批复》。根据批复,可研阶段河南段工程总用地 13 971 亩,其中永久征地 8 966.41 亩,管理机构用地 29.50 亩,临时用地 4 975.09 亩。永久征地包括渠道用地 5 640.07 亩(含原有渠道用地 3 278.55 亩),各类建筑物用地 3 000.54 亩,管理范围用地 325.80 亩。管理机构用地面积共 29.50 亩,根据工程管理设计,引黄入冀补淀工程河南段设工程管理所 1 处,规划设在濮阳市开发区总干渠附近;管理所下设 4 个管理段,分别为渠首段、濮阳县段、市区段和清丰县段。根据工程施工组织设计,临时用地包括河道疏浚清淤弃土、河道开挖弃土、临时施工道路和施工场地占压的土地。经土方挖填平衡后,施工段内多余土方以及不可利用的弃土,采取就近集中堆放,根据施工需要和地方协商临时占地地点;工程施工期间的内外交通道路、施工场地、

砂石料场、材料仓库、修配车间、停车场、综合加工厂、办公与生活区等占用的土地,根据施工需要确定临时用地以及占地布局。

根据实物调查结果,河南省段工程用地范围涉及濮阳市清丰县、开发区、示范区、濮阳县、安阳市内黄县。根据实物指标调查,涉及搬迁农村居民 92 户 456 人,副业 110 家,企事业单位 7 家,各类房屋 53 080.95 m²,影响专项项目 244 条(处)。

(二)初步设计阶段

2015 年 8 月,河南省水利勘测设计研究院编制完成了《引黄入冀补淀工程初步设计报告》(简称《初设报告》),9 月 23 日,水利部以水规计〔2015〕370 号《水利部关于引黄入冀补淀工程初步设计报告的批复》对引黄入冀补淀工程的《初设报告》进行了批复,初设阶段河南省段工程用地范围涉及濮阳市濮阳县、开发区、城乡一体化示范区、清丰县 4 个县(区)以及安阳市内黄县。河南段工程总用地面积14 942.62 亩,永久用地 9 039.08 亩(含原有渠道用地 3 278.55 亩),管理机构用地 9.5 亩,临时用地5 894.04 亩;涉及搬迁农村居民 70 户、350 人,副业 119 家,企事业单位 8 家,拆迁各类房屋49 733.29 m²,影响专项管线 246 条(处)。

(三)实施规划阶段

引黄入冀补淀工程征迁安置是一边实施,一边编制实施规划。2016 年 12 月,河南省人民政府移民工作领导小组办公室批复了实施规划。根据实施规划,实施阶段引黄入冀补淀工程用地范围涉及濮阳市濮阳县、开发区、城乡一体化示范区、清丰县 4 个县(区)以及安阳市内黄县,涉及濮阳县 35 个行政村、开发区 31 个行政村、城乡一体化示范区 5 个行政村、清丰县 28 个行政村和内黄县 2 个行政村共计 101 个行政村以及单位用地、公路及水域等国有土地。工程总用地面积15 221.81 亩,其中工程永久征地 9 318.28 亩,管理机构永久用地 9.5 亩,临时用地5 894.03 亩;涉及农村居民拆迁 90 户、442 人,副业 126 家,企事业单位 13 家,拆迁各类房屋53 087.29 m²,影响专项管线 226 条(处),详见表4-7。

二、规划设计水平年、规划目标

(一)规划设计水平年

引黄入冀补淀工程设计的基准年为实物调查当年,即 2014 年。根据工程施工进度计划,规划设计水平年确定为 2016 年。人口自然增长率采用《河南统计年鉴 2013》中濮阳市人口自然增长率 5.92‰。

(二)规划目标

征迁安置规划的总目标是安置后生产生活达到或超过原有水平,公共设施、基础设施应进行合理配置。

三、农村移民生产安置规划

(一)安置标准

生产安置标准方面,在引黄入冀补淀工程的可研和初设阶段,根据涉及村庄现状及受影响程度,分以下几种情况进行生产安置。工程用地后人均耕园地面积大于 1 亩,且占地比例为该行政村总耕园地面积15%以上的,其中超过15%的部分的生产安置人口出村安

表 4-7 实施规划阶段实物量汇总表

行政区		户数	人口	土地（亩）			房屋（m²）					树木	机井	坟墓	副业	单位	专项
				合计	永久	临时	合计	砖混	砖木	框架	附属房	株	眼	家	家	家	处
	濮阳县	73	366	9 027.3	5 328.7	3 698.6	40 869.96	12 690.7	12 429.4	1 232.3	14 517.5	115 467	176	3 412	83	8	
	开发区	13	58	2 179.6	1 731.9	447.75	8 422.59	2 921.07	4 337.66		1 163.86	65 445	24	76	34	3	
濮阳市	示范区	3	13	270.83	256.32	14.51	944.04	467.81	197.55		278.68	10 066	1			2	
	清丰县	1	5	2 326.14	1 836.7	489.46	2 850.7	2 236.19	386.94		227.57	82 708	12	39	9		
	市属			1 394.06	151.68	1 242.4											226
濮阳市合计		90	442	15 197.95	9 305.3	5 892.7	53 087.29	18 315.8	17 351.6	1 232.3	16 187.6	273 686	213	3 527	126	13	226
安阳市内黄县				23.81	22.48	1.33						224					
工程总计		90	442	15 221.76	9 327.78	5 894.03	53 087.29	18 315.8	17 351.6	1 232.3	16 187.6	273 910	213	3 527	126	13	226

置(有条件的首先邻村调地),15%以下部分的生产安置人口本村调地安置;工程用地后人均耕园地面积小于1亩,且占地比例为该行政村总耕园地面积10%以上的,其中超过10%部分的生产安置人口出村安置(有条件的首先邻村调地),10%以下部分的生产安置人口本村调地安置;有集体预留机动地的村庄,可使用机动地补充部分生产用地;对于工程用地后仍有一定数量承包地,保证拥有基本的口粮田,不需要调整生产用地的农户,可不调整生产用地。在实施规划阶段,根据涉及村庄现状及受影响程度,将生产安置方案调整为以下几个方面。本村扣除工程永久征地和征迁居民迁建用地后人均耕地在1亩以上,征用耕地比重在15%以内的,生产安置人口全部在本村调地安置;征用耕地比重超过15%的,超过15%的生产安置人口首先考虑在邻村调地安置,相应人口不搬迁,需跨村调地安置的,应作相应人口搬迁规划;本村扣除工程永久征用和征迁居民迁建用地后人均耕地为1~0.5亩,征用耕地比重在10%以内的,生产安置人口全部在本村调地安置;征用耕地比重超过10%的,超过10%的生产安置人口首先考虑在邻村调地安置,相应人口不搬迁,需跨村调地安置的,应作相应人口搬迁规划;计算出村人口少于30人的,在本村调地安置;有集体预留机动地的村庄,可使用机动地补充部分生产用地;对于工程用地后仍有一定数量承包地,保证拥有基本的口粮田,不需要调整生产用地的农户,可不调整生产用地。

生活安置标准方面,居民点用地标准及居民点供排水、供电、交通等基础设施建设标准,根据《镇规划标准》(GB 50188—2007),参照原有水平和安置区具体条件,按有关规定经济合理地进行规划。安置区用地标准依据河南省实施《中华人民共和国土地管理法》办法,农村新居民点建设用地标准采用80 m²/人,户均按0.25亩/户;居民点基础设施建设标准中,供水标准为生活用水标准为120 L/(d·人),生活饮用水水质要符合现行国家标准的有关规定;供电标准为2 000 W/户;交通标准根据居民点人口确定居民点规模等级,按相应标准规划干路、支路、巷路,干路、支路、巷路红线及行车道宽分别为16 m、10 m、4.5 m及10 m、6 m、3.5 m。

(二)生产安置人口的计算

生产安置人口应以其主要收入来源受影响的程度为基础计算确定。对以耕园地收入为主要生活来源者,按占压行政村受影响的耕园地,除以该村工程建设前平均每人占有耕园地数量计算。工程建设前人均耕园地面积等于总耕园地面积除以总农业人口,其中总耕园地面积及总农业人口均按2014年调查成果。

生产安置人口以行政村为单位计算,计算公式为

生产安置人口 = 工程永久征收耕园地面积/征地前人均耕园地面积

采用上式计算,可以得出基准年需要生产安置的人口,然后按人口自然增长率5.92‰计算至规划水平年即为规划生产安置人口。

经计算,可研阶段引黄入冀补淀工程河南境内基准年生产安置人口2 660,规划水平年生产安置人口2 686;初设阶段由于征地面积的调整,基准年生产安置人口为2 606人,规划水平年为2 634;实施规划阶段基准年生产安置人口2 345,规划水平年生产安置人口2 365。河南境内各县区生产安置人口情况详见表4-8,各村组生产安置人口情况见附表1。

表 4-8 各县区生产安置人口汇总表

序号	县(区)	总耕地面积(亩)	基准年农业人口(人)	永久征用耕地面积(亩)	生产安置人口(人)	
					基准年	水平年
1	濮阳县	66 906.0	52 595	2 062.0	1 906	1 926
2	示范区	5 608.6	2 962	20.7	13	13
3	开发区	41 127.5	31 165	274.7	215	215
4	清丰县	62 610.0	43 756	268.3	211	211

（三）安置区选择

按照《水利水电工程建设征地移民安置规划设计规范》（SL 290—2009）确定的移民安置区选择，一般按"本组、本村、本乡镇、本县区、本市的顺序，由近及远，收益区优先、经济合理"的安置区选择原则进行。根据濮阳县、开发区和城乡一体化示范区提出的生产生活安置方案，引黄入冀补淀工程均采取本县（区）内不出乡镇安置的形式。在初步设计阶段，分为后靠安置区和远迁安置区。

后靠安置应考虑生活、生产方式、风俗习惯是否相同等因素。在环境容量允许、交通条件可以恢复、有利居民生产生活的情况下，尽量考虑在本村或者邻村调剂耕地进行安置。远迁安置坚持以土地为本，以大农业生产安置为基础。移民安置区的选择与资源开发、经济发展、生态环境保护相结合，以现状为基础，使移民拥有可靠的生活条件、稳定的经济收入及必须的生活环境，为移民安置区经济可持续发展创造条件，并遵循以下原则：

一是坚持"三不安置"原则。交通不便利的地方不安置；水文地质条件差的地方不安置；疫区（包括地方病区）不安置。安置区应有较丰富的可调整或可开发的土地资源，一般情况下，安置区生产、生活条件原则上不低于移民现有水平。

二是具有较好的区位条件，交通较便利，水、电条件好，现在或预测的经济发展和收入水平不低于移民原居住地区；要求每个安置区所调整土地相连成片，尽量采取整建制安置。

三是尽可能兼顾移民原有的生产、生活习惯。

因引黄入冀补淀工程为线型呈分散分布，除沉沙池征地对当地影响较大外，其余永久征地量小而分散，涉及村庄多，单块征地面积较小，对当地农业生产影响非常小，占压前后人均耕地占有量降低极小。在可研阶段，根据环境容量分析成果确定除濮阳县南湖村移民人口需外迁安置外，其余均在本村组内后靠安置。在初步设计阶段，根据安置区选择原则，结合各县（区）政府的意见，确定濮阳县的南湖村、安邱村需出村在本乡内牛庄、翟庄村集中安置，其余在本村内后靠安置。

由于工程的沉沙池占压南湖村耕地面积较大，共计 852.61 亩，根据村组界划分，大部分为村集体土地，分至组的面积极少，因此计算生产安置人口仍以村为单位计算。由于该村调地困难，需至 3 km 处的本乡牛寨村调地，因此需外迁至生产调地村进行生活安置。牛寨村现有耕地 4 399 亩，人口 1 850 人，人均耕地 2.38 亩，安置南湖村 500 人，需生活用地60亩,生产调地500亩,调地后牛寨村人均耕地2.05亩。

在实施规划阶段,涉及搬迁的村组的居民更倾向于在本村后靠安置,一是搬迁距离较短,对生产生活影响较低;二是能够保持村组的完整性,避免村组破碎化。因此,根据安置区选择原则结合实地情况,听取搬迁居民意愿并经县、区政府(管委会)确认,采取了本村后靠集中安置和分散安置两种形式。王月城村、南湖村、毛寨村采取后靠集中安置方式,其他村采取后靠分散安置方式。

(四)环境容量分析

移民安置环境容量是指一定区域一定时期内,在保证自然生态向良性循环演变,并保持一定生活水平和环境质量的条件下,该区域能够容纳的移民人数。移民环境容量分析是确定安置区及衡量移民安置方案是否可行的重要依据。环境容量分析应贯彻全局性与整体性、可持续发展、以农业为主的原则。移民环境容量分析的范围应根据规划生产安置人口,首先选择建设征地涉及的村、乡(镇)和工程受益地区。当本村乡(镇)内安置容量不足时,应按经济合理、稳妥可靠的原则,逐步扩大分析范围。

工程主要针对工程占压影响村剩余耕地进行环境容量分析,作为安置环境容量。影响居民容量的因素很多,如土地、水源、气候、生活习惯等,根据实地调查,耕地仍是居民赖以生存的重要物质基础,也是决定居民安置容量大小和影响居民长治久安的重要因素,现以耕地资源为主,考虑第二、三产业发展以及非农业安置进行安置区的选择和环境容量分析。根据安置区可利用耕地资源及生产安置标准,计算后靠安置区的环境容量。环境容量分析见附表2。环境容量计算公式如下:

环境容量(人) = 剩余耕地(亩)/安置标准(亩/人) - 水平年农业人口(人)

耕地占压最多的南湖村,根据环境容量计算,富裕人口容量为386,出村安置人口387,居民环境容量基本和出村安置人口相等,理论上来讲,不出村进行土地调整安置也是可行的。其他的村由于相对每个村的占地数量均不大,对安置区环境容量的总体水平影响不大,因此引黄入冀补淀居民安置去向从环境容量分析看是可行的。

(五)生产安置规划方案

根据以大农业安置为基础的指导思想,生产安置规划以调整土地为主,根据涉及村庄现状及受影响程度,分以下几种情况进行生产安置:

(1)本村扣除工程永久用地和征迁居民迁建用地后人均耕园地在1亩以上,征用耕园地比重在15%以内的,生产安置人口全部在本村调地安置;征用耕园地比重超过15%的,超过15%的生产安置人口首先考虑在邻村调地安置,相应人口不搬迁,需跨村调地安置的,应作相应人口搬迁规划。

(2)本村扣除工程永久征用和征迁居民迁建用地后人均耕园地为1~0.5亩,征用耕园地比重在10%以内的,生产安置人口全部在本村调地安置;征用耕园地比重超过10%的,超过10%的生产安置人口首先考虑在邻村调地安置,相应人口不搬迁,需跨村调地安置的,应作相应人口搬迁规划。

(3)计算出村人口少于30的,在本村调地安置。

(4)有集体预留机动地的村庄,可使用机动地补充部分生产用地。

(5)对于工程用地后仍有一定数量承包地,保证拥有基本的口粮田,不需要调整生产用地的农户,可不调整生产用地。

根据批准的初步设计报告,本工程河南境内规划水平年生产安置人口 2 634,其中本村安置 2 134 人,出村安置 500 人。

在大农业安置的基本原则下,工程征地影响居民的生产安置在不同阶段都根据实际情况和失地农民的意愿进行不同程度的调整。

在可研阶段,引黄入冀补淀工程影响农村人口生产安置全部采取有土安置的方式。对有土生产安置人口采取调剂一定数量的土地,辅以切实可行的生产发展措施进行安置。规划水平年河南省境内工程生产安置人口 2 686,其中 2 172 人在本村内进行调地安置,514 人需从本乡其他村调地安置。拟定南湖村生产用地从牛寨村调整。除沉沙池占地面积较大,对南湖村影响较大以外,渠道工程用地范围呈线性分布,建筑物用地范围小而分散,针对每村每户的占压面积不大,因此对每村每户生产不会产生太大影响。根据确定的生产安置规划标准进行生产安置规划,对于确定不调地的村,可利用工程永久征地补偿款,采取完善水利设施、改变种植结构等措施,提高土地质量,从而提高种植业收入弥补由于工程征地造成的收入损失,使失地农民安置后的生活水平不降低。

在初步设计阶段,根据以大农业安置为基础的指导思想,生产安置规划以调整土地为主,根据涉及村庄现状及受影响程度,分以下几种情况进行生产安置。本村扣除工程永久用地和征迁居民迁建用地后人均耕园地在 1 亩以上,征用耕园地比重在 15% 以内的,生产安置人口全部在本村调地安置;征用耕园地比重超过 15% 的生产安置人口首先考虑在邻村调地安置,相应人口不搬迁,需跨村调地安置的,应作相应人口搬迁规划;本村扣除工程永久征用和征迁居民迁建用地后人均耕园地为 1 ~ 0.5 亩,征用耕园地比重在 10% 以内的,生产安置人口全部在本村调地安置;征用耕园地比重超过 10% 的,超过 10% 的生产安置人口首先考虑在邻村调地安置,相应人口不搬迁,需跨村调地安置的,应作相应人口搬迁规划;计算出村人口少于 30 人的,在本村调地安置;有集体预留机动地的村庄,可使用机动地补充部分生产用地;对于工程用地后仍有一定数量承包地,不需要调整生产用地的农户,可不调整生产用地。根据以上原则计算,初设阶段引黄入冀补淀工程河南境内规划水平年生产安置人口 2 634,其中本村安置 2 134 人,出村安置 500 人。

在实施规划阶段,根据农村居民生产安置规划的原则、居民环境容量分析成果和结论,结合当地实际情况和失地农民意愿,河南境内规划水平年生产安置人口共计 2 365,均采取本村内安置。原初步设计规划濮阳县南湖村出村安置,经南湖村村民代表大会商议,大多数失地农民不愿搬迁,经多方协商,联席会议讨论,同意由出村调地改为本村调整土地,不再远迁外出购买土地安置,原来规划搬迁的费用用于生产安置,村集体计划通过建设非农业项目发展生产,提高收入。

工程建设临时用地 5 894.03 亩(耕地 5 138.24 亩),使用后除 342.90 亩单位农用地、设施农用地、国有土地、原渠道用地等土地不复垦外,其余全部复垦,耕地数量不减少,对居民生产不产生长久影响。

引黄入冀补淀工程征地影响的特征:永久征地共涉及 101 个行政村,其中濮阳县的大芟河村占压土地为河滩地,开发区的吕家村不占压土地,仅涉及树木,其余 99 个除沉沙池占地外各村的耕地占压比例 0.01% ~ 7.68%,平均 1.06%,征收耕地面积小而分散,针对每村、每户占压面积不大,对生产不会产生太大影响。

实施规划设计方案得到了地方政府的认可。引黄入冀补淀工程实施阶段濮阳县人民政府出具《关于引黄入冀补淀工程濮阳县段建设征地拆迁实物成果及安置方案认定意见的报告》(濮政文〔2016〕220 号)、濮阳经济技术开发区管理委员会出具《关于引黄入冀补淀工程(濮阳经开区段)建设征地拆迁实物成果及安置方案的认定意见》(濮经开函〔2016〕45 号)、濮阳市城乡一体化示范区管委会出具《关于引黄入冀补淀工程(河南段)建设征地拆迁实物成果及安置方案认定意见的函》(濮示范政函〔2016〕56 号)、清丰县人民政府出具《关于引黄入冀补淀工程(清丰段)建设征地拆迁实物成果及安置方案认定意见的报告》(清政文〔2016〕180 号),分别对本县(区)涉及村庄的安置方案进行了确认,开发区、示范区和清丰县均不再调整土地安置,濮阳县分为组内调地和不调整土地安置,同时对永久征用土地发放土地补偿款,并结合失地农民社会保障相关政策,使农民安置后生活水平不降低。

引黄入冀补淀工程占压的内黄县的两个村,吉村未占压耕地,李石村仅占压耕地0.55 亩,仅占该村耕地面积的 0.001%,不再进行调地安置。

南湖村生产安置尚待落实。沉沙池占压耕地集中上,占压耕地对南湖村生产影响较大。初设批复出村远迁安置,调整土地,实施规划阶段根据村民代表大会商议及县政府意见,并出具《关于引黄入冀补淀工程濮阳县段建设征地拆迁实物成果及安置方案认定意见的报告》(濮政文〔2016〕220 号),也不再调整土地安置。实施规划阶段南湖村放弃调地安置,有部分农民失去土地,仅得土地补偿款,后续生产水平可能下降。根据濮阳县引黄入冀补淀工程指挥部报送《关于渠村乡南湖村生产安置方案的报告》(濮县引指〔2016〕5 号文),提出:沉沙池等占压该村永久占地 1 108.7 亩,临时占地 1 874 亩,造成该村 500余农民失去土地,生产无法保障。根据目前的实际情况,南湖村群众一致同意在南湖村建设一座现代化标准的厂房,采取农民入股的形式,以解决失地农民就业及生活保障问题,建议该方案列入《引黄入冀补淀工程(河南段)征迁安置实施规划报告》。濮县引指〔2016〕5 号文中指出,农民入股形式建标准化厂房的资金来源应为初设批复的跨村调地生活安置资金,投资建厂方案应有建厂选址、规模、前期规划审批等,应制订投资计划,提供详细报告书及各项批复文件,这些都有待于落实,而且建厂经营的市场风险还比较大,要对市场风险进行评估,要有应对机制。南湖村出村生产安置人口 387,其中拆迁房屋要搬迁人口 98,已经在本村安置,还有 289 人按初设批复的生活安置方案要搬迁到外村安置,按照批复的补偿标准,土地有关费用、场地平整费、基础设施费和房屋补偿费共计 1236.1 万元。实施阶段濮阳县以濮县引指〔2016〕5 号文将初设批复的南湖村跨村搬迁人口生活安置补偿 1 236.1 万元以农民入股形式建标准化厂房,以恢复失地农民生产生活水平。项目应由县、乡政府组织指导,充分遵从村集体意见,在经济合理、可持续发展的原则下,明晰具体措施,并进行技术经济可行性分析。该项目是针对南湖村失地农民的专项资金,工程征迁主管部门应根据南湖村的具体情况及特点,全过程指导项目的具体实施。该项资金实行专款专用,不得挪作他用。

(六)农副业设施处理规划

在可研阶段,河南省境内工程建设共涉及农副业设施 110 家。河南省段分别为濮阳县 66 家、开发区 27 家、示范区 8 家、清丰县 9 家。影响房屋 24 235.73 m²。初设阶段,由于工程用地范围变更,农副业变更为 119 家,其中濮阳县 69 家,开发区 35 家,示范区 6 家,清丰县 9 家。影响房屋 24 573.56 m²。实施规划阶段,工程影响农副业 126 家,包括养殖场、小型超市、修理部等。一些无用地手续或在自家庭院内经营的副业根据实际情况也列入补偿和处理清单。拆迁农副业设施的房屋 27 018.99 m²,其中砖混房屋 4 501.91 m²、砖木房屋 8 859.49 m²、附属房 13 657.59 m²。

农副业采取补偿和迁建两种处理方式。有用地手续、营业执照及完税证明、专用房屋并与居民庭院分离的农副业,根据群众意愿,明确是否迁建,如果迁建,由地方政府提出迁移地点。迁建按原规模、原标准、恢复原功能的原则进行规划,因提高标准、扩大规模等增加的投资由农副业所有者自己负担。

在可研阶段和初设阶段,考虑的处理原则和方案基本一致,根据工程对副业影响情况及副业经营状况综合考虑副业处理方案。对于工程占压后不影响正常运行的副业采取一次性补偿方式安置;对于工程占压副业主要设施、设备影响其正常运行的和随农村居民房屋一起的经营型家庭副业,采取搬迁安置方案。对占压的副业房屋、设施和设备进行货币补偿,一次性补偿的副业占地按永久征地补偿标准计列补偿投资。搬迁安置由村组织就近安排迁建用地进行迁建。同时,根据副业经营情况,按规定计列副业停产损失费,已停产副业不计列。在实施规划阶段,由于 125 家农副业均无用地手续或在自家庭院内经营,根据各农副业规模、影响程度、安置原则和县(区)征迁部门及各副业自身意见,均采用一次性补偿方案。农副业补偿费包括土地补偿有关费用、房屋及附属设施补偿费、装修补助、搬迁费及停产损失费。引黄入冀补淀工程农副业补偿费用共 2 227.5 万元。对于农副业无用地手续,土地补偿有关费用按占压面积及调查地类计算,列入所在村的土地补偿中,其他建筑物、设施等费用根据调查成果及其经营情况计算,按权属计列到所有者。房屋及附属设施补偿费补偿标准和单价同农村居民房屋,副业房屋及附属设施补偿费 1 980.6 万元。设施设备补偿搬迁有标准的设施设备费用按数量单价计算,没有标准的屋内、院内设施设备按调查房屋总面积(含附属房及简易棚面积)计算,单价采用 28 元/m²;大型设备、设施若有发票,按原值的 10% 计算,若无发票参照其他工程同类产品计算,农副业搬迁费共 95.3 万元。房屋装修补助标准和单价同农村居民房屋,副业房屋装修补助 35.6 万元。农副业停产损失费根据濮阳市引黄入冀补淀工程建设指挥部办公室征迁会议纪要《关于濮阳县房屋征迁及其他问题会议纪要》(〔2016〕23 号)计列停产损失费,有营业执照及完税证明的,按该农副业半年产值的 20% 计算停产损失费。临街小型商品门面房、卫生室,以房屋面积为基础按 100 元/m² 给予补偿;养殖副业(鱼塘除外),以房屋面积为基础按 20 元/m² 给予补偿;其他副业,以房屋面积为基础按 50 元/m² 给予补偿。副业停产损失费 115.9 万元。

四、农村移民搬迁安置规划

(一)搬迁安置人口

在可研阶段,工程规划水平年搬迁安置共涉及河南、河北两省2市3县(区)16个行政村897人。结合生产安置去向方案,规划水平年濮阳县渠村乡南湖村514人采取集中安置,其余15个行政村383人均采取本村后靠分散安置。

在初步设计阶段,搬迁安置人口包括直接拆房人口和占地不占房无法就近生产安置需异地安置的人口,搬迁规划水平年人口773,其中出村外迁安置人口500(含南湖村占房人口79,其余421人为占地不占房人口),拆房人口273。

在实施规划阶段,根据南湖村村民的意愿及县政府的认可,不出村调地进行生产安置、本村调整土地安置,本村拆房人口采取本村后靠集中安置。濮阳县毛寨行政村所辖的打铁庄自然村共计17户居民,工程拆迁9户,初设规划9户搬迁到渠对面集中安置,实施时剩余8户坚决要求也要搬迁,由于该村人口不多,且基本是一个族姓,一半已搬迁,一个自然村一分为二,群众意见很大,要求整体搬迁,不整体搬迁,拆迁户拒绝搬迁。根据河北水务集团与濮阳市指挥部的会商纪要〔2016〕5号,以及《濮阳市引黄入冀补淀工程建设指挥部办公室征迁会议纪要》(〔2016〕26号),同意该村整村搬迁,渠道占压的为直接占房人口,其余则为影响人口。

(二)搬迁安置方案

搬迁安置根据规范以及搬迁居民涉及村民的意愿及县(区)政府(管委会)的认可,分为后靠集中安置和后靠分散安置。后靠集中安置居民点规划用地按80 m²/人分散安置,以户为单位安置,每户0.25亩宅基地。搬迁户数为濮阳县的王月城村20户,南湖村19户,毛寨村17户,其余均小于10户。王月城村、南湖村和毛寨村为后靠集中安置,其余村为后靠分散安置。濮阳县毛寨行政村所辖的打铁庄自然村根据项目业主河北水务集团与濮阳市会商纪要,同意整村搬迁,共需搬迁17户,就近后靠集中安置。搬迁安置用地详见表4-9。

表4-9 搬迁安置用地

序号	市	县(区)	村	安置户数(户)	安置用地(亩)	已补偿面积(亩)	还需安置面积(亩)
1	濮阳市	濮阳县	南湖村	19	11.76	12.26	
2	濮阳市	濮阳县	刘辛庄	1	0.25	0.86	
3	濮阳市	濮阳县	铁炉村	9	2.25	2.86	0.5
4	濮阳市	濮阳县	王月城村	20	12.84	8.12	4.72
5	濮阳市	濮阳县	曾小丘村	5	1.25	0.69	0.75
6	濮阳市	濮阳县	西台上	2	0.5	0.65	
7	濮阳市	濮阳县	毛寨村	17	10.2	4.99	5.21

序号	市	县(区)	村	安置户数（户）	安置用地（亩）	已补偿面积（亩）	还需安置面积（亩）
濮阳县小计				73	39.05	30.43	11.18
8	濮阳市	开发区	张庄	1	0.25	0.14	0.11
9	濮阳市	开发区	马凌平	1	0.25	0.07	0.18
10	濮阳市	开发区	南新习	6	1.5	1.61	0.17
11	濮阳市	开发区	西新习	2	0.50	0.30	0.20
12	濮阳市	开发区	天阴村	3	0.75	0.29	0.46
开发区小计				13	3.25	2.41	1.12
13	濮阳市	示范区	后范庄	2	0.5	0.05	0.45
14	濮阳市	示范区	顺河村	1	0.25	0.11	0.14
示范区小计				3	0.75	0.16	0.59
15	濮阳市	清丰县	范石二村	1	0.25	0.01	0.24
清丰县小计				1	0.25	0.01	0.24
濮阳市合计				90	43.3	33.01	13.13

在可研阶段,农村移民搬迁安置采取集中安置和分散安置相结合的方式。集中搬迁安置采取政府统一选址,统一规划,自主建房模式的安置。分散安置采取分散自主择址、自主建房的模式安置。

在初步设计阶段,工程搬迁规划共涉及15个行政村,其中濮阳县南湖村500人采取集中外迁安置,其余14个行政村273人均采取本村后靠安置。根据渠村乡政府的意见,规划1个集中安置点;其余14个村的273人,根据本村村庄布设情况,在原安置区适当位置分散安置,搬迁安置人口方案详见表4-10。

实施规划阶段,根据搬迁村民的意愿及县(区)政府(管委会)的认定,引黄入冀补淀工程搬迁安置均采取本村后靠安置,分为两种形式:后靠集中安置和分散安置。引黄入冀补淀工程占压房屋涉及人口搬迁的15个行政村90户,采取本村后靠集中安置的有濮阳县3个村,分别为南湖村19户、王月城村20户和毛寨村17户共56户;采取分散安置方式的有濮阳县4个村、开发区5个村、示范区2个村共33户;清丰县的一个村1户为一次性补偿安置。搬迁安置规划详见表4-10。

表 4-10   搬迁安置人口安置方案

序号	市	县（区）	村	安置户数（户）	安置方案
1	濮阳市	濮阳县	南湖村	19	本村集中
2	濮阳市	濮阳县	刘辛庄	1	分散
3	濮阳市	濮阳县	铁炉村	9	分散
4	濮阳市	濮阳县	王月城村	20	本村集中
5	濮阳市	濮阳县	曾小丘村	5	分散
6	濮阳市	濮阳县	西台上	2	分散
7	濮阳市	濮阳县	毛寨村	17	本村集中
濮阳县小计				73	
8	濮阳市	开发区	张庄	1	分散
9	濮阳市	开发区	马凌平	1	分散
10	濮阳市	开发区	南新习	6	分散
11	濮阳市	开发区	西新习	2	分散
12	濮阳市	开发区	天阴村	3	分散
开发区小计				13	
13	濮阳市	示范区	后范庄	2	分散
14	濮阳市	示范区	顺河村	1	分散
示范区小计				3	分散
15	濮阳市	清丰县	范石二村	1	分散
清丰县小计				1	分散
濮阳市合计				90	

（三）搬迁安置居民点规划标准与集中居民点选择

农村居民搬迁规划的任务是结合生产措施规划,合理布设新居民点。居民点布设应遵循以下原则:因地制宜、保障安全、有利生产、方便生活、保护生态、节约用地;居民点选址时,选择地形、地质条件较好,无潜在地质灾害,具备人畜吃水及交通便利条件;要严格按照河南省实施《中华人民共和国土地管理法》办法规划村庄和宅基地,尽可能利用荒地和不占或少占耕地,提高土地利用率;按照《镇规划标准》(GB 50188—2007),确定居民点用地标准,对居民点的供水、供电、交通等设施进行规划。

居民点用地标准及居民点供排水、供电、交通等基础设施建设标准,根据《镇规划标准》(GB 50188—2007),参照原有水平和安置区具体条件,按有关规定经济合理地进行规划。其中:农村新居民点建设用地标准采用集中安置 80 m²/人,分散安置 0.25 亩/户。居民点基础设施建设标准中生活用水标准为 120 L/(d·人);引黄入冀补淀工程均为本村后靠安置,可按原村庄生活用水标准,接本村供水系统。目前,濮阳县已普及安全饮水工程,工程占压的供水管道均已复建,安置区可接附近的供水管道。供电标准为 4 000 W/户;引黄入冀补淀工程均为本村后靠安置,可接本村供电线路。交通标准为引黄入冀补淀工程均为本村后靠安置,可修通门前道路,接本村原有通行道路。

南湖村后靠集中安置区在渠道 N1 + 200 附近右岸,紧邻村北道路南侧,在 N1 + 300 附近有跨渠南北道路,高程为 59.2 ~ 60.2 m,地形平坦。王月城村后靠集中安置区在渠道 14 + 100 附近右岸,老村东北约 50 m,紧邻滞洪路,高程在 54.52 ~ 54.76 m,地形平坦。毛寨村打铁庄后靠集中安置区在渠道 20 + 260 附近右岸,老村东北约 100 m,紧邻滞洪路,高程在 52.93 ~ 53.23 m,地形平坦。

(四)居民点基础设施规划及投资概算

居民点基础设施建设包括道路、供电、供水、排水、通信、广播电视等设施,采用初步设计批复标准:新村场地平整及基础设施建设亩均指标,分别为 11 333 元/亩、72 394 元/亩。征地有关费用包括还需安置用地面积的土地补偿费、社保费,安置用地的青苗费、过渡期补助费和小型水利电力设施补偿费。

工程实施规划阶段居民安置分为后靠集中安置和后靠分散安置,征地补偿费及社保费用按照占压面积补偿,集中安置居民点若占压居民户宅基地面积不足 80 m²/人,补足 80 m²/人的面积进行补偿。分散安置居民户若占压居民户宅基地面积不足 0.25 亩,按 0.25 亩进行补偿。征地有关费用、场地平整费、基础设施建设费投资共计 438.12 万元,详见表 4-11。

五、企事业单位影响处理规划

(一)影响企事业单位基本情况及迁建原则

引黄入冀补淀工程涉及渠村乡水利站、濮阳市自来水公司等企事业单位共 13 家,其中濮阳县 8 家,开发区 3 家,示范区 2 家。根据各单位受影响程度,确定对其迁建或补偿处理,对确定迁建的单位,调查周边具体情况,对于有条件后靠的优先选择后靠复建,没有条件后靠的另选新址复建。

主要影响企事业单位情况见表 4-12。

企事业单位迁建按原规模、原标准或者恢复原功能的原则进行规划设计,因扩大规模、提高标准或改变功能所需增加的投资,不列入建设征迁安置补偿投资估算,由企事业单位自己解决。

(二)企事业单位处理方案及补偿投资

企事业单位的处理方案由地方政府负责提出,在初步设计的基础上,根据地方政府、单位的意见及实际情况,进行了适当调整。曾小邱中心小学、濮阳市环境卫生管理处采取整体搬迁处理,其余水利单位及设施,以及自来水公司等单位,采取货币补偿后,由原产权单位自己恢复。

表 4-11　搬迁安置分村用地及投资汇总

序号	市	县(区)	村	基准年搬迁安置人口	水平年搬迁安置人口	安置户数(户)	安置用地(亩)	已补偿面积(亩)	还需安置面积(亩)	征地有关费用(万元)	场地平整及基础设施建设费(万元)			费用合计(万元)
											场地平整 11 333 元/亩	基础设施 72 394 元/亩	小计	合计(万元)
1	濮阳市	濮阳县	南湖村	97	98	19	11.76	12.26		2.32	13.33	85.14	98.46	100.78
2	濮阳市	濮阳县	刘辛庄	7	7	1	0.25	0.86		0.05	0.28	1.81	2.09	2.14
3	濮阳市	濮阳县	铁炉村	44	44	9	2.25	2.86	0.50	2.91	2.55	16.29	18.84	21.75
4	濮阳市	濮阳县	王月城村	106	107	20	12.84	8.12	4.72	25.80	14.55	92.95	107.51	133.30
5	濮阳市	濮阳县	曾小丘村	21	21	5	1.25	0.69	0.75	3.94	1.42	9.05	10.47	14.41
6	濮阳市	濮阳县	西台上	7	7	2	0.50	0.65		0.10	0.57	3.62	4.19	4.29
7	濮阳市	濮阳县	毛寨村	84	85	17	10.20	4.99	5.21	27.69	11.56	73.84	85.40	113.09
	濮阳市	濮阳县小计		366	369	73	39.05	30.43	11.18	62.81	44.26	282.70	326.95	389.76
8	濮阳市	开发区	张庄	1	1	1	0.25	0.14	0.11	0.68	0.28	1.81	2.09	2.77
9	濮阳市	开发区	马陵平	7	7	1	0.25	0.07	0.18	1.08	0.28	1.81	2.09	3.17
10	濮阳市	开发区	南新习	23	23	6	1.50	1.61	0.17	1.27	1.70	10.86	12.56	13.83
11	濮阳市	开发区	西新习	12	12	2	0.50	0.30	0.20	1.24	0.57	3.62	4.19	5.43
12	濮阳市	开发区	天阴村	15	15	3	0.75	0.29	0.46	2.87	0.85	5.43	6.28	9.15
	濮阳市	开发区小计		58	58	13	3.25	2.41	1.12	7.15	3.68	23.53	27.21	34.36
13	濮阳市	示范区	后范庄	9	9	2	0.50	0.05	0.45	3.46	0.57	3.62	4.19	7.65
14	濮阳市	示范区	顺河村	4	4	1	0.25	0.11	0.14	1.10	0.28	1.81	2.09	3.19
	濮阳市	示范区小计		13	13	3	0.75	0.16	0.59	4.56	0.85	5.43	6.28	10.84
15	濮阳市	清丰县	范石二村	5	5	1	0.25	0.01	0.24	1.06	0.28	1.81	2.09	3.16
	濮阳市	清丰县小计		5	5	1	0.25	0.01	0.24	1.06	0.28	1.81	2.09	3.16
		濮阳市合计		442	445	90	43.30	33.01	13.13	75.58	49.07	313.47	362.54	438.12

表 4-12 主要影响企事业单位情况

县(区)	单位名称	所在位置	土地面积(亩)		房屋面积(m²)		受影响情况
			总面积	占压面积	总面积	占压面积	
濮阳县	曾小邱中心小学	渠道左岸、曾小丘村南			1 587.6	1 587.6	教学楼均被占
濮阳县小计					1 587.6	1 587.6	
开发区	加油站	渠道左岸	6.7	0.09	889.5	62.8	占压一间休息室
开发区	环境卫生管理处	渠道右岸	4.6	2.0	167.4	167.4	主要设施被占压
开发区	区水利局				28.2	28.2	水利设施
开发区	濮水河管理处	渠道右岸					仅占围墙
开发区小计			11.3	2.1	1 085.1	258.4	
合计			11.3	2.1	2 672.7	1 846.0	

13 家单位均为补偿处理,各单位补偿投资汇总见表 4-13。

表 4-13 各单位补偿投资汇总　　　　　　　　　　　　（单位:万元）

单位名称	房屋附属物补偿	设施设备搬迁补偿费	房屋装修	场地平整费	基础设施费	补偿合计
渠村乡水利站	35.6	1.0	0.3	2.5	15.9	55.4
渠村闸管所	48.2	3.4	0.3	2.5	15.8	70.2
渠村灌区管理局	22.9	0.7		1.1	6.9	31.6
濮阳市自来水公司	3.2	0.1	0.3			3.6
引黄处渠村管理段	28.2	2.7	2.2	1.6	10.4	45.0
引黄处金堤河管理段	19.4	0.4	0.2	1.5	9.3	30.8
团罡水管所	27.1	0.6	0.3	2.4	15.1	45.4
曾小邱中心小学	281.5	21.2	19.7	12.1	77.3	411.8
濮阳县合计	466.0	30.1	23.3	23.6	150.8	693.8
濮阳市环境卫生管理处	35.2	163.6	1.6			200.5
濮水河管理处	19.3	19.5				38.8
加油站	2.5					2.5
开发区合计	57.0	183.1	1.6			241.7
引黄处顺河管理段	14.3	1.1	1.0			16.4
后范庄提灌站	12.8	1.2	0.8			14.9
示范区合计	27.2	2.4	1.8			31.3
濮阳市合计	550.2	215.6	26.7	23.6	150.8	966.9

六、土地复垦规划

(一)土地复垦规划任务

土地复垦,是指对被破坏或退化的土地的再生利用及其生态系统恢复的综合性技术过程。按照《土地复垦条例》,生产建设活动损毁的土地,按照"谁损毁,谁复垦"的原则,由生产建设单位负责复垦。

土地复垦应当坚持科学规划、因地制宜、综合治理、经济可行、合理利用的原则。复垦的土地应当优先用于农业。因此,引黄入冀补淀工程土地复垦规划设计的主要任务是,根据临时占地的类型和占用方式,依据项目区的土地利用情况,结合作物的种植情况,提出项目区临时占地的土地平整、农田水利工程、道路工程、农田生态建设等工程规划,因地制宜,合理布局,使临时用地恢复可利用条件。

引黄入冀补淀工程临时用地共5 894.0亩,其中弃渣场4 582.6亩、施工道路705.7亩、施工营地240.9亩、堆土区303.5亩、导流61.5亩;其中水田2 826.1亩、菜地36.5亩、水浇地2 275.7亩、园地37.2亩、林地151.4亩、苗圃86.7亩、单位用地9.0亩、设施农用地158.4亩、养殖水面137.6亩、国有土地157.1亩、原渠道用地18.3亩,使用结束后除单位用地、设施农用地、国有土地、原渠道用地外,其他用地全部复垦。

(二)复垦目标

根据当地实际情况,明确引黄入冀补淀工程生产建设单位土地复垦目标、任务和措施等内容,为土地复垦的实施管理、监督检查以及土地复垦费征收等提供依据。

引黄入冀补淀工程土地复垦目标主要包括土地复垦范围(营地、道路、弃渣场、堆料场等所有临时用地)、生态效益指标(临时用地使用后与周边地形整体协调)。所有临时用地复垦后均按原标准恢复或根据实际情况及周边条件适当优化场内道路及灌溉设施,耕作条件有效地改善,地力至少恢复到使用前水平。

(三)复垦措施

复垦措施是分别对施工营地、施工道路、弃土(渣)场、临时堆土场、导流渠等不同用途的临时用地复垦措施逐项说明。

1. 施工营地

1)由建设单位负责的工程步骤及技术措施

使用临时用地前,在用地范围边界设置能够直接辨认的标识,并负责在临时用地使用期间的损毁修复。

考虑施工营地高程要求,可不对该处耕作层进行剥离,但建设单位应根据施工营地使用结束后对耕作层的破坏程度测算需补充的方量(确保恢复后不低于原耕作层厚度),备足耕作层土壤。

耕作层土壤应集中堆放,堆高一般不超过5 m,边坡控制在1:1.5左右;建设单位负责耕作层土壤的管护,避免雨水冲刷流失和盗用,必要时采取适当保护措施,需采取装土编织袋挡坎等临时防护措施的,其费用计入水土保持专项投资。

施工营地使用结束后及时进行施工迹地清理,处理生活区生活垃圾和杂物,将生活区、办公、仓库、临时房屋和附属设施全部拆除,并清运所有道路、地坪、杂物及废弃物。

在营地使用、迹地清理时要注意对占压范围内的机井采取保护措施,使其不受破坏,机井井口应妥善压盖,机井配套设施由产权所有者负责拆除、保管。

2)由土地复垦实施单位负责的工程步骤及技术措施

根据对耕作层的破坏程度确定深翻厚度,即考虑补充后的耕作层总厚度不小于 0.5 m(原耕作层厚度小于 0.5 m 的按实际厚度控制);将备用的需补充的耕作层土壤摊铺、平整,恢复耕作层。

按原标准并结合周边灌溉、排水、道路等设施布局,合理恢复。

通过增施化肥、农家肥等措施恢复地力。

2. 施工道路

1)由建设单位负责的工程步骤及技术措施

使用临时用地前,在用地范围边界设置能够直接辨认的标识,并负责在临时用地使用期间的损毁修复。

将地面不适宜耕作的杂物(废弃建筑材料等)清理干净。

将耕作层剥离 0.5 m(不足 0.5 m 的按实际厚度剥离),剥离过程中要避免不宜耕作的物质混入。若考虑施工道路高程要求,可不对该处耕作层进行剥离,但建设单位应根据施工道路使用结束后对耕作层的破坏程度测算需补充的方量(确保恢复后不低于原耕作层厚度),备足耕作层土壤。

耕作层土壤应集中堆放,堆高一般不超过 5 m,边坡控制在 1:1.5 左右;建设单位负责耕作层土壤的管护,避免雨水冲刷流失和盗用,必要时采取适当保护措施,需采取装土编织袋挡坎等临时防护措施的,其费用计入水土保持专项投资。

施工道路使用结束后,将路面、路基等建筑垃圾清除并运走,恢复到使用前或耕作层剥离后地貌。

2)由土地复垦实施单位负责的工程步骤及技术措施

将使用前推出堆放的耕作层土壤摊铺、平整;如果考虑高程要求未对耕作层进行剥离,则应根据对耕作层的破坏程度对耕作层进行深翻,考虑补充后的耕作层总厚度不小于 0.5 m(原耕作层厚度小于 0.5 m 的按实际厚度控制),然后将备用的需补充的耕作层土壤摊铺、平整,恢复耕作层。

按原标准并结合周边灌溉、排水、道路等设施布局,合理恢复。

通过增施化肥、农家肥等措施恢复地力。

3. 弃土(渣)场

1)由建设单位负责的工程步骤及技术措施

使用临时用地前,在用地范围边界设置能够直接辨认的标识,并负责在临时用地使用期间的损毁修复。

将地面不适宜耕作的杂物(废弃建筑材料等)清理干净。

将耕作层剥离 0.5 m(不足 0.5 m 的按实际厚度剥离),剥离过程中要避免不宜耕作的物质混入。

耕作层土壤应集中堆放,堆高一般不超过 5 m,边坡控制在 1:1.5 左右;建设单位负责耕作层土壤的管护,避免雨水冲刷流失和盗用,必要时采取适当保护措施,需采取装土编织袋挡坎等临时防护措施的,其费用计入水土保持专项投资。

按规划控制弃土高度,分两层弃土(渣)。

下层:将大颗粒放在下面。弃料为石渣的,用不小于 18 t 的振动压路机碾压 4 遍;弃料为土料的,用不小于 160 马力(1 马力 = 735.499 W)的履带推土机碾压 4 遍。分层厚度不大于 2 m。该层作为找平控制层,表面距复垦后地面 1.0 m。

上层:要求土质为适宜种植或与原土质相当的土料,若弃料中无此类土料,则利用原耕作层下层土料上翻(耕作层剥离后取该层土料,集中堆放时不得与耕作层土料混杂),该层作为防渗、保水、保肥层,控制该层厚度保证压实后 0.5 m,建设单位不碾压。

边坡处理:按水土保持提出的要求,弃土(渣)边坡按 1:2 进行削坡处理。

2)由土地复垦实施单位负责的工程步骤及技术措施

采用 12～15 t 振动压路机进行压实,作为防渗、保水、保肥层。将使用前推出堆放的耕作层土壤摊铺、平整,恢复耕作层。按原标准并结合周边灌溉、排水、道路等设施布局,合理恢复。通过增施化肥、农家肥等措施恢复地力。

4.临时堆土场

1)由建设单位负责的工程步骤及技术措施

使用临时用地前,在用地范围边界设置能够直接辨认的标识,并负责在临时用地使用期间的损毁修复。

将地面不适宜耕作的杂物(废弃建筑材料等)清理干净。

将耕作层剥离 0.5 m(不足 0.5 m 的按实际厚度剥离),剥离过程中要避免不宜耕作的物质混入。如不剥离可在使用前采取铺设塑料薄膜等措施,避免在堆土运走后进行施工迹地清理时对耕作层造成破坏,如果造成破坏建设单位应根据破坏程度测算需补充的方量(确保恢复后不低于原耕作层厚度),备足耕作层土壤。

耕作层剥离后集中堆放,堆高一般不超过 5 m,边坡控制在 1:1.5 左右;建设单位负责耕作层土壤的管护,避免雨水冲刷流失和盗用,必要时采取适当保护措施,需采取装土编织袋挡坎等临时防护措施的,其费用计入水土保持专项投资。

堆土运走后及时进行施工迹地清理。

耕作层剥离、堆土及迹地清理时要避免损坏占压范围内的所有水利设施,机井井口应妥善压盖,机井配套设施由产权所有者负责拆除、保管。

2)由复垦实施单位负责的工程步骤及技术措施

将使用前推出堆放的耕作层土壤摊铺、平整;如果使用前未对耕作层进行剥离,则应根据对耕作层的破坏程度对耕作层进行深翻,考虑补充后的耕作层总厚度不小于 0.5 m 或原耕作层厚度,然后将备用的需补充的耕作层土壤摊铺、平整,恢复耕作层。

按原标准并结合周边道路布局,合理恢复。

通过增施化肥、农家肥等措施恢复地力。

5.导流渠

1)由建设单位负责的工程步骤及技术措施

使用临时用地前,在用地范围边界设置能够直接辨认的标识,并负责在临时用地使用期间的损毁修复。

将地面不适宜耕作的杂物(废弃建筑材料等)清理干净。

将耕作层剥离 0.5 m(不足 0.5 m 的按实际厚度剥离),剥离过程中要避免不宜耕作的物质混入。

耕作层剥离后集中堆放,堆高一般不超过 5 m,边坡控制在 1:1.5 左右;建设单位负责耕作层土壤的管护,避免雨水冲刷流失和盗用,必要时采取适当保护措施,需采取装土编织袋挡坎等临时防护措施的,其费用计入水土保持专项投资。

按工程设计要求开挖导流渠,将挖出的土料集中堆放在附近总干渠永久用地范围内,堆高一般不超过 5 m,边坡控制在 1:1.5 左右,采取适当保护措施防止水土流失。需采取装土编织袋挡坎等临时防护措施的,其费用计入水土保持专项投资。

使用结束后,将挖出集中堆放的土料按工程土方回填设计要求进行回填、压实,根据剥离的耕作层厚度确定回填高程。

2)由土地复垦实施单位负责的工程步骤及技术措施

将使用前推出堆放的耕作层土壤摊铺、平整,恢复耕作层。按原标准并结合周边灌溉、排水、道路等设施布局,合理恢复。通过增施化肥、农家肥等措施恢复地力。

(四)复垦单价

采用初设批复标准:不同类别复垦典型区单价为,弃土区 4 997 元/亩、临时堆土区 4 718 元/亩、施工营地 4 907 元/亩、施工道路 4 990 元/亩。弃渣场耕作层剥离堆放费用,按 1 000 元/亩计列。剥离堆放费用给付剥离堆土单位。

七、耕地占补平衡

《中华人民共和国土地管理法》第三十一条规定:非农业建设经批准占用耕地的,按照"占多少,垦多少"的原则,由占用耕地的单位负责开垦与所占用耕地的数量和质量相当的耕地;没有条件开垦或者开垦的耕地不符合要求的,应当按照省、自治区、直辖市的规定缴纳耕地开垦费,专款用于开垦新的耕地。

根据《大中型水利水电工程建设征地补偿和移民安置条例》第二十五条规定:大中型水利水电工程建设占用耕地的,应当执行占补平衡的规定。

水利水电工程建设占用耕地,由建设项目法人负责补充数量相等和质量相当的耕地;没有条件补充或补充的耕地不符合要求的,建设项目法人应按有关规定缴纳耕地开垦费。

根据以上规定引黄入冀补淀工程没有条件补充耕地的,按有关规定缴纳耕地开垦费。开垦费按初设批复费用为 2 966.23 万元。

八、专业项目复建规划

(一)初步设计专业项目影响情况

根据批复的初步设计报告,工程影响专业项目包括输变电工程设施、通信(广电)工程设施、军事设施及管道,共涉及专项管线 246 条(处),其中电力线路 97 条、变压器 10 台,通信(广电)线路 144 条、通信基站 1 处,军事光缆 2 处,各类管道 2 条、油井 1 处。

1. 输变电工程设施

影响电力线路 107 处、97 条,其中 380~400 V 电力线路 34 条、10 kV 电力线路 62

条、110 kV 电力线路 1 条,影响变压器 10 台。影响的电力线路均为架空线路,受影响类型均为占压线杆(塔)。

2. 通信(广电)工程设施

影响通信(广电)线路 144 条,其中架空线路 122 条,受影响类型为占压线杆;地埋线路 22 条,受影响类型为占压地埋管道;影响移动通信基站 1 处。

3. 军事设施

影响地埋军事光缆 2 处,受影响类型为占压地埋管道。

4. 管道

影响管道 2 条、油井 1 处,其中输油管道 1 条为地埋管道、燃气管道 1 条为架空管道、封井 1 处。

5. 文物保护发掘

文物由河南省文物保护局负责调查。

(二)实施规划专业项目影响情况

根据批复的实施规划,工程建设征地涉及专业项目 226 处,其中输变电线路及合区 84 处,通信设施 117 处,各类管道 23 处,军事设施 2 处。

(三)专业项目恢复方案

1. 输变电工程设施

对影响的电力线路处理方案均为移杆(塔)复建,将占压的线杆(塔)移出永久用地范围;变压器处理方案为迁移出永久用地范围。复建投资为权属单位报送投资经复核后列入总投资,濮鹤高速管理处电力专线目前仅报送了迁建方案,经与濮阳引黄入冀建设指挥部商议,投资暂按南水北调配套工程电力线路批复单价计算投资列入总投资,输变电工程复建费用为 542.70 万元。

2. 通信工程设施

通信(广电)线路:复建方案、复建长度计算及单价调整方法同电力线路。复建投资为各权属单位报送投资经复核后列入总投资,通信工程复建费用为 829.25 万元。

3. 军事设施

占压地埋军事光缆 2 处,目前部队提出的方案为 1 处复建、1 处保护,根据目前72 915部队提出的线路费用 29.12 万元及初设批复某部队线路费用 172.42 万元计列,共计 201.54 万元。

4. 各类管道

各类管道复建投资为各权属单位报送投资经复核后列入总投资,各类管道复建投资 313.25 万元。

5. 文物

根据河南省文物考古研究院编制的《引黄入冀补淀工程(河南段)文物调查及文物保护规划报告》,按初设批复文物费用 242.27 万元列入。

专业项目复建投资汇总详见表 4-14。各专项投资详见附表 3~附表 6。

表 4-14　专项设施投资汇总

市	专项设施类别	专项设施项目		单位	数量	复建投资(万元)
濮阳市	输变电	电力线路	400 V	处	11	48.36
			10 kV/0.4 kV	处	5	69.00
			10 kV	处	66	360.60
			35 kV	处	1	15.44
			110 kV	处	1	49.30
			小计		84	542.70
	通信(广电)	架空线路		处	113	695.60
		地埋线路		处	2	48.38
		铁塔		处	2	85.27
		小计			117	829.25
	军事设施	军事光缆		处	2	201.54
	管道	原油管道		处	1	5.00
		成品油管道		处	1	19.04
		输灰管道		处	1	22.44
		输泥管道		处	1	8.34
		输气管道		处	1	37.60
		供水管道		处	1	38.63
		安全饮水管道		处	17	182.19
		小计			23	313.24
	文物					242.27
	合计				226	2 129.00

九、投资概算及各个设计阶段对比

(一)投资编制的依据和原则

1. 编制依据

根据水利水电工程移民法律法规、设计规范、投资概(估)规程编制征迁安置投资。主要依据如下：

(1)《中华人民共和国耕地占用税暂行条例》(国务院第 511 号,令 2007 年 12 月)；

(2)《中华人民共和国耕地占用税暂行条例实施细则》(2008 年 2 月 26 日)；

(3)《河南省〈耕地占用税暂行条例〉实施办法》(〔2009〕124 号令)；

(4)《河南省人民政府关于公布取消停止征收和调整有关收费项目的通知》(豫政

〔2008〕52号）；

（5）《关于加大改革创新力度加快农业现代化建设的若干意见》（2015年中央一号文件）；

（6）河南省人民政府《关于调整河南省征地区片综合地价的通知》（豫政〔2013〕11号）及《关于公布各地征地区片综合地价社会保障费用标准的通知》（豫劳社办〔2008〕72号）；

（7）《水利工程设计概（估）算编制规定（建设征地移民补偿）》（水利部2015年2月）；

（8）《濮阳市人民政府关于调整国家建设征地地上青苗和附着物补偿标准的通知》（濮政〔2014〕69号）；

（9）《河南省人民政府关于公布取消停止征收和调整有关收费项目的通知》（豫政〔2008〕52号）；

（10）《濮阳统计年鉴2010》、《濮阳统计年鉴2011》、《濮阳统计年鉴2013》；

（11）《河南统计年鉴2013》；

（12）国家发展和改革委员会《引黄入冀补淀工程可行性研究报告》批复（发改农经〔2015〕1785号）（2015年7月）；

（13）《引黄入冀补淀工程初步设计报告技术讨论会审查意见》（2015年7月）；

（14）国家和地方有关其他法规、政策、标准、办法、规定等。

2.编制原则

（1）工程建设用地补偿投资估算以调查的实物为依据，结合征迁安置规划设计，按照国家有关法律和法规进行编制。

（2）凡国家已有政策或规定的，按国家政策或规定执行；国家无规定的而地方有规定的，参照地方规定执行；对国家和地方无明确规定或规定不适用大型水利水电工程的，参照国内已建或在建水利水电工程并结合工程区实际情况，实事求是，合理分析确定。

（二）投资、补偿单价编制方法

项目单价应按照国家和省内政策规定和选定的价格水平，分补偿补助费用、工程建设费用进行编制。

基础价格中补偿补助费用的基础价格，由县及以上人民政府或其行政主管部门公布的价格为基础，结合建设征地区的实际情况分析确定；工程建设费用的基础价格，应按照单体工程隶属行业的规定编制，没有规定的按照水利工程规定编制。

土地补偿补助费单价：征收集体土地的土地补偿费和安置补助费单价按河南省人民政府《关于调整河南省征地区片综合地价的通知》（豫政〔2013〕11号）及《关于公布各地征地区片综合地价社会保障费用标准的通知》（豫劳社办〔2008〕72号）规定编制。

房屋及附属建筑物补偿单价：各类结构房屋及附属建筑物补偿单价，应按照典型设计的成果分析编制；附属建筑物补偿单价可结合实物分类等，按照房屋基本结构补偿单价的编制原则编制。

零星树木补偿单价：根据省内及濮阳市有关规定编制。

设施和设备补偿单价：根据实际情况，按照相关专业的概（估）算编制办法、定额及有关规定进行编制。

搬迁补助费单价:按照建设征地区的价格结合征迁安置规划编制。

工程建设费用单价编制,应按照国家和省内有关规定执行,没有规定的执行水利工程的规定。

(三)补偿补助标准

根据批复的初步设计报告,本工程征迁安置投资、补偿标准如下。

1.永久用地

永久用地补偿费包括土地补偿安置及社保费、青苗补偿费、林(果)木处理费。

1)土地补偿安置及社保费

土地补偿安置费采用河南省人民政府《关于调整河南省征地区片综合地价的通知》标准,社保费采用《关于公布各地征地区片综合地价社会保障费用标准的通知》标准。根据审查意见,原有渠道3 728.55亩土地不计社保费用。

2)青苗补偿费

根据用地的土地地类亩产值计列,其中水田、水浇地按一年产值的一半计算,菜地按1/3年产值计算。

3)林(果)木处理费

参照河北省标准计列。

2.临时用地

1)土地补偿费

临时用地补偿费按使用年限补偿,另计1年恢复期补助。本工程临时用地使用年限:除1 305.5亩弃渣场使用年限均为1年外,其余临时用地使用期限均为2年。

2)复垦费

因本项目为跨省项目,本报告复垦单价执行河北省标准。临时用地复垦典型区单价采用南水北调中线一期工程总干渠邯郸段初设征迁安置补偿投资批复标准,不同类别复垦典型区单价:弃土区及临时堆土区4 718元/亩、施工场地4 907元/亩、施工道路4 990元/亩。根据不同类型复垦区面积乘以相应单价计算出相应复垦投资。弃渣场耕作层剥离堆放费按1 000元/亩计列。

3.房屋及附属设施

1)房屋

房屋包括农村房屋及单位房屋(城镇房屋)。农村房屋包括居民房屋及副业房屋两类。

根据农村各类结构房屋及城镇各类结构房屋典型设计中的人工、材料、机械等费用构成、《河南省工程造价信息》(2014年第3期)发布的2014年第二季度各种材料价格及"豫建标定〔2013〕58号"发布的定额人工费单价计算各类房屋单价。

各类结构房屋典型设计包括土建工程和水电工程。

(1)土建工程费用。

土建工程费用包括直接工程费(包括人工费、材料费、机械台班费)、综合费、间接费、利润、税金。

根据各项费用构成的工程量(或费率)及 2014 年第二季度单价(或计费基数)计算各项费用。

(2)水电工程费用。

根据土建工程及相应费率计算,各种房屋结构的费率标准不同,其中砖混、砖木结构为 3%、土木结构为 2%。

土建工程费和水电工程费之和即为房屋总造价,根据典型设计房屋面积计算出房屋单平方造价。

农村房屋单价计算详见表 4-15。单位房屋按可研批复单价,即农村房屋的 1.2 倍计算。

2)附属设施

附属设施中围墙、门楼、晒场、大口井、牲畜栏、水池及厕所补偿单价按照《濮阳市人民政府关于调整国家建设征地地上青苗和附着物补偿标准的通知》(濮政〔2014〕69 号)文中单价计列;有线电视安装、及电话移机的取费按可研批复标准。房屋及附属设施补偿单价汇总详见表 4-16。

3)装修补助

参考《濮阳市人民政府关于调整国家建设征地地上青苗和附着物补偿标准的通知》及省内在建水利工程装修补助标准,根据实际情况,按砖混房屋补偿费用的 10% 计列。

表 4-15　农村居民各类房屋补偿单价计算

项目	单位	单价(元)	砖混		砖木		土木	
			数量	投资(元)	数量	投资(元)	数量	投资(元)
(一)100 m² 房屋土建工程	100 m²			76 805		77 025		56 361
1. 直接工程费				67 328		67 520		50 533
(1)人工费	工日	69	292.00	20 148	252.0	17 388	266.80	18 409
(2)材料费				42 462		45 644		30 166
①主要材料				41 146		44 749		29 575
a.钢材	t	3 770	1.21	4 562	0.20	754	0.12	452
b.水泥	t	412	11.90	4 903	5.63	2 320	1.90	783
c.原木	m³	2 210			2.70	5 967	5.70	12 597
d.板枋材	m³	2 720	1.40	3 808	4.00	10 880	2.50	6 800
e.蒸压粉煤灰砖	千块	400	20.00	8 000	21.00	8 400	10.65	4 260
f.水泥石棉瓦	千块	12 000			0.16	1 920	0.17	2 040
g.碎石	m³	82	16.30	1 337	0.40	33		
h.砂	m³	142	43.00	6 106	26.30	3 735	8.00	1 136

项目	单位	单价（元）	砖混		砖木		土木	
			数量	投资（元）	数量	投资（元）	数量	投资（元）
i. 毛石	m³	50	45.80	2 290	28.30	1 415	17.10	855
j. 石灰	t	330	6.00	1 980	2.10	693	1.50	495
k. 沥青	t	4 580	0.50	2 290				
l. 油毡	m²	27.0	205.00	5 535	305.40	8 246		
m. 5#玻璃	m²	34	6.30	214	6.50	221	4.60	156
n. 漆	kg	28.2	4.30	121	5.90	166		
②其他材料(主要材料)				1 317		895		591
(3)机械台班(人工费+材料费)				2 004		1 891		486
(4)综合费(直接费)				2 714		2 597		1 472
2.间接费(直接费工程费)				3 602		3 612		1 516
3.利润、税金(直接费工程费+间接费)				5 876		5 893		4 312
(二)单位平方米房屋补偿单价	m²			791		771		575
1.土建工程	m²			768		770		564
2.水电工程				23		15		11

表 4-16　房屋及主要附属设施补偿单价汇总表　　　　（单位：元）

序号	工程或费用名称	单位	单价	序号	工程或费用名称	单位	单价
一	房屋补偿费			3	大口井	眼	2 000
(一)	农村房屋			4	厕所	个	600
1	砖混房屋	m²	791	5	牲畜栏	m²	656
2	砖木房屋	m²	771	6	电话	部	200
3	附属房	m²	313	7	有线电视	个	300
(二)	单位房屋			8	门楼	个	2 200
1	砖混房屋	m²	949	9	水池	m³	600
2	砖木房屋	m²	925	三	机井、坟墓及零星树木		
二	附属物补偿费			1	机井	眼	20 000
1	砖围墙	m²	105	2	坟墓	冢	1 500
2	混凝土晒场	m²	90	3	用材成树	株	100

4.搬迁费

农村居民搬迁费包括搬迁运输费、搬迁损失费、搬迁期误工补贴和临时住房补贴等，依据调查房屋面积(不含附属房)和相应单价计算。按可研标准计列，为28元/m²。

5.临时住房补助

对于搬迁安置的农村居民，按每户每月300元标准计列临时租房补助，计算期按6个月计。

6.副业设备、设施补偿费

生产设备不可搬的按重置全价计算，可搬的计算拆卸、搬迁运输费、安装费，需安置的农村副业考虑停产损失费。

7.过渡期生活补助

农村居民从搬迁到安置完毕直至稳定，恢复生产需要一个过程，为保证农民搬迁安置工作顺利进行，计列过渡期生活补助。按批复的可研单价标准，为200元/亩。

8.小型水利电力设施补偿费

按可研批复单价标准，为532元/亩，按工程永久占用耕、园地面积计列。

9.零星树木、机井、坟墓

按照《濮阳市人民政府关于调整国家建设征地地上青苗和附着物补偿标准的通知》(濮政〔2014〕69号)文中各类单价计列。

10.居民点迁建投资

农村居民点迁建投资估算包括新址征地、场地平整、地面附着物补偿、青苗补偿以及居民点道路、供电、供水、排水、通信、广播电视等。居民安置点人均基础设施投资为1.0047万元/人。

11.工程建设影响处理

永久用地边角地补偿同永久用地补偿单价；临时用地按200元/亩计列工程建设影响处理费。

(四)单位补偿投资

单位补偿费包括房屋及附属物补偿、设备设施搬迁费、征地补偿费、场地平整及基础设施补偿费。单位房屋按城镇房屋补偿单价，附属物补偿单价与农村相同。设备设施搬迁费按可搬迁与不可搬迁分别计算。征地补偿费、场地平整及基础设施补偿费采用农村安置区建设标准。

(五)专业项目补偿投资

按权属单位提供的复建方案及投资经审核后计入总投资。

(六)其他费用

依据《水利工程设计概(估)算编制规定(建设征地移民补偿)》，其他费用包括前期工作费、勘测设计科研费、实施管理费、实施机构开办费、技术培训费、监督评估费。

前期工作费：在水利水电工程项目建议书阶段和可行性研究报告阶段开展征迁安置前期工作所发生的各种费用，按第一部分至第三部分费用之和的2.0%计算。

勘测设计科研费：为初步设计和技施设计阶段征地移民设计工作所需要的勘测设计

科研费用。主要包括两阶段设计单位承担的实物复核,农村、城镇、工业企业及专业项目处理综合勘测规划设计发生的费用和地方政府必要的配合费用,按农村部分、单位部分费用之和的 3.5% + 专业项目部分费用的 1% 计列。

实施管理费:包括地方政府实施管理费和建设单位实施管理费。地方政府实施管理费按农村部分、单位部分费用之和的 4% + 专业项目部分费用的 2% 计列;建设单位实施管理费用于项目建设单位征地移民管理工作经费,包括办理用地手续等费用。按农村部分、单位、专业项目等三部分费用之和的 1.2% 计列。

实施机构开办费:为征迁安置实施机构启动和运作所必须配置的办公用房、车辆和设备购置及其他用于开办工作所需要的费用,根据审查意见按实施管理费用的 10% 计列。

技术培训费:为提高农村移民生产技能、文化素质和征迁干部管理水平所需要的费用,按第一部分费用的 0.5% 计算。

监督评估费:监督费主要是为对居民搬迁、生产开发和专业项目处理等活动进行监督所发生的费用;评估费主要是为对居民搬迁过程中生产生活水平的恢复进行跟踪检测、评估所发生费用。按农村部分、单位费用之和的 1.8% + 专业项目部分费用的 0.8% 计列。

根据规定,计算前期工作费、综合勘测设计科研费、实施管理费、技术培训费、监督评估费等其他费用时,土地补偿补助费用因政策性变化的部分,按相应费用的 30% 计算其他费。依据规定及审查意见,本报告中的社会保障金属政策性调整投资,按 30% 计算其他费用。

(七)预备费

基本预备费主要是指在建设征地移民安置设计及补偿费用概(估)算内难以预料的项目费用。费用内容包括:经批准的设计变更增加的费用,一般自然灾害造成的损失、预防自然灾害所采取的措施费用和其他难以预料的项目费用。可按农村部分、单位部分及其他费用等三部分费用之和的 10% + 专业项目费用的 6% 计列。

(八)有关税费

根据《水利水电工程建设征地移民安置规划设计规范》(SL 290—2009),本段有关税费包括耕地占用税、耕地开垦费,应按国家和省内有关规定计列。

1. 耕地占用税

根据《中华人民共和国耕地占用税暂行条例》(国务院第 511 号令 2007 年 12 月),以及《河南省调整耕地占用税适用税额》,占用耕地的纳税金额按全省平均税额 22.5 元/m²计列,农村居民占用耕地新建住宅的纳税金额减半。计税范围包括征收土地中耕地、园地、林地及其他农用地。涉及基础农田的纳税金额在此基础上提高 50%。本工程耕地占用税计列范围仅包括永久用地。由于本工程具有农业灌溉功能,根据《中华人民共和国耕地占用税暂行条例》和《财政部关于颁发耕地占用税具体政策的规定的通知》中"直接为农业生产服务的农田水利设施用地,免征耕地占用税"的规定,应对工程的耕地占用税按农业用水比例进行折减。本工程农业用水比例为 56.42%,税费计算面积比例按43.58% 计列。

2.耕地开垦费

河南省人民政府《河南省人民政府关于公布取消停止征收和调整有关收费项目的通知》(豫政〔2008〕52号)规定,耕地开垦费征收标准如下:非农业建设项目占用耕地的,耕地开垦费按9~13元/m²收取。其中,占用望天田的按9元/m²收取,占用旱地的按11元/m²收取,占用水浇地、灌溉水田、菜地的按13元/m²收取。

从2007年起,对城市规划区外的省级以上重点项目和单独选址项目,凡不能在本省辖市区域内实现"占补平衡"的,由省级负责"占补平衡",相应的耕地开垦费直接用于跨区域"占补平衡"项目的调剂安排。

3.森林植被恢复费

《河南省林地保护管理条例》和《河南省森林植被恢复费征收使用管理实施办法》第5条规定,有林地、苗圃地,按6元/m²计列森林植被恢复费,征收范围包括征收林地和临时占用林地。

(九)管理机构用地

管理机构用地参照河南省南水北调配套工程管理机构征地标准:省会168万元/亩,市级78万元/亩,县级48万元/亩。河南境内仅设县级。总用地28亩,费用为1344万元。

(十)施工期灌溉影响

由于引黄入冀补淀工程河南段输水渠道主要通过对原渠村现有灌溉渠道扩挖改建而成,施工期间不可避免地会对原渠村灌区的正常灌溉产生不利影响。

按照河北与濮阳的协商意见,设计阶段要对金堤以南自流灌溉的区域根据施工组织设计的工期安排测算施工期灌溉影响损失,实施阶段按照实际影响范围、影响时段和影响程度双方协商处理。

1.工期安排

根据施工组织设计优化结果,南湖干渠渠道施工从第二年2~6月,必须完成渠道开挖和填筑工程,南湖干渠段的渠道衬砌安排在第二年10~12月完成;下游第三濮清南干渠渠段从第一年10月至第二年9月,在灌溉间歇期间,完成全部分水口门、渠道开挖堤防填筑衬砌和部分节制闸、桥梁等工程;从第二年10月至第三年5月,完成剩余部分的节制闸、桥梁等工程。

2.影响范围及种植作物种类

本次计入施工期影响范围的是原南湖干渠和第三濮清南干渠金堤以南所控制的灌溉范围。

南湖干渠原控制灌溉面积8.84万亩,种植水稻、玉米和小麦等作物。水稻种植面积7.07万亩,玉米种植面积1.77万亩,小麦种植面积8.84万亩。灌溉方式均为自流灌溉。第三濮清南干渠控制灌溉面积61.78万亩,种植作物为水稻、玉米和小麦。灌溉方式为自流灌溉、自渠系抽水灌溉和井渠结合灌溉三种方式,各种灌溉方式对应的控制面积分别为5.7万亩、33.65万亩及22.43万亩。

3. 灌溉影响测算

按照直接影响损失和打井补偿灌溉两种方式分别对施工期灌溉影响进行了测算。

1) 直接影响损失

水稻不灌溉会完全绝收,为了尽可能减小影响,考虑将水稻改种玉米,按照两种作物效益差值计算影响产值。玉米、小麦按照亩均减产值进行计算。按此思路进行初步测算,选定计算范围内施工期对原灌区影响产值为 14 073.4 万元。

2) 打井补偿灌溉

一般机井 40~60 m,控制灌溉面积 100 亩,每延米费用 110 元,水泵 1 800 元左右,柴油机每台 2 300 元左右,则每眼井费用为 8 500~10 700 元。

本工程 70.62 万亩控制灌溉面积中有 22.43 万亩为井渠结合灌溉,则需打井的面积为 48.19 万亩,合 4 819 眼井。据调查,南湖灌区和第三濮清南所有灌区中目前实际均已分布部分机井,本次处理影响所打机井按 78% 计,共 3 760 眼,并考虑施工期间的运行费用,总投资 4 023 万元。

4. 灌溉影响确定

由于按直接影响损失较大,打井补偿灌溉方式只需布置一定的机井设施及考虑施工期间的运行费用,本设计阶段暂按打井补偿灌溉方案并结合双方协商意见暂列 4 000 万元,施工期间可按照实际影响范围和程度双方协商处理。

(十一)征迁安置投资情况

根据批复的实施规划报告,工程征地居民补偿投资共计 102 445.60 万元,其中农村部分补偿费 70 986.22 万元、单位补偿费 966.91 万元、专业项目补偿费 2 038.13 万元、其他费用 6 999.43 万元、预备费 8 674.68 万元、有关税费 8 324.23 万元、管理机构用地补偿费 456.00 万元、施工期灌溉影响补偿费 4 000.00 万元,详见附表 7。

(十二)不同设计阶段投资对比

从可研阶段到初设阶段,初步设计比可研批复投资减少 6 327.92 万元,因初设与可研单价一致,因此投资发生变化主要为实物量变化,详见表 4-17。

农村部分补偿费增加 1 083.47 万元。主要表现在土地面积增加 1 129.06 亩,其中永久用地面积增加 152.16 亩,原有渠道 3 728.55 亩未计社保费用补偿费,因此补偿投资费用减少 1 043.29 万元;临时用地面积增加 976.9 亩,补偿费及复耕费增加 2 180.87 万元;农村房屋面积减少 3 375.67 m²,房屋及附属物补偿费减少 255.59 万元;居民安置点建设及安置补助费减少 281.12 万元,原因为占房搬迁人口减少 106 人,远迁安置人口减少 14 人;机井、坟墓及零星树木因土地面积增加,补偿费增加 608.84 万元;专业项目补偿费减少 954.54 万元,主要原因为初设阶段采用专项权属单位报送投资经审核后计列;其他费用减少 148.19 万元,主要原因为社保按 30% 计列其他费;预备费减少 4 776.92 万元,主要原因为基数变化,初设与可研系数变化;有关税费减少 506.32 万元,主要原因为初设减去设施农用地按基本农田计算耕地占用税;管理机构用地减少 1 032 万元,主要原因为管理机构用地减少 20 亩,可研包含渠首 1.5 亩,初设调整至渠首。

表 4-17　可研阶段到初设阶段投资变化对比表

编号	工程或费用名称	初步设计		可研		初设－可研		变化原因
		数量	投资（万元）	数量	投资（万元）	数量	投资（万元）	
	第一部分：农村部分补偿费		69 957.5		68 874.03		1 083.47	
一	土地补偿费		56 040.8		55 111.29		929.51	
（一）	永久用地补偿及安置补助费	8 803.16	43 024.42	8 651	44 067.72	152.16	-1 043.29	永久用地面积增加 152.16 亩,原有渠道 3 728.55 亩未计社保费用
（二）	永久用地青苗补偿费		520.17		486.16		34.01	永久用地面积增加 152.16 亩
（三）	永久用地园（林）木补偿费		2 628.52		2 873.88		-245.36	地类调整
（四）	永久用地设施补偿费		413.07		409.79		3.28	
（五）	临时用地补偿费	5 498.9	6 282.83	4 522	5 021.12	976.9	1 261.71	临时用地面积增加 976.9 亩
（六）	临时用地复耕费		3 171.78		2 252.62		919.16	临时用地面积增加 976.9 亩,增加弃渣场覆植土投离堆放费
二	农村房屋及附属物补偿费	46 141.4	4 269.04	49 517.1	4 524.63	-3 375.7	-255.59	房屋面积减少 3 375.66 m²,附属设施、装修补助相应减少
三	居民点安置建设费		2 471.92		2 753.04		-281.12	远迁安置减少 14 人,分散安置减少 106 人
四	搬迁费	32 024.3	98.43	34 441.1	106.76	-2 416.8	-8.33	砖混、砖木房屋面积减少
五	临时住房补助		12.42		16.56		-4.14	搬迁居民户减少
六	副业设施设备补偿费		717.03		664.53		52.50	副业增加 8 家
七	过渡期生活补助		57.97		60.82		-2.85	耕园地面积减少

续表 4-17

编号	工程或费用名称	初步设计		可研		初设－可研		变化原因
		数量	投资(万元)	数量	投资(万元)	数量	投资(万元)	
八	小型水利电力设施补偿费		154.20		161.76		-7.56	耕园地面积减少
九	机井、坟墓及零星果木补偿费		5 046.34		4 437.5		608.84	土地面积增加 1 129.06 亩
十	用地影响补偿费		1 089.35		1 037.14		52.21	
	第二部分:单位补偿费		754.40		747.83		6.57	
	第三部分:专业项目补偿费		1 480.27		2 434.81		-954.54	本阶段采用专项权属单位报送投资经审核后计列
	第一至三部分合计		72 192.17		72 056.67		135.50	
	第四部分:其他费用		9 419.06		9 567.25		-148.19	基数变化,社保按 30%计列其他费
	第五部分:预备费		8 101.91		12 878.83		-4 776.92	基数变化,初设与可研的系数变化
	第六部分:有关税费		8 104.75		8 611.07		-506.32	基数变化,初设减去设施农用地按基本农田计算税费
	第七部分:管理机构用地		384		1 416		-1 032	管理机构用地减少 20 亩;可研包含渠首 1.5 亩,初设调整至渠首
	第八部分:施工期灌溉影响补偿		4 000		4 000		0	
	第九部分:静态总投资		102 201.9		108 529.82		-6 327.92	

引黄入冀补淀工程实施规划阶段补偿投资与初步设计批复投资相同，共计102 445.59万元。主要变化体现在农村部分补偿费减少769.40万元。土地补偿费增加653.56万元，原因是增加渠首滩地面积199.04亩以及永久征地地类调整，土地安置补偿费和社保费用增加35.08万元，青苗费减少86.23万元，园林木补偿费增加910.68万元，永久用地设施补偿费减少205.87万元。农村房屋面积增加3 354 m^2，初设计列毛寨村房屋为估算的占压面积，实施规划阶段为调查的全村影响房屋面积，复核后房屋结构有变化。房屋及附属物补偿费减少640.33万元，其中房屋补偿费增加111.95万元，附属设施补偿费增加48.61万元，其他设施补偿费减少800.89万元；居民安置点建设及安置补助费减少2 033.80万元，原因为初设批复的南湖村出村生活安置的500人（含占房人口），实施规划阶段经计算需出村387人（含占房人口98人）不出村调地，本项只计算了98人生活安置费用；增列南湖村生产安置费1 236.08万元，用于提高南湖村失地农民生产生活水平；机井、坟墓及零星树木补偿费减少1 771.75万元，主要原因为初设阶段沉沙池弃渣场临时用地位置未定，临时用地均按水浇地未详查，采用推算指标。实施阶段对临时用地详查，按实际地类，并对零星树木、坟墓、机井进行了详查，数量均有所减少；增列农村问题处理费1 645.48万元；专业项目补偿费增加648.74万元，与初设相比实施规划阶段按复核后的线路，专项权属单位报送投资概算采用新的技术规定，税金执行营改增2016年9号文，材料单价按照最新信息价计取，并经专家评审后计列投资。其中输变电线路增加212.47万元，通信线路增加130.14万元，管道增加277.01万元，军事线路增加29.12万元。各项对比及主要变化原因详见表4-18。

表4-18　初设阶段到实施规划阶段投资变化对比表

编号	工程或费用名称	实施	初设	实施 – 初设	变化原因
	第一部分:农村部分补偿费	71 103.73	71 873.13	– 769.40	
一	土地补偿费	58 348.89	57 695.33	653.56	
（一）	永久用地补偿及安置补助费	44 014.08	43 979	35.08	增加渠首滩地面积；永久征地地类调整 部分村庄调整区片价
（二）	永久用地青苗补偿费	455.32	541.65	– 86.33	
（三）	永久用地园(林)木补偿费	3 579.54	2 668.86	910.68	
（四）	永久用地设施补偿费	210.48	416.35	– 205.87	
（五）	临时用地补偿费	6 869.41	6 698.78	170.63	地类调整
（六）	临时用地复耕费	3 220.06	3 390.69	– 170.63	地类调整
二	农村房屋及附属设施补偿费	4 231.55	4 871.87	– 640.33	初设计列毛寨村房屋为估算的占压面积，本阶段为调查的全村房屋面积，复核后房屋结构有变化
（一）	房屋补偿费	3 110.46	2 998.51	111.95	

编号	工程或费用名称	实施	初设	实施－初设	变化原因
1	砖混房屋	1 362.22	1 405.12	－42.90	初设计列的毛寨村房屋为估算的占压面积,实施规划阶段为调查的全村房屋面积,复核后房屋结构有变化; 永久征地变化增加房屋面积
2	砖木房屋	1 243.74	1 148.1	95.64	
3	附属房	504.51	445.29	59.22	
(二)	附属设施补偿费	865.07	816.46	48.61	复核后增加附属设施

第三节 实施中几个问题的特别处理规划

一、工程建设影响处理

引黄入冀补淀工程永久征地范围多呈线性分布,将会对周边农田灌排造成一定程度的影响,可通过埋设管道、架设电力线路等措施予以解决。调查过程中发现,由于老渠道扩建或改线造成新老渠道中间夹角地带耕种困难;由于村组界的划分,渠道扩宽后造成少量飞地和死角地;占压少量田间小路需复建用地;恢复截断农田灌排等。实施阶段按初设批复投资计列边角地等影响处理费用,共计1 001.72万元。

临时用地同样会对周边农田灌排造成影响,可在临时用地外围铺设临时管道保证灌排。对交通的影响主要由工程专业通过架设桥梁予以解决,本专业通过规划连接路做辅助处理。通过典型调查分析临时用地按200元/亩计列影响处理费。工程现阶段按初设批复投资计列,共计117.88万元。

二、土地复垦方案的补充规划

(一)施工营地

由建设单位负责的工程步骤及技术措施包括:①划边定界,使用临时用地前,在用地范围边界设置能够直接辨认的标识,并负责在临时用地使用期间的损毁修复;②耕作层处理,考虑施工营地高程要求,可不对该处耕作层进行剥离,但建设单位应根据施工营地使用结束后对耕作层的破坏程度测算需补充的方量(确保恢复后不低于原耕作层厚度),备足耕作层土壤;③耕作层土壤存放,耕作层土壤应集中堆放,堆高一般不超过5 m,边坡控制在1:1.5左右;④建设单位负责耕作层土壤的管护,避免雨水冲刷流失和盗用,必要时采取适当保护措施,需采取装土编织袋挡坎等临时防护措施的,其费用计入水土保持专项投资;⑤迹地清理,施工营地使用结束后及时进行施工迹地清理,处理生活区生活垃圾和杂物,将生活区、办公、仓库、临时房屋和附属设施全部拆除,并清运所有道路、地坪、杂物及废弃物。在营地使用、迹地清理时要注意对占压范围内的机井采取保护措施,使其不受破坏,机井井口应妥善压盖,机井配套设施由产权所有者负责拆除、保管。

由土地复垦实施单位负责的工程步骤及技术措施包括:①耕作层恢复,根据对耕作层的破坏程度确定深翻厚度,即考虑补充后的耕作层总厚度不小于0.5 m(原耕作层厚度小于0.5 m的按实际厚度控制);②将备用的需补充的耕作层土壤摊铺、平整,恢复耕作层;③灌溉、排水、道路等设施恢复,按原标准并结合周边灌溉、排水、道路等设施布局,合理恢复;④地力恢复,通过增施化肥、农家肥等措施恢复地力。

（二）施工道路

由建设单位负责的工程步骤及技术措施包括:①划边定界,使用临时用地前,在用地范围边界设置能够直接辨认的标识,并负责在临时用地使用期间的损毁修复。②地表清理,将地面不适宜耕作的杂物(废弃建筑材料等)清理干净。③耕作层剥离,将耕作层剥离0.5 m(不足0.5 m的按实际厚度剥离),剥离过程中要避免不宜耕作的物质混入。若考虑施工道路高程要求,可不对该处耕作层进行剥离,但建设单位应根据施工道路使用结束后对耕作层的破坏程度测算需补充的方量(确保恢复后不低于原耕作层厚度),备足耕作层土壤。④耕作层土壤存放,耕作层土壤应集中堆放,堆高一般不超过5 m,边坡控制在1∶1.5左右。⑤建设单位负责耕作层土壤的管护,避免雨水冲刷流失和盗用,必要时采取适当保护措施,需采取装土编织袋挡坎等临时防护措施的,其费用计入水土保持专项投资。⑥迹地清理,施工道路使用结束后,将路面、路基等建筑垃圾清除并运走,恢复到使用前或耕作层剥离后地貌。

由土地复垦实施单位负责的工程步骤及技术措施包括:①耕作层恢复,将使用前推出堆放的耕作层土壤摊铺、平整;如果考虑高程要求未对耕作层进行剥离,则应根据对耕作层的破坏程度对耕作层进行深翻,考虑补充后的耕作层总厚度不小于0.5 m(原耕作层厚度小于0.5 m的按实际厚度控制),然后将备用的需补充的耕作层土壤摊铺、平整,恢复耕作层。②灌溉、排水、道路等设施恢复,按原标准并结合周边灌溉、排水、道路等设施布局,合理恢复。③地力恢复,通过增施化肥、农家肥等措施恢复地力。

（三）弃渣场

由建设单位负责的工程步骤及技术措施包括:①划边定界,使用临时用地前,在用地范围边界设置能够直接辨认的标识,并负责在临时用地使用期间的损毁修复;地表清理,将地面不适宜耕作的杂物(废弃建筑材料等)清理干净。②耕作层剥离,原则上将耕作层剥离0.5 m(不足0.5 m的按实际厚度剥离),剥离过程中要避免不宜耕作的物质混入。不具备耕作层剥离条件或剥离厚度不足的,可采取其他方法备足耕作层土壤,并保证耕作层土壤质量,确保满足复耕对质与量的要求。③耕作层土壤存放,耕作层土壤应集中堆放,堆高一般不超过5 m,边坡控制在1∶1.5左右。④建设单位负责耕作层土壤的管护,避免雨水冲刷流失和盗用,必要时采取适当保护措施,需采取装土编织袋挡坎等临时防护措施的,其费用计入水土保持专项投资。⑤弃土(渣),按规划控制弃土高度,分两层弃土(渣),下层:将大颗粒放在下面。弃料为石渣的,用不小于18 t的振动压路机碾压4遍;弃料为土料的,用不小于160马力的履带推土机碾压4遍。分层厚度不大于2 m。该层作为找平控制层,表面距复垦后地面1.0 m。上层:要求土质为适宜种植或与原土质相当的土料,若弃料中无此类土料,则利用原耕作层下层土料上翻(耕作层剥离后取该层土料,集中堆放时不得与耕作层土料混杂),该层作为防渗、保水、保肥层,控制该层厚度保证压实后0.5 m,建设单位不碾压。⑥边坡处理,按水土保持提出的要求,弃土(渣)边坡按1:2进行削坡处理。

由土地复垦实施单位负责的工程步骤及技术措施包括:①防渗、保水、保肥层碾压,采用12~15 t振动压路机进行压实,作为防渗、保水、保肥层。②耕作层恢复,将使用前推出堆放的耕作层土壤摊铺、平整,恢复耕作层。③灌溉、排水、道路等设施恢复,按原标准并结合周边灌溉、排水、道路等设施布局,合理恢复。④地力恢复,通过增施化肥、农家肥等措施恢复地力。

(四)临时堆土场

由建设单位负责的工程步骤及技术措施包括:①划边定界,使用临时用地前,在用地范围边界设置能够直接辨认的标识,并负责在临时用地使用期间的损毁修复。②地表清理,将地面不适宜耕作的杂物(废弃建筑材料等)清理干净。③耕作层剥离,将耕作层剥离0.5 m(不足0.5 m的按实际厚度剥离),剥离过程中要避免不宜耕作的物质混入。如不剥离可在使用前采取铺设塑料薄膜等措施,避免在堆土运走后进行施工迹地清理时对耕作层造成破坏,如果造成破坏建设单位应根据破坏程度测算需补充的方量(确保恢复后不低于原耕作层厚度),备足耕作层土壤。④耕作层土壤存放,耕作层剥离后集中堆放,堆高一般不超过5 m,边坡控制在1:1.5左右。⑤建设单位负责耕作层土壤的管护,避免雨水冲刷流失和盗用,必要时采取适当保护措施,需采取装土编织袋挡坎等临时防护措施的,其费用计入水土保持专项投资。⑥迹地清理,堆土运走后及时进行施工迹地清理。耕作层剥离、堆土及迹地清理时要避免损坏占压范围内的所有水利设施,机井井口应妥善压盖,机井配套设施由产权所有者负责拆除、保管。

由复垦实施单位负责的工程步骤及技术措施包括:①耕作层恢复,将使用前推出堆放的耕作层土壤摊铺、平整。②耕作层剥离,如果使用前未对耕作层进行剥离,则应根据对耕作层的破坏程度对耕作层进行深翻,考虑补充后的耕作层总厚度不小于0.5 m或原耕作层厚度,然后将备用的需补充的耕作层土壤摊铺、平整,恢复耕作层。③道路恢复,按原标准并结合周边道路布局,合理恢复。④地力恢复,通过增施化肥、农家肥等措施恢复地力。⑤开挖导流明渠,按工程设计要求开挖导流渠,将挖出的土料集中堆放在附近总干渠永久征地范围内,堆高一般不超过5 m,边坡控制在1:1.5左右,采取适当保护措施防止水土流失。需采取装土编织袋挡坎等临时防护措施的,其费用计入水土保持专项投资。⑥明渠回填,使用结束后,将挖出集中堆放的土料按工程土方回填设计要求进行回填、压实,根据剥离的耕作层厚度确定回填高程。

由土地复垦实施单位负责的工程步骤及技术措施包括:①耕作层恢复,将使用前推出堆放的耕作层土壤摊铺、平整,恢复耕作层。②灌溉、排水、道路等设施恢复,按原标准并结合周边灌溉、排水、道路等设施布局,合理恢复。③地力恢复,通过增施化肥、农家肥等措施恢复地力。

三、专业项目处理的补充规划

(一)处理原则

专业项目的处理方案应符合国家有关政策规定,遵循技术可行、经济合理的原则。专业项目的恢复改建,应根据其特点、受影响的程度,结合专业项目的规划布局,提出恢复、改建、一次性补偿等处理方式。对确定恢复、改建的专业项目,应按原规模、原标准或者恢复原功能的原则进行规划设计,因扩大规模、提高标准(等级)或改变功能所需增加的投资,不列入建设征迁安置补偿投资概算。

(二)专项设施安全保护

为加强引黄入冀补淀工程施工的安全管理,贯彻"安全第一、预防为主、综合治理"安全生产方针,确保工程施工期间专项设施迁建和保护工作的顺利进行,根据国家相关法律规定,经濮阳市引黄入冀补淀工程建设指挥部办公室与河北省引黄入冀补淀工程管理局河南工程建设部协商,就工程用地范围内涉及的专项设施迁建和保护工作达成一致意见,签订《濮阳市引黄入冀补淀工程专项设施安全保护协议书》(协议编号:2016008 号),主要内容包括专项设施、甲方(濮阳市引黄入冀补淀工程建设指挥部)的权利与义务、乙方(河北省引黄入冀补淀工程管理局河南工程建设部)的权利与义务。

专项设施是指电力、通信、管道、军事、文物等设施。濮阳市引黄入冀补淀工程用地范围内涉及的专项设施共 231 处,其中输变电线路及合区 88 处,通信设施 114 处,各类管道 22 处,军事设施 2 处,文物 5 处。

甲方(濮阳市引黄入冀补淀工程建设指挥部)的权利与义务包括甲方应认真贯彻执行国家安全生产法律、法规;负责告知乙方工程用地范围内涉及的专项设施的位置桩号、类别属性、产权单位及联系方式等情况;负责协调乙方与产权单位的工作关系;负责备案乙方与施工单位、工程监理单位签订的专项设施迁建和保护安全生产协议书。

乙方(河北省引黄入冀补淀工程管理局河南工程建设部)的权利与义务包括乙方在工程施工期间专项设施安全保护工作的责任人;负责通知施工单位和工程监理单位工程用地范围内涉及的专项设施的位置桩号、类别属性、产权单位及联系方式等情况;负责与施工单位、工程监理单位分别签订专项设施迁建和保护安全生产协议书;负责协调施工单位、工程监理单位与产权单位的工作关系。

电力迁建保护在具体实施过程中,根据《大中型水利水电工程建设征地补偿和移民安置条例》以及《引黄入冀补淀工程(河南段)征迁安置实施规划》相关条款规定,在对专项权属单位进行详细调查,并征求其处理意见的基础上,由濮阳市引黄入冀补淀工程建设指挥部与单位签订专项迁建保护协议书。相关电力设施的迁建保护,与国网河南省电力公司濮阳县供电公司签订电力迁建保护项目协议书,主要内容包括:①迁建保护项目,国家电网河南省电力公司濮阳县供电公司权属的位于工程用地内的电力线路设施迁建保护项目具体有电力线路设施迁建保护项目 47 处,第一批迁建保护 32 处;②迁建保护方式,项目处理措施是迁建保护,根据设施性质确定迁建保护方式,迁建保护实行任务、责任和资金包干,产权单位负责实施,原则是原规模、原标准和恢复原功能;③迁建保护工期,乙方(国家电网河南省电力公司濮阳县供电公司)应于2016年10月31日前完成32处电力线路设施迁建任务。根据甲方(濮阳市引黄入冀补淀工程建设指挥部)施工进度,依次实施,逐处完成,满足工程要求,达到验收标准。其中,甲方权利与义务包括负责审定乙方的实施方案,负责检查督导乙方的实施管理,参与乙方完成项目的竣工验收,负责按期拨付给乙方工程款;乙方权利与义务包括负责制订项目迁建实施方案,并报甲方审定;负责迁建项目的施工管理;接受甲方和监理的检查指导,搞好竣工验收;确保按期完成迁建项目,标准应满足甲方施工要求;提供合格票据,做到专款专用,确保资金安全。

电信专业迁建保护方面,相关通信设施由濮阳市引黄入冀补淀工程建设指挥部办公室(甲方)与中国电信集团公司河南省濮阳市电信分公司(乙方)签订迁建保护协议书。其主要内容包括:①迁建保护项目,中国电信集团公司河南省濮阳市电信分公司权属的位于工程用地的电信通信设施迁建保护项目,具体项目有电信通信架空光缆设施迁建保护项目28处,第一批迁建保护23处;②迁建保护方式,项目处理措施是迁建保护,根据设施性质确定迁建保护方式,迁建保护实行任务、责任和资金包干,产权单位负责实施,原则是原规模、原标准和恢复原功能;③协议金额及支付方式,根据河南省水利勘测设计研究有限公司提供的引黄设移〔2016〕65号《关于濮阳市电信公司通信线路复建方案及投资概算的审核意见》,经濮阳市电信公司、河北建管局、施工单位、设计、监理共同对引黄入冀补淀工程占压的电信公司线路进行了实施阶段的现场查勘,确定方案。濮阳市电信公司根据确定方案编制了实施方案和概算书,经审核后,确定第一批清单计列电信公司23处线路,总投资113.7504万元;迁建保护工期,乙方应于2016年8月10日前完成第一批23处电信设施迁建任务,根据甲方施工进度,依次实施,逐处完成,达到验收标准。其中,甲方(濮阳市引黄入冀补淀工程建设指挥部办公室)权利和义务包括负责审定乙方的实施方案,负责检查督导乙方的施工管理,参与乙方完成项目的竣工验收,负责按期拨付给乙方工程款。乙方(中国电信集团公司河南省濮阳市电信分公司)权利与义务包括负责制订项目迁建实施方案,并报甲方审定,负责迁建项目的施工管理,接受甲方和监理的检查指导,搞好竣工验收,确保按期完成迁建项目,标准应满足甲方施工要求,提供合格票据,做到专款专用,确保资金安全。

军事设施迁建保护方面,相关军事设施的迁建保护由濮阳市引黄入冀补淀工程建设指挥部办公室(甲方)与濮阳城网建设有限公司(乙方)签订协议书,在征得人民解放军某部队同意,经甲乙双方协商,就位于工程用地内的中国人民解放军某部队权属的军事设施迁建保护项目达成协议。国防光缆迁改方面,涉及国防光缆的迁改,由濮阳市引黄入冀补淀工程建设指挥部办公室(乙方)与权属单位中国解放军某部队(甲方)签订迁改协议。

乙方在濮阳市濮阳县海通乡王月城村实施引黄入冀补淀工程,拟在现有地面开挖渠道,与甲方维护的国防光缆存在交越,严重影响了光缆线路的安全。经双方协调,为了确保部队指挥畅通,甲乙双方本着公平合理、协商一致的原则,达成以下协议:国防光缆的迁改施工由乙方负责组织完成,甲方派人员负责现场监工、验收,验收工地合格后请示上级适时组织光缆割接,确保工程质量符合光缆线路建设技术指标要求;施工单位在负责光缆迁改施工过程中,如发生任何问题与甲方无关;未经甲方同意严禁私自施工动土;在未完成光缆线路迁改前,乙方及各点位施工人员不得在光缆线路附近作业、取土;乙方承担国防光缆线路的迁改施工及通信阻断全部费用;乙方负责督导组织迁改施工的单位做好相关保密工作,不得以任何理由泄露路由和相关信息,并在验收完成后向甲方提交竣工资料;乙方此次迁改完成后的新路由、光缆及其附属设施产权归甲方所有;甲乙双方要共同确保光缆线路能够顺利改迁,且双方有责任确保光缆线路的安全及畅通;如遇其他问题,双方应共同协商解决。

在迁改实施方面,乙方在协议签署后5个工作日内向甲方支付全部光缆线路迁改费用。甲方在收到乙方费用后,乙方可安排有相关资质的施工单位进行光缆迁改,甲方负责监工、验收,在验收合格后请示上级适时进行线路割接。

在双方职责方面,乙方按照协议规定及时支付迁改阻断全部费用,并按时限支付施工单位的相关费用,避免因工费问题给甲方造成负面影响和损失;乙方在施工前要制订出周密的保护光缆线路的方案,在光缆附近施工时,要通知甲方,得到甲方认可后方可进行施工,施工全程甲方人员在现场进行监工,确保光缆安全;由乙方施工造成的甲方国防通信光(电)缆线路发生阻断,产生的一切损失及法律责任由乙方承担;乙方施工工程中有可能危及甲方光缆安全时,应立即停工,经甲方确认无风险后,才可以继续施工;在施工过程中,如遇有重大通信保障任务,甲方以电话或书面形成通知乙方,乙方应立即停工,并及时协助甲方对通信光缆进行看护。

文物保护协议书有引黄入冀补淀工程建设指挥部办公室与河南省文物考古研究院签订,就保护建设区域内地下文物安全工作达成相关协议。

第四节　规划变更

一、征迁设计变更处理范畴

征迁安置变更范畴是指在征迁安置实施过程中,对审定批准的《实施规划》设计文件范围以内做出的修改及《实施规划》范围外增加的内容。一般设计变更是指重大变更以外的变更,重大设计变更是指涉及征迁资金金额在50万元以上或水利征迁资金进行工程建设的项目。

二、征迁设计变更处理原则

征迁设计变更处理原则包括依法依规、实事求是、公平公正;变更的提出实行"谁主张谁提出"的原则;变更设计技术可行,安全可靠,经济合理;变更有利于工程征迁安置工作的实施;并不对后续征迁安置产生不良影响。

三、征迁设计变更各方职责

(一)市指挥部
市指挥部职责包括组织召开征迁工作联席会议,组织现场查勘复核,变更单签署变更意见,对县(区)正式下发资金拨付文件及设计补偿清单。

(二)县区指挥部

县(区)指挥部职责包括对变更问题进行初审,提交变更申请报告;参加征迁工作联席会议;参加现场查勘复核工作,对调查结果签字认可;配合市办组织各乡(镇),村干部参加现场勘查复核工作;对设代出具的初步清单进行核查;填写变更单变更内容,核对并签署县指挥部变更意见;对下发补偿清单进行分解,组织各乡、村开展公示兑付工作。

(三)监督评估部

监督评估部职责包括参加征迁工作联席会议;参加现场查勘复核工作;依据县(区)报告、现场调查表、会议纪要,审查设代提出的补偿清单并出具监督评估部审查意见;组织县(区)、设计填写变更单,收到设计正式补偿清单后,签署监督评估单位变更意见;监督各乡(镇)补偿资金公示及兑付情况。

(四)征迁设代

征迁设代职责包括参加征迁工作联席会议;参加现场查勘复核工作,对实物量进行测量统计,出具现场调查表;对变更单内容进行量价核算,签署设计单位变更意见;依据会议纪要,监督评估部审查意见和县(区)反馈意见,出具正式补偿清单给有关单位。

四、征迁设计变更处理程序

(一)一般设计变更处理程序

县(区)根据实物权属者提供的材料向市指挥部提出变更书面申请,县(区)组织乡、村、设代、监理、施工方等对变更情况进行现场查勘,形成初步处理意见;市指挥部组织召开联席会议,确定处理意见,再由县(区)组织乡、村、设代、监理、施工方等进行现场详细核查,参加各方签字确认;设计单位依据核查结果出具初步补偿清单给权属单位和监督单位,权属单位对清单进行对比核实,监督单位对清单进行审查确认;权属和监督单位核实和审查无误后,设计单位根据各方意见,对初步补偿清单修改后出具补偿清单;监督单位组织市、县(区)、设计单位根据补偿清单填写变更单,并组织有关单位签字确认,市办收到设计正式补偿清单和变更单后下拨资金,各县(区)、乡(镇)对补偿资金进行公示兑付,监督评估单位现场监督。一般性征迁变更处理流程图见图4-1。

(二)重大设计变更处理程序

对于县(区)在查勘核实过程中发现的重大问题,由县(区)指挥部或实施单位以文件形式向市级指挥部提出变更申请,各方对现场踏勘,由市指挥部组织县(区)指挥部、项目部、征迁设计和监督评估等单位召开征迁工作专题会议。对提出的问题形成定性处理意见,设计单位根据处理意见提出设计方案,市指挥部组织专家召开评审会议,形成变更处理意见,按照征迁程序补偿拨付。重大性征迁变更处理流程图见图4-2。

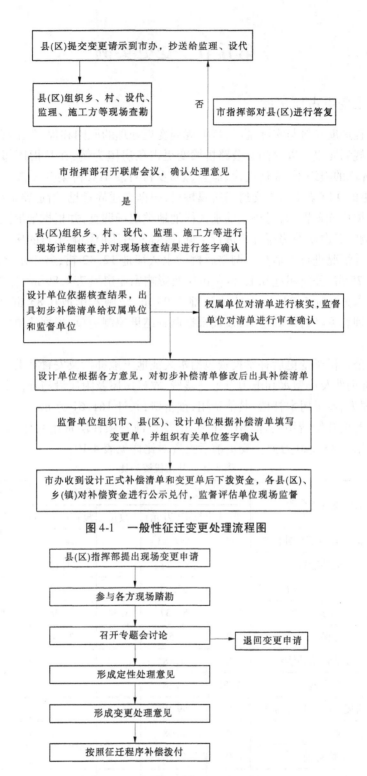

图 4-1　一般性征迁变更处理流程图

图 4-2　重大性征迁变更处理流程图

第五节 变更实例

一、桥梁变更占压房屋

根据工程进度安排与实际情况,依据规划变更处理的原则和程序,工程实施过程中完成了多次的规划变更。以濮阳县公路桥梁变更占压房屋为例,在县指挥部提出变更申请后,在市指挥部的组织下,征迁设代、监理、县、乡村对濮阳县桥梁变更占压房屋进行了调查,此次变更的4座梁桥均为交通局所属桥梁,根据交通局意见,沿道路轴线布置,调整桥梁宽度。根据桥梁布置图,对桥梁的永久征地地类现场调查,并根据地形图计算各地类面积,对桥梁调整后占压的房屋分户进行了调查,对未占压但影响出行的房屋根据平面图并结合现场实际情况进行了估算。调整后桥梁永久征地 12.42 亩,其中水浇地 9.52 亩、设施农用地 2.75 亩、公路用地 0.15 亩。占压及影响副业房屋 734.89 m^2,零星树木 106 棵。调整前桥梁永久征地 5.34 亩,其中水浇地 3.95 亩、设施农用地 0.83 亩、公路用地 0.56 亩。变更处理意见经讨论确定后,设代根据调查结果编制清单,根据清单内容并按照征迁程序补偿拨付。

濮阳县公路桥梁变更后补偿投资包括永久征地土地补偿及安置补助费、社保费、青苗费、过渡期补助费及小型水利电力设施补偿费、农村房屋及附属设施补偿费、搬迁费、装修补助、停产损失、零星树木补偿、其他费用、预备费,共计 161.61 万元。

变更后各项补偿费用共计 161.61 万元,变更前各项补偿费用共计 29.41 万元,变更后比变更前增加 132.20 万元。变更前后投资对比详见表4-19。

表 4-19 补偿投资对比

编号	工程或费用名称	变更后		变更前		变更后－变更前	
		数量	投资(万元)	数量	投资(万元)	数量	投资(万元)
	第一部分:农村部分补偿费	0	137.83		24.41		113.42
一	土地补偿费	0	64.11		24.12		39.99
(一)	永久征地补偿安置及社保费		62.93		24.12		38.81
1	永久用土地安置费	12.42	57.37	5.34	21.98	7.08	35.39
2	社保费	0	5.55		2.14		3.42
(二)	永久征地青苗补偿费	0	1.18				1.18
1	水浇地	9.52	1.18				1.18
二	农村房屋及附属物补偿费	0	59.95				59.95
三	搬迁费	0	2.08				2.08
四	装修补助	0	2.58				2.58
五	停产损失		7.43				7.43

编号	工程或费用名称	变更后		变更前		变更后 – 变更前	
		数量	投资(万元)	数量	投资(万元)	数量	投资(万元)
六	过渡期生活补助	9.52	0.19	3.95	0.08		0.11
七	小型水利电力设施补偿费	9.52	0.51	3.95	0.21		0.30
八	机井、坟墓及零星果木补偿费		0.98				0.98
	第二部分:其他费用		18.11		3.10		15.02
一	前期工作费		2.68		0.46		2.22
二	勘测设计科研费		4.69		0.80		3.89
三	实施管理费		6.96		1.19		5.77
1	地方政府实施管理费		5.36		0.92		4.44
2	建设单位实施管理费		1.61		0.28		1.33
四	实施机构开办费		0.70		0.12		0.58
五	技术培训费		0.67		0.11		0.56
六	监督评估费		2.41		0.41		2.00
	第三部分:预备费		5.67		1.91		3.77
	第四部分:静态总投资		161.61		29.41		132.20

二、南湖村安置变更

南湖村位于渠村乡政府所在地西侧,与渠村集市融为一体。全村共有 23 个村民小组,936 户,4 297 人,耕地 3 975 亩,群众收入以外出务工和农业收入为主。引黄入冀补淀工程的实施,共占用南湖村土地 3 250 亩。涉及群众庄基 31 户、副业 6 户,土地占地 225 亩,涉及人口 127 人。

在引黄入冀补淀工程的可行性研究阶段和初步设计阶段,对工程影响的农村人口生产安置全部采取有土安置的方式。通过有土生产安置人口采取调剂一定数量的土地,辅以切实可行的生产发展措施进行安置。由于南湖村人均耕地面积不足,难以通过本村组调地来实现有土安置,拟定南湖村生产用地从牛寨村调整。由于南湖村工程影响人口多为非农就业,农用地多由亲戚邻居耕种,更希望获得土地补偿款。从事农业耕种的影响人口也不愿出村,认为调地后对自身生产生活带来不便。这一方案并没有得到南湖村村民的认同。

实施规划阶段根据村民代表大会商议及县政府意见,并出具《关于引黄入冀补淀工程濮阳县段建设征地拆迁实物成果及安置方案认定意见的报告》(濮政文〔2016〕220号),也不再调整土地安置。按征地区片价对征收的南湖村的土地进行补偿。由于土地区片价格的实施,南湖村所在的渠村乡土地征用价格比邻近乡镇低 5 000 元,部分群众对此政策不理解、不支持,多次出现集体阻工和集体上访事件。渠村乡政府和征迁工作组人员一方面开展群众工作、广泛宣传征迁政策,力图化解矛盾;另一方面则探索解决南湖村生产安置问题的思路,并将南湖村的情况和困境上报。经县指挥部商议结合南湖村村民的意见诉求,濮阳县引黄入冀补淀工程指挥部报送《关于渠村乡南湖村生产安置方案的报告》(濮县引指〔2016〕5 号)文,提出:沉沙池等占压该村永久占地 1 108.7 亩,临时占地 1 874 亩,造成该村 500 余农民失去土地,生产无法保障。根据目前的实际情况,南湖村群众一致同意在南湖村建设一座现代化标准的厂房,采取农民入股的形式,以解决失地农民就业及生活保障问题,建议该方案列入《引黄入冀补淀工程(河南段)征迁安置实施规划报告》。

　　实施规划阶段南湖村放弃调地安置,有部分农民失去土地,仅得土地补偿款,后续生产水平可能下降。可利用土地补偿款和房屋搬迁补偿费,走开发性搬迁安置道路,积极发展高效农业和第二、三产业,妥善安排农村劳动力,有效增加移民工资性、经营性和财产性收入,保证安置后生产生活水平不下降。在这一思路的基础上,乡政府提出建砖窑厂解决生产安置问题,利用引黄入冀补淀项目的泥沙烧砖,因为南湖受影响的农户家园没被占,只是农用地被占,不从事农业生产可以去窑厂工作来替代,这样既消耗了引黄入冀补淀工程的泥沙,又解决了搬迁户不愿搬迁,就地进行生产安置的问题。乡政府拿出 1 200 万的生产安置的方案,通过程序上报到市指挥部报批,但这一生产安置方案最后经专家评审否决了。这是因为生产安置不能变相的进行项目投资。失去土地的农民没拿到地钱,进入工厂,建窑厂不能保证效益会一直好,若工厂倒闭,这几十户失地农民就失去生计来源。所以,还需坚持农业安置(有地安置)。但现实情况是环境容量不满足,搬迁户也不想离开村。目前,南湖村的生产安置资金 1 200 万元至今还在市办账户上,县乡对资金的使用方案和对生产安置的解决方案还在协商中。

参 考 文 献

[1] 李相朝.一泓清水雄安去,千里长渠始濮阳[J].濮阳论坛,2017.3:3-7.

第五章　征迁安置资金筹集及管理

濮阳市引黄入冀补淀工程征迁居民生产、生活安置和基本建设专项资金,是征迁安置区经济良性循环、社会稳定发展的基础和条件。征迁安置资金筹集、使用和管理是关系到征迁安置顺利进行的关键。本章从征迁资金概算、资金拨付与管理、征迁资金的使用情况等方面梳理和总结濮阳市引黄入冀补淀工程征迁安置资金筹集与管理。

第一节　资金概算

按照国家发展和改革委员会批复,引黄入冀补淀工程总投资42.4亿元,其中河南濮阳段22.7亿元,河北段投资19.7亿元,由国家和河北省共同投资兴建(国家投资55%,河北省投资45%)。根据初步设计批复文件和河北水务集团与濮阳市引黄入冀补淀工程建设指挥部签订的委托协议(见附录一),引黄入冀补淀工程濮阳市建设征地拆迁安置批复投资共102 445.59万元。截至2017年12月31日,河北水务集团拨付至濮阳市引黄入冀补淀工程建设指挥部征迁资金100 709.28万元,包含临时用地耕地占用税3 846.28万元。拨付征迁协议内资金96 863万元。

一、投资概算内容

根据《水利部关于发布〈水利工程设计概(估)算编制规定〉的通知》(水总〔2014〕429号)的规定以及相关法规政策的要求,征迁安置补偿投资概算应包括农村部分、城集镇部分、工业企业、专业项目、防护工程、库底清理、其他费用以及预备费和有关税费。根据具体工程情况可分别设置一级、二级、三级、四级、五级项目。

(一)农村部分

农村部分包括征地补偿补助,房屋及附属建筑物补偿,居民点新址征地及基础设施建设,农副业设施补偿,小型水利水电设施补偿,农村工商企业补偿,文化、教育、医疗卫生等单位迁建补偿,搬迁补助,其他补偿补助,过渡期补助等。

征地补偿补助包括征收土地补偿和安置补助、征用土地补偿、林园地林木补偿、征用土地复垦、耕地青苗补偿等。房屋及附属建筑物补偿包括房屋补偿、房屋装修补助、附属建筑物补偿;居民点新址征地及基础设施建设补偿包括新址征地补偿和基础设施建设。新址征地补偿应包括征收土地补偿和安置补助、青苗补偿、地上附着物补偿等。基础设施建设包括场地平整和新址防护、居民点内道路、供水、排水、供电、电信、广播电视等。农副业设施补偿包括行政村、村民小组或农民家庭兴办厂房、作坊等,如榨油坊、砖瓦窑、采石场、米面加工厂、农机具维修厂、酒坊、豆腐坊等项目。小型水利水电设施补偿包括水库、山塘、饮水坝、机井、渠道、水轮泵站和抽水机站,以及配套的输电线路等项目。农村工商企业补偿包括房屋及附属建筑物、搬迁补助、生产设施、生产设备、停产损失、零星林(果)

木等项目。文化、教育、医疗卫生等单位迁建补偿包括房屋及附属建筑物、搬迁补助、设备、设施、学校和医疗卫生单位增容补助、零星林(果)木等项目。搬迁补助包括移民及其个人或集体的物资,在搬迁时的车船运输、途中食宿、物资搬迁运输、搬迁保险、物资损失补助、误工补助和临时住房补贴等。其他补偿补助包括移民个人所有的零星树木(果)木补偿、鱼塘设施补偿、坟墓补偿、贫困移民建房补助等。过渡期补助包括移民生产生活恢复期间的补助。

(二)城(集)镇部分

城(集)镇部分应包括房屋及附属建筑物补偿、新址征地及基础设施建设、搬迁补助、工商企业补偿、机关事业单位迁建补偿、其他补偿补助等。

房屋及附属建筑物补偿包括移民个人的房屋补偿、房屋装修补助、附属建筑物补偿等项目。新址征地及基础设施建设包括新址征地补偿和基础设施建设。新址征地补偿包括土地补偿补助、房屋及附属建筑物补偿、农副业设施补偿、小型水利水电设施补偿、搬迁补助、过渡期补助、其他补偿补助等项目。搬迁补助包括搬迁时的车船运输、途中食宿、物资搬运、搬迁保险、物资损失补助、误工补助和临时住房补贴等。工商企业补偿包括房屋及附属建筑物补偿、搬迁补助、设施补偿、设备搬迁补偿、停产(业)损失、零星林(果)木补偿等。机关事业单位迁建补偿包括房屋及附属建筑物补偿、搬迁补助、设施补偿、设备搬迁补偿、零星林(果)木补偿等。其他补偿补助包括移民个人所有的零星林(果)木补偿、贫困移民建房补助等。

(三)工业企业

工业企业迁建补偿包括用地补偿和场地平整、房屋及附属建筑物补偿、基础设施和生产设施补偿、设备搬迁补偿、搬迁补助、停产损失、零星林(果)木补偿等。

用地补偿和场地平整包括用地补偿补助、场地平整费等。房屋及附属建筑物补偿包括办公及生活用房、附属建筑物、生产用房等。基础设施包括供水、排水、供电、电信、照明、广播电视、各种道路以及绿化设施等项目;生产设施包括各种井巷工程及池、窑、炉座、机座、烟囱等项目。设备搬迁补偿包括不可搬迁设备补偿和可搬迁设备搬迁运输。搬迁补助包括人员搬迁和流动资产搬迁等。停产损失包括职工工资、福利费、管理费、利润等。

(四)专业项目

专业项目恢复改建补偿包括铁路工程、公路工程、库周交通工程、航运工程、输变电工程、电信工程、广播电视工程、水利水电工程、国有农(林、牧、渔)场、文物古迹和其他项目等。

铁路工程改(复)建包括站场、线路和其他等。公路工程改(复)建包括等级公路、桥梁、汽渡等。库周交通工程包括机耕路、人行道、人行渡口、农村码头等。航运工程包括港口、码头、航道设施等。输变电工程改(复)建包括输变电线路和变电设施。电信工程改(复)建包括线路、基站及附属设施。广播电视工程改(复)建包括有线广播、有线电视线路,接收站(塔)、转播站(塔)等设施设备。水利水电工程包括水电站、泵站、水库、渠(管)道等。国有农(林、牧、渔)场补偿包括征地补偿补助、房屋及附属建筑物补偿、居民点新址征地及基础设施建设、农副业设施、小型水利水电设施、搬迁补助、其他补偿补助等。文物古迹包括地面文物和地下文物。其他项目包括水文站、气象站、军事设施、测量设施及标志等。

（五）防护工程

防护工程包括建筑工程、机电设备及安装工程、金属结构设备及安装工程、临时工程、独立费用和基本预备费。

建筑工程包括主体建筑、交通、房屋建筑、外部供电线路、其他建筑等。机电设备及安装工程包括泵站设备及安装、公用设备及安装等。金属结构设备及安装工程包括闸门、启闭机、压力钢管、其他金属结构等。临时工程包括施工导流、施工交通、施工场地供电、施工房屋建筑和其他施工临时工程。独立费用包括建设管理费、生产准备费、科研勘测设计费、建设及施工场地征用费和其他。基本预备费包括防护工程中不可预见的费用。

（六）库底清理

库底清理包括建（构）筑物清理、林木清理、易漂浮物清理、卫生清理、固体废物清理等。

建（构）筑物清理包括建筑物和构筑物清理。林木清理包括林地砍伐清理、园地清理、迹地清理和零星树木清理。易漂浮物清理包括建（构）筑物清理后废弃的木质门窗、木檩椽、木质杆材、油毡、塑料等清理和林木砍伐后残余的枝丫、枯木及田间、农舍旁堆置的秸秆清理等。卫生清理包括一般污染源清理、传染性污染源清理、生物类污染源清理和检测工作等。固体废物清理包括生活垃圾清理、工业固体废物清理、危险废物清理和检测工作等。

（七）其他费用

其他费用包括前期工作费、综合勘测设计科研费、实施管理费、实施机构开办费、技术培训费、监督评估费等费用。

前期工作费是指在水利水电工程项目建议书阶段和可行性研究报告阶段开展建设征地安置前期工作所发生的各种费用，主要包括前期勘测设计、移民安置规划大纲编制、移民安置规划配合工作所发生的费用。综合勘测设计科研费是指为初步设计和技施设计阶段征地移民设计工作所需要的综合勘测设计科研费用，主要包括两阶段设计单位承担的实物复核，农村、城集镇、工业企业及专业项目处理综合勘测规划设计发生的费用和地方政府必要的配合费用。实施管理费包括地方政府实施管理费和建设单位实施管理费。实施机构开办费是指征地移民实施机构为开展工作所必须购置的办公及生活设施、交通工具等，以及其他用于开办工作的费用。技术培训费是指用于农村移民生产技能、移民干部管理水平的培训所发生的费用。监督评估费包括实施移民监督评估所需费用。

（八）预备费

预备费包括基本预备费和价差预备费两项费用。

基本预备费主要是指在建设征地移民安置设计及补偿费用概（估）算内难以预料的项目费用。费用内容包括经批准的设计变更增加的费用，一般自然灾害造成的损失、预防自然灾害所采取的措施费用，以及其他难以预料的项目费用。价差预备费是指建设项目在建设期间，由于人工工资、材料和设备价格上涨以及费用标准调整而增加的投资。

（九）有关税费

有关税费包括耕地占用税、耕地开垦费、森林植被恢复费、草原植被恢复费等。

耕地占用税是指根据《中华人民共和国耕地占用税暂行条例》，按各省（自治区、直辖市)的有关规定,对占用种植农作物的土地从事非农业建设需交纳的耕地占用税。耕地开垦费是指根据《中华人民共和国土地管理法》的规定,按照"占多少、垦多少"的原则,由占用耕地的单位负责开垦与所占耕地的数量和质量相当的耕地,对没条件开垦或开垦不符合要求的,应当按照各省(自治区、直辖市)的有关规定缴纳耕地开垦费。森林植被恢复费是指根据《中华人民共和国森林法》第十八条规定,进行工程勘察、开采矿藏和各项工程建设,应当不占或少占林地,必须占用或者征收林地的,用地单位应依照有关规定缴纳森林植被恢复费。草原植被恢复费是指根据《中华人民共和国草原法》第三十九条规定,因工程建设征收、征用或者使用草原的,应当缴纳草原植被恢复费。

与此相应,引黄入冀补淀工程征迁安置的资金概算,根据工程实际情况,其主要内容包括以下几方面:

(1)农村部分补偿费。包括土地补偿费、房屋及附属物补偿费、搬迁费、临时住房补助、副业设施设备补偿费、过渡期生活补助费、小型水利水电设备补偿费、机井坟墓及零星果木补偿费、用地影响补偿费。

土地补偿费主要包括永久用地补偿费、永久用地青苗补偿费、永久用地园(林)木补偿费、永久用地设施补偿费;临时用地补偿费、临时用地复垦费。

(2)单位补偿费。包括房屋及附属物补偿费、场地平整费、基础设施费、设备设施搬迁费。

(3)专业项目补偿费。包括输电线路迁建投资、通信线路迁建投资、军事光缆迁建投资、管道迁建投资和文物保护发掘费。

(4)其他费用。包括前期工作费、勘察设计科研费、实施管理费、实施机构开办费、技术培训费、监督评估费、咨询服务费。

(5)预备费。包括基本预备费。

(6)有关税费。包括耕地占用税、耕地开垦费、森林植被恢复费。

(7)管理机构用地费用。包括管理所用地费用、管理段用地费用。

(8)施工期灌溉影响补偿费。

二、资金概算编制依据

濮阳市引黄入冀补淀工程资金概算编制的政策依据既有国家法律法规,也有省市的政策规范。主要依据有以下几个方面。

国家、部委层面:《中华人民共和国耕地占用税暂行条例》(国务院令 511 号,2007 年12 月);《中华人民共和国耕地占用税暂行条例实施细则》(2008 年 2 月 26 日);《关于加大改革创新力度加快农业现代化建设的若干意见》(2015 年中央一号文件);《水利工程设计概(估)算编制规定(建设征地居民补偿)》(水利部 2015 年 2 月);国家发展和改革委员会《引黄入冀补淀工程可行性研究报告》批复(发改农经〔2015〕1785 号)(2015 年 7月);《水利部关于引黄入冀补淀工程初步设计报告的批复》(水规计〔2015〕370 号)。

省、市级层面:《河南省〈耕地占用税暂行条例〉实施办法》(〔2009〕124 号令);《河南省人民政府关于公布取消停止征收和调整有关收费项目的通知》(豫政〔2008〕52 号);河南省人民政府《关于调整河南省征地区片综合地价的通知》(豫政〔2013〕11 号);《关于公布各地征地区片综合地价社会保障费用标准的通知》(豫劳社办〔2008〕72 号);《河南统计年鉴 2013》、《濮阳市人民政府关于调整国家建设征地地上青苗和附着物补偿标准的通知》(濮政〔2014〕69 号);《濮阳统计年鉴 2010》、《濮阳统计年鉴 2011》、《濮阳统计年鉴 2013》。

以及其他国家和地方法规、政策、标准、办法、规定等。

三、补偿编制方法

(一)补偿单价编制方法

濮阳市引黄入冀补淀工程的项目单价应按照国家和省内政策规定和选定的价格水平,分补偿补助费用、工程建设费用进行编制。基础价格中补偿补助费用的基础价格,由县及以上人民政府或其行政主管部门公布的价格为基础,结合建设征地区的实际情况分析确定;工程建设费用的基础价格,应按照单体工程隶属行业的规定编制,没有规定的按照水利工程规定编制。

征收集体土地的土地补偿费和安置补助费单价按河南省人民政府《关于调整河南省征地区片综合地价的通知》(豫政〔2013〕11 号)及《关于公布各地征地区片综合地价社会保障费用标准的通知》(豫劳社办〔2008〕72 号)规定编制。各类结构房屋及附属建筑物补偿单价,应按照典型设计的成果分析编制;附属建筑物补偿单价可结合实物分类等,按照房屋基本结构补偿单价的编制原则编制。零星树木补偿单价按初设批复单价执行。设施和设备补偿单价根据实际情况,按照相关专业的概(估)算编制办法、定额及有关规定进行编制。搬迁补助费单价按照建设征地区的价格结合征迁安置规划编制。工程建设费用单价编制,应按照国家和省内有关规定执行,没有规定的执行水利工程的规定。

引黄入冀补淀工程按初设批复的价格水平,采用 2015 年 2 月价格水平。

(二)补偿补助标准

(1)永久征地补偿。包括土地补偿安置及社保费、青苗补偿费、林(果)木处理费。土地补偿安置费采用河南省人民政府《关于调整河南省征地区片综合地价的通知》标准。濮阳县为45 000 ~ 63 500 元/亩,示范区、开发区为 54 000 ~ 88 000 元/亩;清丰县为44 000 ~ 63 000元/亩。社保费采用《关于公布各地征地区片综合地价社会保障费用标准的通知》标准,示范区、开发区按 8 800 元的社会保障标准;濮阳县、清丰县按 7 150 元的社会保障标准计列。青苗补偿费根据用地的土地地类亩产值计列,其中水田、水浇地按一年产值的一半计算,菜地按 1/3 年产值计算。林(果)木处理费按批复初设标准计列。

(2)临时用地补偿。包括土地补偿费、复垦期及恢复期补助、林(果)木处理费。临时用地使用年限根据工程实际使用期限据实际调整。

临时用地补偿费按地类及使用年限补偿,临时用地补偿标准中,水田每亩一季补偿1 334元,水浇地每亩一季补偿 1 240 元,菜地每亩一季补偿 1 870 元;林地、园地、苗圃、养殖水面土地第一季按水浇地或水田补偿当季产值;菜地只补偿当季产值。临时用地补偿标准汇总详见表 5-1。

濮阳市引黄入冀补淀工程中临时用地使用年限除沉沙池、弃渣场按二年计列补偿费,其余临时用地均按一年计列补偿费。恢复期及复垦期补助的恢复期时间按三季种植时间,其中第一季按产值补助,第二、三季按减产补助,恢复期实际补助一年产值,复垦期补助一年产值。边坡损失费暂按初设批复投资计列,待使用结束后根据水保方案中边坡使用面积,按永久征地标准计算边坡损失费。土地复垦费按照不同类别复垦典型区,弃土区4 997 元/亩,临时堆土区4 718 元/亩,施工场地4 907 元/亩,施工道路4 990 元/亩。根据不同类型复垦区面积乘以相应单价计算出相应复垦投资。另计列弃渣场耕作层剥离堆放费用,按初设批复标准1 000 元/亩计列。

表 5-1　临时用地补偿标准汇总　　　　　　　　　（单位:元/每亩）

地类	第一季土地补偿费		产值补偿	园(林)木补偿费
	稻区	非稻区		
水田	1 334	1 334	—	—
菜地	1 870	1 870	—	—
水浇地	1 240	1 240	—	—
园地	1 334	1 240	—	19 838
林地	1 334	1 240		4 152
苗圃	1 334	1 240		20 000
单位用地	1 334	1 240		
设施农用地	1 240	1 240		
养殖水面	1 334	1 240	3 407	
原渠道	1 334	1 240		

（3）房屋及附属设施补偿。农村房屋砖混结构791 元/m²,砖木结构771 元/m²,单位房屋砖混结构949 元/m²,砖木结构925 元/m²。房屋附属设施包括零星树木、机井、坟墓等,其单价均按初设批复标准。房屋装修补偿参考《濮阳市人民政府关于调整国家建设征地地上青苗和附着物补偿标准的通知》及省内在建水利工程装修补助标准,根据实际情况,按砖混房屋补偿费用的10%计列。房屋及主要附属设施补偿单价汇总详见表5-2。

表 5-2　房屋及主要附属设施补偿单价汇总

序号	工程或费用名称	单位	单价(元)	序号	工程或费用名称	单位	单价(元)
一	房屋补偿费			3	大口井	眼	2 000
（一）	农村房屋			4	厕所	个	600
1	砖混房屋	m²	791	5	牲畜栏	个	656
2	砖木房屋	m²	771	6	电话	部	200
3	附属房	m²	313	7	有线电视	个	300
（二）	单位房屋			8	门楼	个	2 200
1	砖混房屋	m²	949	9	地窖	个	480
2	砖木房屋	m²	925	三	机井、坟墓及零星树木		
二	附属物补偿费			1	机井	眼	20 000
1	砖围墙	m²	105	2	坟墓	冢	1 500
2	混凝土晒场	m²	90	3	用材成树	株	100

（4）居民点迁建投资。农村居民点迁建投资包括新址场地平整以及居民点道路、供电、供水、排水、通信、广播电视等。居民安置分为后靠集中安置和后靠分散安置两种形式，按初设批复居民安置点亩均场地平整及基础设施投资为8.37万元/亩。

（5）南湖村生产安置费。按照初步设计批复规划，南湖村征迁采取远迁调地安置，标准按实施阶段计算的出村安置人口计算投资，共计1 236.08万元。但实施阶段南湖村不进行调地安置，有部分农民失去大部分土地，虽获得土地补偿款，但是如果后续生产不能及时安置的情况下，居民的生活水平则有可能下降。因此，生产安置费用于生产开发项目，以恢复失地农民生产生活水平。生产开发项目由区、乡镇政府组织，在经济合理、可持续发展的原则指导下，提出具体措施。

初设批复的远迁安置标准是对远迁出村安置人口进行生活安置，并先对占房人口进行远迁安置。实施阶段南湖村出村生产安置人口387人，其中占房人口98人，已经在本村安置，还有289人按初设批复标准计算土地有关费用、场地平整费、基础设施费和房屋补偿费，共计1 236.08万元。

生产安置项目资金是针对以上初设批复的南湖村远迁安置人口实施生产开发项目的专用资金，征迁主管部门根据南湖村的具体情况及特点，指导当地群众选择适于本村的生产开发项目，并全过程指导开发项目的具体实施及人员安排。该项资金实行专款专用，不得挪作他用。

（6）农村居民搬迁费。包括搬迁运输费、搬迁损失费、搬迁期误工补贴和临时住房补贴等，依据调查房屋面积（不含附属房）和相应单价计算。按初设批复单价计列，为28元/m^2。

（7）农村居民临时住房补助。对于搬迁安置的农村居民，在初设阶段临时租房补助按每户每月300元标准计列，根据当地实际租房情况，实施规划阶段按每户每月600元标准计列临时租房补助，计算期按6个月计。

（8）农副业设备、设施搬迁费、停产损失费。生产设备、设施搬迁费有标准的设施设备费用按数量单价计算，没有标准的屋内院内设施、设备按调查房屋总面积（含附属房及简易棚面积）计算，单价采用28元/m^2；大型设备、设施若有发票，按原值的10%计算，若无发票参照其他工程同类产品计算。

有营业执照及完税证明的，按该副业半年产值的20%计算停产损失费。临街小型商品门面房、卫生室，以房屋面积为基础按100元/m^2给予补偿；养殖副业（鱼塘除外），以房屋面积为基础按20元/m^2给予补偿；其他副业，以房屋面积为基础按50元/m^2给予补偿。

（9）过渡期生活补助。农村居民从搬迁到安置完毕直至稳定，恢复生产需要一个过程，为保证农民搬迁安置工作顺利进行，计列过渡期生活补助。按初设批复的单价标准，为200元/亩。按工程永久征用耕、园地面积计列。

（10）小型水利电力设施补偿费。按初设批复单价标准，为532元/亩，按工程永久占用耕、园地面积计列。若个别乡（镇）办该项包干资金确实不足，按程序动用农村问题处理费。

（11）工程建设影响处理。永久征地边角地补偿同永久征地补偿单价，临时用地按200元/亩计列工程建设影响处理费。

（12）农村问题处理。用于解决房屋影响、征迁工作特殊问题处理等问题，按除工程建设影响处理费总和的 2.5% 计列，由县、区包干使用。

四、补偿投资明细

濮阳市引黄入冀补淀工程征地居民补偿投资共计 102 445.59 万元,其中农村部分补偿费71 103.73万元、单位补偿费966.91 万元、专业项目补偿费2 129.00 万元、其他费用6 999.43万元、预备费8 466.29 万元、有关税费8 324.23 万元、管理机构用地补偿费456.00 万元、施工期灌溉影响补偿费4 000.00 万元。

农村部分补偿费包括土地补偿费,农村房屋房屋及附属物补偿费,居民点建设费,生产开发项目费,搬迁费,副业补偿费,过渡期生活补助,小型水利电力设施补偿费,机井、坟墓、零星果木补偿费、工程建设影响处理费,农村问题处理费,共计 71 103.73 万元。

土地有关费用:包括永久征地费用和临时用地费用两部分。土地有关费用共计58 556.98万元。永久征地补偿费包括土地补偿安置费、社会保障费,共计44 014.08万元;青苗费、林木处理费、设施补偿费、过渡期生活补助、小型水利电力设施补偿费共计4 453.43 万元;土地补偿安置费、青苗费、林木处理费、设施补偿费永久征地有关费用共计48 467.51万元。其中,社保费用应交有关部门统一分配使用。临时用地有关费用包括土地补偿费、复垦费,共计10 089.47万元。

有关农村居民生产生活安置的费用以及附属设施和处理费用:农村房屋及附属设施补偿费、装修补助、搬迁费,包括农村居民房屋及副业房屋、附属设施补偿费、装修补助、搬迁费,共计4 666.14 万元。居民点安置建设投资包括征地相关费用、场地平整费、基础设施建设费,共计438.12万元。南湖村生产安置费共计1 236.08万元。零星树木、机井、坟墓补偿费3 441.34 万元。工程建设影响处理费包括农田灌溉及交通影响、边角地影响,处理费共计1 119.60 万元。为解决实施过程中出现的实物、农副业、影响等有关问题,计列农村问题处理费共计1 645.48 万元。

企事业单位补偿费和专项设施补偿费:单位补偿费包括房屋附属设施补偿费、装修补助、设备设施搬迁费、场地平整、基础设施费,共计966.91万元。专项设施补偿费包括电力线路、通信线路、广电线路及管道补偿费,文物保护发掘费,投资为2 129.01万元。

有关税费与其他费用:其他费用共6 999.43万元,包括综合勘测设计科研费1 249.22万元、实施管理费3 737.36 万元、实施机构开办费373.74 万元、技术培训费349.96 万元、监督评估费1 289.15 万元。预备费共计8 466.29 万元,其中乡村工作经费305.59 万元、不可预见费8 160.71万元。有关税费共8 324.23 万元,其中耕地占用税4 747.80 万元、耕地开垦费2 966.23 万元、森林植被恢复费610.20 万元。管理机构用地补偿费共计456.00 万元。施工期灌溉影响补偿费共计4 000.00 万元。

濮阳市引黄入冀补淀工程征地居民实施规划阶段补偿投资共102 445.59 万元,投资概算分县(区)汇总详见表5-3。

表 5-3 投资概算分县(区)汇总

投资(万元)

| 序号 | 项目 | 濮阳市 | | | | | | 安阳市 | 总计 |
		濮阳县	开发区	示范区	清丰县	市属	合计	内黄县	
1	农村部分补偿费	42 730.09	13 139.10	2 012.17	9 658.88	3 461.57	71 001.81	101.92	71 103.73
2	单位补偿费	693.84	241.72	31.35			966.91		966.91
3	专业项目补偿费		1 151.50			2 129.01	2 129.00		2 129.00
4	其他费	3 527.08		163.57	801.57	1 349.71	6 993.42	6.00	6 999.43
5	预备费	178.30	60.00	9.29	43.93	8 174.30	8 465.82	0.47	8 466.29
6	有关税费	6 835.42	755.17	98.87	600.69	24.83	8 314.98	9.25	8 324.23
7	管理机构用地补偿费	264.00			192.00		456.00		456.00
8	施工期灌溉影响补偿费					4 000.00	4 000.00		4 000.00
9	静态总投资	54 228.74	15 347.49	2 315.25	11 297.07	19 139.42	102 327.96	117.64	102 445.59

第二节　征迁资金拨付及管理

一、资金拨付相关规定

根据《大中型水利水电工程建设征地补偿和移民安置条例》等国家有关法规，关于国家对征迁资金拨付的一般规定主要体现在"征地补偿"部分，具体主要体现在第二十条至第二十五条的内容。

第二十条　依法批准的流域规划中确定的大中型水利水电工程建设项目的用地，应当纳入项目所在地的土地利用总体规划。

大中型水利水电工程建设项目核准或者可行性研究报告批准后，项目用地应当列入土地利用年度计划。

属于国家重点扶持的水利、能源基础设施的大中型水利水电工程建设项目，其用地可以以划拨方式取得。

第二十一条　大中型水利水电工程建设项目用地，应当依法申请并办理审批手续，实行一次报批、分期征收，按期支付征地补偿费。

对于应急的防洪、治涝等工程，经有批准权的人民政府决定，可以先行使用土地，事后补办用地手续。

第二十二条　大中型水利水电工程建设征收耕地的，土地补偿费和安置补助费之和为该耕地被征收前三年平均年产值的 16 倍。土地补偿费和安置补助费不能使需要安置的移民保持原有生活水平、需要提高标准的，由项目法人或者项目主管部门报项目审批或者核准部门批准。征收其他土地的土地补偿费和安置补助费标准，按照工程所在省、自治区、直辖市规定的标准执行❶。

被征收土地上的零星树木、青苗等补偿标准，按照被征收土地所在省、自治区、直辖市规定的标准执行。

被征收土地上的附着建筑物按照其原规模、原标准或者恢复原功能的原则补偿；对补偿费用不足以修建基本用房的贫困移民，应当给予适当补助。

使用其他单位或者个人依法使用的国有耕地，参照征收耕地的补偿标准给予补偿；使用未确定给单位或者个人使用的国有未利用地，不予补偿。

移民远迁后，在水库周边淹没线以上属于移民个人所有的零星树木、房屋等应当分别依照本条第三款、第四款规定的标准给予补偿。

第二十四条　工矿企业和交通、电力、电信、广播电视等专项设施以及中小学的迁建或者复建，应当按照其原规模、原标准或者恢复原功能的原则补偿。

第二十五条　大中型水利水电工程建设占用耕地的，应当执行占补平衡的规定。为安置移民开垦的耕地、因大中型水利水电工程建设而进行土地整理新增的耕地、工程施工

---

❶　本项目规划实施时大中型水利水电工程建设征地补偿和移民安置条例尚未修订，因此执行时仍然是国务院 471 号令的相关规定。

新造的耕地可以抵扣或者折抵建设占用耕地的数量。

大中型水利水电工程建设占用25°以上坡耕地的,不计入需要补充耕地的范围。

二、征迁资金拨付流程

根据《关于明确引黄入冀补淀工程征迁补偿工作程序的通知》,引黄入冀补淀工程征迁补偿即征迁资金拨付工作程序主要是:勘测定界成果→设计提出实物指标初步清单→各级征迁机构、设计、监理对实物指标现场复核→设计与乡、村征迁机构对复核后的补偿清单分解到实际兑付权属单位或个人→公示集体、个人实物量及补偿费用→向村民代表说明,收集民意→乡、村将民意意见反馈到县区指挥部→县区审查后向市指挥部反馈情况→监理、设代进驻现场了解情况,核实有关问题并解答,进行整改→设代提交正式清单→区县指挥部提出资金拨付申请→监理提出资金拨付意见→市指挥部下拨资金拨付通知→进入县拨款程序(依据设计单位提供的补偿清单,制订各级补偿方案,县政府批准方案。县指挥部拨款建议分管副主任、分管财务副主任、监督负责人、县指挥部办公室会议研究)→乡拨款程序(组织制订村征迁安置补偿方案,按照县办批准的方案实施兑付。乡拨款建议分管副乡长、分管财务副乡长、监督负责人、党委书记或乡长签字盖章)→村兑付程序(村集体部分由村委书记或村主任、村民代表、理财小组共同签字盖章,村民财产由权属人签字并按手印),具体参见图5-1。

其中,资金的公示有具体要求和流程,主要包括:公示由县(区)政府组织有关村委会实行;公示时间不少于3 d;公示地点为村务公开栏,并留影像资料;公示内容为个人、集体实物量及补偿费用。村委会要对制订的集体财产实施方案进行公示;县办在各乡(镇)醒目位置设立公示牌,明确举报地点、举报电话。对公示内容有疑问,应采取当面或以举报信形式反映。资金公示如图5-2、图5-3所示。

三、征迁资金管理体制

濮阳市、县的各级征迁安置主管单位严格执行国家和濮阳市审定的投资概算,建立严格的濮阳市引黄入冀补淀工程征迁安置资金(简称征迁安置资金)使用、管理和监督的征迁资金管理体制。

濮阳市引黄入冀补淀工程征迁指挥部办公室负责征迁安置资金管理工作的监督和指导,县(区)级政权管理机构负责管理和核算,县(区)为基础会计核算单位,乡(镇)办事处实行报账,村工作组进行资金拨付的公示与反馈。同时,指挥部办公室对每一处征地拆迁点的补偿清障、每一项工作的开展和落实,都制定严格的工作台账,细化工作任务,明确时间节点、责任单位及责任人,并采取督查日报、周报制度,及时向市督查局、市有关领导报告征迁进展、节点完成情况,督促征迁工作限期完成任务。征迁资金管理体制如图5-4所示。

四、征迁资金管理制度

根据《引黄入冀补淀工程建设征地移民安置规划大纲》、《濮阳市引黄人冀补淀工程征迁安置资金管理办法》,濮阳市引黄入冀补淀工程征迁安置资金是用于居民前期补偿、

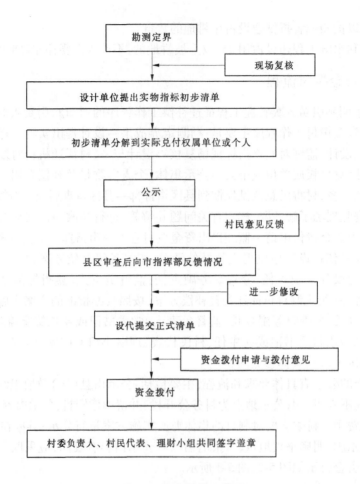

```
        ┌─────────────┐
        │   勘测定界   │
        └──────┬──────┘         ┌─────────────┐
               │◄───────────────│   现场复核   │
               ▼                └─────────────┘
┌───────────────────────────────┐
│   设计单位提出实物指标初步清单   │
└───────────────┬───────────────┘
                ▼
┌───────────────────────────────┐
│ 初步清单分解到实际兑付权属单位或个人 │
└───────────────┬───────────────┘
                │
                ▼
        ┌─────────────┐
        │    公示     │
        └──────┬──────┘         ┌─────────────┐
               │◄───────────────│  村民意见反馈 │
               ▼                └─────────────┘
┌───────────────────────────────┐
│   县区审查后向市指挥部反馈情况    │
└───────────────┬───────────────┘
               │◄───────────────│  进一步修改   │
               ▼                └─────────────┘
        ┌─────────────┐
        │  设代提交正式清单 │
        └──────┬──────┘         ┌──────────────────┐
               │◄───────────────│ 资金拨付申请与拨付意见 │
               ▼                └──────────────────┘
        ┌─────────────┐
        │   资金拨付    │
        └──────┬──────┘
               ▼
┌───────────────────────────────┐
│ 村委负责人、村民代表、理财小组共同签字盖章 │
└───────────────────────────────┘
```

图 5-1　资金拨付示意图

图 5-2　资金公示照片(一)

图 5-3　资金公示照片(二)

补助和后期扶持的专项资金,由河北水务集团筹集。为了规范濮阳市引黄入冀补淀工程征迁安置资金管理,制定了《濮阳市引黄入冀补淀工程征迁安置资金管理办法》。具体规范征迁资金的使用与管理。

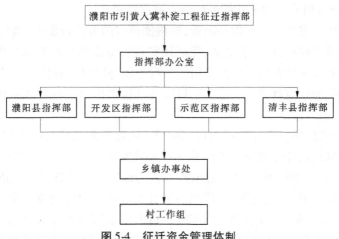

图 5-4 征迁资金管理体制

（一）计划管理制度

征迁安置资金管理遵循责权统一、计划管理、专款专用、包干使用的原则。征迁安置投资实行与征迁安置任务相对应的包干使用制度。包干资金依据市指挥部办公室和县区征迁管理机构签订的投资包干协议确定。根据批准的实施方案和征迁工作进度要求，市、县（区）逐级下达征迁投资计划，依据计划拨付征迁安置资金。市、（县）区征迁管理机构和相关单位维护征迁投资计划的严肃性，不得擅自调整。确需调整的，由县（区）征迁管理机构提出调整意见，按照管理权限，报市指挥部办公室审批或备案。

（二）资金使用制度

征迁安置资金专款专用。所有征迁安置资金，全部用于征迁安置补偿工作，严格按照批准的征迁规划实施，杜绝随意扩大开支范围、实施未经批准的项目等挪用资金行为。任何部门、单位和个人不得截留、挤占、挪用征迁安置资金。不准以征迁安置资金进行委托贷款和为任何单位或个人提供借、贷款抵押、担保等。

征迁安置资金专户存储。征迁管理机构和报账单位在当地一家国有或国家控股商业银行开设征迁安置资金专用账户。不得多头开户和违规转存资金。银行账户只限本单位使用，不准出借、套用或转让。开设、变更、撤销银行账户，应及时报上一级管理机构备案。

严格遵守国务院《现金管理暂行条例》和中国人民银行《支付结算办法》等，除按规定可以使用现金的范围外，均通过开户银行办理结算。集中兑付给群众个人的补偿费，采用现金支票支付或办理好存折（卡）交群众领取。严格支票管理，特别是严格空白支票的领用注销手续，不得签发"空头支票"。有关现金业务不得以白条抵库。

征迁管理机构和报账单位管理的征迁安置资金，都必须通过单位财会部门管理和核算，不得公款私存，不准建立账外账、私设"小金库"。规定各项征迁安置资金要严格按照制度规定和支付程序要求办理支出手续，严禁以拨代支。

征迁安置资金包括农村征迁安置补偿费、单位补偿费、专业项目迁建补偿费、管理征地投资等直接费用，综合勘测设计科研费、实施管理费、实施机构开办费、培训费、监督评估费等其他费用及有关税费、基本预备费、施工期灌溉影响。农村征迁安置补偿费对县（区）征迁管理机构包干使用。实施管理费和实施机构开办费按照市指挥部办公室和县(区)征迁管理机构签订的征迁任务和包干协议管理。

农村、城镇征迁安置个人补偿补助费,要根据核定的分户资金卡,填写补偿费领款单,进度支付,优先用于建房,搬迁后结清,凭征迁安置户签收的补偿费领款单列支。农村征迁集体补偿费,要落实到农村集体经济组织。村集体补偿资金的使用,要依法履行村务民主议事决策程序,加强监督管理。专业项目迁建补偿费由市征迁管理机构组织专业项目产权单位实施。

单位补偿费按照单位产权归属由市、县(区)征迁管理机构分级实施。基本预备费,主要用于设计漏项、设计变更及不可预见项目等问题处理。基本预备费的管理和使用,按照相关规定执行。其他费用,用于征迁管理机构为保障征迁任务完成所必需的实施管理、勘测规划设计、培训等方面的资金。按照国家有关政策及财经制度规定用途使用。涉及差旅、会议、培训等一般性支出,开支标准应执行濮阳市财政及相关部门的规定。其他费用要量入为出,严格控制,严禁铺张浪费。实施管理费包括地方政府实施管理费和建设单位实施管理费。建设单位管理费由市征迁管理机构安排使用。

地方政府实施管理费由市征迁管理机构和县(区)征迁管理机构按照承担的征迁任务合理分配。县区包干的实施应按照统筹兼顾、包干使用、留有余地的原则,由县(区)管理机构制定总体使用意见和管理办法。实施开办费根据市征迁管理机构和县(区)征迁管理机构按照承担的征迁任务合理分配。

勘测规划设计、培训、监督评估等其他费用,由市征迁管理机构统一安排使用。

(三)监督管理制度

在监督管理制度方面规定,县(区)征迁管理机构和报账单位,严格按照《会计法》、《大中型水利水电工程建设征地补偿和移民安置条例》等的规定,加强对征迁安置资金使用和管理情况的监督管理,定期向本级人民政府报告征迁安置资金使用情况。接受纪检监察、财政、审计部门等的监督检查,并如实反映情况,及时提供有关资料。

综合利用审计、稽察、日常检查等各种监督手段,加强对征迁安置资金使用的监督检查。针对资金管理容易出问题的关键环节和重点部门以及敏感问题加强监督和控制,杜绝违规违纪现象发生。对农村征地群众的补偿、安置、资金兑付等情况,应以村或居委会为单位,根据有关主管部门批准的计划、实施要求和规定,及时张榜公布,接受群众监督。同时保存好公示影像资料,以备后查。

对审计、稽察、验收、检查中发现的问题,责任单位应及时整改。违反本办法规定,截留、贪污、挤占、挪用征迁安置资金的单位,应按照《财政违法行为处罚处分条例》(国务院427号令)等规定依法给予严肃处理;对负有责任的个人,依法依纪追究其相应责任;构成犯罪的,依法移送司法机关追究其刑事责任。

除《濮阳市引黄入冀补淀工程征迁安置资金管理办法》外,濮阳市工程建设指挥部相继印发了《引黄入冀补淀工程征迁安置资金会计核算办法》、《财务管理制度》等征迁安置资金管理的制度规章,对拨付县(区)资金管理、支出管理、财务监督、会计核算原则、会计机构和人员、内部控制制度等方面做了严格的制度规定和详细的工作部署,在分工明确、权责统一、制度严明、规定合理、流程顺畅、监督有力的基础上,确保征迁安置的资金管理工作落实到位。

第三节　征迁资金运用范围及使用

资金的及时到位,保证了工程征迁安置工作的顺利进行。在充足资金有力支持下,2015年濮阳市全面细致地完成了实物指标外业调查,并完成实物指标的复合工作,提高了居民补偿依据的准确度,为居民资金补偿提供了强有力的依据和保障。

一、征迁资金运用范围

居民补偿补助费属于水利水电工程建设资金,由项目法人(河北水务集团)按照国家、省审定的征迁安置规划概算投资,包括农村部分补偿费、单位补偿费、专业项目补偿费、其他费用、预备费、有关税费管理机构用地补偿费及施工期灌溉影响补偿费等。在濮阳市引黄入冀补淀工程征迁安置中,征地居民补偿投资共计102 445.59万元,其中农村部分补偿费71 103.73万元、单位补偿费966.91万元、专业项目补偿费2 129.01万元、其他费用6 999.43万元、预备费8 466.29万元、有关税费8324.29万元、管理机构用地补偿费456.00万元、施工期灌溉影响补偿费4 000.00万元。

具体来说,农村部分补偿费包括土地补偿费、农村房屋房屋及附属物补偿费、居民点建设费、生产开发项目费、搬迁费、副业补偿费、过渡期生活补助、小型水利电力设施补偿费、机井补偿费、坟墓补偿费、零星果木补偿费、工程建设影响处理费、农村问题处理费;单位补偿费包括房屋附属设施补偿费、装修补助、设备设施搬迁费、场地平整、基础设施费;专业项目补偿费包括电力线路、通信线路、广电线路及管道补偿费,文物保护发掘费;其他费用包括项目前期工作费、勘测设计科研费、实施管理费、实施机构开办费、技术培训费、监督评估费;预备费指基本预备费;有关税费包括耕地占用税、耕地开垦费和森林植被恢复费等;管理机构用地补偿费及施工期灌溉影响补偿费。

二、征迁资金使用情况

根据初步设计批复文件和河北水务集团与濮阳市引黄入冀补淀工程建设指挥部签订的委托协议,引黄入冀补淀工程濮阳市建设征地拆迁安置批复投资共10.25亿元,其中濮阳县段54 228.73万元,开发区段15 347.49万元,示范区段2 315.25万元,清丰县(含内黄县)11 414.71万元,市属19 139.41万元。截至2017年12月31日,河北水务集团拨付至濮阳市引黄入冀补淀工程建设指挥部征迁资金100 709.28万元,包含临时用地耕地占用税3 846.28万元。拨付征迁协议内资金96 863.00万元。

濮阳市引黄入冀补淀工程建设指挥部根据河南省水利水电勘测设计研究有限公司设计代表处下达的补偿清单下拨建设征地拆迁补偿资金,截至2017年12月31日,已下拨资金82 638.02万元,共结余19 807.57万元。其中,濮阳县拨付完成50 690.80万元,开发区拨付完成16 217.73万元,示范区拨付完成2 218.48万元,清丰县(含内黄县)拨付完成11 912.58万元,市属拨付完成1 598.44万元,截至12月底各区县拨付资金情况如下:

濮阳县50 690.80万元(其中耕地占补平衡费6 000万元,耕地占有税2 993万元,机构开办费93万元,实施管理费1 300万元,农村问题处理费400万元),为濮阳县批复资金的 93.48%,共结余 3 537.93 万元。

开发区 16 217.73 万元(其中耕地占有税 321 万元,机构开办费 45 万元,实施管理费 525 万元,农村问题处理费 372 万元),为开发区批复资金的 105.67%,共超支 870.24 万元。

城乡一体化示范区 2 218.48 万元(其中耕地占有税 43 万元,机构开办费 10 万元,实施管理费 38 万元,农村问题处理费 20 万元),为示范区批复资金的 95.82%,共结余 96.77 万元。

清丰县 11 912.58 万元(其中耕地占有税 321 万元,机构开办费 38 万元,实施管理费 526 万元,农村问题处理费 165 万元),为清丰县批复资金的 104.36%,超支 497.86 万元。

市属 1 598.44 万元,占总任务的 8.35%,结余 17 540.97 万元。

引黄入冀补淀工程(河南段)征迁资金拨付完成情况统计表,具体使用情况详见表 5-4。

表 5-4　征迁资金拨付使用与概算对比表

编号	分区	批复资金（万元）	已拨付资金（万元）	完成率（%）	结余或超支（万元）	备注	超支或节约原因
	引黄入冀补淀工程	102 445.59	82 638.02	80.67	19 807.57		结余原因:变更未确定,资金未拨付,占地影响处理待定
1	濮阳县	54 228.73	50 690.80	93.48	3 537.93	含预拨资金 3 100 万元	结余原因:变更未确定,资金未拨付,占地影响处理待定
2	开发区	15 347.49	16 217.73	105.67	-870.24	含预拨资金 810 万元	主要超支原因:区片地价调高导致超支(详见调价相关文件)
3	示范区	2 315.24	2 218.48	95.82	96.77		结余原因:变更未确定,资金未拨付,占地影响处理待定
4	清丰县	11 414.71	11 912.58	104.36	-497.86	含内黄县(含预拨资金 500 万元)	主要超支原因:区片地价调高导致超支(详见调价相关文件)
5	市属	19 139.41	1 598.44	8.35	17 540.97		

注:数据来源于引黄入冀补淀工程(河南段)建设征地拆迁安置监督评估月报(2017 年第 12 期)。

第六章　征迁安置实施管理

征迁安置是一项艰巨、复杂和重要的系统工程,涉及社会的农业、林业、渔业、交通运输业、邮电通信业、水利电力、文物、司法等各个行业。为妥善征地搬迁安置,落实居民的生产生活,建设配套基础设施,须健全系统、科学、高效的管理体制和组织机构。濮阳市高度重视引黄入冀补淀工程的征迁安置工作,各级政府成立了征迁安置指挥部或工作小组,充实了人员,形成了全市上下目标一致、高效运转的指挥体系,为征迁安置提供了强有力的组织保障。

第一节　征迁安置实施管理体制

征迁安置实施管理体系是征迁安置管理机构、领导隶属关系和管理权限划分等方面的制度、方法、形式和体系的总称,包含征迁安置管理重大决策、政策研究、政策制定、规划设计审查、实施方案、监理、征迁安置监测评估、搬迁安置与扶持、资金管理、验收、办理征地手续等主要运行体系及流程在内的基本运行规划。濮阳市在依据一般征迁安置管理规范的基础上,并结合濮阳市的实际情况建立了征迁安置实施管理体制。

一、征迁安置管理体制

(一)大中型水利水电工程建设征迁安置管理体制

为做好大中型水利水电工程建设征地补偿和移民安置工作,维护移民合法权益,保障工程建设的顺利进行,在大中型水利水电工程建设征地补偿和移民安置中,本着以人为本,保障移民的合法权益,满足移民生存与发展的需求;顾全大局,服从国家整体安排,兼顾国家、集体、个人利益;节约利用土地,合理规划工程占地,控制移民规模;可持续发展,与资源综合开发利用、生态环境保护相协调;因地制宜,统筹规划等原则,根据《中华人民共和国土地管理法》和《中华人民共和国水法》而制定的《大中型水利水电工程建设征地补偿和移民安置条例》,对水利工程移民征迁管理体制做了明确规定,即实行"政府领导、分级负责、县为基础、项目法人参与"的管理体制。

国务院水利水电工程移民行政管理机构(简称国务院移民管理机构)负责全国大中型水利水电工程移民安置工作的管理和监督。县级以上地方人民政府负责本行政区域内大中型水利水电工程移民安置工作的组织和领导;省、自治区、直辖市人民政府规定的移民管理机构,负责本行政区域内大中型水利水电工程移民安置工作的管理和监督。

(二)濮阳市征迁安置实施管理体制

工程建设征迁安置工作,关系到工程建设征地区社会稳定、区域经济发展等,关系到移民权益保障和工程顺利建设,是一项涉及面广、政策性强、影响深远的社会系统工程。引黄入冀补淀工程,作为国务院确定的"十二五"期间172项重大节水供水水利工程之一，是横跨河南、河北两省的战略性调水工程。按照国家发展和改革委员会批复，工程项目法人为河北水务集团，全面负责工程建设管理工作，河南濮阳市负责居民征迁和施工环境保护。为顺利完成引黄入冀补淀工程，河北省水务集团委托濮阳市政府负责引黄入冀补淀工程（河南段）的征地拆迁安置工作和建设环境协调。2015 年 9 月 23 日，河北水务集团与濮阳市签订了委托协议（见附录一）。濮阳市委、市政府在没有任何大型工程征迁安置经验的基础上，结合自身资源与引黄入冀补淀工程的特殊性，成立了濮阳市引黄入冀补淀工程建设指挥部，指挥部以市长为指挥长，分管副书记、副市长为副指挥长，水利、纪检、国土、公安等有关部门主要负责人为成员，具体文件首页见图 6-1。由濮阳市引黄入冀补淀工程建设指挥部具体负责引黄入冀补淀工程河南段的征迁安置和建设环境协调等工作。由于时间紧，任务重，濮阳市引黄入冀补淀工程征迁安置探索性地形成了“政府主导，分级负责，市为基础，项目法人参与”的实施管理体制。

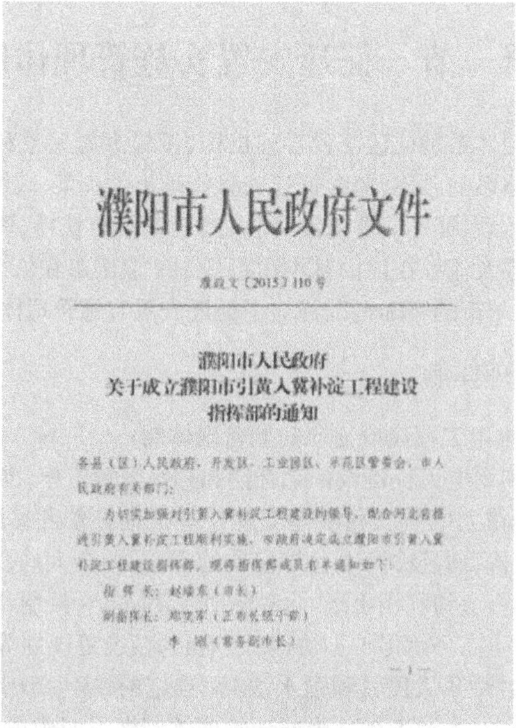

濮阳市人民政府文件

濮政文〔2015〕116号

濮阳市人民政府
关于成立濮阳市引黄入冀补淀工程建设
指挥部的通知

各县（区）人民政府，开发区、工业园区、示范区管委会，市人民政府有关部门：

为切实加强对引黄入冀补淀工程建设的领导，配合河北省推进引黄入冀补淀工程顺利实施，市政府决定成立濮阳市引黄入冀补淀工程建设指挥部，现将指挥部成员名单通知如下：

指 挥 长：赵瑞东（市长）

副指挥长：郑实军（正市长级干部）

李 刚（常务副市长）

—1—

图 6-1　工程建设指挥部成立通知

与一般的工程项目征迁安置管理体制不同，濮阳市引黄入冀补淀征迁安置管理体制中，濮阳市级指挥部为管理责任主体。按照国家颁布的大中型水利水电工程移民条例，移民管理体制是以县为基础，在各县缺乏大型工程征地移民工作经验，缺乏实施管理技术和管理人才的情况下，濮阳市根据市里有关部门参与南北水调配套工程征迁工作的基本情况，具有一定的人员和工作经验，决定管理体制以“市为基础”，配套各种制度，以利于征迁工作顺利开展。指挥部设立在市一级，而不是在区县一级，由市级指挥部统一领导，构建征拆安置组织架构，完善资金管理制度、奖惩制度以及监督评估制度，通过晨会制、联席会议制、清单预付制及申诉制等措施具体实施管理，在此基础上，项目法人与各个参建单位积极配合,定期召开联席会议,共享信息,及时反馈问题,从而保障了征迁工作的顺利开展。

相对县级为主体来说,市指挥部具有以下优势:一是工作人员经验丰富,具有较高的能力素质;二是能够迅速传达、处理、把控各项事务,以便配合设计单位和监理单位开展征迁安置工作;三是可以规避因执行不当、管控不力造成的风险。出于责任意识和风险管控意识,最终确立濮阳市引黄入冀补淀工程建设指挥部为征迁安置工作的主导单位。

二、濮阳引黄入冀补淀工程征迁安置组织结构

根据河南省勘测设计研究院编制完成的《引黄入冀补淀工程(河南段)建设征地拆迁安置实施规划报告》,工程涉及濮阳市濮阳县、开发区、城乡一体化示范区、清丰县,全线长度84 km。征地面积大、涉及范围广,为保证工程顺利进行,濮阳市引黄入冀补淀工程建设征地拆迁安置工作由濮阳市引黄入冀补淀工程建设指挥部、河北省引黄入冀补淀工程建设管理局及建设征地拆迁安置涉及的两区、两县人民政府组织实施,河南省水利勘测设计研究有限公司为技术总负责,有关部门共同参与完成。

(一)征迁安置组织架构

濮阳市引黄入冀补淀工程建设指挥部以市长为指挥长,分管副书记、副市长为副指挥长,水利、督查、国土、公安等有关部门主要负责人为成员。其中,以市水利局为主抽调40多人组建了指挥部办公室,组织协调征迁和施工环境协调工作。其他利益单位项目法人、设计单位及监督评估单位一同参与征迁安置工作,并发挥各自的功能。

在市一级指挥部的带动下,濮阳县、开发区、示范区和清丰县政府及沿线15个乡(镇、办)也相应地成立引黄入冀补淀工程建设指挥部,在涉及征迁安置的乡(镇)、村设立工作组,负责征地拆迁工作的具体实施。濮阳市引黄入冀补淀工程建设指挥部负责对各县(区)指挥部的直接领导,监督实施进度。濮阳县、开发区、示范区和清丰县及沿线15个乡(镇、办)引黄入冀补淀工程建设指挥部是征地拆迁安置实施的最直接、最基本的责任单元,主要负责本县(区)或本乡(镇、办)征地拆迁工作的实施和协调工作,组织居民进行生活和生产安置,进行技术培训,协调解决征迁安置实施过程中的具体问题。

明确分工,责任落实。在各级指挥部内部建立了明确分工的办公室、综合科(组)、技术征迁安置科(组)、财务科(组)、施工环境协调科(组)等,各个指挥部抽调精干力量具体负责征地拆迁安置,全市奋战在工程征迁及环境协调一线的人员达970多人,为完成征迁工作提供了人员保障。指挥部办公室主要负责指挥部的全面工作,并对县一级指挥部的指导与督促,具体项目实施则由各个部门的相关负责人进行推进落实。自指挥部成立以来,已开展60多次工作例会与联席会议,对项目中的重大事项进行会议讨论,对施工过程中的突发事件负责处理。

(二)实施管理各方职责任务

根据利益相关者理论,与引黄入冀补淀工程征迁安置实施管理有关的利益群体包括河北水务集团(业主)、濮阳市工程建设指挥部及各县(区)指挥部、设计单位、监督评估单位、乡(镇)工作室、村工作组等,它们分别承担各自的责任与风险,具体见图6-2。

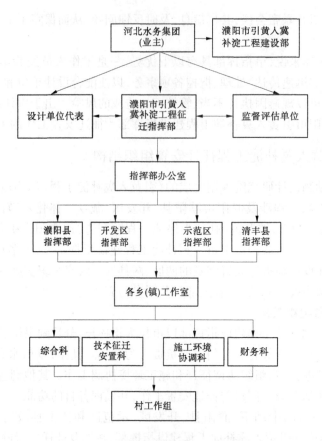

图 6-2 工程建设指挥部组织架构图

（1）河北水务集团（业主）。作为项目法人，与濮阳市引黄入冀补淀工程建设指挥部签订了委托协议，确定濮阳市引黄入冀补淀工程建设指挥部负责引黄入冀补淀工程河南段的征迁安置和建设环境协调、管理等工作。

（2）濮阳市工程建设指挥部及各科室。濮阳市工程建设指挥部对引黄入冀补淀征迁工作负有组织协调责任，全面贯彻国家、省征迁政策，协调市相关部门、县级人民政府做好征迁有关工作，组织、督促县级人民政府搞好征迁实施方案的落实工作。市级征迁机构具体负责本辖区征迁安置工作的组织和领导。濮阳市各县（市、区）人民政府、工程建设指挥部负责征迁安置宣传员，落实征迁安置政策，组织完成征迁安置总体对接和具体对接工作，编制征迁安置实施的方案，组织完成征迁资金结算工作与搬迁后续工作，征迁居民搬迁后纳入安置地管理。

（3）指挥部内部科室。指挥部办公室负责引黄入冀补淀（河南段）征迁安置工作的组织和领导，具体负责征迁安置的政策制定、规划编制、任务安排、组织协调、督促检查、服务指导等工作。综合组负责指挥部办公室的综合协调工作，制定会议制度，负责指挥部会议、报告的记录工作。一是技术征迁安置组。负责协助市指挥部落实征迁工作补偿政策和补偿标准，协助市指挥部、监督评估单位、设代单位和乡村对附着物进行清点和复核，并及时下拨上级下达的有关征迁资金等，参与解决征迁工作中的疑难问题，工作量最大。二是财务组。贯彻执行国家有关水利建设征迁等方面的政策、法律和法规,制定引黄入冀补淀工程征迁财务管理制度,规范办公室资金使用行为,管理征迁资金并监督使用,负责各类报表的编制和执行。三是施工环境协调组。协助征迁安置组完成永久征地、临时用地附着物清点、复核、赔偿等工作,协助施工企业协调施工中存在的环境问题,及时处理各种突发事件。

(4)设计单位。负责编制征迁安置实施规划大纲、实施规划报告及阶段性成果;征迁安置任务变更后编制调整报告;负责有关实施问题处理等工作。

(5)监督评估单位。负责对补偿和安置的进度、资金兑付、工作质量等进行检查,对征迁居民搬迁前的生产生活情况进行基底调查,对安置后生产用地落实、生产生活恢复等进行监测,对补偿和安置的实施情况定期报告,参与实施问题处理。

(6)镇办公室。负责关于各级指挥部征地拆迁工作政策、规划的具体实施,并协助设计单位、监督评估单位土地核查、资金的拨付等工作,并维护好影响群众的合法权益,及时地反映征迁安置户的利益与诉求。

(7)村工作组。负责联系村民,落实征迁政策,并协助设计单位、监督评估单位土地核查、资金的拨付等工作,及时地向镇办公室或县指挥部反映征迁安置户的利益与诉求。

第二节　征迁安置实施管理制度

为做好引黄入冀补淀工程建设征地补偿和拆迁安置工作,维护征迁群众合法权益,保障工程建设顺利进行,濮阳市征迁安置指挥部制定了"引黄入冀补淀工程建设征迁安置实施管理暂行办法",尽管没有正式颁布,但在征求意见后,作为内部制度对征迁安置工作进行指导(详见附录三)。

征迁安置工作的实施离不开不同单位之间的合作与协调。濮阳市征迁安置指挥部在结合工程实际情况基础上,建立并落实了包括例会工作制度、财务管理制度、人员考勤制度、监督评估制度等内容的征迁安置实施管理制度。

一、例会工作制度

(一)早餐会制度

早餐会制度是利用早餐时间对前日工作进行总结和今日工作布置的工作制度。规定每天07:30~08:00,由指挥部综合科组织召开早餐会。参加人员主要有市指挥部办公室全体人员、设计代表。会议内容是各部门汇报前一日工作情况,提出存在的困难和问题,共同寻求解决办法,并安排部署当天工作任务,将任务层层分解,细化到乡镇,落实到责任人。早餐会制度管理规范、严格,会议定时定期召开,要求所有人员必须按时参加,特殊情况不能参加会议的需要向办公室主任请假,无故不参加会议将通报批评。

(二)碰头会制度

碰头会制度是指在遇到疑难问题时,集中不同部门人员通过碰头会的形式来开展工作的制度。指挥部综合科不定期组织召开碰头会,一般会议时间为17:00,参加人员为市指挥部办公室主任、副主任、各科负责人、设计代表、征迁监理、副总监,会议内容主要是各科汇报工作落实情况,遇到的困难和问题,分析未完成事项的原因,检查分析工程项目进度计划完成情况,提出项目进度目标及落实措施,解决需要协调的其他有关事项。碰头会制度要求参加人员必须按时到会议,不能参加会议需要向办公室主任请假,否则将通报批评。

二、财务管理制度

根据国家有关财政法律、法规和会计制度,结合实际情况,制定财务管理制度等。财务管理制度规定,征迁安置管理机构财务部门的主要任务是:贯彻执行有关财经法规、规章制度;执行上级下达的投资计划;科学管理使用资金;准确、及时地反映征迁资金收支活动;考核、分析概(预)算及计划执行情况,监督其合理使用,提高资金使用效益,维护国家和群众利益。指挥部为进一步规范财务行为,加强财务管理,厉行节约,反对浪费,提高资金使用效益。

第一,财务管理原则。一是统一管理制度。指挥部办公室财务科统一管理办公室各项费用支出。坚持审批制度。从严控制,紧缩支出,厉行节约,反对浪费,严格审批权限,自觉接受监督,努力堵塞漏洞。二是坚持预算制度。费用支出由办公室有关科室先编制预算,再填写审批单,按程序审批。报销时,须审批单和详尽的商品服务清单。对事前无预算,事后无清单的款项,不予报销。集中决策制度。凡"三重一大"事项需指挥部办公室集体研究决定。

第二,拨付县区资金管理。县(区)征迁安置主管机构需向市引黄入冀补淀工程建设指挥部办公室出具正式请示文件,文件中需列出资金用途和金额。收到请示文件后,征迁协调科根据设计单位提供的补偿清单下达资金拨付计划,根据资金拨付填写资金拨付审批表,按照审批表拨付资金。拨付时,需附加相关资料,缺少任何一项不予拨付。

第三,资金支出管理。支出管理各项包括差旅费管理、办公用品购置与管理、文印费管理、培训费管理、公务接待费管理、汽车燃修费管理、施工补助发放管理、现金管理等,须严格按照本制度实行。

第四,财务监督。一是实行财务监督制度,财务监督科按照有关规定负责对办公室经济业务活动进行监督。对财务监督过程中发现的问题,经办人、财务人员应及时纠正。重大问题,应向分管副主任、分管财务副主任或主任汇报,并提出整改意见和建议。实施财务内控制度,财务科、财务人员要严格执行《会计法》和会计制度。贯彻钱、账和财务印章分管原则,形成内部制约机制,严格规范会计程序和财务手续。实行财务会计、出纳岗位分设。明确岗位职责,严格按照规定管理财务印章、空白收据和空白支票。实行财务汇报制度,所有原始凭证必须在五个工作日内完成审批报销事项,除特殊情况外,所有支出必须在本月内结算。财务科每月初将上月费用支出向分管财务副主任和主任汇报。二是实行会计监督制度,会计机构、会计人员依法对本办公室的经济活动进行会计监督。对原始凭证进行审查和监督。对不真实、不合法的原始凭证,不予受理;对记载不准确、不完整的原始凭证予以退回重新开或更正;对有严重故意欺瞒行为的,应将票据扣押,并及时向分管财务副主任或主任报告;对审批手续不全的开支,应当退回,要求补充或更正;对财务物资的监督,会计机构、会计人员应当对实物、款项进行监督,建立并严格执行财务清查制度。

三、人员考勤制度

为提高工作效率,确保征迁工作有序开展,制定了指挥部办公室工作人员考勤制度,严明工作纪律,加强考勤管理。

第一,指挥部办公室实行无双休日工作制度,每天07:30在指挥部签到。休息时间安排服从工作需要而定。

第二,由综合科明确专人负责考勤管理,所有人员不得代签,考勤情况于每月末汇总公布。

第三,上班时间不得做与工作无关的事,更不可无故离开工作岗位;否则按照缺勤处理。造成工作失误的,按照错误程度追究相应责任。

第四,工作期间原则上不准请假,却需请假者,在不影响正常工作情况下,各科科长、副科长向指挥部办公室主任请假;一般工作人员请假1 d需向各科科长请假,2 d需向主管副主任请假,3 d(含3 d)以上需向办公室主任请假。凡是请假者,必须填写请假审批单,报综合科备案。

四、监督评估制度

濮阳市引黄入冀补淀工程建设指挥部委托中水北方勘测设计研究有限责任公司提供引黄入冀补淀工程(河南段)征迁安置监督评估服务,随即成立了监督评估工作组。

第一,征迁安置实施工作检查制度。依据征迁安置工作计划和征迁安置实施规划等,对征迁安置实施工作进行检查。对补偿兑付工作采取跟踪、抽查等形式进行检查。对实施进度、质量采用定期或不定期的巡视形式进行检查。

第二,问题处理制度。征迁实施中的问题主要包括实物指标的错漏登、计算错误和设计变更等事项。监督评估工作组在接到征迁安置机构的有关问题函示后,一般问题在4个工作日内完成调查、核实工作,并出具监理处理认定意见;设计变更问题在7个工作日内完成调查、核实工作,并出具监理处理认定意见。一般问题的处理,可由监理工程师签署监理意见;设计变更等主要问题的处理,需要由总监理工程师处理。

第三,会议制度。一是监理例会。监理机构根据实施工作进行情况,定期或不定期召开相关单位参加的会议。由总监理工程师或副总监理工程师主持,会议的主要内容是通报实施工作进行情况,提出存在的问题,研究解决办法,沟通相关信息,提出下一步实施工作的意见。二是管理方、实施方或有关单位组织的各类会议。由总监理工程师根据会议的要求或内容,安排参加会议的监理人员,并做好会议记录。各类会议均应做好记录,存档,根据会议内容形成会议纪要分发有关单位。

第四,报告制度。监理机构应按监理合同要求或监理工作的需要,向委托方提交监理月报、阶段或专题性报告报表等监理文件。征迁安置工作验收时,提交监理工作总结报告。

第五,信息档案管理制度。建立监理信息档案管理系统,设专人进行管理。监理工程师应及时收集有关的信息,并做好监理日志,及时做好各类信息的整理、分类和归档工作。监理信息档案管理要做到完整、科学、规范和安全,做到电子化管理,方便检索。

第六,监理内部管理制度。制定监理人员守则和岗位职责,对监理人员定期进行业绩考核。监理机构每月召开2次监理工作例会,必要时随时召开。例会由总监理工程师或副总监理工程师主持,全体监理人员参加。会议的主要内容是监理人员述职和通报,沟通监理工作情况,分析存在的问题,研究解决方法,部署下一步的工作。若遇到重要问题,监理人员必须及时向总监理工程师或副总监理工程师报告或请示。监理机构对外发文由总监理工程师批准和签发,并做好来往文件的收发记录和分类归档。

五、档案管理制度

水利工程档案是在水利工程建设活动中直接形成的对国家和社会有保存价值的文字、图纸、图表、声像等各种载体的文件材料,是对工程进行质量评定及工程竣工以后进行检查、维护、管理、使用的依据和凭证,是全面反映工程建设情况的真实记录,是全面鉴定工程质量、查明事故原因、追究事故责任的重要依据,对工程质量起着监督和验证作用。同时对新建工程的筹备等,都有着重要的利用价值,其质量对工程质量和工程使用都有着直接和深远的影响。

为此,国家和相关部门都出台了一系列的法律,确保水利工程建设的各参与主体做好档案工作。例如:1996年7月5日,第八届全国人民代表大会常务委员会第二十次会议修正的《中华人民共和国档案法》;1999年6月7日,国家档案局颁布实施的《中华人民共和国档案法实施办法》;2003年3月14日,水利部颁布的《水利档案工作规定》(水办〔2003〕105号);2005年12月10日,水利部颁布的《水利工程建设项目档案管理规定》(水办〔2005〕480号);2010年3月20日,水利部颁布的《水利科学技术档案管理规定》(水办〔2010〕80号);2012年4月23日,国家档案局、水利部、国家能源局的《水利水电工程移民档案管理办法》(档发〔2012〕4号);2017年4月14日,国务院修订的《大中型水利水电工程建设征地补偿和移民安置条例》(见附录二)。除此之外,河南省也出台了相关的法律政策来促进本地区的水利工程建设档案管理工作,例如:2002年3月27日,河南省人民代表大会常务委员会发布的《河南省档案管理条例》;2002年3月21日,河南省水利厅印发《河南省水利工程项目建设管理办法》(水计〔2001〕163号)。法律法规的主要内容详见表6-1。

做好水利工程档案管理工作,对于促进水利工程建设起到了至关重要的作用。水利工程档案不但反映了水利工程建设的全过程,而且也对于工程质量的评定、竣工后的各项工作以及新建工作具有一定的利用价值。濮阳市在引黄入冀补淀工程征迁安置中定期进行资料总结整理,注重资料的保存工作,要求各级指挥部创办旬报、月报等,初步形成了档案归总制度。但是由于时间紧,任务重,很多资料文件尚未进行细致分类整理,只以文件的形式进行保存。在后续的工作中,要求濮阳市引黄入冀补淀工程指挥部严格档案管理制度,对引黄入冀补淀工程征迁安置的各项档案资料进行收集、分类与归档。档案管理核心政策法律法规具体内容见表6-1。

表 6-1　档案管理核心政策法律法规具体内容

名称	具体内容
《中华人民共和国档案法》	第七条:机关、团体、企业事业单位和其他组织的档案机构或者档案工作人员,负责保管本单位的档案,并对所属机构的档案工作实行监督和指导
《中华人民共和国档案法实施办法》	第五条:机关、团体、企业事业单位和其他组织应当加强对本单位档案工作的领导,保障档案工作依法开展
《大中型水利水电工程建设征地补偿和移民安置条例》	第五十四条:县级以上地方人民政府或者其移民管理机构以及项目法人应当建立移民工作档案,并按照国家有关规定进行管理
《水利水电工程移民档案管理办法》	第七条:移民档案工作实行"统一领导、分级管理、县为基础、项目法人参与"的管理体制。 第九条:各级移民管理机构、项目法人和相关单位,应将移民档案工作纳入移民工作计划和移民工作程序,纳入相关部门及其人员的工作职责并进行考核
《水利工程建设项目档案管理规定》	第三条:水利工程档案工作是水利工程建设与管理工作的重要组成部分。有关单位应加强领导,将档案工作纳入水利工程建设与管理工作中,明确相关部门、人员的岗位职责,健全制度,统筹安排档案工作经费,确保水利工程档案工作的正常开展
《水利档案工作规定》	第十条:各单位必须建立健全档案工作各项规章制度,明确相关人员的岗位职责与要求,确保各门类档案的集中统一管理和有效利用;档案保管条件应符合国家规范要求,保证档案安全;实现档案管理现代化、规范化、标准化
《水利科学技术档案管理规定》	第四条:各单位应认真履行档案管理与保护的法律责任和义务,加强对档案工作的领导,建立健全水利科技档案工作制度,统筹安排业务经费,依法保障水利科技档案工作的正常开展
《河南省档案管理条例》	第三条:机关、团体、企业事业单位和其他组织,应当加强对本单位档案工作的领导,保障档案工作依法开展
《河南省水利工程项目建设管理办法》	第五十条:施工单位在施工中应严格执行国家、水利部和省颁发的技术标准和档案资料管理规定

第三节　征迁安置实施过程管理

引黄入冀补淀工程是由国家和河北省政府共同投资兴建,国家发展和改革委员会批复建设单位和项目法人为河北水务集团,设计建设工期为 2 年,即从 2015 年 9 月 23 日开始到 2017 年 9 月,要完成根据河北水务集团与濮阳市引黄入冀补淀工程建设指挥部的委托协议(见附录一),约定濮阳市引黄入冀补淀工程建设指挥部征迁安置工作范围为濮阳市两县两区。濮阳县、开发区、示范区和清丰县政府成立各县(区)引黄入冀补淀建设指挥部,负责征地拆迁工作的具体实施。各县(区)指挥部受市指挥部直接领导,负责征地拆迁工作的实施和协调工作,组织居民进行生产开发和搬迁,进行技术培训,协调解决实施过程中的具体问题。

2015年10月8日,河北水务集团发布了引黄入冀补淀工程(河南段)征迁安置监督评估招标公告及引黄入冀补淀工程(河南段)工程建设招标公告,中水北方勘测设计研究有限责任公司参与投标后中标了引黄入冀补淀工程(河南段)征迁安置监督评估项目。为了配合征迁工作的开展,中水北方勘测设计研究有限责任公司随即成立了引黄入冀补淀工程(河南段)征迁安置监督评估部。2015年11月8日监督评估项目部人员开始进驻现场开展监督评估工作。

濮阳市面临前所未有的规模大、时间紧迫的征迁安置任务,从2015年10月14日开始,一场和时间赛跑的引黄入冀补淀工程征迁安置攻坚战迅速在濮阳大地打响。

一、征迁安置实施初期的过程管理

2015年下半年至2016年春季,是征迁安置实施过程的准备阶段。2015年7月31日,国家发展和改革委员会批复了引黄入冀补淀工程可行性研究报告;按照国家发展和改革委员会批复,引黄入冀补淀工程项目法人为河北水务集团,全面负责工程建设管理工作,濮阳市负责征地拆迁和施工环境保障工作。2015年9月23日,濮阳市与河北水务集团签订《引黄入冀补淀工程(河南段)征迁安置委托协议》(见附录一)。迁安置总费用10.24亿元。2015年9月23日水利部批复了初步设计报告,按照水利部对初步设计报告的批复,该工程涉及濮阳市永久占地9 150亩,临时占地5 967亩,需拆迁房屋4.8万 m^2,树木37.7万株,坟墓5 439座,机井321眼,专项设施改建涉及电力、通信、管道等22家246处,工副业、单位124家,需安置人口773人。征地面积大、涉及范围广、影响人口多,是濮阳水利建设史上最大的工程项目。

2015年9月30日,濮阳市政府决定成立濮阳市引黄入冀补淀工程建设指挥部,全面统筹安排工程的建设工作。面对濮阳水利建设史上最大的工程,征迁工作经验较少的指挥部班子如何将征迁工作快速有序地组织运作起来,确保工程如期开工;如何在工期紧、任务重的现实情况下对征迁安置工作进行科学有效的推进与管理;如何在缺少实施规划的情况下完成资金的拨付并对资金使用严格把控等,为此,濮阳市引黄入冀补淀工程建设指挥部进行了多种尝试和探索。

(1)完善机构设置。成立濮阳市指挥部,统一组织推进征迁安置工作的实施。市指挥部成立于2015年10月,由市长担任总指挥长,以市水利局为主,市水利局的二级单位引黄工程管理处主要参与,其他部门的相关人员也参与其中,市水利局引黄工程建设处抽调40名骨干力量组建了工程建设指挥部办公室,下设综合科、财务科、征迁安置协调科、施工环境协调科、财务监督科。水利局干部占指挥部总人数的2/3。同时,濮阳县、开发区、示范区和清丰县政府及沿线15个乡(镇、办)也相应成立指挥部,在涉及征迁安置的乡(镇)、村设立工作组,抽调精干力量具体负责征地拆迁安置和群众工作。由于引黄入冀补淀工程施工与以往的工程不同,需要多方协调与沟通,对指挥部内部的组织结构、行为过程等都提出了快速应变等较高要求。在最初阶段,因为缺少实践经验,在工作中也出现了低效现象。自2016年5月,市领导班子进行调整后,对于引黄入冀补淀工程的重视程度进一步加深,对任务、部门、负责人以及时间节点都明确了具体要求。指挥部是一个临时组织,工作人员同时还有本职工作要完成,因此主要事务交由指挥部办公室处理日常事务。办公室负责指挥部内文件的上传下达,其主要工作内容包括档案管理,即整理收发相关文件,承担宣传工作,将工程进度、工程相关事项编写成简报,供指挥部内部传阅,向市委、市政府汇报。

(2)多方配合,协同作战。引黄入冀补淀工程是跨省、跨流域调水工程,需多方紧密配合,协同共进。工程建设中河南、河北互为一体,密切配合,共同推进。市、县、乡指挥部以做好征迁安置、创造良好施工环境为己任,竭尽设全力推进工程建设。公安部门组建巡防队伍,24 h现场巡逻,及时处理各种问题,依法打击各种违法行为,为工程建设保驾护航。市直有关部门简化程序,优质服务,大力支持工程建设。河北建设单位科学组织,周密调度,优化施工方案,建立施工制度,做到工程建设进度与质量安全双保证。如在实施资金管理与拨付的清单制时,发现设计部门提出的实物指标初步清单与现实不符现象,则由村镇一级指挥部进行汇总、审核,核对属实后再向县一级指挥部反应,由县一级指挥部进行汇总后,上报市指挥部,再由市指挥部办公室组织市指挥部人员、监理单位、设计单位、市勘测单位、区(县)指挥部、施工单位等六方相关人员召开联席会议,联席会议提出的解决方案,通过公示,将补偿款层层下发。自2015年12月以来,已召开50多次联席会,征迁联席会议纪要54次。

(3)台账管理,督查跟进。每一处征地拆迁点的补偿清障、每一项工作的开展和落实,都制定了严格的工作台账,细化工作任务,明确时间节点、责任单位及责任人,并采取督查日报、周报制度,及时向市督察局、市有关领导报告征迁进展、节点完成情况,督促征迁工作限期完成任务。市督查局充分发挥督查职能作用,派专人跟踪督查工程建设,专门为该工程印发督查专报、通报和催办通知11期,有利促进了工程建设。市指挥部办公室深入征迁一线,现场督导征迁工作进程,通过征地拆迁联席会,形成了领导带队、团队推进、限定时间、县区包干的责任机制,确保了征迁推进过程中的协调、监督到位。

(4)专题培训,提高业务素质。为有效地推进征迁安置工作,解决工作人员缺乏征迁安置工作经验、对征迁安置工作不够了解的问题,积极开展征迁安置政策、法规、标准和实施等方面的培训学习。市指挥部开展了五次大型的专题培训活动。五次专题培训,共有100个村300余人参加,使所有参与征迁工作的各级干部和工作人员迅速熟悉了相关政策,掌握了合理、合法的工作方法。市指挥部曾四次邀请省移民办、省水利设计院的专家学者,对濮阳市参与该工程征迁工作的人员进行专项培训,两次村干部的培训,一次是村支书和村长的培训,一次是村会计的培训;其余两次是对乡财所开展的以财务为专题的培训。此外,市指挥部专门邀请纪检委对参与征迁安置工作的干部开展一次廉政建设培训。

(5)广泛宣传,营造氛围。由于工程征迁规模和影响范围大,得到群众的广泛理解与支持是关键。自征迁工作开展以来,指挥部利用濮阳日报、濮阳电视台、新闻网站、微信群等各种新闻媒体,出动宣传车沿线宣讲征迁安置工作,印刷通告、宣传手册、标语、横幅等多种手段,开展轰轰烈烈的宣传活动。征迁工作人员更是进村入户把工程建设的重要意义和美好愿望、征迁的政策法规和补偿标准向群众讲透彻,做到家喻户晓,人人皆知。织就一张全方位、立体的宣传网,多渠道、多形式地开展宣传活动,在全线营造浓厚的宣传氛围和舆论环境。

(6)掌握节点,专项行动。2015年10月8日,市委、市政府工程征迁工作动员会后,市指挥部组织召开了相关部门参加的专题会议,形成了第一份会议纪要《关于征迁安置工作有关问题的会议纪要》(征字〔2015〕01号)(详见附录三)。对永久用地、临时用地、征迁协调机制等问题进行探讨并形成意见。为了响应2015年必须开工的号召,面对庞大复杂的征迁安置工作,濮阳市引黄入冀补淀工程建设指挥部采取了"先易后难"的策略,即先解决清障交地的问题,在工程影响范围内,对没有涉及房屋人口的土地,先履行土地交接手续,进行土地的移交和地面附着物的清理工作,确保施工单位能够顺利进场。2015年年末,根据现实情况,市指挥部将通水目标由2016年12月更改为2017年5月1日前。围绕这一目标,征迁安置工作陆续开展三个阶段的突击攻坚战。

根据工程推进各个阶段的重点和难点,采取专项行动,把一个个看似不可能的"神话"变为现实。自征迁工作开展的20个月内,引黄入冀补淀工程(濮阳段)已先后开展了8次专项行动,一是工程征迁之初,为保证金堤河倒虹吸、卫河倒虹吸等控制性工程早日开工建设,抓住重点,不讲条件,保证了节点性控制工程的顺利开工。二是2015年年底,针对征迁补偿资金兑付不到位的问题,开展了资金兑付专项行动,围绕资金下达、兑付工作,明确责任,狠抓落实,用20 d时间使工程征迁资金兑付率达80%以上。三是2016年3月,工程建设用地清障交地进展缓慢。为保证施工企业能够进场施工,市指挥部带领有关各方,连续6 d沿渠徒步现场解决问题,逐乡逐村督促大面积清障交地,保障了工程建设需求。四是2016年5月,沉沙池施工受阻,市指挥部配合濮阳县,濮阳县县乡主要领导亲自带队,周密研判,出动民警、联防队员等500余人,开展了依法打击恶意阻工、扰乱施工环境专项行动,为沉沙池工程建设打开了良好局面。五是2016年8月,为打通濮阳县、开发区工程施工通道,市指挥部联合市督查局、公安局、河北建设部、施工企业开展施工道路贯通专项行动,快速完成了施工道路全线贯通的目标任务,为工程整体推进打开了新的局面。六是2016年9~10月,开展了为期2个月的征迁集中攻坚行动,着重于渠首段开工、土地组卷、专项设施迁建、征迁安置实施规划报批等工作,明确任务,落实责任,制定了系列工作推进机制,取得了显著实效。七是2016年11~12月开展了征迁安置决战冲刺专项行动。这次专项行动,解决了大量征迁遗留问题,房屋拆迁基本上是在这一阶段完成的,至2016年年底,征迁工作基本完成。八是保通水大会战。2017年2月市委、市政府提出了5月城区段试通水目标后,市指挥部开展了保通水集中大会战,担当起重任,经受住考验,进一步强化目标责任,完善推进机制,加强沟通协调,落实方案措施,解决实际问题,强化督查督导,重点是督促配合河北建设单位和施工企业采取超常规措施,保环境,促进度,抓扬尘,顺利实现了5月31日试通水目标。

二、征迁安置过程中的三个突击阶段

征迁安置过程从时间层面可以划分为三个突击阶段。

（一）第一阶段的突击战（2016年上半年）

2016年上半年，是征迁安置工作第一阶段的突击。重点任务主要是基底调查、实物量复核、地面附着物的清理、出具清单、资金拨付兑付到户等。

第一，在基底调查评估工作方面。对征地拆迁生产生活情况开展基底调查，采用典型调查和随机抽样相结合的样本选择方法，了解和掌握征地拆迁前的生产生活水平、生产生活方式、就业方式等情况。主要包括：调查监督评估县（区）、村的经济社会情况，收集相关统计资料，对样本村、户进行基本情况调查。

第二，在实物量复核方面。监督评估部与征迁设计、市指挥部及地方征迁安置实施机构对个人和单位提出的复核内容进行复核，复核程序如下：

在实施过程中，因错漏登引起的实物指标变化由发生变化的单位和个人提出申请，乡（镇）人民政府报县级引黄入冀补淀工程建设指挥部进行初核。

对初核过程中确有错漏登的实物指标，由县指挥部以正式文件报送市指挥部。市指挥部组织征迁设计、监督评估单位、勘测定界单位、县区指挥部、乡村干部等相关单位和个人共同对现场进行勘查，对勘查中存在的问题由设计单位提出处理意见，监督评估单位现场见证，并做好影像资料的留存工作。

第三，召开联席会议。征迁安置实施过程中发现的问题，通过现场进行勘查，无法现场确定或存在争议的，由市指挥部组织开展引黄入冀补淀工程征迁联席会议共同会上商议讨论。监督评估部根据现场情况，听取各方代表建议，依照国家相关规范要求，提出合理的建议。通过协商，最后各方会上达成统一处理意见。2016年上半年引黄入冀补淀工程（河南段）联席会议统计见表6-2。

第四，补偿费用公示。为保证征迁资金的及时拨付和合法使用，加强征迁资金公示环节管理，监督评估部针对濮阳市四县区的资金公示和兑付程序制定了一套规范程序和表格。要求依据设计清单，各县（区）按要求进行个人、集体实物指标明细、数量、补偿标准、补偿费用公示，每次公示时间不得少于3天。公示期间，各县（区）通知监督评估部，监督评估部参与公示见证，并留存照相、摄像资料。监督评估部采取会议讲座、现场座谈、定期抽查等方式，帮助各县（区）规范公示程序。

第五，征迁资金拨付。实物指标补偿费用公示3日无异议后，各乡镇人民政府直接将补偿资金发放个人并办理认可手续。对于资金拨付情况，由各县（区）组织进行汇总统计，定期将汇总情况交市指挥部和监督评估部。监督评估部人员对地方政府资金兑付情况进行不定期检查，并将检查结果及时报送市指挥部。协助市指挥部开展征迁资金拨付情况内部审计工作，督促各县（区）按照整改要求，及时纠正资金拨付过程中存在的问题。

（二）第二阶段突击战（2016年下半年）

2016年下半年为第二阶段的突击战。2016年夏季，市指挥部继续开展对永久占地实物指标、新增临时用地实物指标、房屋及附属物实物指标进行调查复核。根据各县（区）上报文件中的问题，成立调查组，由市指挥部、征迁设代、监督评估部、勘测定界单位和相关县（区）领导干部等相关人员组成。调查完毕后，市指挥部就复核情况组织召开工作联席会，针对相关问题进行讨论并提出意见，市指挥部整理并编写会议纪要。最终成果由征迁设代处出具正式清单，按照征迁补偿程序给予补偿。

表6-2 2016年上半年引黄入冀补淀工程(河南段)联席会议统计表

序号	会议名称	会议时间 （年-月-日）	备注
1	濮阳县渠村乡、清丰县阳邵乡错漏登附着物问题的联席会议	2016-01-11	
2	开发区附着物补偿清单存在问题申请复核的 报告及其他相关问题的联席会议	2016-01-23	
3	濮阳县永久占地附着物复核问题联席会议	2016-03-04	
4	清丰县固城段、大屯段、韩村段、阳邵段集体房屋 及附属物复核有关问题的联席会议	2016-03-12 2016-03-18	
5	开发区附着物复核等有关问题的联席会议	2016-03-13	
6	濮阳县水利和道路设施补偿、占地附着物复核等有关问题联席会议	2016-04-06	
7	开发区段征迁复核工作有关问题的联席会议	2016-04-06 2016-04-07	
8	清丰县征迁用地有关问题的联席会议	2016-04-07	
9	濮阳市引黄入冀补淀工程施工期间停水期间 城市水系影响问题的联席会议	2016-04-12	
10	濮阳市引黄入冀补淀工程施工期间停水对 农业灌溉影响问题的联席会议	2016-04-13	
11	专业项目设施迁建和保护工作专题联席会议	2016-04-13	
12	开发区王助镇西郭寨村改线段有关问题专题联席会议	2016-04-25	
13	引黄入冀补淀工程灌溉影响有关事项的专题联席会议	2016-04-25	
14	清丰县征迁工作有关问题的联席会议	2016-05-25	
15	示范区征迁工作有关问题的联席会议	2016-05-30	
16	濮阳县征迁工作有关问题的联席会议	2016-05-31	
17	专项管道迁建保护方案及相关工作的联系会议	2016-06-22	
18	濮阳市引黄入冀补淀工程有关问题的联席会议	2016-06-30	
19	开发区王助镇西郭寨村段征迁复核有关问题联席会议	2016-07-04	
20	清丰县工程建设有关问题联席会议	2016-07-18	

开展对电力、通信、管道开展实地调查复核工作,通过现场和各方协商,初步拟定专项拆迁及改建方案。监督评估部配合市指挥部积极协调各产权单位上报迁建方案,对已报送上来的方案督促设计单位尽快安排评审,并协助市指挥部和专项实施单位签订协议,督促各专项单位按要求开展招标投标程序。

各县(区)继续开展征迁安置补偿资金公示兑付工作。监督评估部及时组织人员到现场审查补偿清单与公示内容、数量、标准是否一致,对公示工作进行全过程监督,并做好影像资料留档工作。指导各县（区）对征迁资金公示和兑付情况，监督各县（区）加强资金公示兑付各环节管理工作，确保征迁资金能够按要求安全分解补偿到户。

房屋、农副业拆迁工作是第二阶段攻坚战的重点，在居民房屋、企事业单位房屋的拆迁工作进行的同时，采取发放临时住房补助费的方式解决拆迁房屋住户的生产生活问题。在拆迁实施阶段，由于渠村乡土地征用价格比邻近乡（镇）低 5 000 元，部分群众对此政策不理解、不支持，多次出现集体阻工和集体上访事件。市指挥部高度重视，通过乡（镇）干部深入开展的群众工作和征迁政策的宣传以及针对该乡南湖村特殊情况所做的生产安置调整等一系列措施和手段，逐步了解群众诉求、化解征迁矛盾。2016 年已完成房屋拆迁任务 217 户，共计房屋面积 37 001 m²，搬迁人口 697 人。其中：濮阳县拆迁房屋 166 户，搬迁人口 639 人，拆迁房屋面积 25 783.22 m²；开发区拆迁房屋 47 户，搬迁人口 40 人，拆迁房屋面积 8 134.2 m²；示范区拆迁房屋 3 户，搬迁人口 13 人，拆迁房屋面积 944.04 m²；清丰县拆迁房屋 2 户，搬迁人口 5 人，拆迁房屋面积 2 139.69 m²。截至 2016 年 12 月 31 日，市指挥部根据征迁进度已下达县（区）建设征迁安置补偿资金 75 623.18 万元。其中：濮阳县45 993.03万元（耕地占补平衡费 6 000 万元，耕地占有税 2 993 万元，机构开办费 93 万元，实施管理费 650 万元），为濮阳县批复资金的84.81%；清丰县11 163.27万元（耕地占有税 321 万元，机构开办费 38 万元，实施管理费 108 万元），为清丰县批复资金的97.80%；开发区 14 662.82 万元（耕地占有税 321 万元，机构开办费 45 万元，实施管理费 190 万元），为开发区批复资金的95.54%；城乡一体化示范区 2 205.62 万元（其中耕地占有税 43 万元，机构开办费 10 万元，实施管理费 38 万元），为示范区批复资金的97.27%；市属 1 598.44 万元，占总任务的8.35%，详见表6-3。

此外，市指挥部积极组织开展施工环境协调工作，积极推进征迁土地清障工作，监督评估部督促各县（区）按要求及时办理土地移交，确保了施工单位能够顺利进场，并在施工过程中，帮助施工单位协调各方关系，确保施工工作顺利开展。

表6-3　引黄入冀补淀工程2016年征迁资金拨付情况统计

编号	分区	批复资金（万元）	已拨付资金（万元）	完成率（%）	备注
一	濮阳市	102 445.59	75 623.18	73.82	
1	濮阳县	54 228.73	45 993.03	84.81	
2	开发区	15 347.49	14 662.82	95.54	
3	示范区	2 315.25	2 205.62	95.27	
4	清丰县	11 414.71	11 163.27	97.80	含内黄县
5	市属	19 139.41	1 598.44	8.35	含专项
二	占补平衡费		8 000.00		
三	临时用地占用税		3 846.28		
	合计	102 445.59	87 469.46	85.38	

（三）第三阶段突击战（2017 年秋至 2017 年 11 月通水前）

2017 年 11 月通水之前是第三阶段的突击战。主要工作任务是确保临时施工道路的畅通,保障施工环境。市指挥部积极组织开展施工环境协调工作,积极推进征迁土地清障工作,督促各县(区)按要求及时办理土地移交,营造一个良好的施工环境,确保施工单位进场施工,并要求在施工过程中,运输车要覆盖,施工路面洒水,挡围挡,全力做好环保、安全文明施工工作,确保工作顺利开展。

在这一阶段,设计单位完成部分专项的方案审查工作,提出设计意见。市指挥部依据设计意见、专项方案和部分专项实施单位签订了包干协议,部分专业项目迁建正在进行当中。在 2016 年年底实施规划报告出台后,依照实施规划内容,监督评估部和市办、征迁设计共同商议讨论征迁安置设计变更工作办法和程序。经听取多方专家意见,现场初步确定设计变更工作方法,为以后变更工作的顺利开展做好准备。2017 年秋季后进入保通水阶段,这一阶段的主要问题是环保问题,主要是施工场地的扬尘问题,工程以环保 6 个百分百为要求,即现场覆盖百分百、施工场地硬化百分百、进出车辆清洗百分百、进出车辆封闭百分百、现场围挡百分百、现场空气湿度雾状施工百分百,以此解决施工现场的环境问题。

三、征迁安置实施后续管理

三个阶段的过程突击战扎实、有效,顺利保障了工程的完工,引黄入冀补淀工程于 2017 年 11 月 16 日成功通水,水流清、含沙量小、流速大、畅通无阻地流向白洋淀。征迁安置实施工作也相应进入后期收尾验收阶段。征迁安置实施后期主要是指通水后至 2018 年验收阶段。这一阶段还需要做好桥梁、引道的延伸,管理设施的完善,临时用地的复垦和返还,征迁变更手续资料的完备,遗留的征迁问题的妥善解决,等等。目前,搬迁人口生产生活的恢复仍在进行中,后靠房屋建设与居民安置区建设工作接近尾声,社区治理等工作逐步展开。预计 2018 年年底完成征迁验收及档案整理等工作。

第四节　征迁安置实施管理运行机制

在形成河北省水务集团和濮阳市经常性协商机制,以会议纪要促进问题解决的基础上,还形成多种特色实施的运行机制。征迁会议纪要形式见附录三。

引黄入冀补淀工程征迁安置濮阳市、县、乡各级指挥部勇于担当,统筹调配各方力量,明确责任,狠抓落实,提高效率,严格按照台账时间节点,克难攻坚,征迁安置过程中形成了晨会沟通、协调督导、清单管理、信访申诉等具有濮阳市引黄入冀补淀工程征地拆迁安置特色的管理机制,如图 6-3 所示。

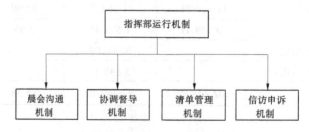

图 6-3　征迁安置实施运行机制

一、晨会沟通机制

为了细化征迁工作任务,明确责任。市征迁安置指挥部办公室实施早餐会制度。从2015年10月14日起每天07：30~08：00在项目部召开早餐会,参加人员为指挥部全体人员、设计、监理、河北和河南建设部、部分县(区)相关人员,内容是安排部署全天工作任务、汇报工作进展情况、研究解决工作中存在的问题、统筹调配各方力量,将每天的工作成效直观地体现出来,及时发现问题,有效解决问题,保障征迁工作快速推进。

二、协调督导机制

为了减少中间环节,提高征迁效率,市指挥部办公室成立了由县级干部带队的工作督导组,充分发挥总负责、总协调作用,坐镇征迁一线,现场督导征迁工作进程。办公室打破原有科室界线,统筹调配力量,整合资源,充实一线力量,成立四个工作组,负责现场勘界、复核、协调等工作,将有征迁及群众工作经验的同志派驻征迁任务重、工作难度大的县(区),形成了领导带队、团队推进、限定时间、县(区)包干的责任机制,确保了征迁推进过程中的协调、监督到位。同时,市督查局把该工程列入重点项目进行督导,围绕工程时间节点开展全方位跟踪督导。

三、清单管理机制

2015年10月8日成立指挥部后开始征迁安置工作,由于缺乏实施规划和工作经验,早期按照初设报告的投资进行包干,起草了补偿包干协议,由县(区)负责,市指挥部实行合同协议管理,进行政策指导,具体实施由设计单位、监理单位与县(区)。其后综合考虑县(区)资金监管风险等问题,形成了清单制的管理机制,即设计方提出实物指标初步清单,由县分解到村到户(土地到村,房子到户),公示,各级征迁机构、设计代表、监理对实物指标现场复核,有问题再反馈修正,两次公示,签字确认无问题后正式拨付清单,资金由市指挥部下拨到县,县指挥部直接下拨到户。

清单制是对资金管理与拨付的一种方式,也是在没有大型工程征迁经验基础上对于征迁资金管理与拨付一种创新与尝试。同时,市指挥部办公室还制定了征迁安置资金管理办法、征迁安置资金财务核算办法、财务管理制度、办公室人员考勤管理制度、例会制度、移民资金廉政风险防控制度等规章制度,通过制度规范权力运行,确保资金安全、人员安全。

四、信访申诉机制

征迁安置过程中,坚持把保护征迁合法权益、维护征迁居民切身利益放在重要位置,充分尊重居民的知情权、参与权和监督权,畅通征迁信访、申诉渠道,确保征迁利益不受损害。

(一)征迁权益保护

濮阳市把维护征迁居民的合法权益作为征迁工作的出发点和落脚点,坚持以人为本、阳光操作,充分征求征迁居民的意见和建议,切实保障居民的知情权、参与权和监督权。坚持"征迁未动,宣传先行",通过各种形式宣传报道,形成强大舆论攻势,营造浓厚社会氛围,使征迁群众充分认识国家重点工程建设的重大意义,提高征迁群众支持国家重点工程建设的自觉性。在征迁安置过程中,广泛宣传国家征迁安置政策和安置地实际情况,确保了各阶段征迁群众的知情权。征迁安置的每一个环节、每一时间阶段,都有征迁群众积极参与。征迁安置工作自始自终都处于征迁群众的监督之下,让征迁群众充分享有监督权。

(二)征迁申诉

接受和处理征迁申诉,是了解征迁搬迁和安置实际情况,为征迁排忧解难,保护征迁权益的重要途径。征迁申诉渠道:一是征迁安置指挥系统。征迁问题可从村委逐级申诉到濮阳市引黄入冀补淀工程建设指挥部,可表示为征迁→村委会(或驻村工作队)→县征迁指挥部办公室(或征迁办)→濮阳市引黄入冀补淀工程建设指挥部。二是政府行政职能系统。可以表示为征迁→乡(镇)政府→县政府→市政府。畅通的申诉渠道为解决征迁问题提供了方便。在征迁安置实施过程中,出现了一些关于财产、人口错漏登、生产安置条件差、房屋建设质量问题和村级干部违法违纪等问题。针对征迁安置户申诉的问题,按照不同性质分别由责任单位或与征迁安置地沟通协调以及时调查了解,落实处理。

第五节　实施管理效果

引黄入冀补淀工程是跨省、跨流域调水工程,而征地拆迁工作政策性强、敏感度高、涉及面广、利益关系复杂,是工程建设难题中的难题。引黄入冀补淀工程的征迁工作任务量大、工程时间短,因此需要多方紧密配合,协同共进。自征迁工作开始以来,濮阳市及各区(县)、乡指挥部、工作组在征迁安置实施管理过程中积极简化工作程序,协调分工,明确责任,提高办事效率,取得了明显成效。同时与河北建设单位密切配合,优化施工方案,做到工程建设进度与质量安全双保证,使工程征迁安置工作在1年半的时间里取得了全面胜利。截至2017年年底,征迁工作已全部完成,下拨县(区)征迁资金9.5亿元,濮阳市境内完成永久征地9 150亩,临时用地4 824亩,房屋拆迁229户,4.6万 m^2。专项设施迁建全部完成。工程推进顺利,实现了2017年11月底全线正式顺利通水。

在征迁安置实施管理过程中,指挥部体系运行顺畅,管理效果明显。一是迅速动员多部门力量,实现资源整合;二是指挥部集中办公优势突出,提高上传下达工作效率;三是快速组织与决策,提高了行政效率;四是加强了组织协调和督导考核,有利于实现强化激励和约束机制;五是有力保证了征迁安置进度和工程进度的协调一致,维护移民的合法权益。整个征迁工程中没有出现大规模群体性上访和影响社会稳定的事件。

濮阳市引黄入冀补淀工程征迁安置工作,正是由于市委、市政府的正确领导和高度重视,全市近千名征迁干部昼夜奔波在征迁一线的拼搏,沿线群众的广泛理解和支持,全市上下目标一致、高效运转的各级征迁安置指挥部或工作小组的指挥运行体系,提高了管理效率,顺利实现了"工程保质保量完成、群众征迁安置收益"的双赢目标。

第七章　工程征迁安置监督评估

征迁安置是水利水电工程建设的重要组成部分,征迁安置监督评估工作是确保水利水电工程征迁群众得到妥善安置的重要管理手段,对促进水利水电工程征迁安置工作顺利进行起到重要的保障作用。国家大中型水利水电工程建设征地补偿和移民安置条例明确要求:国家对移民安置实行全过程监督评估。签订移民安置协议的地方人民政府和项目法人应当采取招标的方式,共同委托移民安置监督评估单位对移民搬迁进度、移民安置质量、移民资金的拨付和使用情况以及移民生活水平的恢复情况进行监督评估;被委托方应当将监督评估的情况及时向委托方报告。

第一节　水利水电工程征迁安置监督评估一般要求

根据水利部 2015 年第 34 号公告批准发布的《水利水电工程移民安置监督评估规程》(SL 716—2015),移民(征迁)安置监督评估内容包括移民安置进度、移民安置质量、移民资金的拨付和使用,以及移民生活水平的恢复情况等。移民安置监督评估单位应独立、公正、公平、诚信、科学地开展移民安置监督评估工作,履行移民安置监督评估合同约定的职责。移民安置监督评估工作除应符合《水利水电工程移民安置监督评估规程》规定外,还应符合国家现行有关标准的规定。

一、征迁安置监督评估机构及职责

监督评估机构是依照监督评估合同约定,组建的针对某一特定工程征迁安置的监督评估机构,是中标单位在征迁安置实施过程中必须设立的住项目所在地的机构。评估机构必须配置满足工作需要的监督评估人员,并在监督评估合同约定的时间内,将总监督评估师及其他主要监督评估人员派往监督评估现场开展监督评估工作。当总监督评估师需要调整时,监督评估单位应征得委托方同意并书面通知委托方;当监督评估师需要调整时,总监督评估师应书面通知委托方和实施方。

监督评估机构的基本职责与权限应包括下列各项内容:参与审查技施设计阶段移民安置规划设计成果(征迁安置实施规划);参与移民安置规划交底(实物指标调查确认成果、安置规划报告、设计图纸、征迁范围红线图及坐标体系、社会经济调查资料、征迁群众安置意愿调查成果等);参与审核移民安置年度计划;参与论证、审查移民安置规划设计变更;监督评估移民安置进度、移民安置质量、移民资金的拨付和使用、移民生活水平恢复情况;建立移民安置监督评估信息管理制度,并及时向委托方报告;协助委托方、实施单位对移民工作人员进行培训;参与移民安置验收工作;监督评估合同约定的其他职责与权限。

二、征迁安置监督评估内涵与任务

从监督评估的内涵来看,水利水电工程征迁安置监督和评估是指全面收集工程征迁安置实施取得的成绩和效果有关的各种信息,并对征迁安置实施管理提供合理化建议,辅助征迁安置实施主体实施管理的过程。实施监督和评估的目的是按照国家大中型水利水电工程建设征地补偿和移民安置条例以及水利行业标准水利水电工程移民安置监督评估规程对征迁安置实施过程进行监督,发现问题及时反馈,并对实施效果进行评价,保障工程征迁安置工作顺利开展和征迁安置目标切实达到。监督评估有两项主要内容:监督工作进度和评估工作成果。监督是一个系统的过程,在此过程中连续收集和分析与征迁安置活动有关的各项信息,而评估是对征迁安置活动进行定期评价,以确定这些活动的效果是否达到了预期。

移民安置监督评估工作具体任务应包括编制监督评估工作大纲和实施细则、开展移民安置实施情况和移民生活水平恢复情况监督评估、编写移民安置监督评估报告、完成监督评估合同约定的其他工作。移民安置监督评估工作应根据移民安置工作内容和特点,制订监督评估工作方案,并在移民安置监督评估工作过程中根据实际情况的变化进行调整和完善。

(一)监督评估工作大纲和实施细则的编制

监督评估合同签订后,总监督评估师应主持编制监督评估工作大纲,并报委托方备案。监督评估工作大纲内容应包括监督评估依据、范围、期限、目标、机构设置、人员配备、设备设施配置、制度建设、任务、内容、措施、成果及应用等。

监督评估工作大纲(详见附录四)制定后,监督评估师应依据监督评估工作大纲编制监督评估实施细则,经总监督评估师批准后实施。

(二)征迁安置实施情况监督评估

监督评估机构应依据批准的移民安置规划,按照监督评估工作大纲和实施细则的要求,监督移民安置进度、质量、资金计划执行情况,核查移民搬迁户数、人数,督促检查移民搬迁安置方案的组织及落实情况,对农村移民安置、城(集)镇迁建、工业企业处理、专业项目处理、库底清理(水库项目)及工程建设区场地清理、移民资金拨付和使用管理、移民安置实施管理、移民安置满意度调查等实施情况进行监督评估。对移民安置进度、移民安置质量、移民资金拨付和使用管理情况三个方面进行评估,评估计划、目标完成情况。

移民安置实施情况监督评估应采取定点与巡回相结合的方式,采用走访座谈、检查、核查、抽样调查、统计分析、查阅资料、实际测量等方法,对移民安置实施情况进行监督、检查和评价。监督评估单位遇到重大问题时,应及时向委托方发出移民安置监督评估通知(建议)书。

监督评估机构应参加地方人民政府和项目法人定期召开的例会,参与通报移民安置实施情况,参与研究协调移民安置实施过程中遇到的重大问题。

监督评估人员应及时、详细、完整地记录每天工作情况,并编写监督评估项目日志和监督评估个人日志。日志主要内容应包括时间、地点、人物、事件、过程以及存在问题与处理方法等。

（三）移民生活水平恢复情况监督评估

监督评估机构应按照监督评估工作大纲和实施细则的要求，对农村移民和城（集）镇移民的生活水平恢复情况进行监督评估。

移民生活水平恢复情况监督评估宜采用资料收集、座谈访谈、问卷调查、抽样调查、现场查勘等方法进行跟踪监测，采取对比分析、定量分析、定性分析、综合评价等方法进行评估。

移民生活水平恢复情况监督评估内容应包括农村移民生活水平恢复情况和城（集）镇移民生活水平恢复情况。

移民生活水平恢复情况监督评估应包括下列工作任务：建立移民搬迁前生活水平本底；跟踪监测移民搬迁后生活水平恢复情况；对比分析移民搬迁前后生活水平；评估移民搬迁后生活水平恢复情况和移民安置规划目标的实现情况；对移民生活水平恢复中存在的问题提出处理建议。

移民生活水平恢复情况监督评估应对本底调查确定的样本进行跟踪监测，每年跟踪监测一次。

三、监督评估报告制度

监督评估单位应根据监督评估合同约定，及时向委托方提交监督评估报告。监督评估报告的内容应包括工程概况、水库淹没或工程建设占地影响情况、移民安置规划主要内容及批复情况、监督评估工作情况、农村移民安置实施情况监督评估、城（集）镇迁建实施情况监督评估、工业企业处理情况监督评估、专业项目处理情况监督评估、库底清理及工程建设区场地清理实施情况监督评估、移民资金拨付和使用管理情况监督评估、移民安置实施管理情况监督评估、移民满意度监督评估、移民生活水平恢复情况监督评估、移民安置监督评估结论、存在的问题及改进建议、附件等。监督评估机构应保证监督评估报告的真实性、及时性和连续性。

（一）监督评估报告

监督评估报告包括本底调查报告、月报、年报、专题监督评估报告、阶段性监督评估报告、总监督评估报告等。

移民搬迁安置前，监督评估单位应编写本底调查报告向委托方报告移民生活水平本底情况。移民搬迁安置期间，监督评估单位每月应以月报形式向委托方报告移民安置实施情况；每年应以年报形式向委托方报告移民安置实施情况和移民生活水平恢复情况；监督评估单位受委托方委托，对某一专题开展调查，应向委托方提交专题监督评估报告。移民安置达到阶段性目标，监督评估单位应以阶段性监督评估报告形式及时向委托方报告移民安置实施情况和移民生活水平恢复情况。移民安置工作完毕后，监督评估单位应以总监督评估报告形式及时向委托方报告移民安置实施情况和移民生活水平恢复情况。

（二）监督评估报告的反馈

委托方在收到监督评估报告后，应及时将对监督评估报告的意见反馈给监督评估单位。监督评估单位在收到委托方对监督评估报告的反馈意见后，对需要立即答复的，应在10个工作日内给予书面答复；对不需要立即答复的，应在下期监督评估报告中反映整改建议。委托方对监督评估报告中反映的问题，应提出整改意见下发有关单位，并督促有关单位整改落实。

第二节 工程监督评估的招标及管理

招标投标是在市场经济条件下进行工程建设、货物买卖、财产出租、中介服务等经济活动的一种竞争形式和交易方式,是引入竞争机制订立合同(契约)的一种法律活动和形式。招标投标管理是招标人对工程建设、货物买卖、劳务承担等交易业务,事先公布选择采购的条件和要求,招引他人承接,若干或众多投标人作出愿意参加业务承接竞争的意思表示,招标人按照规定的程序和办法择优选定中标人的经营管理活动。

水利水电工程征迁安置实施的监督评估是征迁安置实施管理的重要手段,是补充政府管理不足的重要措施,是动员社会力量参与项目管理和政府督察、审计相互作用,以达到保障征迁安置顺利实施,保障移民切身利益、工程顺利建设的目的。监督评估招标投标是征迁安置实施管理主体——地方政府通过竞争择优选取社会定位参与过程征迁安置实施管理的重要活动。

2015年9月23日,河北水务集团与濮阳市引黄入冀补淀工程建设指挥部签订了委托协议(见附录一),确定濮阳市引黄入冀补淀工程建设指挥部负责引黄入冀补淀工程河南段的征迁安置和建设环境协调等工作。

2015年10月8日,河北水务集团发布了引黄入冀补淀工程(河南段)征迁安置监督评估招标公告及引黄入冀补淀工程(河南段)工程建设招标公告。

一、监督评估机构招标条件、内容及资格要求

(一)招标条件

引黄入冀补淀工程初步设计已经批复,建设资金已落实,具备招标条件。招标人为河北水务集团;招标代理机构为瑞和安惠项目管理集团有限公司,现对引黄入冀补淀工程(河南段)征迁安置监督评估项目进行国内公开招标,特邀请符合资格要求的监督评估单位参加投标。

监督评估项目部本着"守法、诚信、公正、科学"的原则,按合同条款约定的监督评估服务内容为濮阳市指挥部提供优质服务。

(二)招标内容

征迁安置监督评估包括征迁安置实施情况监督评估和生产生活水平恢复情况监督评估。主要内容为工程建设征地所涉及的征地补偿、生产生活安置、集镇单位迁建和专业项目复建的迁建、临时占地复垦退还等的实施进行监督评估,对征迁安置进度、征迁安置质量、征迁资金的拨付和使用情况以及征迁生产生活水平的恢复情况等进行监督评估。

(三)投标人资格要求

针对投标人的资格主要有以下要求:具有独立企业法人资格;具有移民监理工程师或从事过移民监理业务工作的专业人员不少于30人;承担过征迁安置监督评估(征迁监理)项目,具有从事征迁安置监督评估(征迁监理)的实际经验;通过质量管理体系认证;拟任总监督评估师应当由具有工程类、经济类等与征迁安置工作相关的高级专业技术职称和征迁安置监督评估工作经历,具备政策分析、社会调查经验,较高的组织协调能力和

管理能力,能满足开展监督评估工作的需要的人担任;财务状况良好;本次招标不接受联合体投标;本次招标实行资格后审,资格后审不合格的投标人投标文件将按无效处理。投标人近三年(2012年10月8日至2015年10月8日)无行贿犯罪记录(由投标人在检察机关开具查询行贿犯罪档案结果告知函)。

二、招标投标管理

招标以政府采购形式公开进行。河北省委托瑞和安惠项目管理集团有限公司为采购代理单位,编制了采购招标文件,明确了采购服务内容、技术要求,规定了招标投标时间节点、投标人条件和评标标准等条款。2015年10月8日招标人河北省水务集团在河北省招标投标综合网、中国采购与招标网、河北省政府采购网及中国政府采购网等网站公开招标信息。

通过2015年10月30日的公开开标、评标,最后确定中水北方勘测设计研究有限责任公司中标,并于2015年11月5日,在河北省招标投标综合网、中国采购与招标网、河北省政府采购网及中国政府采购网等网站发布引黄入冀补淀工程(河南段)征迁安置监督评估中标公告。

三、中标单位监督评估机构建设

中水北方勘测设计研究有限责任公司(简称中水北方公司)中标后,为了做好工程征迁监督评估工作,以最快的速度成立了引黄入冀补淀工程(河南段)征迁安置监督评估部,于2015年11月8日进入现场,边建设办公场所,边组织、完善机构和人员,于2015年11月中旬,完成了监督评估项目部建设和人员配备,为做好征迁安置生产生活水平评价工作,还特邀河海大学中国移民研究中心协助监督评估工作。在工程征迁开始的同时,对工程进展及实施情况进行监督评估。

中水北方勘测设计研究有限责任公司组建了由下属监理公司和环境移民处为主的引黄入冀补淀工程(河南段)征迁安置监督评估部,并编制了引黄入冀补淀工程征迁安置监督评估工作大纲(见附录四)。

环境移民处是中水北方公司的下属业务处室,下设环境影响评价、水土保持、征地移民、社会稳定风险分析等专业。现有职工50余人,其中高级工程师14人(教授级高级工程师5人),注册环评工程师17人,注册土木工程师(水利水电工程水保移民)12人,监理工程师13人。主要从事大中型水利水电工程建设征地补偿和移民安置规划设计、环境影响评价、项目水土保持方案编制、工程社会稳定风险评估等业务,是公司主要业务部门之一,近几年逐步开展大中型水利水电工程移民监督评估工作。

中水北方公司工程监理公司是公司下属独立核算单位,从事工程监理等工作。设总经理1人主持并负责公司的全面工作;设副总经理2人,根据分工协助总经理工作,并负责所在项目相应职务的监理工作;设总工程师1人,协助总经理负责公司的工程技术、质量管理、生产计划等工作;设总经理助理1人,协助总经理工作。监理公司下设综合管理部、设备监造中心、市场开发部、项目管理部四个常设机构以及相应成立的各工程项目监理(管理)部。

工程监理公司承担的项目实行总监(项目经理)负责制,总监(项目经理)经由工程监理公司提名后,由中水北方勘测设计研究有限责任公司批准任命。必要时安排相应数量的副总监理工程师,项目部各部部长、责任工程师、现场监理工程师等由总监理工程师提名并报工程监理公司批准。项目部总监理工程师、副总监理工程师等职务从公司下文任命开始至项目完成结束,其余人员根据项目进展情况安排进退场。监理公司机构设置见图7-1。

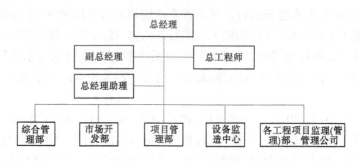

图 7-1　监理公司机构设置

四、监督评估机构内部制度建设

工程监理公司是中水北方勘测设计研究有限责任公司的下属二级单位,承担中水北方勘测设计研究有限责任公司的工程监理(管理)、设备监造等工作。监理公司职能主要包括:

严格执行国家、地方、行业的有关工程施工监理的法律法规和政策,以及水利行业的规章、规范性文件和技术标准;各等级水利水电工程的施工监理,各类型机电及金属结构设备制造监理,工程咨询。

坚持公平、公正、科学的原则,重合同讲信用,严格遵守合同履行合同中规定的职责和义务,维护雇主和国家的合法权益。实行岗位聘任制,对监理公司员工依据干部管理制度和工人管理制度进行员工录用、调动、任免、考核、培训、奖惩和辞退。坚持"守法、诚信、公正、科学"的执业准则,严格"四控制、二管理、一协调",确保工程建设质量。加强管理人员培训、考核和管理,努力提高工作水平。在授权范围内自主经营,承接工程项目;努力扩展监理及其他业务,积极创收节支。财务独立核算,其他与本部门有关的工作,中水北方勘测设计研究有限责任公司领导临时委派的其他工作。监理公司内部管理程序详见表7-1。

表 7-1　监理公司内部管理程序

序号	项目内容	负责部门	主管	协管	备注
一、公司管理程序					
1	中水北方文件往来	综管部	总经理	副总经理	按照规定程序办理
2	公司内部文件往来	综管部 项目部	总经理	副总经理 总工程师	根据工作需要发布
3	对外宣传报道	党支部 分工会	总经理 党支部书记	分工会主席	各部门负责

序号	项目内容	负责部门	主管	协管	备注
4	人员聘用及管理	综管部 项目部	总经理	副总经理 总工程师	具体见公司文件
5	财务管理	综管部	总经理	副总经理	可根据情况授权
6	设备管理	综管部 项目部	总经理	综管部主任	具体见公司文件
7	公司质量管理	综管部 项目部	总经理	副总经理 总工程师	按体系文件控制
8	工会工作	分工会	分工会主席	分工会委员	
9	支部工作	党支部	党支部书记	党支部委员	
10	人员培训、继续教育、职工福利等	综管部 分工会	总经理	副总经理	
二、招标投标程序					
1	监理（管理）项目招标投标信息收集	综管部 开发部	总经理	副总经理 总工程师 总经理助理	
2	招标公告	综管部 开发部	总经理	副总经理 总工程师 总经理助理	
3	确定是否参与投标	综管部 开发部	总经理	副总经理 总经理助理	需请示公司领导
4	投标文件编制	编标小组	总经理	市场开发部 主任	名单附后
5	确定投标报价	编标小组	总经理	副总经理 总工程师 总经理助理	报价高于 500 万元 需报公司批
6	合同谈判				根据公司授权
三、项目管理程序					
1	项目进场准备	项目部	副总经理 总工程师 总经理助理 项目管理 部主任	总经理	
2	项目部人员召集	项目部			按照监理公司规定
3	设备配备	项目部			按照批准计划执行
4	项目财务管理	项目部			按照批准计划执行
5	项目合同管理	项目部			按照所签合同执行
6	项目技术管理	项目部			根据问题性质确定
7	项目安全管理	项目部			总监为项目责任人
8	项目验收、资料归档	综管部 项目部			根据经理分工

第三节 监督评估运行及主要成果

中水北方引黄入冀补淀工程监督评估项目部根据《水利水电工程移民安置监督评估规程》以及《大中型水利水电工程建设征地补偿和移民安置条例》对监督评估的内容和要求,并本着"守法、诚信、公正、科学"的原则,按合同条款约定的监督评估服务内容为濮阳市指挥部提供优质服务。监督评估结合引黄入冀补淀工程的实际情况,主要从进度控制、质量控制、投资控制、合同管理、信息管理、征迁群众生产生活水平监测评估六个方面进行征迁安置监督评估工作,具体包括监督评估运行机制及监督评估成果。

一、监督评估机构设置及制度建设

监督评估部根据工作任务和人员分配,设立总监督评估师1人,负责监督评估总体工作,确定工作大纲,组织编制和审批监督评估细则,解决监督评估重大、重要问题,签署监督评估报告和意见建议,明确内部人员岗位职责,保持与公司以及地方政府等单位的联系与沟通等;根据实施不同阶段的要求配备监督评估师,监督评估师是在总监督评估师授权下负责各区段相关区域、相关专业范围内的监督评估工作,并向总监督评估师负责。其主要职责及权限有以下方面:①参与编制监督评估规划,组织编写监督评估实施细则;②及时、准确地做好所负责区域及专业的信息管理工作;③及时发现并处理移民安置工作中可能发生或预计发生的质量问题,超出自身权限的及时向总监督评估师汇报;④组织、指导、检查和监督本区域监督评估人员的工作,及时解决工作上的问题;⑤积极完成总监督评估师布置的各项任务;⑥参加移民安置有关会议并根据实际情况提出相关意见;⑦参加移民安置实施各阶段验收,并根据实施情况提出相关意见。

根据监督评估任务设置监督评估内部结构。设立监督评估办公室负责监督评估日常管理事务、对外联络与协调事务;设立进度、质量、投资、合同控制部,负责征迁安置进度、投资、质量以及合同执行的监督和评估工作;设立信息管理部,对监督评估日常信息进行管理,负责建立信息库,包括监督评估人员动态、监督评估日志、监督评估意见建议书、监督评估报告、征迁安置进展、资金拨付以及来往文件等信息;设立监督评估1组、监督评估2组和监测评估3组三个小组,1组配合濮阳市指挥部、设计代表对征迁过程中的问题进行调查、讨论解决办法,2组对征迁安置实施进展、实施现场进行检查,发现问题及时沟通,3组是监测评估组,对征迁安置群众生产生活水平恢复进行间断性检查、查勘、问卷调查和评估。监督评估组织机构图如图7-2所示。

二、监督评估运行机制

移民安置监督评估是指具有移民安置监督评估专业技术能力的单位,受与项目法人签订移民安置协议的地方人民政府和项目法人的共同委托,对移民搬迁进度、移民安置质量、移民资金的拨付和使用以及移民生活水平的恢复情况所进行的监督、监测和评估活动。其运行机制主要是通过组织机构和制度建设,使各个组织单元平稳地运行。运行机制,是引导和制约决策并与人、财、物相关的各项活动的基本准则及相应制度,是决定行为

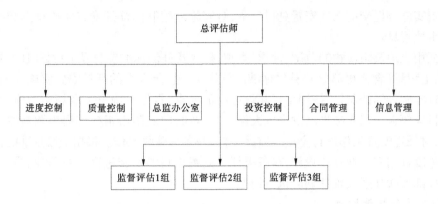

图 7-2 引黄入冀补淀工程监督评估组织机构图

的内外因素及相互关系的总称。各种因素相互联系,相互作用,要保证社会各项工作的目标和任务真正实现,因此必须建立一套协调、灵活、高效的运行机制。

(一)监督评估制度建设

根据引黄入冀补淀工程征迁安置任务和实施管理体制,监督评估部建立了监督评估内部管理与外部监督评估工作制度。主要制度如下:

1.监督评估部管理制度

(1)内部管理制度;

(2)工作会议制度;

(3)对外行文审批制度;

(4)工作日志制度;

(5)监督评估月报及年度工作总结;

(6)技术、经济资料及档案管理制度;

(7)资产管理办法;

(8)监督评估人员守则。

2.征迁安置监督评估现场工作制度

(1)实施规划设计成果审查参与制度;

(2)清单制、实施计划制定参与制度;

(3)信息反馈制度;

(4)现场检查制度;

(5)重点问题跟踪制度;

(6)现场工作协调制度;

(7)签证制度;

(8)专家组咨询制度;

(9)工程项目验收参与制度;

(10)监督评估报告、简报制度。

(二)征迁安置控制机制

1.征迁安置进度控制

协助濮阳市指挥部起草征迁安置任务及投资包干协议,以及参与该协议的补充完善;

协助审查实施方提交的征迁安置兑付方案,对实施方编制的征迁安置实施计划和有关问题提出审核意见。

对征用土地及附属物的范围、性质、类别、权属及补偿标准参与界定;对征迁安置的实物指标、工程量(含变更部分)、兑付标准进行认定。按照批准的征迁安置实施规划,参与征迁安置实施计划的制订,按照项目建设进度的要求,督促实施方采取切实措施,实现征迁安置目标要求。当实施进度发生较大偏差时,及时向濮阳市指挥部提出调整控制性进度建议,对征迁安置工作进行全过程监督评估,并参与验收工作。根据上级批准的征迁安置实施年度计划和专业复建设计,对各类征迁安置项目的实施进度进行监控。及时向濮阳市指挥部反映征迁安置计划的执行情况。

2.征迁安置质量控制

协助濮阳市指挥部审查实施方提交的征迁安置实施计划;对征迁安置有关工作进行检查和监督;参与征迁安置资金计划编制,对征地等各种补偿投资拨付、使用进行监督;建立征迁安置建立信息管理制度,定期向濮阳市指挥部报告。对各类征迁安置和专项工程建设信息进行收集、整理、建立档案,定期汇总和编制征迁安置监督评估工作报告,对征迁安置项目实施情况进行监督检查,不符合要求的要及时责令整改。对征迁安置工作中存在突出问题和发生重大事件时及时报告。参与各阶段的专项验收和征迁安置验收并提交各相应阶段的监督评估报告。

协助地方政府征迁安置执行机构对征迁安置工作人员进行必要的业务培训和政策学习;对征迁安置的有关问题进行协调;完成濮阳市指挥部提出的有关问题监督评估;完成征迁安置监督评估工作验收报告;受濮阳市指挥部委托召开征迁安置问题协议会议,及时、公正、合理地做好各有关方面的协调工作;参加有关解决征迁安置实施问题的例会。

3.征迁安置投资控制

监督征迁安置补偿资金的拨付、使用;对征迁安置的实物指标、兑付标准、资金支付进行认定;督促征迁安置资金按计划及时到位,检查征迁安置资金的使用情况,监督实施方按审定的规模、标准和投资进行实施;参与征迁安置规划设计成果审核以及漏项、设计方案变更等审查,提出监督评估意见。

4.合同管理

监督评估项目部根据《合同法》及国家、省、市有关部门出台的征迁安置工作方针、政策,在满足总体计划和分年度计划的情况下,应实施方的要求,参与各方的合同的签署。合同条款还应符合国家、省、市征迁安置部门出台的方针政策,合同价款原则上不突破市批准的实施规划(包干方案)的资金,合同的期限(工期)应与总体进度计划和分项进度计划一致。监控合同(协议)的履行情况,主要有以下方面的要求:

合同(协议)双方当事人按照合同(协议)的约定,必须全面履行各自权利和义务;对合同履行中发生的争议,应督促当事人进行协商,避免因争议而影响到征迁安置实施进度,乃至影响项目的开工建设。对不能解决的争议,应按《合同法》的规定进行变更或解除合同。对实施中出现的合同变更,计划调整进行确认,严格控制变更申报的程序;对合同索赔,监督评估工程师应监督责任方按《合同法》的规定或合同约定赔付;实施方应将合同副本或复印件报监督评估部,监督评估部将合同编号,对履行中协调解决的合同争议、会议纪要、合同变更、索赔等资料整理、装订。

5. 信息管理

在濮阳市引黄入冀补淀工程建设指挥部、监督评估项目部、实施方之间建立信息传递系统,利用高效的办公条件进行信息传递。准确、及时、全面收集、整理征迁安置工作过程中各类工作信息,并与相关单位共享。对工作信息进行及时、必要的加工处理,采取表格、图形等直观方式,反映征迁安置工作进度、投资、质量情况。

主要采集以下信息内容:国家、省、市有关征迁安置工作的政策法规和规范;国家、省、市政府职能部门的有关文件、信函、传真(电话);批准的有关设计文件及设计资料;省、市批复的征迁安置工作文件;在征迁安置实施工作中发生的各种文字信息、数据信息、图片及影像资料。监督评估工作各种文件,包括监督评估工程师的监督评估记录、监督评估工作月报、监督评估日志、监督评估书面通知等;与征迁安置和工程建设有关的资料。

将所收集到的信息按有关规定进行分类归档,加强监督评估资料管理,确保资料完整、分类明确、管理规范,并最终一次性移交相关档案资料。同时,对实施方档案资料管理工作进行咨询服务、指导、检查档案资料的收集、分类和归档工作。结合征迁安置工作实际对信息内容进行分析、评价,对影响投资、进度、质量等方面的偏差问题提出处理意见,及时向实施方反馈。

6. 生产生活监测评估

生产生活监测评估主要是对受征地影响的生产安置群众、房屋拆迁搬迁安置的群众的生产和生活恢复及发展情况进行检查和评估,发现问题及时反馈,保障征迁安置群众生产生活安置目标实现的手段之一。引黄入冀补淀工程征迁安置群众生产生活水平监测评估主要由河海大学中国移民研究中心为主组成的监测评估小组来完成,其运行机制是中水北方监督评估部派 1 名监督评估师和河海大学监测评估小组保持联系,根据生产生活安置实施进展情况,通知河海大学监测评估小组进入现场开展监测评估工作,中水北方监督评估部派 1~2 名监督评估师、濮阳市指挥部派 1 人工作人员,参加监测评估协调和调查工作,调查发现问题,及时反馈到监督评估部,监督评估部对问题进行研判后,得出初步处理意见后,再向指挥部反馈,商讨问题解决意见。生产生活监测评估技术路线见图 7-3。

三、监督评估运行情况

为了更好地服务于项目,积极开展引黄入冀补淀工程(河南段)建设征地拆迁安置监督评估工作,根据项目的特点以及征迁安置监督评估合同的具体要求,对濮阳县、开发区、城乡一体化示范区、清丰县 4 个县(区)所涉及的实物量核查、补偿费兑付、土地移交、生产生活安置和专项设施恢复等各项目的实施进行监督评估。

(一)监督评估工作方法

第一,征迁政策宣传动员工作。通过网络平台、无线电播、广播电视和报纸等多种形式宣传项目政策及补偿标准,2015 年 11 月 30 日市指挥部印制了《引黄入冀补淀工程(河南段)征迁安置宣传手册》。在实施过程中,监督评估单位就征地拆迁安置发现的热点、难点问题在现场从政策层面上给予解释、宣传。

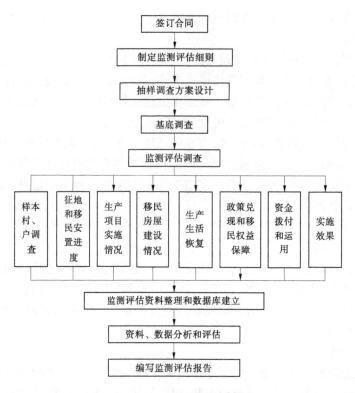

图 7-3　生产生活监测评估技术路线

第二,基底调查评估工作。对征地拆迁生产生活情况开展基底调查,采用典型调查和随机抽样相结合的样本选择方法,了解和掌握征地拆迁前的生产生活水平、生产生活方式、就业方式等情况。主要包括:调查监督评估县(区)、村的经济社会情况,收集相关统计资料;对样本村、户进行基本情况调查。

第三,实物指标复核工作。监督评估部配合征迁设计、市指挥部及地方征迁安置实施机构对个人和单位提出的复核内容进行复核。复核程序:在实施过程中,因错漏登引起的实物指标变化由发生变化的单位和个人提出申请,乡(镇)人民政府报县级引黄入冀补淀工程建设指挥部进行初核。对初核过程中确有错漏登的实物指标,由县指挥部以正式文件报送市指挥部。市指挥部组织征迁设计单位、监督评估单位、勘测定界单位、县区指挥部、乡村干部等相关单位和个人共同对现场进行勘查,对勘查中存在的问题由设计单位提出处理意见,监督评估单位现场见证,并做好影像资料的留存工作。现场工作图见图 7-4。

图 7-4　清障情况巡查

第四,征迁联席会议工作。征迁安置实施过程中发现的问题,通过现场进行勘查,无法现场确定或存在争议的,由市指挥部组织开展引黄入冀补淀工程征迁联席会议共同会上商议讨论。监督评估部根据现场情况,听取各方代表建议,依照国家相关规范要求,提出合理的建议。通过协商,最后各方会上达成统一处理意见。

第五,补偿费用公示工作。为保证征迁资金的及时拨付和合法使用,加强征迁资金公示环节管理,监督评估部针对濮阳市四县区的资金公示和兑付程序制定了一套规范程序和表格。要求依据设计清单,各县(区)按要求进行个人、集体实物指标明细、数量、补偿标准、补偿费用公示,每次公示时间不得少于3 d。公示期间,各县(区)通知监督评估部,监督评估部参与公示见证,并留存照相、摄像资料。监督评估部采取会议讲座、现场座谈、定期抽查等方式,帮助各县(区)规范公示程序。

第六,专项设施迁建工作。通过现场查勘,检查核实专业项目的数量是否与实施规划相符,是否符合行业相关规范要求。实施阶段,要求所有参建单位,必须严格执行行业规范的规定,严格执行基本建设程序,认真落实项目法人责任制、招标投标制、建设监理制和合同管理制。参加专业项目的验收工作,核查施工资料和资金拨付、使用情况。现场工作见图7-5。

图7-5 专项设施调查

第七,征迁资金拨付工作。实物指标补偿费公示3 d无异议后,各乡镇人民政府直接将补偿资金发放给个人并办理认可手续。对于资金拨付情况,由各县(区)组织进行汇总统计,定期将汇总情况交市指挥部和监督评估部。监督评估部人员对地方政府资金兑付情况进行不定期检查,并将检查结果及时报送市指挥部。协助市指挥部开展征迁资金拨付情况内部审计工作,督促各县(区)按照整改要求,及时纠正资金拨付过程中存在的问题。现场检查见图7-6。

第八,施工环境协调工作。配合市指挥部积极组织开展施工环境协调工作。积极推进征迁土地清障工作,督促各县(区)按要求及时办理土地移交,确保了施工单位能够顺利进场,并在施工过程中,帮助施工单位协调各方关系,确保施工工作顺利开展。土地移交现场工作见图7-7。

图7-6 示范区公示兑付情况检查

图7-7 开发区土地移交仪式

第九，征迁安置例会工作。濮阳市引黄入冀补淀工程建设指挥部为更好地完成引黄入冀补淀工程(河南段)征迁安置工作，市指挥部办公室建立了早例会制度。实施从2015年10月14日起，每天08:00在指挥部召开早例会，汇报前天工作、通报情况，安排部署任务。市指挥部2016年10月27日，从濮上园搬至世纪阳光酒店办公，早例会制度改为每周一召开周例会的形式开展。监督评估项目部参与了每次会议。各工作组分别就工作开展情况做了较为详细的汇报，市指挥部的领导就征迁安置相关工作中待定事项及标准要求做了明确。监督评估项目部在总结以往工作经验的基础上，对征迁安置工作提出了一些建议与意见。

(二)监督评估工作运行

第一，参加征迁联席会议情况。2016年监督评估部共参加濮阳市引黄入冀补淀工程建设指挥部组织的征迁联席会议32次，其中濮阳县问题会议征迁联席会议8次，开发区问题征迁联席会议9次，示范区问题征迁联席会议1次，清丰县问题征迁联席会议6次，灌溉影响专题联席会议2次，专项设施问题联席会议4次，全市问题征迁联席会议2次。通过征迁联席会议，解决了征迁安置过程中遇到的各种问题，同时会议听取各方意见，最终达成统一共识。征迁设代依据会议纪要，结合现场实际情况，最终下达征迁安置补偿清单。

第二，征迁安置监督评估文件情况。坚持移民安置监督评估日志制度，每日对具体参与的监督评估事项进行地点、事件、处理等情况进行登记。移民安置监督评估日志形式见附录六。2016年监督评估部完成监督评估月报编制工作12份，完成并报送市指挥部引黄入冀补淀工程征迁补偿款核查情况说明报告4份，完成监测评估《引黄入冀补淀工程(河南段)征迁安置生产生活水平监督评估本底调查报告》(详见附录五)。针对征迁安置监督评估过程中发现的问题，及时报送市指挥部，2016年编制完成监督评估通知3份，完成监督评估函和建议文件共10份。

第三，生产生活水平本底调查情况。2016年监督评估部组织对工程影响的搬迁和外出安置搬迁前生产生活水平进行摸底调查。遵循全面性、代表性等原则，采用典型调查和随机抽样相结合的样本选择方法，本次本底调查选取4个县(区)的苏堤村、天阴村、南新习村、王月城、南湖村、后范庄村等6个样本村(社区)、组，抽样比率42.86%。

调查过程中评估工作组分别使用问卷调查法、个案访谈法、实地观察法、座谈会法、文献研究等，广泛听取各级征迁干部和征迁居民的意见，深入收集涉及工程征迁安置的各类文件。最终得到有效问卷100份，并和受影响区的县(区)指挥部工作人员、4个乡镇的政府主要负责人以及6个村的村干部进行了访谈。

通过对抽样村(社区)、组的基本情况进行问卷调查，建立征迁安置前生活水平本底，为征迁居民生产生活水平恢复情况监督评估奠定基础。本底调查的主要内容包括人口情况和劳动力从业结构、生产资料及生产条件、基础设施和公共服务设施、收入情况和生活条件、村级(社区)组织建设等情况。

(三)征迁安置实施进度

2016年4月，继续进行永久、临时用地实物调查复核，专项设施迁建方案尚未完成评审工作，房屋已下达第二批拆迁房屋初步清单，各县(区)房屋问题目前正处于汇总阶段。

截至 4 月底,根据已下达清单和交地资料统计,以土地征收为例,完成情况如下:

已完成调查复核永久征地 9 056.47 亩(含原渠道土地面积),占永久征地总任务的 100.09%,完成调查复核临时占地 3 974.51 亩,占临时占地总任务的 67.43%。其中,濮阳县完成调查复核永久征地 5 164.14 亩,占本区任务的 99.70%,完成调查复核临时用地 3 214.43 亩,占本区任务的 79.33%;开发区完成调查复核永久征地 1 767.17,亩,占本区任务的 101.21%,完成调查复核临时用地 309.64 亩,占本区任务的 31.45%;示范区完成调查复核永久征地 274.16 亩,占本区任务的 102.87%;清丰县完成调查复核永久征地 1 851 亩,占本区任务的 105.11%,完成调查复核临时用地 450.44 亩,占本区任务的 52.53%。完成金堤河倒虹吸、卫河倒虹吸、1 号枢纽、沉沙池工程土地移交 5721.89 亩,其中永久用地 2 831.89 亩,临时用地 2 890 亩。

四、监督评估工作成果

监督评估部根据监督评估合同和实际工作时间节点要求,向濮阳市引黄入冀补淀工程建设指挥部提供以下工作成果。

(一)征迁安置监督评估工作大纲

2015 年 10 月 8 日,河北水务集团发布了引黄入冀补淀工程(河南段)征迁安置监督评估招标公告及引黄入冀补淀工程(河南段)工程建设招标公告,中水北方勘测设计研究有限责任公司参与投标后中标了引黄入冀补淀工程(河南段)征迁安置监督评估项目。为了配合征迁工作的顺利开展,中水北方勘测设计研究有限责任公司随即成立了引黄入冀补淀工程(河南段)征迁安置监督评估部,征迁安置监督评估部结合工程的实际情况,制定了《引黄入冀补淀工程(河南段)征迁安置监督评估工作大纲》(具体见附录四)。

(二)征迁安置监督评估细则

通过公开招标,河北水务集团、河南省濮阳市引黄入冀补淀工程建设指挥部将引黄入冀补淀工程(河南段)征迁安置监督评估标授予中水北方勘测设计研究责任有限公司。为了规范引黄入冀补淀工程征迁专项资金及项目管理,对征迁工作的质量和投资进行有效的监督和管理,防止套用、挪用、挤占征迁专项资金等不正之风,提高资金使用效益,保证征迁工作过程各环节的优化,确保征迁居民直接受益,根据国家有关的方针、政策、法律、法规、条例和有关规定,制定该细则。

(三)征迁安置监督评估工作总结报告

为了更好地反映引黄入冀补淀工程(河南段)征迁安置监督评估工作情况,监督项目部除制定工作大纲、工作细则,总结工作日志、工作月报和工作年报外,还对每一阶段的特殊事件进行总结,包括工作纪要和大事记。

(四)监测评估报告

根据监督评估工作大纲和监测评估工作计划,引黄入冀补淀工程征迁安置群众生产生活监测评估要进行间断性、不定时监测调查,编制四次监测评估报告。截至 2017 年年底,已完成本底调查和第一次、第二次、第三次监测评估报告。2017 年第二次监测评估报告见附录五。

(五)征迁安置监督评估工作月报

引黄入冀补淀工程(河南段)征迁安置监督评估部根据工程进度及时总结土地移交情况、征迁资金拨付情况,也及时提交工作月报和工作日志。截至 2017 年 8 月 31 日,工作月报共提交了 22 期月报和 100 多篇日志,比较详细地记载了土地移交情况、征迁资金使用情况、征迁会议纪要、工程变更程序及相关的整改记录(具体见附录六监督评估日志)。

(六)征迁安置监督评估工作年报

为了更好地反映引黄入冀补淀工程(河南段)征迁安置监督评估工作的方向,也为后面征迁工作提供经验,监督项目部也提交了征迁安置监督评估的工作年报,目前一共做了 3 次年报,对这一年的监督评估成果与不足进行总结,主要内容包括征迁工作的方法、征迁安置工作、征迁资金拨付和使用情况、存在的问题及下一步的总结(具体监督评估年度报告见附录七)。

(七)工程完结后的归档资料

征迁工程建设具有投资大、周期长的特点,整个过程中会产生大量的工程档案,这些档案具有种类繁多、价值高、技术性强的特点。征迁工程档案记载了建设活动的各种情况、成果、经验和教训,是全面反映工程建设全过程的真实记录和历史见证,是全体征迁工作者的智慧结晶和劳动成果。这些档案在征迁过程中质量的评定、事故原因的分析、阶段与竣工验收及其他日常管理工作中具有无可替代的重要作用。因此,做好征迁工程档案管理工作具有十分重要的意义。针对本次引黄入冀补淀工程,指挥部制定了工程完结后的归档资料办法,具体如下:

每个相关单位应该明确档案工作的主管领导,落实档案工作领导责任制,落实水利工程中的项目法人责任制、招标投标制、工程监理制、合同制管理。应将档案管理工作纳入其中,着重落实水利工程项目档案工作领导责任制,将档案工作纳入水利工程质量行政领导责任制进行监督。

每个单位设立专职档案员,做到档案工作层层有人负责和落实。同时,基层单位主管领导应督促档案人员认真履行职责,确保水利工程项目建设中产生的档案资料及时收集、归档,确保档案资料的系统性、连续性和完整性,特别是对立项、设计、施工中形成的报告、批复、图纸、合同、标书、账册、备忘录、协调文件等文件材料及时整理归档。

相关工作人员应该及时将记录资料整理移交归档,特别是一些新技术之类的重要资料,将工程档案资料收集、整理纳入工程监理,将竣工档案交接工作纳入工程监理的合同管理,使水利工程档案万无一失,从而保证对档案资料全面、系统地收集并及时归档。

第八章　征迁安置总体评价

2017年4月,雄安新区横空出世,引黄入冀补淀工程作为雄安新区生态建设的重要基础设施提上了新的高度,赋予了新的功能和历史使命。在省委、省政府和濮阳市委、市政府的正确领导和高度重视下,近千名征迁安置干部经过500多个日日夜夜的艰苦奋战,得到沿线广大群众的理解和支持,在1年半的时间里顺利完成引黄入冀补淀工程征迁安置任务,实现了既定征迁安置目标。安置效果怎么样,能否实现居民"征迁安置后生活水平不低于搬迁前生活水平、逐步致富的目标。"的安置最终目标,既有待于实践检验,也需要客观全面的评价。

第一节　征迁安置实施情况

随着雄安新区国家战略规划的实施,引黄入冀补淀工程又被赋予服务雄安新区新的历史使命。2017年5月31日10时,引黄入冀补淀工程毛寨闸开闸通水,滔滔黄河水顺流而下直至城区,标志着工程城区段试水圆满成功。6月,根据国家战略要求和省委书记的要求,引黄入冀补淀工程征迁安置工作突飞猛进,一方面深入细致做好群众工作,创造良好的施工环境;另一方面与河北方详细谋划倒排工期,科学组织,督促施工企业抢进度赶工期,完成剩余工程建设任务,确保实现按时向白洋淀送水的战略目标。截至2017年12月底引黄入冀补淀工程已基本完成永久征地的征地补偿工作,全线84 km,已具备通水条件。

按照国家发展和改革委员会批复,征迁安置总费用10.24亿元。工程涉及濮阳市永久占地9 150亩,临时占地5 967亩,需拆迁房屋4.8万 m^2。树木37.7万株,坟墓5 439座,机井321眼,专项设施改建涉及电力、管道等22家246处。工副业、单位124家,需安置人口773人。截至2017年12月底,引黄入冀补淀工程(河南段)征迁安置工作已全部完成,下拨县(区)征迁资金9.5亿元,濮阳市境内永久征地,临时用地,房屋拆迁229户,专项设施迁建基本全部完成。

一、土地征用

已完成调查复核永久征地9 406.85亩(含原渠道土地面积),占永久征地总任务的100%,完成调查复核临时占地4 919.36亩,占临时占地总任务的83%(见图8-1、图8-2)。其中,濮阳县完成调查复核永久征地5 388.02亩,占本县任务的100%,完成调查复核临时用地3 809.99亩,占本县任务的100%;开发区完成调查复核永久征地1 748.73亩,占本区任务的100%,完成调查复核临时用地514.17亩,占本区任务的100%;示范区完成调查复核永久征地256.7亩,占本区任务的100%,完成临时用地18.22亩,占本区任务的100%;清丰县完成调查复核永久征地1 839.24亩,占本县任务的100%,完成调查复核临时用地575.65亩,占本县任务的100%;安阳内黄县永久征地22.48亩,占本县任务的

100%,临时用地1.33亩,占本县任务的100%,具体见表8-1。

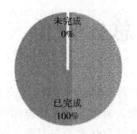

图 8-1　永久征地复核情况

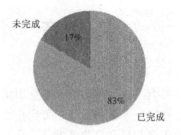

图 8-2　临时用地复核情况

表 8-1　引黄入冀补淀工程(河南段)征迁进展情况统计表(截至 2017 年 12 月底)

县(区)	永久征地			临时用地			房屋		
	永久征地(亩)	累计完成永久征地(亩)	完成率(%)	临时用地(亩)	累计完成临时用地(亩)	完成率(%)	房屋(m²)	累计完成房屋(m²)	完成率(%)
濮阳县	5 388.02	5 388.02	100.00	3 809.99	3 809.99	100.00	43 121.69	43 121.69	100.00
开发区	1 748.73	1 748.73	100.00	514.17	514.17	100.00	8 422.59	8 422.59	100.00
示范区	256.7	256.7	100.00	18.22	18.22	100.00	944.04	944.04	100.00
清丰县(含内黄县)	1 861.72	1 861.72	100.00	576.98	576.98	100.00	2 850.7	2 850.7	100.00
市属	151.68	151.68	100.00						
濮阳市合计	9 406.85	9 406.85	100.00	4 919.36	4 919.36	100.00	55 339.02	55 339.02	100.00

引黄入冀补淀工程,应移交永久占地 9 406.85 亩,实际移交 9 406.85 亩,完成 100%。应移交临时用地 4 919.36 亩,实际移交临时用地 4 919.36 亩,完成移交任务的 100%。

二、房屋拆迁

截至 2017 年 12 月底,引黄入冀补淀工程房屋拆迁已完成 55 339.02 m²,累计完成 55 339.02 m²,完成率为 100%,并且后靠集中安置的王月城村和南湖村房屋重建工作基本完成。

三、专项设施

沿渠专项设施迁建逐步推进,已与专项设施产权单位签订包干协议。已完成专项设施迁建总任务量的 95%。

在濮阳市引黄入冀补淀工程建设指挥部统筹计划、统一指挥、科学组织、联合协调各工程建设单位,4 县(区)和乡(镇)工程建设指挥部具体执行实施下,赶进度,抓质量,保安全,防扬尘,征迁安置整体工程进展顺利,未发生任何安全质量事故。高标准、高质量地完成工程建设任务,工程建设和征迁安置工作进展顺利。

第二节 安置效果评价

征迁居民搬迁后生产生活水平能否恢复,是评价征迁工作成败的重要内容。由于生产生活水平评价涉及范围很广,目前仍没有一套既定的评价理论和方法,很难用单一指标准确地衡量和比较征迁安置居民生活的总体水平。因此,建立评价指标是准确、全面评价征迁居民生产和生活状况的基础。通过搬迁前后各类指标的对比分析,可以科学、合理地对引黄入冀补淀工程征迁居民生产生活水平做出正确评价。

一、安置效果评价指标体系构建

生产生活水平是一个多因素、多准则的复杂系统,各个因素反映生产生活的角度不同。对其进行总体评价,可以根据征迁系统的特点,将整个征迁系统分解为不同的组成部分,并按照各个部分的相互关系及其隶属关系,将其按照不同层级聚集组合,构成多层次、多目标的模糊综合评价体系。

根据引黄入冀补淀工程搬迁的实际情况,将征迁居民安置效果评价,征迁居民生产生活水平分成两个体系,即生产水平体系与生活水平体系。生产水平体系包括土地、生产设施、居民就业与居民收入等指标,而生活水平体系包括房屋、基础设施与公益设施等指标。安置效果评价指标体系如图8-3所示。

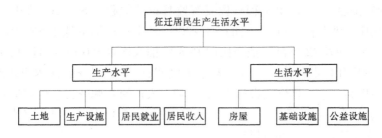

图8-3 安置效果评价指标体系

二、评价方法和样本选择

(一)评价方法

1.实地考察法

实地考察是对已收集数据的补充调查,增加评估人员的感性认识,是综合评估中不可缺少的重要环节。实地考察采用直接观察的手段,通过事物和事件的表象获取定型数据及信息。评价人员实地考察了引黄入冀补淀工程征迁工作中房屋、道路、水电、其他基础设施等的建设进度、施工质量,以及征迁居民对生产生活设施恢复的意见和建议。

2.访谈法

通过与濮阳市引黄入冀补淀工程建设指挥部、濮阳县、开发区、示范区和清丰县引黄入冀补淀工程建设指挥部的负责人、工程监理公司、设计单位、村委会负责人等进行座谈和访谈,了解工程建设的整体概况、影响范围、实施过程、实施质量、监督评估等情况。同时,与征迁居民代表进行访谈,更深入地理解征迁工作必须涉及的生态、社会、文化和其他方面情况,以及征迁和安置区居民的看法、态度和行为方式。

3.抽样调查法

安置效果评价的对象涉及所有受影响的濮阳市濮阳县、开发区、城乡一体化示范区、清丰县4个县(区)征地影响村和移民安置村,依据本底调查中,样本选择全面性、代表性等原则,安置效果评价对象调查采用典型调查和随机抽样相结合的方法。根据工程征迁安置任务和对沿线各村的影响,重点选择南湖村、王月城村、苏堤村等问题较多、兼顾生产生活安置的典型村庄,此外,通过随机抽样的方法选择其他县(区)的3个村庄。

(二)评价样本选择

工程涉及4县(区)征地影响村和移民安置村总用地面积15 221.76亩,其中永久征地9 327.73亩,管理机构用地9.5亩,临时用地5 894.03亩。永久征地濮阳县5 328.72亩,开发区1 731.85亩,示范区256.32亩,清丰县1 836.68亩,濮阳市属151.68亩,安阳市内黄县22.48亩;临时占地总面积为5 894.03亩,其中濮阳县3 701.07亩,开发区447.75亩,示范区14.51亩,清丰县489.46亩,市属1 239.91亩。工程征迁安置规划设计基准年为2014年,规划设计水平年为2016年。基准年生产安置人口2 345人,规划水平年生产安置人口2 365人。

工程涉及32个行政村,农村居民征迁90户、442人;拆迁各类房屋53 087.29 m²,生产安置人口2 365。总体量大,情况复杂。考虑样本选择的全面性、代表性及生产生活安置兼顾性原则,按照《水利水电工程移民安置监督评估规程》(SL 716—2015)的规定,样本村抽取比例应为涉及村(社区)、组的5%~20%,样本户比例不低于5%,因此评估调查抽取样本村6个(涉及32个村),抽样比例18.8%;抽取样本100户(搬迁户50户,生产安置50户),样本户和样本村保持一致。基于本底调查,本次调查的样本户按照本底调查抽取的100户作为样本。具体调查样本见表8-2。入户问卷调查,最终得到有效问卷100份。对受影响县(区)指挥部工作人员、乡镇征迁安置主要负责人、6个样本村村干部进行访谈,作为本次总体评价分析的材料。

表8-2　安置居民监督评估调查范围

序号	县(区)	村	搬迁安置户数 (户)	搬迁安置用地 (亩)	样本户	搬迁安置方式
1	濮阳县	南湖村	19	11.76	28	后靠集中安置
2	濮阳县	王月城村	20	12.84	20	后靠集中安置
3	开发区	南新习	6	1.5	15	后靠分散安置
4	开发区	天阴村	3	0.75	14	后靠分散安置
5	示范区	后范庄	2	0.5	12	后靠分散安置
6	清丰县	苏堤村	0	0	11	后靠分散安置
合计			50	27.35	100	

注:抽取样本户,含搬迁50户,生产安置50户。

三、评价内容与结果

征迁居民搬迁前后生产生活水平能否恢复,是评价居民安置成败的重要内容。

引黄入冀补淀工程(河南段)有 14 个行政村涉及搬迁安置,且安置方式均为本村后靠集中安置或本村后靠分散安置。通过对抽样村(社区)、组、户的问卷调查、访谈和实地观察,评价居民生产生活水平现状及变化。评估内容主要包括居民生活水平和生产发展两个方面。

调查发现居民搬迁后,新村环境优美,居住条件改善,基本生活保障提升,生产逐步恢复,发展较快,收入稳步提高,居民群众满意度较高,基本达到了"生产发展、生活宽裕、乡风文明、村容整洁"。

(一)征迁居民生活安置效果

濮阳市引黄入冀补淀工程建设指挥部通过有效整合征迁资金、支农惠农资金、新农村建设资金,新村建设标准大大提高。建成后的居民安置地,房屋美观漂亮,街道宽敞明亮,基础设施完善,公共设施齐全,村容干净整洁,居民和谐稳定,为逐步实现农村基础设施城镇化、生活服务社区化、生活方式市民化的新城乡一体化居住模式和服务管理模式创造了基本条件。

第一,征迁居民房屋。本工程占压房屋涉及人口搬迁的 14 个行政村、90 户,需拆迁房屋 4.8 万 m²。分别采取本村后靠集中和分散安置方式,濮阳县的南湖村、王月城村和毛寨村为后靠集中安置,其余为后靠分散安置。截至 2017 年 12 月底,已完成房屋拆迁任务的 100%,后靠集中安置的王月城村和南湖村房屋重建工作基本完成。房屋重建方面,调查样本的房屋总面积为 17 631 m²,户均 176.31 m²。新建房屋均为砖混结构,其中 57%的房屋为砖混二层楼房,房屋通风、采光条件良好,每户还建有外观漂亮、整齐划一的门楼院墙,住房整齐有序,居民房屋质量显著提高。而搬迁前,虽然户均 201.40 m²,但多年来自然形成的村落缺乏统一规划,居民房屋分布零散,居住环境杂乱,且大部分居民房屋为土木结构,房屋通风、采光条件较差。图 8-4、图 8-5 为新村搬迁前后房屋对比图。总体可见,安置房基本建设完成,人均房屋面积较搬迁前有所上升。

图 8-4 搬迁前房屋   图 8-5 搬迁后房屋

案例:打铁庄位于濮阳县,该村有 18 户人家,村比较小,人口也少。主要是从外地而来的铁匠在此聚集生息,形成了一个村庄。引黄入冀补淀工程将淹没打铁庄 8 户人家,政府原计划将这8户人家分散安置到其他地方,但是遭到村民的联合抵制。因为该村作为外来人口,本就势单力薄,如果将其他8户人家搬迁,那么原村庄只剩下10户人家,村庄将会变得更小,力量就更加单薄。虽然该工程是利国利民的好事,但是打铁庄村民也无法从心理上接受这样的搬迁计划。因此,濮阳市征迁指挥部在与河北省水务集团商议之后,出于人道主义考虑以及为打铁庄村民谋取更多的利益,决定将打铁庄全村人口集体搬迁。

搬迁之前,打铁庄村民居住的房屋十分破旧,生活环境艰苦,道路、卫生设施都比较差。集中安置之后,政府出资共120万元,为打铁庄18户人家新建小别墅型住房,修建村内道路、休闲健身娱乐场所,安放村内垃圾桶等公共设施与物品。村民的生活得到了改善,生活水平得到提升。图8-6、图8-7为打铁庄搬迁前后房屋建设对比图,图8-8、图8-9为打铁庄搬迁后村庄娱乐设施、卫生建设。

图8-6　搬迁前房屋

图8-7　搬迁后房屋

图8-8　搬迁后娱乐设施建设

图8-9　搬迁后卫生设施建设

第二,基础设施。按照引黄入冀补淀工程建设征地拆迁安置实施规划标准,供水、排水、供电、村内外道路、广播电视网络、绿化及环卫等基础设施建设均进行了统一规划。完善的基础设施、良好的生活环境,不仅满足了征迁居民生产生活需要、提高了居民生活质量,也为搬迁后居民拓展致富道路奠定了基础。居民点基础设施建设包括道路、供电、供水、排水、通信、广播电视等公共工程设施和公共生活服务设施。

工程专项设施改建涉及电力、管道等22家246处。截至2017年12月底,沿渠专项设施迁建逐步推进,已与专项设施产权单位签订包干协议,完成专项设施迁建总任务量的95%。

居民供水方面,濮阳县逐渐普及安全饮水工程,工程占压的供水管道均已复建,安置区可接附近的供水管道。搬迁后,通过采取纳入集镇自来水管网或在安置点打井、修建无塔供水设备集中供水方式,建设了标准的自来水供水系统,入户率达到100%;按照人均生活用水100 L/d供水,且水质符合《生活饮用水卫生标准》(GB 5749—2006)的有关规定,满足了生活用水需要,居民的用水情况得到了极大改善。

居民供电方面,集中后靠的居民区,可接本村供电线路。搬迁后,居民安置地用电进行了统一规划,建设了电力台区,架设了输电线路,户户通上了电,供电稳定。居民添置了冰箱、洗衣机、空调、电磁炉等家用电器,家庭用电标准大大提高,生活条件得到很大改善。

居民道路方面,搬迁前,乡村道路绝大部分是土石路面。村内大多为泥土路,群众出行时,经常"晴天一身土、雨天两腿泥"。搬迁后,修通门前道路,接本村原有通行道路。村内道路全部进行硬化、亮化和绿化,不仅道路质量比搬迁前好,而且道路宽度增加,满足了居民的生产、生活需要。

广电、通信网络建设方面,搬迁后,在当地政府及电信部门的支持帮扶下,优化通信电缆,通信信号、通信质量有了很大的提高。居民安装了电视信号接收器,实现户户通有线电视,配备上了数字高清设备。全面覆盖的通信、有线网络在服务居民文化休闲生活的同时,也为居民提供了更多获取信息的渠道。

卫生环境方面,搬迁后,铺设了污水排放管网,实行雨污分流,专门建有污水处理设施,垃圾有固定的堆放点,安排专人负责清运,村容整洁。人们的环境卫生意识明显提高。

实地调查结果显示,样本村全部为集中供水,村内道路硬化率较上年有明显提高,6个样本村的基础设施齐全、条件优良,详见表8-3。

第三,公益设施。包括学校、村卫生室、村委会、超市等。具体情况详见表8-4、表8-5。

学校方面,搬迁前,学校基础设施较差,难以满足附近学生的学习需要。受工程影响,部分学校需要征迁,进行重新安置。在安置后,学校基础设施得到很大改善,教室现代化教学器材与设施逐渐完备,为当地学生提供更加舒适的学习环境。

居民点卫生室,搬迁前,部分村庄的医疗条件较差,卫生所房屋破旧、设施简陋、卫生人员匮乏,难以满足正常医疗保健需求;受距离远、交通不便等因素影响,村民只有生了大病,才会去乡镇卫生所或县市级以上的医院。在搬迁后,通过改造现有的卫生室,配备了必备的医疗器械和药品,居民就医十分方便,就医条件得到明显改善。

村庄村委会,搬迁前,多数村庄村委会办公用房简陋,办公条件较差。搬迁后,部分村委会建设单独的村委会办公室,多数配备有电话、电脑等现代办公用品,为乡村基层组织开展工作、推进社会管理创造了条件。多数村委会综合楼内还设有图书室、活动室等,为居民提供了更多的活动场所。

表 8-3 样本村基础设施状况（截至 2017 年 12 月底）

村庄	供电状况	通信			人畜饮水							交通道路			沼气
	通电户比例（%）	有线电视是否到村（是/否）	有线电话是否到村（是/否）	移动电话信号是否覆盖（是/否）	水源	安全卫生用水比例（%）	用水方式	其中:自来水用户（%）	集中供水用户（%）	分散用水用户（%）	旱井供水用户（%）	出村道路硬化率（%）	村内道路硬化率（%）	是否通机耕道（是/否）	沼气入户率（%）
王月城村	100	是	是	是	自来水	100	自来水	100	100			100	80	是	30
南湖村	100	是	是	是	自来水	100	自来水	100	100			100	90	是	
南新刁村	100	是	是	是	自来水	100	自来水	100	100			100	60	是	
天阴村	100	是	是	是	自来水	100	自来水	100	100			100	90	是	
苏堤村	100	是	是	是	自来水	100	自来水	100	100			100	70	是	
后范庄村	100	是	是	是	自来水	100	自来水	100	100			100	80	是	

表 8-4　样本村公共设施状况(截至 2017 年 12 月底)

村庄	教育				卫生		文化	商业
	校舍面积（m²）	在校学生（人）	教师（人）	7~15 岁入学率（%）	医疗诊所（个）	医生（人）	文化室（个）	商店（个）
王月城村	350	180	6	100	1	1	1	4
南湖村	600	400	10	100	1	1	1	2
南新习村	500	320	8	100	2	3	0	0
天阴村	480	200	7	100	1	1	1	1
苏堤村	400	32	4	100	2	2	0	1
后范庄村	1 000	400	40	100	1	1	1	6

表 8-5　样本村村组织建设状况(截至 2017 年 12 月底)

村庄	村干部配备（人）	党支部设备（人）	村务公开率（%）	群众参与度（%）	群众满意度（%）
王月城村	6	3	100	100	100
南湖村	10	5	100	100	100
南新习村	7	3	100	100	100
天阴村	6	3	100	100	100
苏堤村	6	3	100	100	100
后范庄村	10	5	100	100	100

第四,生活条件。从 6 个样本村居民总体生活条件状况看,其出行条件、生活必需品拥有率、生活环境等指标与以前相比没有发生显著变化,如表 8-6 所示。从出行条件来看,王月城村、南湖村、南新习村、天阴村、苏堤村、后范庄村这 6 个样本村距离等级公路分别是 0 km、2 km、0.6 km、4 km、3 km、0 km,而距集市的距离分别是 2 km、1 km、0.7 km、3 km、2.5 km、1.5 km,距离乡镇医院的距离分别是 4 km、1.5 km、1.5 km、3 km、2.6 km、1.5 km。居民生活设备拥有率与 2016 年相比略有提高。

(二)征迁居民生产安置效果

濮阳市引黄入冀补淀工程建设征迁居民生产安置坚持以土为本、大农业安置为主的原则。在生产安置过程中,严格按照规划的标准调整划拨生产用地,大面积开展土地整理,积极开始水利设施配套,加强生产技能培训,拓宽就业门路,帮助指导发展生产,促进居民增收致富,征迁居民生产安置成效显著。

表 8-6　样本村生活条件情况（截至 2017 年 12 月底）

村庄	距等级公路距离（km）	距集市距离（km）	距乡镇医院距离（km）	电视拥有率（%）	冰箱拥有率（%）	洗衣机拥有率（%）	手机电话拥有率（%）	使用燃气灶具比例（%）
王月城村	0	2	4	100	100	100	100	85
南湖村	2	1	1.5	100	92	91	100	85
南新习村	0.6	0.7	1.5	93	98	96	100	88
天阴村	4	3	3	96	96	90	90	90
苏堤村	3	2.5	2.6	92	90	88	95	85
后范庄村	0	1.5	1.5	90	70	85	90	85

1.土地调整与恢复

工程涉及濮阳市永久占地 9 150 亩,临时占地 5 967 亩,树木 37.7 万株,坟墓 5 439 座,机井 321 眼,工副业、单位 124 家。截至 2017 年 12 月底,已完成调查复核永久征地 9 406.85 亩(含原渠道土地面积),占永久征地总任务的 100%;完成调查复核临时占地 4 919.36 亩,占临时占地总任务的 83%。截至 12 月底引黄入冀补淀工程已基本完成永久征地的征地补偿工作。

随着工程的顺利完成,土地调整与恢复逐步进行,但是大面积的土地复垦尚未完成。据调查,6 个样本村耕地资源数量变化不大。其中,苏堤村通过土地整理,耕地面积增长为 950 余亩。南新习村耕地面积由于其他工程占用耕地下降至 1 530 亩。样本村征地基本情况见表 8-7,目前 6 个样本村耕地资源情况详见表 8-8。

表 8-7　样本村征地基本情况

村庄	征地前耕地面积（亩）	永久占用耕地面积（亩）	征地后耕地面积（亩）	征地前人口（人）	征地前劳动力（人）农业劳动	征地前劳动力（人）外出务工
王月城村	634.00	48.69	585.31	1 054	240	260
南湖村	3 491.00	738.36	2 752.64	4 100	980	800
南新习村	1 688.00	12.49	1 675.51	1 470	537	320
天阴村	2 730.00	9.05	2 720.95	1 330	500	200
苏堤村	946.00	29.70	916.30	1 160	370	280
后范庄村	1 429.00	7.54	1 421.46	910	420	40

表 8-8　样本村耕地资源情况

村庄	2016 年耕地面积 （亩）	2017 年耕地面积 （亩）	耕地面积变化情况 （%）
王月城村	585.31	585.31	0
南湖村	2 752.64	2 750.00	−0.01
南新习村	1 675.50	1 530.00	−8.68
天阴村	2 720.95	2 700.00	−0.33
苏堤村	916.30	950.00	3.68
后范庄村	1 421.46	1 418.30	−0.22

2.生产设施建设

根据安置区土地调整情况,居民安置后需要进行农田水利设施改造,可以配套抽水站、渠道、机井,改善土地的灌溉条件。按每亩耕地需要农田水利配套投资 1 000 元计算,水利设施需要投资约 57.99 万元,将会大大改善农田水利设施环境。随着工程的完工和临时用地的返还与复垦,样本村为方便耕作增加了灌溉井数量,也有样本村因耕地减少灌溉井数量也相应减少。具体表现为,南湖村的灌溉井数量增加到了 80 个,天阴村增加到了 70 个,王月城村增加到了 33 个,南新习村和苏堤村灌溉井数量保持不变,后范庄村减少到了 48 个。样本村灌溉井变化情况及与以前情况对比详见表 8-9、图 8-10。

表 8-9　样本村灌溉井变化情况

村庄	样本村灌溉井情况（个）			2017 年较 2016 年 增减百分比（%）
	2015 年	2016 年	2017 年	
王月城村	36	30	33	10.00
南湖村	65	34	80	135.29
南新习村	37	54	54	0
天阴村	50	48	70	45.83
苏堤村	16	25	25	0
后范庄村	46	65	48	−26.15

3.农业生产结构

农业生产结构主要是农业生产部门中的种植业、林业、牧业、副业、渔业等组成情况和比重。截至 2017 年年底,6 个样本村农业生产结构有略微调整。从表 8-10 和图 8-11 可以看出,6 个样本村农业生产结构仍然以农业种植业为主,经济作物为辅。其中,南湖村和天阴村种植粮食作物最多,达到 2 663 亩和 2 675 亩。后范庄村种植少量桃树,种植经济作物 150 亩;苏堤村和南湖村的经济作物数量为 90 亩。在种植作物方面,主要种植水稻、小麦和玉米。其中,水稻种植面积为 64 亩,户均种植 0.64 亩,主要集中于南湖村;小

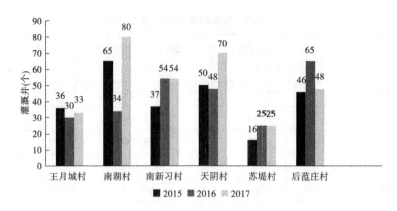

图 8-10 样本村灌溉井变化情况

麦的种植面积为 295 亩,户均种植 2.95 亩;玉米的种植面积为 187 亩,户均种植 1.87 亩;豆类种植面积为 7 亩,薯类种植面积为 0.24 亩;其他 29 亩。在养殖情况方面,共养家禽 100 098 只,户均 1 001 只,家畜 822 头,户均 8.22 只,主要集中于王月城村。

表 8-10 样本村农业生产结构情况 （单位:亩）

村庄	2015 年		2016 年		2017 年	
	粮食作物	经济作物	粮食作物	经济作物	粮食作物	经济作物
王月城村	575.31	10	575.31	10	857	10
南湖村	2 662.64	90	2 662.64	90	2 663	90
南新习村	1 675.51	0	1 675.51	0	1 430	10
天阴村	2 695.95	25	2 695.95	25	2 675	25
苏堤村	826.3	90	826.3	90	1 210	90
后范庄村	1 371.46	50	1 371.46	50	1 271	150

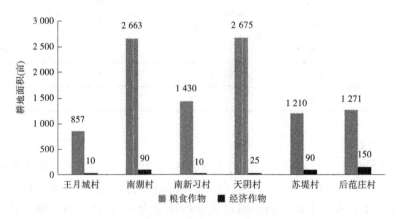

图 8-11 2017 年样本村农业生产结构情况

4.农业生产产值情况

截至 2017 年 12 月底,样本村农业生产产值较之前发生了变化。其中,王月城村 2017

年粮食总产量 385.65 t,农业总产值 320.36 万元,较上年度增加了 3.12%;南湖村 2017 年粮食总产量 1 698.35 t,农业总产值 862.83 万元,较上年度增加了 7.41%;南新习村 2017 年粮食总产量 680.32 t,农业总产值 328.56 万元,比上年度增加 6.20%;天阴村 2017 年粮食总产量 1 713.2 t,农业总产值 867.19 万元,比上次增加 9.51%;苏堤村 2017 年粮食总产量 632.5 t,农业总产值 310.63 万元,较上年度增加了 5.21%;后范庄村 2017 年粮食总产量 811.95 t,农业总产值 411.78 万元,较上年度增加了 4.40%。详见表 8-11。

表 8-11　样本村年产值情况

村庄	2015 年		2016 年		2017 年		
	粮食总产量（t）	农业总产值（万元）	粮食总产量（t）	农业总产值（万元）	粮食总产量（t）	农业总产值（万元）	较 2016 年农业总产值增幅(%)
王月城村	375	298.73	379.72	310.68	385.65	320.36	3.12
南湖村	1 780	845.6	1 691	803.32	1 698.35	862.83	7.41
南新习村	642	307.93	645	309.37	680.32	328.56	6.20
天阴村	1 635	784.67	1 650	791.87	1 713.2	867.19	9.51
苏堤村	403	246.76	602	295.25	632.5	310.63	5.21
后范庄村	750	371.06	797	394.44	811.95	411.78	4.40

5.征迁居民收入水平恢复情况

农民人均纯收入是指农村住户当年从各个来源得到的总收入相应地扣除所发生的费用后的收入总和。农民人均纯收入是一项重要的统计指标,反映了地区农村居民收入的平均水平,也是对居民生产生活水平恢复评估的重要依据。调查结果显示,搬迁后 6 个样本村人均纯收入较 2016 年均有不同程度的提升。其中,南新习村涨幅最高,为 9.9%;苏堤村涨幅最低,为 6.6%。王月城村民的人均纯收入水平依旧最高,为 11 081.8 元;苏堤村人均纯收入水平依旧最低,为 8 072.9 元。样本村村民人均纯收入变化情况详见表 8-12。

表 8-12　样本村村民人均纯收入变化情况

村庄	人均纯收入(元)			较 2016 年涨幅（%）
	2015 年	2016 年	2017 年	
王月城村	9 559.1	10 239.1	11 081.8	8.2
南湖村	8 736.5	9 556.7	10 478.9	9.7
南新习村	8 227.6	9 021.1	9 911.5	9.9
天阴村	7 394.7	7 921.4	8 574.9	8.3
苏堤村	7 191.4	7 574.5	8 072.9	6.6
后范庄村	9 258.3	10 100.0	11 051.4	9.4

从收入构成看,村民主要收入来源是工资性收入、家庭经营性收入和财产性收入,转移

性收入占比则较少。在被调查家庭的收入结构方面,被调查的 100 户农户家庭总收入为 540.45 万元,户均纯收入为 5.40 万元,人均纯收入为 1.07 万元。其中,工资性收入为 371.20 万元,占的比例最大,达到 68.7%;家庭经营性收入为 125.41 万元,占 23.2%;财产性收入为 27.55 万元,占 5.1%;转移性收入为 16.29 万元,占 3.0%。具体情况见表 8-13、图 8-12。

表 8-13　样本户家庭纯收入结构统计表(截至 2017 年 12 月底)　（单位:万元）

	纯收入	户均纯收入	人均纯收入
家庭总收入	540.45	5.40	1.07
工资性收入	371.20	3.71	0.74
家庭经营性收入	125.41	1.25	0.25
财产性收入	27.55	0.28	0.05
转移性收入	16.29	0.16	0.03

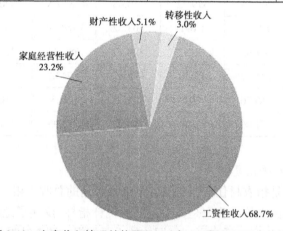

图 8-12　家庭收入情况结构图(2016 年 12 月至 2017 年 12 月)

搬迁后,根据市场需求一方面大力发展高效特色农业,农业收入有所提高;另一方面在各级政府的帮扶下,促进多种经营的发展。同时,积极促进了劳动力转移就业,样本村外出打工 111 人,占样本总数的 22%。非农生产的人数为 38 人,占样本总数的 8%。村民收入结构状况详见表 8-14。

表 8-14　六个样本村村民收入构成状况(截至 2017 年 12 月底)　（单位:%）

村庄	工资性收入	家庭经营性收入	财产性收入	转移性收入
王月城村	67.0	30.3	2.2	0.5
南湖村	72.2	24.2	3.3	0.4
南新习村	71.4	26.5	1.8	0.3
天阴村	77.0	21.6	1.2	0.2
苏堤村	75.6	18.3	3.9	2.3
后范庄村	68.0	29.1	2.6	0.3

(三)满意度调查

调查发现,样本村居民搬迁后的生产生活正处于逐步恢复发展,居民对生产、生活安置、适应性调整等方面效果满意程度不断提升。

从生产安置来看,居民搬迁由于采取本村后靠集中和分散安置方式,未发生居住地的远距离搬迁,在耕地质量和劳动力安置与就业机会方面较以前没有发生变化,样本户满意度较高,均达到90%以上。耕地数量方面,因工程占地主要集中在南湖村和王月城村,南湖村受影响加大,样本户满意程度较低。居民生产安置满意度情况详见表8-15。

表8-15　居民生产安置满意度情况　　　　　　　　　　　　（单位:%）

项目	满意	基本满意	不满意
耕地数量	92	7	1
耕地质量	100	0	0
耕作半径	97	3	0
劳动力安置与就业机会	100	0	0

从生活安置来看,在本次调查的6个样本村中,受工程影响有51户样本户房屋被拆迁,主要集中在王月城村和南湖村。本村后靠集中安置和本村后靠分散安置没有改变原有的村容村貌以及样本户的生活环境,在水、电、路等基础设施方面满意度较高,绝大多数在95%以上,详见表8-16。

表8-16　移民生活安置满意度情况　　　　　　　　　　　　（单位:%）

项目	满意	基本满意	不满意
居住条件	95	4	1
生活用水条件	95	3	2
用电条件	97	3	0
交通条件	97	3	0
通信条件	100	0	0
电视信号	100	0	0
日常生活便利程度	94	4	2
医疗卫生条件	100	0	0
子女上学条件	100	0	0

从居民社会适应性调整看,大多村庄征迁安置后满意程度较高,占96%以上,少数受影响样本户搬迁后没有迅速适应社会环境,详见表8-17。

表 8-17　居民社会适应性调整情况　　　　　　　　　（%）

项目	满意	基本满意	不满意
移民搬迁后社会交往	96	1	3
移民搬迁后生活习惯	97	1	2
移民搬迁后社会关系的变化与调整适应	96	1	3

综上所述,截至 2017 年 12 月底,引黄入冀补淀工程已基本完成永久征地的征地补偿、房屋拆迁重建、专项设施迁建等工作。

生活安置方面,随着房屋重建,基础设施建设基本完工,征迁居民已搬入新居。新居环境、居住条件和公共设施相比之前有了很大改善,村内道路基本全部硬化,村民交通出行方便;集市(商店)、医院(诊所)、学校等基础公共设施完善,村民生活便利;水、电、网络通信的入户率达到 100%,部分村通上天然气,村民家中均拥有现代家用电器,生活条件良好,居民生活水平逐步提高。

生产安置方面,土地征收程序全部完成,土地复垦工作正逐步进行。耕地占压面积小而分散的村庄和农户,土地补偿款已全部发放到位。调查结果显示,征迁后 6 个样本村人均纯收入较搬迁前均有不同程度的提升。其中,南新习村涨幅最高,为 9.9%;苏堤村涨幅最低,为 6.6%。王月城村民的人均纯收入水平依旧最高,为 11 082 元;苏堤村人均纯收入水平依旧最低,为 8 073 元。与本底调查相比,样本户家庭年收入增加了 44.64 万元,增长幅度为 9.0%。居民生产生活满意度和幸福感稳步提升。

但同时,在土地调整与恢复中,大面积的土地复垦尚未完成,应尽快采取整治措施,使临时占用土地恢复到可供利用状态,这对于增加土地资源、改变生态环境、恢复农民的生产和生活水平有重要意义。对于耕地占压较多且集中的南湖村,设计采取农民入股建厂房解决失地农民就业及生活保障问题的生产安置方案,目前暂未有实质性进展。所有这些都需要积极采取有效措施,加强征迁安置后续管理与服务的落实。

总之,在指挥部的坚强领导和地方政府、影响村的大力支持和配合下,工程推进顺利,实现了 2017 年 11 月底全线正式顺利通水。目前,河道沿线的绿化和基础设施规划建设正在进行。此间各方面冲突与矛盾的控制较为合理,积极回应村民的合理诉求。评价结果表明,居民生产生活水平基本恢复到征迁以前,部分征迁居民生产生活水平高于征迁前。

第九章 经验与思考

经验是人在现实实践中获得的对客观事物的感性认识,是一种知识和技能的获得及储备,由于这种知识或技能往往凭借个人或团体的特定条件与机遇而获得的,带有偶然性和特殊性的一面,因此,经验也并非一定是科学的。而经验总结是通过对实践活动中的具体情况,进行归纳与分析使之系统化、理论化,上升为一种理性知识的一种方法。所以,对于调水工程征迁安置决策和实施管理经验总结就要系统、全面地分析征迁安置实施过程、实施管理条件、参与组织、参与者行为、实施管理结果,从中归纳出经验或者管理模式。

水利工程征迁安置涉及政治、经济、社会、人口、资源、环境、工程技术等多个领域,是一项庞大复杂的系统工程,而且妥善安置受影响群众,直接关系征迁群众的切身利益,关系区域经济发展,关系区域社会和谐稳定,任务艰巨、重要。引黄入冀补淀工程征迁安置决策和实施时期,是在十八大三中全会做出全面深化改革背景下开展的,制度、政策以及治国理念不断变化,经济不断增长,群众权利意识不断提高,工程征迁安置既面临着全面深化改革带来的挑战,也有全面深化改革带来的机遇。该工程是濮阳市历史上最大投资的征迁项目,从政府实施管理角度看:一是政府没有大型水利工程征迁安置经验;二是必须面对利益不断调整、社会经济形势复杂多变;三是项目审批急、上马急,前期工作准备仓促,开工时间紧等特殊要求,征迁安置决策和实施管理工作任务重、时间紧、困难多、责任大。濮阳市党委、政府充分发挥党的核心领导优势、现行体制机制优势、中央和地方政策集成优势,举全市之力,汇各方力量,动员一切可以动员的力量,积极创新体制、机制,创新征迁安置管理方式、方法,探索出了一套行之有效的、独特的征迁管理模式,积累了新时期征迁工作的经验。

第一节 工程征迁安置取得的主要成就

根据河北省水务集团与濮阳市引黄入冀补淀工程建设指挥部签订的《引黄入冀补淀工程(河南段)征迁安置委托协议》(见附录一),濮阳市负责完成河南境内征迁安置和建设环境协调工作,为工程建设创造良好环境,要及时提供工程建设用地,负责编制工程征迁安置实施方案、专项设施复建恢复、处理施工期灌溉影响、临时用地复垦退还和征迁安置项目验收等工作。历经 2 年多的时间,濮阳市引黄入冀补淀工程建设指挥部在市委、市政府的领导下,战胜了时间短、任务重、变化多等困难,按照工程建设计划和批准的工程征迁安置规划设计,顺利完成了征迁安置任务,妥善安置了征迁群众,保障了群众权益,保障了工程建设,保障了工程顺利建成通水,取得了很大的成就。

一、工程征迁安置顺利完成,实现了"双保障"

2015 年 10 月 8 日,市委、市政府召开引黄入冀补淀工程征迁工作动员会,市委书记何雄做动员部署,并对工程建设提出明确要求:"濮阳更要担起应有的责任,把事情做好、做实。"截至 2016 年 12 月底引黄入冀补淀工程已基本完成永久征地的征地补偿工作,2017 年 10 月河南省全线 84 km,已基本建设完成,已具备通水条件。2017 年 11 月 16 日 10 时的濮阳黄河岸边引黄入冀补淀工程渠首,随着全线试通水的一声令下,渠村引黄闸六孔闸门徐徐打开,奔涌而出的黄河水经过巨大的沉沙池淤积沉淀之后,沿着新建成的干渠缓缓向北流去……。至此,这一惠及濮阳市、邯郸市、邢台市、衡水市、沧州市、保定市 6 市 22 县(市、区),润泽沿线 465 万亩干涸土地的重大水利工程,历经 2 年时间,今朝梦圆。工程征迁安置是工程建设的关键任务,也是工程建设的难题,濮阳市克服重重困难,按照计划和批复的任务按时、高效、高质量地完成了征迁安置任务,保障了群众切身利益,也保障了工程顺利建设。

截至 2017 年 12 月底,引黄入冀补淀工程(河南段)征迁安置工作已全部完成,下拨县(区)征迁资金 9.5 亿元,占征迁安置总费用 10.24 亿元的 92.8%;濮阳市境内完成永久占地 9 406.85 亩,临时用地 4 919.36 亩;拆迁房屋 229 户、773 人、房屋面积 5 339.02m²;复建、改建电力、管道等专项设施 22 家 246 处;处理工副业、单位 124 家。

在居住条件和房屋质量方面,根据评价调查,发现居民搬迁后的新村环境优美,居住条件改善,基本生活保障提升,生产逐步恢复发展较快,收入稳步提高,居民群众满意度较高,基本达到了"生产发展、生活宽裕、乡风文明、村容整洁"。工程占压房屋涉及人口搬迁的 14 个行政村、90 户,共需拆迁房屋 4.8 万 m²。分别采取本村后靠集中和分散安置的方式,濮阳县的南湖村、王月城村和毛寨村为后靠集中安置,其余为后靠分散安置。截至 2017 年 12 月底,已完成房屋拆迁任务的 100%,后靠集中安置的王月城村和南湖村房屋重建工作基本完成。房屋重建方面,调查样本的房屋总面积为 17 631 m²,户均 176.31 m²。新建房屋均为砖混结构,其中 57% 的房屋为砖混二层楼房,房屋通风、采光条件良好,每户还建有外观漂亮、整齐划一的门楼院墙,住房整齐有序,居民房屋质量显著提高。

在基础设施建设方面,供水、排水、供电、村内外道路、广播电视网络、绿化及环卫等基础设施建设均进行了统一规划。完善的基础设施、良好的生活环境,不仅满足了征迁居民生产生活需要、提高了居民生活质量,也为搬迁后居民拓展致富道路奠定了基础。

随着工程的顺利完成,土地调整与恢复逐步进行,但是大面积的土地复垦尚未完成。土地补偿资金给群众增加了收入,同时也满足了其改造土地及调整种植业结构、经商、投资的资金需求,基础设施改善也促进了群众的非农业就业。根据调查,征地受影响群众生产和收入均实现恢复,并不断提高。

根据满意度抽样调查,群众对房屋恢复重建满意度达到 95% 以上,对生产安置方式和措施满意度在 90% 以上,对基础设施恢复满意度是 100%。由此可见,工程征迁安置已取得初步成功,下一步的目标是将临时占地顺利的、高质量的复垦归还,实现工程征迁安置的圆满成功。

引黄入冀补淀工程征迁安置在任务重、时间紧的情况下,采取非常规措施,保证征迁安置尽快实施,满足工程建设需要。在当时 9 月中旬批复初步设计报告,11 月就要开工建设的紧迫背景下,全面编制实施方案已来不及,市指挥部采取"清单制"措施,先调查清楚实物指标并进行土地补偿,然后尽快进行生产和生活安置方案的敲定工作,对于不好确定或者群众意见比较大的问题,采取"联席会议制"商讨解决问题的对策。既满足群众合理、合法利益诉求,又满足工程建设需要,并在推进征迁安置工作开展的同时启动实施方案编制工作。从监测评估和本次实施总结评价的实地调查来看,工程征迁安置得到了群众理解、支持,补偿资金及时、到位,生产生活安置切实可行,群众接受程度高,群众利益有保障,群众生产生活水平得到恢复并能可持续的发展。在复杂的征迁安置环境下,按照计划完成了土地征收和移交,保障了工程顺利建设和如期通水的任务。

二、征迁安置资金得到有效控制,真正实现了"包干"

水利工程征迁安置概算历来不容易编制和精准控制,由于水利工程前期工作时间紧、区域范围大、影响复杂,尤其是河道工程,沿线长,交叉多,开河以及实施对沿线群众生产生活影响比较大,影响调查评估难度大,容易漏项、缺项,而且现行规范主要是针对水库进行技术规定,对于线状河道工程缺少直接规范和指导,加之本工程时间紧,实施方案编制滞后,如何按照河北省的委托协议控制资金,合理、妥善安置征迁群众,是一个需要在实践中不断探索和加强管理的重要任务。

根据初步设计批复文件和河北水务集团与濮阳市引黄入冀补淀工程建设指挥部签订的委托协议,引黄入冀补淀工程濮阳市建设征地拆迁安置批复投资共 10.25 亿元。截至 2017 年 12 月 31 日,河北水务集团拨付至濮阳市引黄入冀补淀工程建设指挥部征迁资金 100 709.28 万元,包含征迁协议内补偿、安置投资资金 96 863.00 万元,临时用地耕地占用税 3 846.28 万元。濮阳市根据征迁安置进度,已支付到各县(区)资金 82 638.02 万元,占河北省已付到位征迁协议补偿、安置投资资金的 85.3%。根据征迁安置剩余收尾工作,可以保证资金不超概算,按照河北省委托协议资金完成征迁安置任务。

为了规范濮阳市引黄入冀补淀工程征迁安置资金管理,制定了濮阳市引黄入冀补淀工程征迁安置资金管理办法,对资金进行专款专用,严格管理,切实支付到群众(单位),对资金管理建立了计划、使用、监督等管理制度,尤其是补偿支付的公示和层层审查、审批,保障了资金合理、合规使用。从资金支付、使用情况和剩余征迁安置工作看,完全可以实现不超概算、包干到底的资金管理目标。创造了水利工程既妥善安置了群众,征迁安置又不超概算,真正实现"包干"的先例。

三、开创了跨省水利工程征迁安置新模式,实现了"双赢"

引黄入冀补淀工程是跨省、跨流域调水工程,需多方紧密配合、协同共进。在工程建设中,河南、河北互为一体,密切配合,共同推进。市、县、乡指挥部以做好征迁安置、创造良好施工环境为己任,竭尽全力推进工程建设。公安部门组建巡防队伍,24 h 现场巡逻,及时处理各种问题,依法打击各种违法行为,为工程建设保驾护航。市直有关部门简化程序,提供优质服务,全力支持工程建设。河北建设单位科学组织、周密调度,优化施工方案,建立施工制度,做到工程建设进度与质量安全双保证……

引黄入冀补淀工程征迁安置顺利的完成,也开创了省际之间工程建设管理的新模式,即委托代理和协作监管征迁安置实施管理。两省的通力合作、交流配合,增进了河南河北两省的信任和友谊,实现了双赢。

四、改善了区域水环境,实现了区域和民生"协调发展"

多年来,河北省中东南部地区,年人均水资源量仅为全国平均水平的1/9,农业灌溉大多只能依靠地下水。尤其是素有"华北之肾"美名的白洋淀,由于近年来人口增长和工农业生产迅速发展,以及历史上流入白洋淀的漕河、南瀑河、萍河、南拒马河等河流大部分断流,导致白洋淀水位逐年下降,多次面临干淀危机。曾经近 1 000 km² 的白洋淀,如今水域面积仅有 362 km²,加上水质的不断恶化,"华北之肾"正面临严重的"肾衰"。

河北用水告急,作为紧靠河北省的濮阳,用水形势同样不容乐观。虽然濮阳地跨黄河、海河两大流域,全市有大小河流 97 条,水资源却极度贫乏。尤其是金堤以北的海河流域,因无客水来源,农业灌溉只能依靠地下水。此外,由于地下水超量开采,金堤以北的地区已形成河南省面积最大的地下水下降漏斗区,水生态平衡遭到破坏。

尽快破解用水之困,成为了河北省和濮阳市干部群众共同的心愿。水利部门多次考察论证的结果证明:借调黄河之水乃是最现实的选择。2009 年启动的由濮阳市和邯郸市合作建设的引黄入邯工程,让河北省认识到从濮阳市引黄河水入冀的优越性。同时,濮阳市也认识到工程对改善濮阳市水环境的重要性。

引黄入冀补淀工程年设计引水量 7.4 亿 m³,其中濮阳市引水量 1.2 亿 m³、河北省引水量 6.2 亿 m³;工程输水线路全长 482 km,其中濮阳段 84 km、河北段 398 km;受益区为濮阳市、邯郸市、邢台市、衡水市、沧州市、保定市 6 市 22 县(市、区),总受益土地面积 465 万亩,其中濮阳市受益土地面积 193 万亩、河北省受益土地面积 272 万亩。

建设引黄入冀补淀工程,使得濮阳市近半农田受益。工程与第一濮清南工程互相调剂水量,使濮阳市引黄供水受益面积达 2 019 km²,占全市土地面积的 48.2%,覆盖了濮阳县、清丰县、南乐县、华龙区、开发区、城乡一体化示范区的 46 个乡镇 1 313 个自然村,受益总人口达 196 万人。

建设引黄入冀补淀工程,提高了濮阳市的水利基础设施水平。引黄入冀补淀工程的兴建,将改变濮阳市现有水利工程输水能力差、建筑物功能衰减的不良状况,有效改善濮阳市农业灌溉条件,彻底解决清丰县和南乐县的用水困难问题,为濮阳市农业发展、农民增收提供水利支撑。

建设引黄入冀补淀工程,为把濮阳市打造成"北方水城"奠定基础。由于长期以来超量开采地下水,濮阳市的水生态遭到一定程度的破坏。引黄入冀补淀工程总干渠每年渗漏补给地下水 8 322 万 m³,对逐渐恢复地下水平衡有很大促进作用。此外,引黄入冀补淀工程运行后,干渠水位抬高,将大大改善向濮水河、龙湖补水的条件。不仅在濮阳市西部形成一条亮丽的水生态走廊,还将大大提高城市水系的供水能力,为进一步打造"北方水城"、提升濮阳生态宜居水平发挥重大作用。

引黄入冀补淀工程的实施为濮阳市干渠沿线农业产业、乡村发展、景观绿化、休闲产业、生态建设的提升提供了重要契机。濮阳市将把引黄入冀补淀工程沿线努力打造成集高效生态、休闲观光、特色产业于一体的现代农业示范带。

现代农业示范带位于濮阳市西部,沿引黄入冀补淀工程干渠两侧,南起黄河取水口,北至卫河,全长 84 km,规划面积约 30 万亩,途经濮阳县、开发区、城乡一体化示范区、清丰县。结合现代农业示范带建设,濮阳市编制了《濮阳市高效生态观光现代农业示范带总体规划》。根据《濮阳市高效生态观光现代农业示范带总体规划》,现代农业示范带将彰显濮阳市的莲特色、龙文化、水生态,以引黄入冀补淀工程干渠为生态脉络,以带状莲藕荷花为景观特色,结合干渠两侧景观林带、产业组团、美丽乡村,将途经两县两区的水、城、村、田、文紧密相连,形成水系联动、荷景多样、多业相融、特色出彩的生态文化经济长廊。

工程建设促进了濮阳市和河北省沿线受益各市的区域社会经济发展,同时也直接受益于沿线群众,对沿线群众生产、生活条件改善和经济发展带来基础性支撑,实现了区域社会经济发展和群众民生发展协调共进,得到了沿线广大群众的大力支持。沿线群众的理解和支持是工程征迁安置按时、高质量完成任务的关键和基础。

五、积累了经验,锻炼了一支征迁安置管理队伍

引黄入冀补淀工程是濮阳市第一个大中型水利工程征迁安置项目,水利工程征迁安置管理工作是一个空白领域,一没有机构、队伍,二没有经验,如何开展工程征迁安置工作只能在学习、摸索中开展。围绕引黄入冀补淀工程征迁安置工作的需要和国家政策规定,在没有正式大中型水利水电工程移民安置组织机构的情况下,市委、市政府成立了以市长为指挥长,分管副书记、副市长为副指挥长,市水利、督查、国土、公安等有关部门主要负责人为成员的引黄入冀补淀工程建设指挥部。根据征迁安置工作内容和涉及的政府单位,以市水利局为主抽调40多人组建了指挥部办公室,组织管理移民征迁和施工环境协调工作。濮阳县、开发区、城乡一体化示范区、清丰县及沿线15个乡(镇)办也相应成立了指挥部,抽调精干力量具体负责征地拆迁安置工作,全市奋战在工程征迁及环境协调一线的干部有970多人。

自征迁工作开展以来,为使所有参与征迁工作的各级干部和工作人员熟悉有关政策,掌握工作方法,市引黄入冀补淀工程建设指挥部办公室多次邀请省移民办、省水利设计院的专家,对濮阳市从事该工程征迁工作的人员进行专项培训,为开展征迁工作打好基础。市引黄入冀补淀工程建设指挥部办公室每天07:30开早餐会,汇报工作、分析需要解决的问题、安排部署工作任务。同时,指挥部将任务层层分解,细化到乡镇责任人。

通过学习、仿照、探索、实践、改进,濮阳市在工程征迁安置实施中走出了具有时代和地方特色的管理之路,在保障征迁安置完成的同时,锻炼出一支由多政府机构组合而成的征迁安置队伍,及时地处理了征迁安置工作中遇到的各种困难和问题,尤其是克服了征迁安置的艰难困苦;磨炼了干部的意志,考验了干部的能力和恒心,以及为人民服务的基本思想;提高了干部的征迁安置业务能力、处理问题能力、克难攻坚能力;培养了干部的综合素质,积累了水利工程征迁安置的宝贵经验,给濮阳市水利工程征迁安置领域留下了宝贵财富。

第二节　工程征迁安置实施管理经验

经验具有特殊性和可借鉴性,是知识的一种,但不是一般的理论知识。一般知识可以用来解决通适性问题,而经验可以解决特殊性问题。经验的价值在于没有标准程序、规范

或者政策执行环境与政策冲突、矛盾较多的领域，或者小概率事件发生影响巨大的领域。引黄入冀补淀工程征迁安置是在没有水利工程移民安置机构（按照国家政策必须有移民机构）、没有任何大中型水利水电工程征地补偿和移民安置经历、地方政策不配套和国家政策不适应等情况下开始启动的，而且实施时间紧、任务重、跨省建设征迁，这些特殊情况，注定工程征迁安置将面临诸多问题和困难需要在实践中摸索解决和克服。

一、解放思想创新管理理念

征迁安置涉及政治、经济、社会、人口、资源、环境、工程技术等多个领域，是一项庞大复杂的系统工程，传统的安置模式正面临挑战，加之社会经济快速发展，安置实施环境也处于不断变化之中，使征迁安置工作难度越来越大，实施管理工作越来越复杂。

在引黄入冀补淀工程中，濮阳市指挥部在缺乏征迁安置经验，工期要求紧迫的情况下，面对重重压力突破层层困难，在问题面前主动出击，进行了自我创新和勇敢实践，解放思想，敢于创新的精神使得引黄入冀补淀工程实现了大突破。市委、市政府成立了以市委副书记任政委、分管副市长任指挥长的高规格指挥部，从各有关部门抽调40多名得力人员，脱离原工作岗位，集中在市指挥部下设办公室的六个组办公。各县也按照省征迁指挥部的安排，成立征迁指挥部，由党政统一领导、精心部署、齐抓共管，统筹政府各部门的资源、落实责任。在征迁工作中，各级政府、部门和征迁干部达成共识，高度重视征迁工作，认真完成上级交代的各项任务，紧抓实干，濮阳市指挥部全体成员在干中学、学中干，从实践中摸索经验，提炼经验，创新摸索。

引黄入冀补淀工程从供水目标和收益范围来讲是河北省工程，但河道工程的上游和水源地在河南，是跨省、跨流域调水工程，需要省际以及地方紧密配合，协同共进。同时也需要濮阳市大力支持和多部门协调推进。工程建设中河南、河北互为一体，密切配合，共同推进。市、县、乡指挥部以做好征迁安置、创造良好施工环境为己任，竭尽全力推进工程建设。河北建设单位科学组织，周密调度，优化施工方案，建立施工制度，做到工程建设进度与质量安全双保证，尽量缩减施工时间，减少对沿线群众影响。

二、精简高效的组织构成

在省委、省政府的关怀监督下，在濮阳市征迁安置指挥部的统一指挥下，各级政府和部门分工协作，齐抓共管，为征迁工作提供了坚强的组织保障。在新村建设过程中，建设、交通、电力、水利、通信、教育、卫生、农业、林业、体育、环保等部门，结合职责，积极参与，加强指导，全程服务，加快了建设进度，保证了建设质量。市委、市政府成立了以市长为指挥长，分管副书记、副市长为副指挥长，水利、督查、国土、公安等有关部门主要负责人为成员的工程建设指挥部。以市水利局为主抽调40多人组建了指挥部办公室，组织征迁和施工环境协调工作。濮阳县、开发区、示范区、清丰县及沿线15个乡（镇、办）也相应成立了指挥部，抽调精干力量具体负责征地拆迁安置和群众工作，全市奋战在工程征迁及环境协调一线的人员达970多人，指挥部下设综合科、财务科、征迁协调科、环境协调科、财务监督科。两县两区也成立了工程建设指挥部，并在工程一线设立专门的办公地点，共抽调干部和技术人员90人组建办公室，从事征迁和施工环境协调工作。市指挥部办公室深入征迁一线,现场督导征迁工作进程,先后召开征地拆迁联席会50多次,形成了领导带队、团队推进、限定时间、县(区)包干的责任机制,确保了征迁推进过程中的协调、监督到位,这是顺利推进征迁工作中一项主要措施。从指挥部的人员组成与办事效率上,可以看出该组织方式下的政府组织有以下优点:

第一,组织迅速,快速执行组织决策。由于引黄入冀补淀工程的征迁安置工作指挥部的机构人员大多来源于水务局、南水北调办公室,且多为水利人员,占整个指挥部的80%左右,在引黄入冀补淀工程初期工期要求如此紧迫的情况下,依然能够迅速组织到位,快速执行组织决策。

第二,协调力度大。引黄入冀补淀工程濮阳市指挥部是在市一级层面成立的指挥部,并经过政府部门的批准处理施工过程中征迁安置等重大问题,在工程中遇到的难题,由指挥部内指挥长联合组织部成员,每天进行早餐会,汇报当天工作内容同时安排一天的工作任务,从而保证了工作重心以及工程进度。同时,四个工程影响范围也有四个县(区)一级指挥部,县(区)指挥部对市一级指挥部负责,在各个县(区)之间工作出现了分歧与工作阻力,可以由市一级指挥部出面协调,从而保证了工作进度。

第三,集中办公优势突出。引黄入冀补淀工程虽没有正式的办公区域作为指挥部临时集中办公点,但仍然克服苦难,将各个科室、设计单位与监督评估单位的办公区域放置同一楼层,集中办公,一是避免了文件来往,为决策节省了时间;二是在工作方案实施中遇到问题及时解决即刻沟通,方便调整工作实施策略;三是集体决策,有助于提供多种解决问题思路,使决策更为科学化。

指挥部成员牢记使命,不负重托,承担着巨大压力,也忍受着辛酸和委屈,做了大量艰苦细致的工作。面对艰巨的任务、艰辛的工作、沉重的压力,各级征迁干部无怨无悔、毫不退缩,把征迁作为一种事业的选择、人生的追求、价值的体现和神圣的使命来对待,全心投入,默默奉献,推进了征迁工作又好又快地顺利开展。

三、一事一议的联席会制度

联席会制度是濮阳市指挥部处理紧急事件的重要手段。会议一般由市指挥部办公室负责召集,河北省引黄入冀补淀工程管理局河南建设部、濮阳县引黄入冀补淀工程指挥部办公室、乡政府、镇政府、河南省水利勘测设计研究有限公司、中水北方勘测设计研究有限责任公司及施工单位等参与。在工程施工过程中,市指挥部办公室深入征迁一线,现场督导征迁工作进程,先后召开征地拆迁联席会50多次,召集形成了领导带队、团队推进、限定时间、县(区)包干的责任机制,确保了征迁推进过程中的协调、监督到位,这是顺利推进征迁工作中一项主要措施。联席会的主要内容较以往政府部门例会而言更具有针对性与目标性,一事一议,解决力度强。如2016年夏季,市指挥部安排继续开展对永久占地实物指标、新增临时用地实物指标、房屋及附属物实物指标进行调查复核,根据各县(区)上报文件中的问题,成立调查组,由市指挥部、征迁设代、监督评估部、勘测定界单位和相关县(区)领导干部等相关人员组成。调查完毕后,市指挥部就复核情况组织召开工作联席会,各方在会上针对相关问题进行讨论并提出意见,市指挥部整理并编写会议纪要,最终成果由征迁设代处出具正式清单,按照征迁补偿程序给予补偿,充分体现了联席会议的工作成效与效果。

四、全程监管的台账管理制度

濮阳市把该工程列为重点挂牌督办项目,制定工作台账,细化工作任务,明确工作责任。市督查局、市重点办全程跟踪督导,实行督查周报制度,严格考核,严明奖惩,对在工程推进中做出突出贡献的县(区)、乡镇办和单位进行表彰奖励,调动了大家的工作积极性,全面促进工程建设。同时,按照市领导的安排部署,市指挥部办公室制定了具体的征迁工作台账和阶段性工作台账,细化市指挥部办公室、相关县(区)征迁任务,明确时间节点、责任单位、配合单位,采取督查制度,及时向市督查局汇报征迁进展,节点完成情况,督促征迁工作限期完成任务,做到权责分明、工作落实到位。另外,除市"一创双优"督导组挂牌督导该工程外,市督查局全程跟踪督导,也代表督查局时刻跟踪项目进展,市指挥部的每次工作任务部署,每次重大时间节点,每次专项行动,督查局都全程参与,先后为该工程出了四期督查通报、专报,市领导做出了重要批示,为加快征迁工作推进发挥了重要作用,真正形成了领导带队、团队推进、限定时间、县(区)包干的责任机制,确保了征迁推进过程中的协调、监督到位、可控可考核。

五、完善的资金管理制度

征迁安置资金是否安全有效运行,关键在于管理,而管理的主要责任在于各级管理人员,加强资金监管,应着眼于事前防范,良医治未病,万事防为先,必须关口前移,防范于未然。政策和策略是党的生命,也是征迁安置工作的灵魂,管好用好专项资金,健全完善的制度是必要的保证,在实践中形成的管理经验也是要靠制度来完成的,为此,濮阳市指挥部颁布实施了关于明确引黄入冀补淀工程征迁补偿工作程序的通知、征迁安置资金管理办法、征迁安置资金财务核算办法、财务管理制度、征迁资金廉政风险防控制度等规章制度,通过制度规范权力运行,确保资金安全、干部安全。濮阳市工程建设指挥部相继印发了引黄入冀补淀工程征迁安置资金会计核算办法、财务管理制度等征迁安置资金管理的制度规章,对拨付县(区)资金管理、支出管理、财务监督、会计核算原则、会计机构和人员、内部控制制度等方面做了严格的制度规定和详细的工作部署,在分工明确、权责统一、制度严明、规定合理、流程顺畅、监督有力的基础上,确保征迁安置的资金管理工作落实到位。

六、简明严谨的清单制度

为了满足工程建设尽快开工的需要,濮阳市在实施方案没有编制的情况下,为准确进行补偿,精确安置群众,创造地运用了"清单制制度",既尽快地解决交地任务,又保证了征迁实物指标的准确性,保障群众切身利益,满足群众的合理诉求。濮阳市指挥部牵头,协调设计代表、监督评估单位、县(区)和乡(镇)指挥部,推进征迁"清单制",有效地解决了时间紧、县(区)没有经验和能力两个关键难题。

在清单制实施过程中,濮阳市指挥部办公室提供勘测定界成果,由设计单位提出实物指标初步清单再由各级征迁机构、设计单位、监理单位对实物指标现场复核;再由县、乡、村征迁机构对复核后的补偿清单分解到实际兑付权属单位或个人,县(区)政府组织村委会公示集体、个人实物量及补偿费用,由乡、村向村民代表说明,收集民意,将民意意见反馈到县(区)办,县(区)办审查后向市办反馈情况,设计单位、监理单位进驻现场了解情况,核实并解答有关问题,进行整改,设计单位提交正式补偿清单,县(区)办提交资金拨付申请,再由监理单位提出资金拨付意见,市办发资金拨付通知。县(区)拨款程序:依据设计单位提供的补偿清单,县(区)办制订各级补偿方案,县政府批准方案。县指挥部分管副主任、分管财务副主任、监督负责人、县指挥部办公室负责人会议研究,签批拨款)。乡(镇)办拨款程序:依据县(区)政府批准的补偿方案组织制订村级征迁安置补偿方案并报县办审批。乡拨款应按照县办批准的补偿方案,在分管副乡长、分管财务副乡长、监督负责人、党委书记或乡长签字盖章后实施兑付。村委会兑付程序:村集体部分由村委书记或村主任、村民代表、理财小组共同签字盖章;村民个人财产由权属人签字并按手印。清单下达以后,老百姓确认无误,然后县(区)指挥部按照监督评估单位给其指定的拨付程序,先进行确认,再公示,填确认表,再次进行公示。在这个过程中算清多少地,多少附着物,然后签手续,建立银行专卡,一户一卡,直接打到卡上,不发放现金。

当出现清单内容与实际内容相违背的时候,则由市指挥部、征迁设代、监督评估部核实,开联席会解决问题。市指挥部与监理对各县指挥部兑付资金状况进行监督。在这种工作方式下,首先保证了项目影响范围内实物量的精准性,保证了线性工程中影响范围小,保证了工程影响范围可控。同时将公示与监督在工程进度中进行,保证科学性与严谨性。

引黄入冀补淀工程迁安工作的成功,充分体现了各级各有关部门较强的的社会执行能力、舆论引导能力和资源整合能力,充分发挥了各级党组织的凝聚力、战斗力,也体现了实施管理中的应变能力,充分展示了河南人民平凡善良、吃苦耐劳、爱国爱家的优秀品质。实践证明,无论面对多大困难,面对多大压力,只要我们紧紧依靠党的领导,充分凝聚各方资源,汇聚各方力量,团结一致,务实重干,就一定能够取得重大胜利。

七、全面广泛的社会宣传

在政策宣传上,各级各部门分包到户、到组、到人,耐心细致宣传相关政策和法律法规,让征迁居民了解各项征迁政策和迁安规划,从而真正接受上级决策、支持工程建设。同时让群众知道工程建设在大局上的意义,以及对自己生产生活改善的作用,使群众明白工程建设是在顾全大局的基础上,充分满足群众的利益,尤其是工程建设以及施工期的影响,都采取了补偿措施,减少和恢复影响的工程措施。在资金兑付上,严格执行征迁政策,对涉及征迁居民切身利益的身份认定、实物指标登记、补偿资金兑付等情况进行公示,切实维护居民合法权益。在工程开始前,在濮阳当地报纸、电视台与电台进行宣传,赢得当地群众的拥护。同时针对征迁安置居民,引发宣传手册,了解政策制度、法律法规,让征迁安置工作在舆论上赢得好评。

八、实事求是地解决群众问题

引黄入冀补淀工程河道长,与原来河渠、道路等交叉影响多,而且渠首属于黄河滩地,土地权属模糊,村民实际占有状况和国土部门编制的土地利用现状图册上所示有出入。这种情况导致在征地补偿实施中出现了很多问题,例如对专项设施交通、通信电缆等影响的遗漏、渠首土地权属的确定和补偿,以及实施时发现的新问题等,都需要在实施管理过程中实事求是地解决。以王芰河村的土地补偿问题和工程运行影响问题为例。王芰河村位于总干渠渠首段老引黄闸附近,人口1 000左右,原土地面积300多亩,人口多,耕地少。老引黄闸于2010年废弃,附近多出的约1 000亩滩地由王芰河村村民用作农耕地,成为该村村民重要生产生活物质资料。引黄入冀工程重开渠道,需占地199亩,使农耕地面积减少,影响村民利益,村民不同意,施工无法进行。从土地管理部门的土地图册上查阅可知,这部分土地是国有土地,不属于村民,可以不给予补偿,但村民已长期耕种,有村民甚至找出中华人民共和国成立后原始分地资料,来证明王芰河村对该片土地的占有权。经过与濮阳县、市级领导沟通,之后又向河北有关部门反馈商议,2017年5月决定按新征地标准对开渠占用的199亩进行补偿。此外,对于建成运行措施的河道冲刷影响土地问题,也形成了补偿意见:每年一测,对运行冲刷影响耕种的土地,按永久占地补偿。经过这一系列应对措施,积极保障村民生存发展权益,基本解决问题,工程得以顺利进行。

第三节　工程征迁安置实施管理的不足及思考

一、临时组织机构不利于管理决策的稳定性

工程指挥部模式是我国特殊计划经济背景及国家政府在工程项目有建设决策权集中形成的特殊管理模式,为了组织协调工程建设而设置的临时议事协调机构,发挥了部门的议事协调作用。工程指挥部管理模式是由政府职能部门抽调人员临时构成,当工程完工后,指挥部即解散,抽点的工作人员回到原单位工作岗位。指挥部存在职能不全、质量追诉困难、技术参差不齐、易造成资源浪费的现象。

二、决策机制不规范不完善

在指挥部内通过讨论,最后由指挥长来做决策的这种决策方式在决策责任上没有明晰,易出现决策失误情况下无法究责的情况。决策的过程中缺乏书面的决策流程章程与文件,导致后续究责困难。没有形成书面文本会议记录,不利于后续汲取与总结工程的经验。联席会议的会议纪要作为正式文件执行的合理性、合法性也有待商榷。

决策机制不健全、不完善导致对一些大的问题的解决决策能力较弱。如关于南湖村的生产安置问题,一直是困扰征迁安置的大问题,从开始规划决策到外村调整土地安置,在实施阶段群众有意见,不愿去外地,再到本村通过调整土地,辅助于建设第二、三产业项目安置,由于指挥部是临时机构,决策职能有限,决策机制不完善,导致南湖村生产安置方案迟迟不能确定。

三、缺乏风险管控意识

施工过程中遇到的问题采用一事一议的方式解决,没有事先对出现的问题进行预判

与提前准备,使得工作过程中容易出现较为被动的情况。缺乏规划性与计划性,没有进行事前控制,这样的管理方式缺乏前瞻性,会造成很多事件的处理反复重复,消耗组织部的大量精力,同时不利于经验的总结与指挥部整体管理水平的提升以及经验的积累。对于未来缺少预判导致风险管理,在工程中若出现重大事件则导致后果不可控。

参 考 文 献

[1] 陈刚,梅昀.非自愿性水库移民安置补偿政策绩效评估研究——以湖北省丹江口水库为例[J].武汉理工大学学报(社会科学版),2016,29(2):238-244.

[2] 杨贵平,肖蕾.水电移民安置补偿"16118"政策实践分析[J].水力发电,2012,38(11):11-12.

[3] 贾永飞.关于南水北调工程建立被征地移民社会保障的问题思考[J].西北人口,2009,30(4):27-32.

[4] 王威.南水北调工程移民安置政策研究[D].郑州:郑州大学,2009.

[5] 谢伟光.水库移民安置实施管理研究[D].南京:河海大学,2005.

[6] 梁承忠.大中型水利水电工程水库移民安置政策研究[J].水电站设计,2005(2):52-54.

[7] 王斌,龚和平,等.创新农村移民安置方式研究[J].水力发电,2008,34(11):15-19.

[8] 孔令强,施国庆.水电工程农村移民入股安置模式初探[J].长江流域资源与环境,2008,17(2):185-189.

[9] 刘东,王鄂豫,杨荣华.对水电工程移民长期补偿机制若干问题的探讨[J].人民长江,2010,41(6):95-99.

[10] 段跃芳.水库移民补偿理论与实证研究[D].武汉:华中科技大学,2003.

[11] 沈际勇,强茂山.参与约束、交易费用与"前期补偿后期扶持"的水库移民补偿模式[J].水力发电学报,2010,29(2):80-84.

[12] 贺恭.略论金沙江中游水能资源的开发[J].水力发电,2007,33(3):1-4.

[13] 高盈孟.全面统筹,协调规划,科学发展——让金沙江中游水电资源早日为人民谋福祉[N].财经界,2007(1):125-129.

[14] 樊启祥,陆佑楣,强茂山,等.可持续发展视角的中国水电开发水库移民安置方式研究[J].水力发电学,2010,29(2):80-84.

[15] 张娜,孙中民.水库移民新型组合安置方式研究[J].人民长江,2011,42(S2):185-187.

[16] 曾建生.新时期水库移民安置模式探析[J].金融经济,2006(14):123-124.

[17] 张建.市场经济条件下的水库移民安置模式研究[J].科技与企业,2014(9):108.

[18] 施国庆.移民迁建与发展——百色水利枢纽云南库区移民实践与探索[M].南京:河海大学出版社,2012.

[19] 余勇,姚亮.三峡工程库区农村移民安置管理[J].人民长江,2010,41(23):35-40.

[20] 梁福庆.长江三峡水库移民安置规划编制与管理研究[J].三峡大学学报(人文社会科学版),2008(S1):115-118.

[21] 刘平.皂市水利枢纽移民安置方案与实施管理[J].水利技术监督,2004(5):24-25.

[22] 李连栋.黄河小浪底移民安置实施与管理[J].水利经济,2002(3):13-17.

[23] 谢伟光,张静波,马季喆,等.尼尔基水利枢纽工程移民安置实施管理[J].水力发电,2005(11):22-25.

［24］方长荣.论江垭水库移民安置特点及管理模式［J］.水利经济,2002(4):64-67.

［25］黄建文,王东,廖再毅,等.基于云模型的水库移民安置效果评价研究［J］.水力发电,2017,43(8):14-17.

［26］王丽娇,余文学.农村水利工程移民社会保障方案研究——以江苏省"里下河洼地治理工程"为例［J］.社会保障研究,2016(5):73-81.

［27］黄莉,谢骠仕.不同安置方式下贵州水库移民安置效果综合评价［J］.人民长江,2016,47(6):109-113.

［28］强茂山,汪洁.基于生活水平的水库移民补偿标准及计算方法［J］.清华大学学报(自然科学版),2015,55(12):1303-1308.

［29］汪洁,强茂山.基于生活水平的水库移民补偿范畴研究［J］.水力发电学报,2015,34(7):74-79.

［30］康兰兰.农村水库移民安置规划建设管理研究［D］.长沙:中南大学,2012.

［31］孙中艮,施国庆,杨文建.基于模糊一致矩阵的水库移民安置效果评价［J］.人民黄河,2009,31(8):110-111.

［32］李德启,张辛,李娜.南水北调中线干线工程征迁安置监理工作探讨［J］.南水北调与水利科技,2008,6(S2):152-156.

［33］孙中艮,杨文健.建立水库移民社会保障制度的探讨［J］.人民长江,2007(6):93-95.

［34］郝建忠,张浩,刘致云.工程移民安置效果评价的原则与方法［J］.人民黄河,2000(6):29-35.

［35］周少林,李立.关于水库移民补偿方式的思考［J］.人民长江,1999(11):1-2.

［36］徐阿生.水库移民补偿投资政策探讨［J］.科技进步与对策,1998(6):84-85.

［37］郭晓萌,罗强,姚凯文,等.水库移民安置效果综合评价研究［J］.电网与水力发电进展,2008(2):61-64.

［38］杨帆.水库移民安置监测与评估方法研究［D］.天津:天津大学,2006.

［39］李东晗,初文森.水库移民安置规划工作国内外动态研究［J］.黑龙江水利科技,2008(5):19-20.

［40］石伯勋,尹忠武,王迪友.三峡工程移民安置规划与实践［J］.中国工程科学,2011,13(7):123-128.

［41］陈绍军,顾梦莎.水库移民纳入社会保障的必要性和可行性研究［J］.人民长江,2013,44(5):100-102.

［42］齐美苗,蒋建东.三峡工程移民安置规划总结［J］.人民长江,2013,44(2):16-20.

［43］陈华东,施国庆,陈广华.水库移民社会保障制度研究——尼尔基水库坝区的案例分析［J］.农村经济,2008(7):96-98.

［44］张一军.水电工程移民安置规划设计标准的修编改进［J］.水力发电,2008(3):14-16.

［45］刘灵辉.水利水电工程移民长期补偿机制与新农村建设相结合研究［J］.中国人口·资源与环境,2015(4):141-148.

［46］胡大伟.水库移民征地补偿协商机制构建研究——基于合意治理的思考［J］.中国土地科学,2013,27(4):15-21.

［47］左萍,杨建设,杨涛.水利水电工程移民安置监督评估内容探讨［J］.人民黄河,2011,33(12):132-133.

［48］尹忠武.水利水电工程建设征地移民安置规划设计［J］.中国水利,2011(2):18-20.

［49］张元节.新形势下水库移民监督评估研究［D］.郑州:华北水利水电大学,2017.

［50］何汉生,康引戎.用科学发展观做好水利工程建设移民安置规划［J］.人民长江,2007(11):10-12.

［51］陈松寿.小浪底水利枢纽的农村移民安置规划［J］.人民黄河,1993(3):51-53.

［52］国务院办公厅.大中型水利水电工程建设征地补偿和移民安置条例.

［53］施国庆.从保障水库移民权益看政府"角色"的转变［N］.中国水利报,2006-10-26(001).

［54］崔广平.论水库移民补偿的立法完善［J］.中国流通经济,2005(3):63-66.

［55］翁家清,李彦强,袁志刚,等.丹江口水库移民安置规划与实践［J］.人民长江,2013,44(2):26-29

［56］王受泓,丁凤玲.百色水利枢纽云南库区移民安置规划［J］.中国农村水利水电,2009(9):151-153.

［57］王斌,张一军,彭幼平.改进移民安置规划设计适应新的移民法规政策环境［J］.水力发电,2007(12):1-4.

［58］钟水映.关于重大工程编制移民安置规划并建立监测制度的思考［J］.科技进步与对策,2005(11):28-30.

［59］周静.当前我国水库移民安置问题研究［D］.南京:南京师范大学,2012.

［60］金斌.水库工程移民安置研究［D］.西安:西安理工大学,2009.

［61］韩振燕,郎晓苏,童晓军.河南省丹江口库区征迁监督管理体系研究［J］.水利经济,2014,32(3):58-62.

［62］李海芳.珊溪水库移民收入与生活水平恢复定量分析［J］.水利学报,2001(3):37-40.

［63］米雪燕.国内外水利水电工程移民政策对比分析研究［J］.水电与新能源,2015(7):60-63.

［64］丛俊良,谭振东,潘枫.我国现行水库移民后期扶持政策刍议［J］.黑龙江水利科技,2011,39(3):255-256.

［65］李振华,王珍义.大中型水库移民后期扶持政策的演变与完善［J］.经济研究导刊,2011(16):116-118.

［66］李晓明,焦慧选.如何做好水库移民后期扶持项目［J］.河南水利与南水北调,2010(7):157-158.

［67］孙汉民,王延刚.水库移民工作的法律体系、政策及水库移民的安置方式［J］.黑龙江水利科技,2006(3):137-138.

［68］冯时,禹雪中,廖文根.国际水利水电工程移民政策综述及分析［J］中国水能及电气化,2011(7):18-26.

［69］米雪燕.国内外水利水电工程移民政策对比分析研究［J］.水电与新能源,2015(7):60-63.

附　表

附表 1　生产安置人口计算表

序号	县（区）	乡（镇）	村	总耕地面积（亩）	基准年农业人口	永久征用耕地面积（亩）	基准年人均耕地面积（亩/人）	生产安置人口 基准年	生产安置人口 水平年
1	濮阳县	渠村乡	王芝河	274	1 868	16.72	0.15	114	115
2	濮阳县	渠村乡	南湖村	3 491	3 429	738.36	1.02	725	734
3	濮阳县	渠村乡	关寨	245	336	25.12	0.73	34	34
4	濮阳县	渠村乡	巴寨	633	490	19.31	1.29	15	15
5	濮阳县	渠村乡	安邱村	1 840	1 572	53.78	1.17	46	47
6	濮阳县	海通乡	甘称湾	2 381	1 872	284.52	1.27	224	227
7	濮阳县	海通乡	秦安集	721	645	24.97	1.12	22	22
8	濮阳县	海通乡	甘吕邱	2 990	2 120	9.79	1.41	7	7
9	濮阳县	海通乡	张称湾	1 970	1 560	41.77	1.26	33	33
10	濮阳县	海通乡	海通	3 586	2 865	76.22	1.25	61	62
11	濮阳县	海通乡	刘辛庄	1 981	1 246	51.99	1.59	33	33
12	濮阳县	海通乡	后刘家	474	500	25.58	0.95	27	27
13	濮阳县	海通乡	小海通	1 880	2 120	78.09	0.89	88	89
14	濮阳县	海通乡	团堤村	1 050	1 307	0.01	0.8		
15	濮阳县	海通乡	铁炉村	710	1 560	4.63	0.46	10	10
16	濮阳县	海通乡	马月城村	730	820	1.16	0.89	1	1

续附表 1

序号	县（区）	乡（镇）	村	总耕地面积（亩）	基准年农业人口	永久征用耕地面积（亩）	基准年人均耕地面积（亩/人）	生产安置人口 基准年	生产安置人口 水平年
17	濮阳县	海通乡	王月城村	634	1 032	48.69	0.61	79	80
18	濮阳县	庆祖镇	郎寨村	2 601	2 358	71.32	1.1	65	66
19	濮阳县	庆祖镇	曾小邱村	2 921	2 808	25.16	1.04	24	24
20	濮阳县	庆祖镇	潘家村	3 679	2 674	71.02	1.38	52	53
21	濮阳县	庆祖镇	前孙家	1 475	1 177	10.08	1.25	8	8
22	濮阳县	庆祖镇	后孙家	1 362	1 100	32.58	1.24	26	26
23	濮阳县	庆祖镇	西台上	1 017	1 018	77.24	1	77	78
24	濮阳县	庆祖镇	毛寨村	1 137	916	19.76	1.24	16	16
25	濮阳县	庆祖镇	田贾村			0.58			
26	濮阳县	庆祖镇	前栾树			0.26			
27	濮阳县	庆祖镇	后栾树	1 250	925	18.76	1.35	14	14
28	濮阳县	庆祖镇	大栾树			42.31			
29	濮阳县	子岸镇	东柳	1 598	1 042	21.5	1.53	14	14
30	濮阳县	子岸镇	文寨村	2 530	1 870	11.06	1.35	8	8
31	濮阳县	子岸镇	中子岸村	4 636	2 562	4.42	1.81	2	2
32	濮阳县	子岸镇	西子岸村	4 205	3 430	46.24	1.23	38	38
33	濮阳县	子岸镇	化寨	6 217	2 763	5.99	2.25	3	3
34	濮阳县	子岸镇	岳新庄村	6 689	2 610	102.95	2.56	40	40

续附表 1

序号	县(区)	乡(镇)	村	总耕地面积(亩)	基准年农业人口	永久征用耕地面积(亩)	基准年人均耕地面积(亩/人)	生产安置人口	
								基准年	水平年
		合计		66 906	52 595	2 061.97	1.27	1 906	1 926
1	开发区	新习镇	张庄村	1 600	788	19.97	2.03	10	10
2	开发区	新习镇	李陵平村	955.5	778	26.78	1.23	22	22
3	开发区	新习镇	马陵平村	670	548	15.34	1.22	13	13
4	开发区	新习镇	董陵平村	547	670	7.84	0.82	10	10
5	开发区	新习镇	吉陵平村	182	178	0.35	1.02		
6	开发区	新习镇	南新习村	1 688	1 420	12.49	1.19	11	11
7	开发区	新习镇	西新习村	1 304	1 325	26.04	0.98	26	26
8	开发区	新习镇	北新习村	1 153	1 350	5.41	0.85	6	6
9	开发区	新习镇	西别寨村	2 075.75	1 548	26.08	1.34	19	19
10	开发区	新习镇	后河村	913	1 224	9.23	0.75	12	12
11	开发区	王助镇	西李庄	853.73	850	5.57	1	6	6
12	开发区	王助镇	东郭	1 095	1 040	16.11	1.05	15	15
13	开发区	王助镇	西郭	1 445	1 105	0.16	1.31		
14	开发区	王助镇	闫堤	530	430	5.97	1.23	5	5
15	开发区	王助镇	王助南	800	740	6.48	1.08	6	6
16	开发区	王助镇	王助西	1 095	1 075	14.55	1.02	14	14
17	开发区	王助镇	西郭寨	3 000	1 780	23.51	1.69	14	14

序号	县（区）	乡（镇）	村	总耕地面积（亩）	基准年农业人口	永久征用耕地面积（亩）	基准年人均耕地面积（亩/人）	生产安置人口 基准年	生产安置人口 水平年
18	开发区	王助镇	西油坊	910.5	725	0.48	1.26		
19	开发区	皇甫办	前皇甫村			0.35			
20	开发区	皇甫办	后皇甫村			9.01			
21	开发区	濮水办	前漳消	2 084	2 520	4.92	0.83	6	6
22	开发区	濮水办	康呼	1 940	1 575	1.21	1.23	1	1
23	开发区	濮水办	后漳消	1 170	1 752	0.11	0.67		
24	开发区	濮上办	谷家庄			3.46			
25	开发区	濮上办	前范庄	894	920	0.99	0.97	1	1
26	开发区	胡村乡	辛庄村			1.5			
27	开发区	胡村乡	张堆	1 691	1 260	11.71	1.34	9	9
28	开发区	胡村乡	天阴	2 730	1 130	9.05	2.42	4	4
29	开发区	胡村乡	西王什	5 163	2 316	4.19	2.23	2	2
30	开发区	胡村乡	坟台头	4 638	2 118	5.88	2.19	3	3
	开发区		合计	41 127.5	31 165	274.74	1.32	215	215
1	清丰县	固城乡	杜家洼村	1 262	1 868	6.26	0.68	9	9
2	清丰县	固城乡	吕家村	2 662	1 923	17.9	1.38	13	13
3	清丰县	固城乡	王崔村	7 006	3 695	5.32	1.9	3	3
4	清丰县	韩村乡	李焦夫村	2 920	1 340	25.42	2.18	12	12

序号	县(区)	乡(镇)	村	总耕地面积(亩)	基准年农业人口	永久征用耕地面积(亩)	基准年人均耕地面积(亩/人)	生产安置人口	
								基准年	水平年
5	清丰县	韩村乡	孟焦夫村	2 810	1 249	10.01	2.25	4	4
6	清丰县	韩村乡	陈焦夫村	3 200	1 598	7.24	2	4	4
7	清丰县	韩村乡	染村	2 144	1 729	12.41	1.24	10	10
8	清丰县	韩村乡	马韩村	1 180	1 328	0.48	0.89	1	1
9	清丰县	韩村乡	库韩村	1 308	933	7.91	1.4	6	6
10	清丰县	韩村乡	苏二庄	3 711	2 222	11.71	1.67	7	7
11	清丰县	韩村乡	铁炉村	793	660	2.73	1.2	2	2
12	清丰县	韩村乡	大韩村	2 006	1 283	8.44	1.56	5	5
13	清丰县	韩村乡	杨韩村	2 200	1 427	11.65	1.54	8	8
14	清丰县	大屯乡	南召市村	3 438	2 618	20.14	1.31	15	15
15	清丰县	大屯乡	雷家村	6 427	1 650	3.53	3.9	1	1
16	清丰县	阳邵乡	董石村	961	761	20.77	1.26	16	16
17	清丰县	阳邵乡	范石一村	2 523	1 593	1.17	1.58	1	1
18	清丰县	阳邵乡	范石二村	2 135	1 677	5.27	1.27	4	4
19	清丰县	阳邵乡	陈庄	1 358	1 309	1.22	1.04	1	1
20	清丰县	阳邵乡	报录村	1 799	1 559	13.93	1.15	12	12
21	清丰县	阳邵乡	赵庄	638	850	5.46	0.75	7	7
22	清丰县	阳邵乡	北阳建村	1 378	1 070		1.29		

序号	县（区）	乡（镇）	村	总耕地面积（亩）	基准年农业人口	永久征用耕地面积（亩）	基准年人均耕地面积（亩/人）	生产安置人口	
								基准年	水平年
23	清丰县	阳邵乡	西阳邵一村	1 465	1 285	22.81	1.14	20	20
24	清丰县	阳邵乡	西阳邵二村	1 215	892	5.12	1.36	4	4
25	清丰县	阳邵乡	西阳邵三村	963	972	3.1	0.99	3	3
26	清丰县	阳邵乡	阳邵集村	2 188	3 437	4.62	0.64	7	7
27	清丰县	阳邵乡	苏堤村	946	1 042	29.7	0.91	33	33
28	清丰县	阳邵乡	留固一村	1 975	1 786	3.87	1.11	3	3
	清丰县		合计	62 610	43 756	268.29	1.43	211	211

附表2　环境容量分析计算表

序号	县（区）	乡（镇）	村	耕地面积（亩）			水平年农业人口	水平年人均耕地面积（亩/人）	安置标准	土地承载力	富裕容量
				总耕地面积	占压	剩余					
1	濮阳县	渠村乡	王芝河	274.00	16.72	257	1 890	0.14	0.12	2 100	210
2	濮阳县	渠村乡	南湖村	3 491.00	738.36	2 753	3 470	0.79	0.71	3 856	386
3	濮阳县	渠村乡	关寨	245.00	25.12	220	340	0.65	0.58	378	38
4	濮阳县	渠村乡	巴寨	633.00	19.31	614	496	1.24	1.05	584	88
5	濮阳县	渠村乡	安邱村	1840.00	53.78	1 786	1 591	1.12	0.95	1 872	281
6	濮阳县	海通乡	甘称湾	2381.00	284.52	2 096	1 894	1.11	0.94	2 228	334
7	濮阳县	海通乡	泰安集	721.20	24.97	696	653	1.07	0.91	768	115

续附表 2

序号	县（区）	乡（镇）	村	耕地面积（亩）			水平年农业人口	水平年人均耕地面积（亩/人）	安置标准	土地承载力	富裕容量
				总耕地面积	占压	剩余					
8	濮阳县	海通乡	甘吕邱	2 990.00	9.79	2 980	2 145	1.39	1.18	2 524	379
9	濮阳县	海通乡	张称湾	1 970.00	41.77	1 928	1 579	1.22	1.04	1 858	279
10	濮阳县	海通乡	海通	3 586.00	76.22	3510	2 899	1.21	1.03	3 411	512
11	濮阳县	海通乡	刘辛庄	1 981.00	51.99	1 929	1 261	1.53	1.30	1 484	223
12	濮阳县	海通乡	后刘家	474.00	25.58	448	506	0.89	0.80	562	56
13	濮阳县	海通乡	小海通	1 880.00	78.09	1 802	2 145	0.84	0.76	2 383	238
14	濮阳县	海通乡	团堽村	1 050.00	0.01	1 050	1 323	0.79	0.71	1 470	147
15	濮阳县	海通乡	铁炉村	710.00	4.63	705	1 579	0.45	0.40	1 754	175
16	濮阳县	海通乡	马月城村	730.00	1.16	729	830	0.88	0.79	922	92
17	濮阳县	海通乡	王月城村	634.00	48.69	585	1 044	0.56	0.50	1 160	116
18	濮阳县	庆祖镇	郎寨村	2 601.00	71.32	2 530	2 386	1.06	0.90	2 807	421
19	濮阳县	庆祖镇	曾小邱村	2 921.00	25.16	2 896	2 841	1.02	0.87	3 342	501
20	濮阳县	庆祖镇	潘家村	3 678.50	71.02	3 607	2 706	1.33	1.13	3 184	478
21	濮阳县	庆祖镇	前孙家	1 475.00	10.08	1 465	1 191	1.23	1.05	1 401	210
22	濮阳县	庆祖镇	后孙家	1 361.50	32.58	1 329	1 113	1.19	1.01	1 309	196
23	濮阳县	庆祖镇	西台上	1 017.30	77.24	940	1 030	0.91	0.82	1 144	114
24	濮阳县	庆祖镇	毛寨村	1 136.80	19.76	1 117	927	1.21	1.02	1 091	164
25	濮阳县	庆祖镇	田贾村		0.58						

续附表 2

序号	县（区）	乡（镇）	村	耕地面积（亩）			水平年农业人口	水平年人均耕地面积（亩/人）	安置标准	土地承载力	富裕容量
				总耕地面积	占压	剩余					
26	濮阳县	庆祖镇	前栾树		0.26						
27	濮阳县	庆祖镇	后栾树	1 250.00	8.76	1 231	936	1.32	1.12	1 101	165
28	濮阳县	庆祖镇	大栾树		42.31						
29	濮阳县	子岸镇	东柳	1 598.13	21.50	1 577	1 054	1.50	1.27	1 240	186
30	濮阳县	子岸镇	文寨村	2 529.60	11.06	2 519	1 892	1.33	1.13	2 226	334
31	濮阳县	子岸镇	中子岸村	4 636.00	4.42	4 632	2 592	1.79	1.52	3 049	457
32	濮阳县	子岸镇	西子岸村	4 205.00	46.24	4 159	3471	1.20	1.02	4 084	613
33	濮阳县	子岸镇	化寨	6 217.00	5.99	6 211	2 796	2.22	1.89	3 289	493
34	濮阳县	子岸镇	岳新庄村	6 689.00	102.95	6 586	2 641	2.49	2.12	3 107	466
		合计		66 906.03	2 061.97	64 844	53 220	1.22	1.04	62 612	9 392
1	开发区	新习镇	张庄村	1 600.00	19.97	1 580.03	788	2.01	1.70	927	139
2	开发区	新习镇	李陵平村	955.50	26.78	928.72	778	1.19	1.01	915	137
3	开发区	新习镇	马陵平村	670.00	15.34	654.66	548	1.19	1.02	645	97
4	开发区	新习镇	董陵平村	547.00	7.84	539.16	670	0.80	0.72	744	74
5	开发区	新习镇	吉陵平村	182.00	0.35	181.65	178	1.02	0.87	209	31
6	开发区	新习镇	南新习村	1 688.00	12.49	1 675.51	1 420	1.18	1.00	1 671	251
7	开发区	新习镇	西新习村	1 304.00	26.04	1 277.96	1 325	0.96	0.87	1 472	147
8	开发区	新习镇	北新习村	1 153.00	5.41	1 147.59	1 350	0.85	0.77	1 500	150

续附表2

序号	县（区）	乡（镇）	村	耕地面积（亩）			水平年农业人口	水平年人均耕地面积（亩/人）	安置标准	土地承载力	富裕容量
				总耕地面积	占压	剩余					
9	开发区	新习镇	西别寨村	2 075.75	26.08	2 049.67	1 548	1.32	1.13	1 821	273
10	开发区	新习镇	后河村	913.00	9.23	903.77	1 224	0.74	0.66	1 360	136
11	开发区	王助镇	西李庄	853.73	5.57	848.16	850	1.00	0.90	944	94
12	开发区	王助镇	东鄗	1 095.00	16.11	1 078.89	1 040	1.04	0.88	1 224	184
13	开发区	王助镇	西鄗	1 445.00	0.16	1 444.84	1 105	1.31	1.11	1 300	195
14	开发区	王助镇	闫堤	530.00	5.97	524.03	430	1.22	1.04	506	76
15	开发区	王助镇	王助南	800.00	6.48	793.52	740	1.07	0.91	871	131
16	开发区	王助镇	王助西	1 095.00	14.55	1 080.45	1 075	1.01	0.85	1 265	190
17	开发区	王助镇	西鄗寨	3 000.00	23.51	2 976.49	1 780	1.67	1.42	2 094	314
18	开发区	王助镇	西油坊	910.50	0.48	910.02	725	1.26	1.07	853	128
19	开发区	皇甫办	前皇甫村		0.35						
20	开发区	皇甫办	后皇甫村		9.01						
21	开发区	濮水办	前漳消	2 084.00	4.92	2 079.08	2 520	0.83	0.74	2 800	280
22	开发区	濮水办	康呼	1 940.00	1.21	1 938.79	1 575	1.23	1.05	1 853	278
23	开发区	濮上办	后漳消	1 170.00	0.11	1 169.89	1 752	0.67	0.60	1 947	195
24	开发区	濮上办	谷家庄		3.46						
25	开发区	濮上办	前范庄	894.00	0.99	893.01	920	0.97	0.87	1 022	102
26	开发区	胡村乡	辛庄村		1.50						

续附表 2

序号	县（区）	乡（镇）	村	耕地面积（亩）			水平年农业人口	水平年人均耕地面积（亩/人）	安置标准	土地承载力	富裕容量
				总耕地面积	占压	剩余					
27	开发区	胡村乡	张堆	1 691.00	11.71	1 679.29	1 260	1.33	1.13	1 482	222
28	开发区	胡村乡	天阴	2 730.00	9.05	2 720.95	1 130	2.41	2.05	1 329	199
29	开发区	胡村乡	西王什	5 163.00	4.19	5 158.81	2 316	2.23	1.89	2 725	409
30	开发区	胡村乡	坟台头	4 638.00	5.88	4 632.12	2 118	2.19	1.86	2 492	374
合计	开发区			41 127.48	274.74	40 852.74	31 165	1.31	1.11	35 971	4 806
1	示范区	开州办	后范庄村	1 429.00	7.54	1 421.46	788	1.80	1.53	927	139
2	示范区	开州办	班家	1 676.00	0.55	1 675.45	735	2.28	1.94	865	130
3	示范区	开州办	东店当村	1 735.00	2.31	1 732.69	728	2.38	2.02	856	128
4	示范区	开州办	西店当村	247.00	0.40	246.60	336	0.73	0.66	373	37
5	示范区	开州办	顺河村	521.56	9.85	511.71	375	1.36	1.16	441	66
合计	示范区			5 608.56	20.65	5 587.91	2 962	1.89	1.60	3 485	523
1	清丰县	固城乡	杜家洼村	1 262.00	6.26	1 256	1 890	0.66	0.60	2 100	210
2	清丰县	固城乡	吕家村	2 662.00	17.90	2 644	1 946	1.36	1.15	2 289	343
3	清丰县	固城乡	王崔村	7 006.19	5.32	7 001	3 739	1.87	1.59	4 399	660
4	清丰县	韩村乡	李焦夫村	2 920.00	25.42	2 895	1 356	2.13	1.81	1 595	239
5	清丰县	韩村乡	孟焦夫村	2 810.00	10.01	2 800	1 264	2.22	1.88	1 487	223
6	清丰县	韩村乡	陈焦夫村	3 200.00	7.24	3 193	1 617	1.97	1.68	1 902	285
7	清丰县	韩村乡	梁村	2 143.74	12.41	2 131	1 750	1.22	1.04	2 059	309

续附表2

序号	县（区）	乡（镇）	村	耕地面积（亩）			水平年农业人口	水平年人均耕地面积（亩/人）	安置标准	土地承载力	富裕容量
				总耕地面积	占压	剩余					
8	清丰县	韩村乡	马韩村	1 180.00	0.48	1 180	1 344	0.88	0.79	1 493	149
9	清丰县	韩村乡	库韩村	1 308.00	7.91	1 300	944	1.38	1.17	1 111	167
10	清丰县	韩村乡	苏二庄	3 711.00	11.71	3 699	2 248	1.65	1.40	2 645	397
11	清丰县	韩村乡	铁炉村	792.50	2.73	790	668	1.18	1.00	786	118
12	清丰县	韩村乡	大韩村	2 006.00	8.44	1 998	1 298	1.54	1.31	1 527	229
13	清丰县	韩村乡	杨韩村	2 200.00	11.65	2 188	1 444	1.52	1.29	1 699	255
14	清丰县	大屯乡	南召市村	3 438.00	20.14	3 418	2 649	1.29	1.10	3 116	467
15	清丰县	大屯乡	雷家村	6 427.00	3.53	6 423	1 670	3.85	3.27	1 965	295
16	清丰县	阳邵乡	董石村	961.00	20.77	940	770	1.22	1.04	906	136
17	清丰县	阳邵乡	范石一村	2 523.00	1.17	2 522	1 612	1.56	1.33	1 896	284
18	清丰县	阳邵乡	范石二村	2 135.00	5.27	2 130	1 697	1.25	1.07	1 996	299
19	清丰县	阳邵乡	陈庄	1 358.00	1.22	1 357	1 325	1.02	0.87	1 559	234
20	清丰县	阳邵乡	报录村	1 799.00	13.93	1 785	1 578	1.13	0.96	1 856	278
21	清丰县	阳邵乡	赵庄	638.00	5.46	633	860	0.74	0.66	956	96
22	清丰县	阳邵乡	北阳建村	1 378.00		1 378	1 083	1.27	1.08	1 274	191
23	清丰县	阳邵乡	西阳邵一村	1 464.67	22.81	1 442	1 300	1.11	0.94	1 529	229
24	清丰县	阳邵乡	西阳邵二村	1 215.00	5.12	1 210	903	1.34	1.14	1 062	159
25	清丰县	阳邵乡	西阳邵三村	963.00	3.10	960	984	0.98	0.88	1 093	109

续附表 2

序号	县（区）	乡（镇）	村	耕地面积（亩）			水平年农业人口	水平年人均耕地面积（亩/人）	安置标准	土地承载力	富裕容量
				总耕地面积	占压	剩余					
26	清丰县	阳邵乡	阳邵集村	2 188.00	4.62	2 183	3 478	0.63	0.56	3 864	386
27	清丰县	阳邵乡	苏堤村	946.00	29.70	916	1 054	0.87	0.78	1 171	117
28	清丰县	阳邵乡	留固一村	1 975.00	3.87	1 971	1 807	1.09	0.93	2 126	319
	清丰县		合计	62 610	268	62 342	44 278	1.41	1.20	51 461	7 183

附表 3　电力线路投资汇总表

序号	名称	交叉点设计桩号	隶属关系	电压等级	投资（万元）
1	渠2#渠闸线	K－0＋900	濮阳县供电公司	10 kV	0.13
2	渠4#青庄分支	K－0＋700	濮阳县供电公司	10 kV	16.77
3	渠15#渠海线37#～32#	K0＋015	濮阳县供电公司	10 kV	35.24
4	八渠线	K0＋190	濮阳县供电公司	10 kV	5.2
5	渠4#专线中原合作社分支	K2＋568	濮阳县供电公司	10 kV	13.06
6	甘吕邱3#支线	K5＋300	濮阳县供电公司	10 kV	4.66
7	3#两门线海通南干线	K6＋920	濮阳县供电公司	10 kV	5.34
8	3#两门线刘辛庄分支	K9＋740	濮阳县供电公司	10 kV	8.49
9	小海通分支	K11＋000	濮阳县供电公司	10 kV	6.25
10	海通团堤线	K12＋800	濮阳县供电公司	10 kV	2.24
11	富2#两门干线铁炉2#分支	K13＋358	濮阳县供电公司	10 kV	4.54

续附表 3

序号	名称	交叉点设计桩号	隶属关系	电压等级	投资（万元）
12	富3#两门线	K14+400	濮阳县供电公司	35 kV	15.44
13	郎寨6#台区北干线西分支	K15+040	濮阳县供电公司	0.4 kV	2.11
14	郎寨祖8#祖西线	K15+550	濮阳县供电公司	10 kV	5.35
	曾小邱线	K16+100	濮阳县供电公司	10 kV	6.04
15	祖8#祖西线95#~96#杆	K16+685	濮阳县供电公司	10 kV	3.41
16	祖8#潘家台区	K16+960	濮阳县供电公司	10 kV/0.4 kV	24.54
17	祖8#祖西线众兴兔业支线3#杆	K17+255	濮阳县供电公司	10 kV	2.95
18	祖8#祖西线潘家王庄支线1#~2#杆	K17+459	濮阳县供电公司	10 kV	3.88
19	前孙家1#台区西支线新建、台区	K17+790	濮阳县供电公司	10 kV/0.4 kV	7.88
20	祖8#祖西线前武陵直线1#~2#杆	K18+100	濮阳县供电公司	10 kV	4.56
21	祖8#祖西线	K18+190	濮阳县供电公司	10 kV	15.37
22	后孙家台区	K18+575	濮阳县供电公司	10 kV/0.4 kV	24.55
23	西台上村南台区	K18+600	濮阳县供电公司	0.4 kV	4.2
24	祖8#祖西北线7#祖西北线61#杆	K18+672	濮阳县供电公司	10 kV	18.74
25	祖7#祖西北线逯寨支线	K18+673	濮阳县供电公司	10 kV	8.54
26	西台上村东台区	K18+980	濮阳县供电公司	0.4 kV	9.7
27	西台上村北台区	K19+000	濮阳县供电公司	0.4 kV	5.36
28	祖7#祖西北线后武陵支线0#~1#	K19+278	濮阳县供电公司	10 kV	2.2
29	祖7#祖西北线毛寨农排支线	K19+984	濮阳县供电公司	10 kV	3.32

续附表 3

序号	名称	交叉点设计桩号	隶属关系	电压等级	投资（万元）
30	张德芳变压器	K20+100	濮阳县供电公司	10 kV/0.4 kV	6.33
31	祖7#组西北线	K20+112	濮阳县供电公司	10 kV	44.42
32	毛寨村东台区北干线	K20+180	濮阳县供电公司	0.4 kV	4.48
33	后寨村2#台区西干线	K20+480	濮阳县供电公司	0.4 kV	10.27
34	子10#子庆专线大寨树分支	K21+900	濮阳县供电公司	10 kV	4.58
35	子4#子西南线东柳村农排2#支线	K22+000	濮阳县供电公司	10 kV	6.22
36	东柳村1#台区东支线5#~6#杆	K23+167	濮阳县供电公司	0.4 kV	3.13
37	文寨村西台区西支线	K23+180	濮阳县供电公司	0.4 kV	1.96
38	子4#子西南线	K23+546	濮阳县供电公司	10 kV	3.87
39	兴隆超市对面农用渔业拉线	K23+800	濮阳县供电公司	0.4 kV	2.23
40	文寨村西台区西支2#支线	K24+170	濮阳县供电公司	0.4 kV	2.52
41	子7#子西线60#~62#支线	K25+369	濮阳县供电公司	10 kV	3.88
42	子7#子西线中子岸4#台区支线	K26+000	濮阳县供电公司	10 kV/0.4 kV	5.7
43	子7#子西线西子岸村东3#分支	K26+128	濮阳县供电公司	10 kV	4.97
44	集束导线	K26+133	濮阳县供电公司	0.4 kV	2.4
45	子7#子西线西子岸东3#分支	K26+855	濮阳县供电公司	10 kV	8.45
46	子7#子西线110#~111#杆	K28+100	濮阳县供电公司	10 kV	3.46
47	子7#子西线岳新庄农排8#分支	K28+700	濮阳县供电公司	10 kV	6.13
	濮阳县供电公司合计				395.06

续附表 3

序号	名称	交叉点设计桩号	隶属关系	电压等级	投资（万元）
48	新 2# 新南线绫平支线张庄 2# 支	K30+900～K31+120	濮阳市供电公司	10 kV	5.5
49	新 2# 新南线董陵平 1# 支	K33+120	濮阳市供电公司	10 kV	2.39
50	新 2# 新南线 68#～77#	K32+980～K33+300	濮阳市供电公司	10 kV	7.27
51	新 2# 新南线马陵平 1# 支	K33+360～K33+430	濮阳市供电公司	10 kV	5.57
52	新 3# 新专线西土支	K34+420	濮阳市供电公司	10 kV	0.73
53	新 3# 新专线北街支	K35+380	濮阳市供电公司	10 kV	1.19
54	新 3# 新专线北街支拉线	K35+380	濮阳市供电公司		0.61
55	新 3# 新专线西街支	K36+070	濮阳市供电公司	10 kV	2.93
56	濮留线	K37+720	濮阳市供电公司	110 kV	49.3
57	新 4# 新东线后河支加油站支线	K38+700	濮阳市供电公司	10 kV	4.13
58	王 22# 王助西线南干线支	K41+600～K41+660	濮阳市供电公司	10 kV	0.96
59	王 22# 王助西线	K42+660	濮阳市供电公司	10 kV	0.86
60	王 19# 王庄线	K44+000	濮阳市供电公司	10 kV	0.84
61	王 19# 王庄郭皇支线	K44+030	濮阳市供电公司	10 kV	3.35
62	王 13# 王助北线油皇支线	K45+580	濮阳市供电公司	10 kV	1.94
63	王 13# 王助丁康支线康呼 5# 支	K47+900～K48+130	濮阳市供电公司	10 kV	
64	王 22# 王助西线南干线王助西 1# 支 10#～11# 杆	K48+130	濮阳市供电公司	10 kV	0.95
65	北 7# II 濮水线西干线范杨分支	K51+920	濮阳市供电公司	10 kV	3.12
66	濮水 II 王什顺河分支	K54+640	濮阳市供电公司	10 kV	1.02

续附表 3

序号	名称	交叉点设计桩号	隶属关系	电压等级	投资（万元）
67	Ⅱ王什顺河农排	K54+980	濮阳市供电公司	10 kV	3.56
68	Ⅱ王什线庄胡村支	K55+820	濮阳市供电公司	10 kV	3.27
69	Ⅱ王什垃圾场分支	K56+810~K56+900	濮阳市供电公司	10 kV	1.52
70	Ⅱ王什垃圾场分支天阴Ⅰ分支	K56+960~K57+030	濮阳市供电公司	10 kV	0.95
	濮阳市供电公司合计				101.96
71	韩22#韩陈线主干线103#杆	K62+800	清丰县供电公司	10 kV	0.675 3
72	韩5#韩西线杨韩村线支16#杆	K67+469	清丰县供电公司	10 kV	0.675 3
73	韩4#屯西北雷线支51#杆	K70+700	清丰县供电公司	10 kV	0.675 3
74	阳8#阳石线董石村6分支	K71+780	清丰县供电公司	10 kV	2.659
75	阳7#阳兴线苏堤五分支9#杆	K81+481	清丰县供电公司	10 kV	1.324 3
76	阳8#阳兴线苏堤农排台区	K81+792 右	清丰县供电公司	10 kV	3.274 3
77	阳7#阳兴线苏留线支14#杆	K81+808 左	清丰县供电公司	10 kV	0.683 8
78	阳7#阳兴线苏留线支22#杆	K82+400	清丰县供电公司	10 kV	1.324 4
	清丰县供电公司合计				11.292
79	自来水公司专线	K-0+750	自来水公司	10 kV	3.092 8
80	自来水公司专线	K-0+150	自来水公司	10 kV	6.185 6
	自来水公司合计				9.278 4
	高速专线	K36+050	濮鹤高速	10 kV	1.732
	高速专线	K39+600~K40+350	濮鹤高速	10 kV	13.856

续附表 3

序号	名称	交叉点设计桩号	隶属关系	电压等级	投资（万元）
	高速专线	K40+850	濮鹤高速	10 kV	3.464
	高速专线	K42+680	濮鹤高速	10 kV	6.062
	濮鹤高速合计				25.114
	濮阳市电力线路总计				542.7

附表 4 通信设施投资汇总表

序号	名称线路	交叉点设计桩号	隶属关系	线路技术指数		投资（万元）
				线对数	芯数	
1	青庄线	K0+000~K-0+710	电信		24 芯	2.428 4
2	渠村线	K0+160	电信		12 芯	3.242 4
3	前南湖线	K0+350	电信		12 芯、24 芯	5.786 2
4	陈吕邱村线	K8+676	电信		24 芯	2.744 9
5	刘辛庄线	K9+700	电信		24 芯	1.637 8
6	海通集线	K9+750	电信		24 芯	1.639 2
7	小海通村线	K11+000	电信		24 芯	3.583
8	铁炉村线	K13+140	电信		12 芯、24 芯	5.722 6
9	潘家线	15+150	电信		24 芯	23.148 9
10	郎寨村线路	15+450	电信		24 芯	3.870 5
11	大武线线路	K19+240	电信		24 芯	3.581
12	武陵线	K20+110	电信		24 芯	1.826 9

续附表 4

序号	名称线路	交叉点设计桩号	隶属关系	线路技术指数		投资（万元）
				线对数	芯数	
13	栾村线	K20+500	电信		24芯	5.356 7
14	岳辛庄线	K21+586	电信		24芯	8.537 4
15	大秦树村线	K23+200	电信		24芯	3.364 5
16	柳村线	K23+320	电信		24芯	1.835 1
17	文寨十字路口线	K24+130	电信		24芯	1.460 1
18	文寨路口线	K24+464	电信		24芯	1.455 8
19	子岸岳辛庄线	K26+538	电信		24芯	6.983 9
20	子岸岳辛庄线	K26+800~K27+000	电信		24芯	6.252 1
21	新习村线	31+920	电信		24芯	5.706 8
22	新习线	K35+060	电信		24芯	3.341 7
23	华县线	K37+250~K37-300	电信		12芯、24芯	4.836 3
24	新乡—濮阳二干	K38+700~K39+360	电信		48芯	6.356 7
25	阎堤—王助基站主干	K40+600~K40+800	电信		24芯	5.945 8
26	黄甫—白屯	K44+200	电信		24芯	5.308 3
27	关焦夫—吕家基站	K63+154~K69+990	电信		24芯	2.370 9
28	安阳—濮阳二干	K65+430	电信		48芯	4.298 4
电信合计						132.622 3
29	渠村—三合村	K0+050	移动		36芯	4.28

续附表 4

序号	名称线路	交叉点设计桩号	隶属关系	线路技术指数 线对数 芯数	投资（万元）
30	渠村—韩村	K2 + 370	移动	24 芯 + 36 芯 + 48 芯	4.39
31	海通集—任任称湾	K7 + 902	移动	24 芯	1.55
32	海通集—陈吕丘	K8 + 676	移动	24 芯 + 36 芯 + 48 芯	3.91
33	铁炉—庆祖	K12 + 890 ~ K13 + 140	移动	24 芯 + 36 芯 + 48 芯	6.7
34	铁炉—庆祖	K15 + 140 ~ K17 + 784	移动	24 芯 + 36 芯 + 48 芯	16.37
35	栾村—武陵北	K15 + 750	移动	36 芯 + 48 芯	5.24
36	铁炉—庆祖	K15 + 900	移动	24 芯 + 36 芯 + 48 芯	6.88
37	郎寨—潘家	K16 + 530	移动	24 芯 + 36 芯 + 48 芯	51.3
38	西台上大武线	K19 + 240	移动	24 芯 + 36 芯 + 48 芯	9.32
39	子岸—大枣树	K20 + 130 ~ K20 + 200	移动	36 芯 + 48 芯	8
40	子岸—大枣树	K21 + 580	移动	36 芯 + 48 芯	1.88
41	东柳树村监轻线	K23 + 200	移动	48 芯	1.27
42	子岸—岳辛庄	K26 + 525 ~ K26 + 550	移动	12 芯、24 芯	0.64
43	子岸—岳辛庄	K26 + 828 ~ K27 + 033	移动	36 芯 + 48 芯	5.76
44	子岸—沙窝	K28 + 100	移动	36 芯 + 48 芯	6.35
45	岳辛庄—新习	K31 + 800 ~ K31 + 980	移动	24 芯 + 36 芯 + 48 芯	12.43
46	董陵平小学专线	K33 + 100	移动	24 芯	2.64
47	新习西街桥	K35 + 060	移动	36 芯 + 48 芯	5.14

续附表 4

序号	名称线路	交叉点设计桩号	隶属关系	线路技术指数 线对数 芯数	投资（万元）
48	新习—土垒头	K35+260	移动	36 芯+48 芯	5.55
49	西别寨—新习	K37+250	移动	36 芯	2.71
50	濮阳—华县国家干线	K38+450	移动	48 芯	8.14
51	濮阳—新乡 II 干线	K38+701	移动	24 芯+36 芯	12.67
52	王助—白屯	K42+120	移动	24 芯+36 芯+48 芯	11.2
53	王固碾—王助	K44+000~K44+180	移动	48 芯	6.87
54	后皇甫—职业技术学院	K47+410	移动	36 芯+48 芯	4.97
55	后皇甫—职业技术学院	K48+700	移动	48 芯	22.13
56	后皇甫—职业技术学院	K50+535	移动	48 芯	9.59
57	前范庄小学	K50+835~K51+500	移动	48 芯	18.56
58	杨庄—前范庄	K52+700	移动	24 芯+36 芯+48 芯	7.62
59	大广立交西北—天阴南	K54+945~K54+983	移动	24 芯	1.6
60	天阴南—王什	K56+830~K56+950	移动	24 芯+36 芯+48 芯	10.3
61	陈焦夫—黄崔村	K59+810	移动	48 芯	5.72
62	陈焦夫—王崔村	K62+200	移动	36 芯	1.71
63	陈焦夫—王崔村	K62+790~K62+967	移动	36 芯	1.85
64	陈焦夫—王崔村	K63+198~K63+334	移动	36 芯	1.6
65	陈焦夫—王崔村	K63+400~K63+490	移动	24 芯+36 芯+48 芯	6.34

序号	名称线路	交叉点设计桩号	隶属关系	线路技术指数 线对数·芯数		投资（万元）
66	王什—王崔	K64+043	移动	24 芯+36 芯+48 芯		0.76
67	濮阳—安阳干线	K65+485	移动	24 芯+48 芯		3.78
68	杨庄窑—大韩村	K67+550	移动	24 芯		0.23
69	阳郜—滩上	K78+940	移动	36 芯		0.48
70	阳郜—滩上	K78+930~K79+000	移动	24 芯+48 芯		5.22
71	阳郜—西阳郜	K79+640	移动	24 芯+48 芯		4.79
72	西阳郜—南留固	K82+695	移动	24 芯+48 芯		0.39
73	铁炉铁塔线路迁建	K12+800				6
74	铁炉铁塔设备迁建	K12+800				37.8
	移动合计					352.63
75	渠村—大芟河干路	K-0+900	联通	24*3+12+8+6		3.910 4
76	前南湖—渠村	K0+160~K0+550	联通	24*3+12+8		8.665 1
77	南湖—渠村	K0+840	联通	24+12+8*2+4		3.296 5
78	刘吕邱任称湾	K2+350	联通	24+12		1.931 6
79	张称湾	K6+000	联通	24*3+12*2		2.486
80	海通支局—海通集	K7+902	联通	24+12*2+8		2.486
81	海通—刘辛庄	K9+865	联通	36+12+8*2		2.736 5
82	桑园—月城	K11+645	联通	24+12*2+8		2.739 7

续附表4

序号	名称线路	交叉点设计桩号	隶属关系	线对数	芯数	投资(万元)
83	团瘤村	K12+800	联通	24+12+8		2.166 3
84	两门支局—团瘤	K12+840~K13+100	联通	72+60+24*3+12+8		10.663 3
85	王月城	K13+900	联通	12*2+8*2		2.544 3
86	两门—王月城	K14+377~K14+444	联通	72+60+36+12		3.632 3
87	庆祖—曾小邱	K16+100	联通	24+12		1.554 2
88	曾小邱—两门	K16+100	联通	48+36+24+12		4.603 5
89	曾小邱—潘家	K16+145~K17+784	联通	72+48+36+24*3+12*2+8		30.654 4
90	潘家—大桑树	K16+800	联通	24+8*2		1.746 2
91	潘家—后孙家	K18+555	联通	72+48+36+24*3+12*2+8		8.119 6
92	后孙家—台上	K19+000	联通	48+36+12*3		3.968 6
93	后孙家—西台上	K19+223~K19+240	联通	72+48+36+24*3+12*2+8		7.869 7
94	西台上—毛寨	K19+850	联通	36+24+12+3+8*2		4.684 1
95	庆祖—打铁庄	K20+120	联通	24+12+8		2.162 6
96	子岸—柳树村	K23+320	联通	8		0.868 9
97	西子岸—子岸	K26+536	联通	96+72+48+24+4+12+2+8		10.780 2
98	子岸—岳辛庄	K26+525~K26+550	联通	96+72+48+24*2		6.237 9
99	岳辛庄—沙窝	K28+100	联通	24*2+12		2.475 3
100	岳辛庄—新习	K31+800~K31+980	联通	96+72+48+36+24+16+12+8		12.932 9

序号	名称线路	交叉点设计桩号	隶属关系	线路技术指数 线对数 芯数		投资（万元）
101	新习—马陵平基站	K33+420	联通	24*2+12*3+8		3.9379
102	新习—东垒头	K35+060	联通	24*2+12*2+8*4		4.9071
103	前范庄—前范庄小学	K51+260	联通	24*5+12*6+8*2		8.1076
104	后范庄濮水路光交—范庄	K51+700	联通	24*3+12*2+8*3+4*2		5.6233
105	濮水路光交—杨庄	K52+700	联通	24*5+12*2		4.6881
106	王什—天阴村	K56+880	联通	24*5+12*7+8*2		8.8529
107	吕家—王崔村马厂木地网	K59+810	联通	24*2+8*2		2.9092
108	关焦夫—陈焦夫移网	K63+470	联通	24		1.7487
109	苏二庄—关焦夫移网杆路	K64+790~K65+050	联通	24		1.8699
110	范石村—董石村	K74+200	联通	24*3+12*2+8*3		4.4947
111	阳郡—留固村	K82+694	联通	24+12+8*2		2.7694
	联通合计					195.8249
112	濮阳—新乡Ⅱ干线	K38+790	通信传输局	36芯+12芯		12.5513
113	京九广、濮阳2#	K38+900	通信传输局	48芯+24芯+52芯		30.6857
114	濮阳—安阳干线	K65+460	通信传输局	36芯+12芯		1.9732
115	濮阳—安阳干线	K65+467	通信传输局	36芯+24芯+12芯		17.694
	通信传输局合计					62.9042
116	铁炉基站	K12+800	铁塔公司			36.1982

续附表 4

序号	名称线路	交叉点设计桩号	隶属关系	线路技术指数		投资(万元)
				线对数	芯数	
117	曾小邱基站	K16+100	铁塔公司			49.071
	铁塔公司合计					85.269 2
	通信线路总计					829.250 6

附表 5　军事设施投资汇总表

序号	交叉点设计桩号	隶属关系	投资(万元)
1	K14+305～K14+365	某部队	29.118 4
2	K51+900	某部队	172.42
	军事设施合计		201.538 4

附表 6　管道设施投资汇总表

序号	线路名称	隶属关系	铺设方式	占压地点(桩号)	管材	投资(万元)
1	南湖村 1#	濮阳县水利局	地埋	1+500～1+900	PE	2.32
2	南湖村 2#	濮阳县水利局	地埋	1+900	PE	6.93
3	南湖村 3#	濮阳县水利局	地埋	1+965～2+800	PE	8.28
4	南湖村 4#	濮阳县水利局	地埋	2+800	PE	24.4
5	甘吕邱—秦安集	濮阳县水利局	地埋	6+640	PE	2.57
6	海通集	濮阳县水利局	地埋	8+700	PE	2.14
7	刘辛庄	濮阳县水利局	地埋	9+800	PE	2.03

续附表6

序号	线路名称	隶属关系	铺设方式	占压地点（桩号）	管材	投资（万元）
8	后刘家—小海通	濮阳县水利局	地埋	10+776	PE	2.57
9	小海通	濮阳县水利局	地埋	11+600	PE	2.16
10	小海通—团堤	濮阳县水利局	地埋	12+000	PE	2.19
11	团堤	濮阳县水利局	地埋	12+300	PE	2.16
12	马月城	濮阳县水利局	地埋	13+554	PE	2.12
13	秦安集—团堤	濮阳县水利局	地埋	7+000~12+000	PE	78.79
14	团堤—马月城	濮阳县水利局	地埋	12+000~13+554	PE	37.56
15	西台上	濮阳县水利局	地埋	19+640	PE	1.98
16	田贾—大桑树	濮阳县水利局	地埋	21+600	PE	1.94
17	西子岸	濮阳县水利局	地埋	27+300	PE	2.05
	濮阳县水利局合计					182.19
18	输泥管道	濮阳市自来水公司		−0+750~−0+050	钢管	8.343 4
19	濮洛石油管道		架空	38+300	钢管	5
20	输灰管道	龙丰热电公司	架空	46+450		22.441 1
21	输气管道	华润燃气	架空	48+600		37.597 7
22	供水管道	濮阳市自来水公司	地埋	48+760		38.634 6
23	成品油管道	中国石化	地埋	53+000		19.04
	管道设施总计					294.206 8

附表 7 引黄入冀补淀工程（河南段）征迁安置投资概算汇总表

编号	工程或费用名称	单位	单价(元)	河南省濮阳市 濮阳县 数量	濮阳县 投资(万元)	开发区 数量	开发区 投资(万元)	示范区 数量	示范区 投资(万元)	清丰县 数量	清丰县 投资(万元)	市属 数量	市属 投资(万元)	合计 数量	合计 投资(万元)	安阳市 内黄县 数量	内黄县 投资(万元)	总投资 数量	总投资 投资(万元)
	第一部分：农村部分补偿费				42 244.37		13 081.89		2 012.17		9 636.47		3 909.39		70 884.29		101.92		70 986.22
一	土地补偿费				33 581.03		11 006.02		1 754.23		8 051.65		3 866.08		58 259.01		88.95		58 347.96
(一)	永久征地补偿安置及社保费				24 952.13		10 103.54		1 702.67		7 182.79				43 941.13		72.95		44 014.08
1	永久用地安置费			5 323.22	23 090.86	1 731.85	9 881.93	256.32	1 641.78	1 832.68	6 998.84	151.68		9 295.75	41 613.42	22.48	69.69	9 318.23	41 683.11
2	社保费				1 861.27		221.61		60.89		183.94				2 327.71		3.26		2 330.97
(二)	永久征地青苗补偿费				368.62		48.69		2.83		35.18				455.32		0.07		455.39
1	水田	亩	1 334.00	1 217.70	162.44									1 217.70	162.44			1 217.70	162.44
2	菜地	亩	1 870.00	43.04	8.05	21.50	4.02			0.93	0.17			65.47	12.24			65.47	12.24
3	水浇地	亩	1 240.00	889.02	110.24	261.04	32.37	22.85	2.83	270.36	33.52			1 443.27	178.97	0.55	0.07	1 443.82	179.03
4	茅荒水面	亩	3 407.00	257.97	87.89	36.09	12.30			4.35	1.48			298.41	101.67			298.41	101.67
(三)	永久征地园林木补偿费				3 160.95		148.88		37.94		207.09		9.56		3 564.42		14.12		3 578.54
1	园地	亩	19 838.00	43.11	85.52	55.70	110.50	12.35	24.50	18.65	37.00			129.81	257.52			129.81	257.52
2	有林地	亩	4 152.00	230.71	95.79	47.98	19.92	32.38	13.44	56.53	23.47	23.02	9.56	390.62	162.19			390.62	162.19
3	苗圃	亩	20 000.00	1 489.82	2 979.64	9.23	18.46			73.31	146.62			1 572.36	3 144.72	7.06	14.12	1 579.42	3 158.84
(四)	永久征地设施补偿费				111.14		99.34								210.48				210.48
1	大棚设施	亩	18 000.00	3.76	6.77	55.12	99.22							58.88	105.98			58.88	105.98
2	鱼塘设施	亩	12 000.00	86.98	104.38									86.98	104.38			86.98	104.38

河南省濮阳市 / 安阳市

编号	工程或费用名称	单位	单价(元)	濮阳县 数量	濮阳县 投资(万元)	开发区 数量	开发区 投资(万元)	示范区 数量	示范区 投资(万元)	清丰县 数量	清丰县 投资(万元)	市属 数量	市属 投资(万元)	合计 数量	合计 投资(万元)	内黄县 数量	内黄县 投资(万元)	总投资 数量	总投资 投资(万元)
3	绿化地	亩	20 010.00	0.06	0.12	0.06	0.12							0.06	0.12			0.06	0.12
(五)	临时用地补偿费	亩		3 691.06	1 818.78	444.09	134.12	14.51	5.28	481.88	172.18	1 261.16	3 144.85	5 892.70	5 275.23	1.33	0.66	5 894.03	5 275.88
1	第一季	亩		3 691.06	469.42	444.09	55.04	14.51	1.80	481.88	59.77		667.73	4 631.54	1 253.76	1.33	0.16	4 632.87	1 253.92
2	剩余季	亩		3 539.49	1 349.37	441.04	79.09	14.51	3.49	481.88	112.41			4 476.92	1 544.35	1.33	0.49	4 478.25	1 544.84
3	弃渣场边坡	亩											2 477.12		2 477.12				2 477.12
(六)	临时用地地类产值补偿费	亩	3 407.00	135.36	46.12					2.20	0.75			137.56	46.87			137.56	46.87
(七)	临时用地园林木补偿费	亩			214.66		60.92		1.12		93.68				370.38		0.15		370.54
1	园地	亩	19 838.00	18.33	36.36	16.32	32.38	0.11	0.22	2.50	4.96			37.26	73.92			37.26	73.92
2	有林地	亩	4 152.00	175.87	73.02	9.64	4.00	2.03	0.84	109.59	45.50			297.13	123.37	0.37	0.15	297.50	123.52
3	苗圃	亩	20 000.00	52.64	105.28	12.27	24.54	0.03	0.06	21.61	43.22			86.55	173.10			86.55	173.10
(八)	临时用地大棚设施补偿费	亩	18 000.00	0.78	1.40	29.04	52.27							29.82	53.68			29.82	53.68
(九)	临时用地恢复期补助费	亩		3 385.97	896.45	434.55	107.77	6.00	1.49	464.51	115.20			4 291.03	1 120.90	1.33	0.33	4 292.36	1 121.23
(十)	临时用地复耕费	亩			2 010.76		250.50		2.89		244.79		711.67		3 220.61		0.66		3 221.27
1	临时堆土区、导流	亩	4 718.00	35.93	16.95	3.41	1.61			92.15	43.48	221.31	104.41	352.80	166.45			352.80	166.45
2	养殖场	亩	4 997.00	2 957.71	1 477.97	336.30	168.05			157.56	78.73	879.84	439.66	4 331.41	2 164.41			4 331.41	2 164.41
3	施工道路	亩	4 990.00	288.10	143.76	73.54	36.70	1.80	0.90	171.20	85.43	132.06	65.90	666.70	332.68	1.33	0.66	668.03	333.35
4	施工营区	亩	4 907.00	104.31	51.18	24.71	12.13	0.79	0.39	43.60	21.39	27.95	13.72	201.36	98.81			201.36	98.81
5	弃渣场覆植土剥离费	亩	1 000.00	3 208.90	320.89	336.30	33.63			157.56	15.76	879.84	87.98	4 582.60	458.26			4 582.60	458.26
二	农村房屋及附属物补偿费				3 015.30		743.85		65.44		339.77				4 164.35		6.95		4 171.30
1	房屋补偿费			37 623.72	2 258.26	8 255.19	588.68	741.84	45.57	2 850.70	213.84			49 471.45	3 106.34			49 471.45	3 106.34

河南省濮阳市

编号	工程或费用名称	单位	单价(元)	濮阳县		开发区		示范区		清丰县		市属		合计		安阳市内黄县		总投资	
				数量	投资(万元)	数量	投资(万元)	数量	投资(万元)	数量	投资(万元)	数量	投资(万元)	数量	投资(万元)	数量	投资(万元)	数量	投资(万元)
(1)	砖混房屋	m²	791.00	11 953.40	945.51	2 753.67	217.82	278.21	22.01	2 236.19	176.88			17 221.47	1 362.22			17 221.47	1 362.22
(2)	砖木房屋	m²	771.00	11 119.35	857.30	4 337.66	334.43	197.55	15.23	386.94	29.83			16 041.50	1 236.80			16 041.50	1 236.80
(3)	附属房	m²	313.00	14 550.97	455.45	1 163.86	36.43	266.08	8.33	227.57	7.12			16 208.48	507.33			16 208.48	507.33
2	附属设施补偿费				608.19		130.06		17.71		72.58				828.54		6.95		835.49
3	其他设施补偿费				148.86		25.11		2.16		53.34				229.47				229.47
三	居民点安置建设费				389.76		34.36		10.84		3.16				438.12				438.12
(一)	后靠分散安置				389.76		34.36		10.84		3.16				438.12				438.12
1	征地费	亩		39.05	62.81	3.25	7.15	0.75	4.56	0.25	1.06			43.30	75.58			43.30	75.58
2	场地平整费	亩	11 333.00	39.05	44.26	3.25	3.68	0.75	0.85	0.25	0.28			43.30	49.07			43.30	49.07
3	基础设施补助	亩	72 394.00	39.05	282.70	3.25	23.53	0.75	5.43	0.25	1.81			43.30	313.47			43.30	313.47
四	生产开发项目				1 236.08									1 236.08				1 236.08
五	搬迁费	m²	28.00		113.14		28.05		1.33		7.63				150.16				150.16
六	临时住房补助	户	3 600.00	70.00	25.20	12.00	4.32	3.00	1.08	1.00	0.36			86.00	30.96			86.00	30.96
七	装修补助				94.55		21.78		2.20		17.69				136.22				136.22
八	停产损失费				85.53									85.53				85.53
九	过渡期生活补助	亩	200.00	2 192.87	43.86	330.50	6.61	35.20	0.70	283.64	5.67			2 842.21	56.84	0.55	0.01	2 842.76	56.86
十	小型水利电力设施补偿费	亩	532.00	2 192.87	116.66	330.50	17.58	35.20	1.87	283.64	15.09			2 842.21	151.21	0.55	0.03	2 842.76	151.23
十一	机井、坟墓及零星果木补偿费				1 926.83		631.37		88.86		781.38				3 428.43		2.07		3 430.51
(一)	机井	眼	20 000.00	174.00	348.00	24.00	48.00	1.00	2.00	12.00	24.00			211.00	422.00			211.00	422.00
(二)	坟墓(单棺)	家	1 500.00	350.00	52.50	13.00	1.95							363.00	54.45			363.00	54.45
(三)	坟墓(双棺)	家	1 700.00	3 057.00	519.69	61.00	10.37			39.00	6.63			3 157.00	536.69			3 157.00	536.69

续附表 7

河南省濮阳市

| 编号 | 工程或费用名称 | 单位 | 单价(元) | 濮阳市 | | | | | | | | | | | | 安阳市 | | 总投资 | |
| | | | | 濮阳县 | | 开发区 | | 示范区 | | 清丰县 | | 市属 | | 合计 | | 内黄县 | | | |
				数量	投资(万元)	数量	投资(万元)	数量	投资(万元)	数量	投资(万元)	数量	投资(万元)	数量	投资(万元)	数量	投资(万元)	数量	投资(万元)
	坟墓(三排)	家	1 900.00			2.00	0.38							2.00	0.38	2.00	2.07	2.00	0.38
(三)	零星树木			115 698.00	1 006.64	65 445.00	570.67	10 066.00	86.86	82 534.00	750.75			273 743.00	2 414.91	224.00	2.07	273 967.00	2 416.99
1	果树			2 903.00	24.44	4 409.00	35.94	540.00	2.35	501.00	5.75			8 353.00	68.48			8 353.00	68.48
2	经济树			2 045.00	27.16	995.00	7.93	327.00	1.36	374.00	1.78			3 741.00	38.23			3 741.00	38.23
3	用材树			110 750.00	955.04	60 041.00	526.79	9 199.00	83.15	81 659.00	743.21			261 649.00	2 308.20	224.00	2.07	261 873.00	2 310.27
十二	用地影响补偿费				600.73		253.12		37.45		183.52		43.31		1 118.14		1.46		1 119.60
1	边角地补偿	亩			526.91		244.24		37.16		173.88		18.09		1 000.28		1.44		1 001.72
2	临时用地影响	亩	200.00	3 691.06	73.82	444.09	8.88	14.51	0.29	481.88	9.64	1 261.16	25.22	5 892.70	117.85	1.33	0.03	5 894.03	117.88
十三	农村问题处理费				1 015.70		334.83		48.16		230.56				1 629.25		2.45		1 631.70
	第二部分:单位补偿费				693.84		241.72		31.35						966.91				966.91
一	房屋及附属物补偿费			3 246.24	466.00	167.40	57.04	202.20	27.15					3 615.84	550.19			3 615.84	550.19
1	框架	m²	1 322.00	1 232.34	162.92	167.40	15.89							1 232.34	162.92			1 232.34	162.92
2	砖混房屋	m²	949.00	737.28	69.97			189.60	17.99					1 094.28	103.85			1 094.28	103.85
3	砖木房屋	m²	925.00	1 220.12	112.86									1 220.12	112.86			1 220.12	112.86
4	附属房	m²	376.00	56.50	2.12			12.60	0.47					69.10	2.60			69.10	2.60
5	附属物补偿费				118.13		41.15		8.68						167.97				167.97
二	设备设施搬迁证费				30.15		183.09		2.40						215.64				215.64
三	装修补助				23.29		1.59		1.80						26.68				26.68
四	场地平整费	亩	11 333.00	20.83	23.61									20.83	23.61			20.83	23.61
五	基础设施建费	亩	72 394.00	20.83	150.80									20.83	150.80			20.83	150.80
	第三部分:专业项目补偿费											220.00	2 038.13	220.00	2 038.13			220.00	2 038.13

续附表7

河南省濮阳市

编号	工程或费用名称	单位	单价(元)	濮阳县		开发区		示范区		清丰县		市属		合计		安阳市 内黄县		总投资	
				数量	投资(万元)	数量	投资(万元)	数量	投资(万元)	数量	投资(万元)	数量	投资(万元)	数量	投资(万元)	数量	投资(万元)	数量	投资(万元)
一	输电线路迁建投资											79.00	511.55	79.00	511.55			79.00	511.55
二	通信线路迁建投资											117.00	817.68	117.00	817.68			117.00	817.68
三	军事光缆迁建投资											2.00	172.42	2.00	172.42			2.00	172.42
四	管道迁建投资											22.00	294.21	22.00	294.21			22.00	294.21
五	文物保护发掘费												242.27		242.27				242.27
	第一~三部分合计				42 938.21		13 323.61		2 043.52		9 636.47		5 947.52		73 889.33		101.92		73 991.25
	第四部分:其他费用				3 527.08		1 151.50		163.57		801.57		1 349.71		6 993.42		6.00		6 999.43
一	勘测设计科研费												1 249.22		1 249.22				1 249.22
二	实施管理费				2 289.05		747.58		106.05		519.72		71.06		3 733.47		3.89		3 737.36
1	地方政府实施管理费				1 760.81		575.06		81.58		399.79		47.83		2 865.07		3.00		2 868.06
2	建设单位实施管理费				528.24		172.52		24.47		119.94		23.23		868.40		0.90		869.30
三	实施机构开办费				228.91		74.76		10.61		51.97		7.11		373.35		0.39		373.74
四	技术培训费				216.76		70.38		10.20		49.97		2.28		349.59		0.37		349.96
五	监督评估费				792.36		258.78		36.71		179.90		20.04		1 287.80		1.35		1 289.15
	第五部分:预备费				466.47		143.09		21.40		99.76		7 942.86		8 673.60		1.09		8 674.68
一	奖励资金				466.47		143.09		21.40		99.76		79.86		810.59		1.09		811.68
1	个人奖励资金				30.15		7.44		0.65		3.40				41.64		0.07		41.71
2	单位奖励资金				6.94		2.42		0.31						9.67				9.67
3	专业项目奖励资金												20.38		20.38				20.38
4	机构奖励资金				429.38		133.24		20.44		96.36		59.48		738.89		1.02		739.91
二	不可预见费												7 863.01		7 863.01				7 863.01
	第六部分:有关税费				6 835.42		755.17		98.87		600.69		24.83		8 314.98		9.25		8 324.23

续附表7

河南省濮阳市 · 安阳市 · 总投资

注：下列各地市分列：濮阳县、开发区、示范区、清丰县、市属 合计属"河南省濮阳市"；内黄县属"安阳市"。

编号	工程或费用名称	单位	单价(元)	濮阳县 数量	濮阳县 投资(万元)	开发区 数量	开发区 投资(万元)	示范区 数量	示范区 投资(万元)	清丰县 数量	清丰县 投资(万元)	市属 数量	市属 投资(万元)	合计 数量	合计 投资(万元)	内黄县 数量	内黄县 投资(万元)	总投资 数量	总投资 投资(万元)
一	排地占用税				3 952.14		401.18		54.28		321.62		13.26		4 742.48		5.32		4 747.80
1	永久征地 按100%税额				3 199.12		294.47		43.23		242.11		10.01		3 788.94		4.69		3 793.63
(1)	排地	亩	15 000.00		3 134.23		291.05		42.42		241.66		10.01		3 719.37		4.69		3 724.06
(2)	居民安置用地	亩	7 500.00		64.89		3.42		0.81		0.45				69.57				69.57
2	永久征地按基本农田增加50%税额				753.02		106.71		11.05		79.51		3.25		953.54		0.63		954.17
(1)	排地	亩	7 500.00		725.44		105.26		10.71		79.32		3.25		923.98		0.63		924.61
(2)	居民安置用地	亩	3 750.00		27.58		1.45		0.34		0.19				29.56				29.56
二	排地开垦费				2 339.17		332.49		34.38		248.08		10.14		2 964.26		1.97		2 966.23
(1)	一般排地	亩	8 671.00		2 040.51		305.42		32.84		241.47		10.14		2 630.38		1.97		2 632.35
(2)	水田 水浇地	亩	8 671.00		75.34		1.41								76.75				76.75
(3)	菜地	亩	8 671.00		148.30		21.71		0.60		6.09				176.70				176.70
(4)	果园	亩	8 671.00		75.02		3.95		0.94		0.52				80.43				80.43
	居民安置用地	亩	8 671.00																
三	森林植被恢复费				544.11		21.50		10.21		30.99		1.43		608.24		1.96		610.20
1	用材林	亩	4 000.00		75.24		20.42		9.88		7.06		1.43		114.03		0.21		114.24
2	苗圃	亩	4 000.00		468.87		1.08		0.33		23.93				494.21		1.75		495.96
	第七部分：管理机构用地			5.50	264.00					4.00	192.00			9.50	456.00			9.50	456.00
	管理段用地	亩	480 000.00	5.50	264.00					4.00	192.00			9.50	456.00			9.50	456.00
	第八部分：施工期灌溉影响补偿												4 000.00		4 000.00				4 000.00
	第九部分：静态总投资				54 031.18		15 373.37		2 327.36		11 330.49		19 264.92		102 327.33		118.26		102 445.59

附　录

附录一　引黄入冀补淀工程（河南段）征迁安置委托协议

为保证引黄入冀补淀工程河南段顺利建设，依据《大中型水利水电工程建设征地补偿和移民安置条例》、国家发展和改革委员会关于引黄入冀补淀工程可行性研究报告的批复（发改农经〔2015〕1785 号）及水利部对引黄入冀补淀工程初步设计的批复，河北水务集团（甲方）与濮阳市引黄入冀补淀工程建设指挥部（乙方）就工程建设征迁安置达成如下协议：

一、委托任务及投资

受甲方委托，乙方负责引黄入冀补淀工程河南段征迁安置工作，为工程建设创造良好施工环境。主要工作内容为农村征迁安置、集镇单位迁建、工业企业迁建、专业项目迁建等。工作范围为引黄入冀补淀工程黄河水利委员会管理范围、濮阳市行政范围、安阳市内黄县行政范围以及濮阳、安阳争议范围。涉及永久占地 9 048.57 亩，临时占地 5 894.04亩。

按照委托任务和分解概算，引黄入冀补淀工程河南段征迁安置总费用为 102 445.59万元，由乙方包干使用。

二、资金拨付

甲方根据乙方征迁安置工作进度及用款计划申请，分期分批拨付濮阳市引黄入冀补淀工程建设指挥部移民征迁资金专户。

三、甲方承担责任

1. 负责筹集与拨付征迁安置资金，对乙方征迁安置工作进度和资金使用情况进行监督检查。
2. 移民征迁安置项目纳入整体工程项目统一审计。
3. 参与征迁安置项目验收。
4. 负责移民征迁监理标段的招标工作。

四、乙方承担责任

1. 负责完成引黄入冀补淀工程河南段征迁安置和建设环境协调等工作，及时提供工程建设用地。主要工作内容包括:负责组织编制征迁安置实施方案,由市政府审批后,报水务集团备案;完成永久征地土地组卷和报批,使用权划拨手续;组织临时用地征用、耕作层剥离、复垦及退还;协调地方关系,做好群众工作,解决工程实施过程中施工车辆通行等建设环境问题,营造良好施工环境等。

2. 负责组织专项设施迁建恢复工作。按文物部门要求,做好文物保护、发掘及相关验收工作。

3. 负责处理施工期灌溉影响。保证甲方渠道和沿渠建筑物工程干场施工时间不少于3个月/半年。

4. 负责组织征迁安置项目验收工作和竣工决算工作。

五、其他事项

乙方认同甲方已招标确定的设计单位及设计合同,移民征迁实施阶段的相关设计工作内容、由乙方与设计单位继续履行设计合同。

本协议未尽事宜,按照初步设计概算投资和工作内容相对应的原则及有关纪要解决。

本协议壹式 12 份,其中正本 2 份,双方各执 1 份;副本 10 份,双方各执 5 份;自双方签订之日起生效。

甲方:河北水务集团　　　　乙方:濮阳市引黄入冀补

　　　　　　　　　　　　　　　淀工程建设指挥部

法人代表　　　　　　　　　　法人代表

(或委托代理人):　　　　　　(或委托代理人):

2015 年　月　日　　　　　　2015 年 9 月 23 日

附 引黄入冀补淀工程河南段征迁投资分解表

序号	工程或费用名称	渠首段	水务集团	河南段（包括魏县）	水务集团	魏县	水务集团	渠首段＋河南段－魏县	水务集团
1	农村征迁安置补益费	2 416.96		69 957.50		501.32		71 876.13	
	土地补偿费和安置补助费	2 127.36		56 040.80		472.88		57 695.27	
	房屋及对属建筑物补给费	59.11		4 269.04				4 328.15	
	居民点安置建设费			2 471.92				2 471.92	
	农副业房屋设施补偿费			717.03				717.03	
	小型水利水电设施补偿费	5.29		154.20		2.94		156.55	
	搬迁运输费	1.77		98.43				100.20	
	临时租房补助			12.42				12.42	
	其他补偿费	182.19		5 046.34		15.39		5 213.14	
	过渡期生活补助费	1.99		57.97		1.11		58.85	
	用地影响补偿费（含占压灌溉设施补偿费）	39.25		1 089.35		9.00		1 119.60	
	标示桩							0.00	
	农村道路补偿							0.00	
2	集镇迁建补偿费	0.00		0.00				0.00	
	城市征地补偿费							0.00	
	房屋及附属设施补偿费							0.00	
	搬迁运输费							0.00	
	临时租房补助							0.00	

续表

序号	工程或费用名称	渠首段	水务集团	河南段（包括魏县）	水务集团	魏县	水务集团	渠首段＋河南段－魏县	水务集团
3	单位补偿费	215.29		754.40			969.69		
	房屋及附属物补偿费	105.23		422.15				527.38	
	证地补偿费						0.00		
	场地平整费	14.51		7.61				22.12	
	基础设施费	92.68		48.62				141.30	
	设备设施迁移费	2.87		276.02				278.89	
4	专业项目迁建补偿费	0.00		1 480.27				1 480.27	
	输电线路迁建投资			330.23				330.23	
	通信线路迁建投资			699.11				699.11	
	军事光缆迁建投资			172.42				172.42	
	管道迁建投资			36.24				36.24	
	文物费			242.27				242.27	
5	其他费用	292.07		8 011.57		54.99		8 248.65	
	综合勘测设计科研费	89.06	44.53	2 426.09	1 213.05	16.71	8.36	2 498.44	1 249.22
	实施管理费	132.33		3 629.86		24.82		3 737.37	
	实施机构开办费	13.23		362.99		2.48		373.74	
	技术培训费	11.65		340.70		2.39		349.96	
	监督评估费	45.80		1 251.93		8.59		1 289.14	
6	基本预备费	297.52		8 101.91		56.59		8 342.84	

续表

序号	工程或费用名称	渠首段	水务集团	河南段 （包括魏县）	水务集团	魏县	水务集团	渠首段＋河南 段－魏县	水务集团
7	有关税费	318.94		8 104.75		99.46		8 324.23	
	耕地占用税	210.74		4 588.57		51.51		4 747.80	
	耕地开垦费	85.78		2 828.40		47.95		2 966.23	
	森林植被恢复费	22.42		587.78				610.20	
8	施工期灌溉影响			4 000.00				4 000.00	
9	管理征地投资	72.00		384.00				456.00	
合计		3 612.78	44.53	100 794.40	1 213.05	712.36	8.36	103.694	1 249.23
分解费用								102.445.59	

附录二　引黄入冀补淀工程建设征迁安置实施管理暂行办法（征求意见稿）

第一章　总　则

第一条　为了做好我市引黄入冀补淀工程（以下简称入冀工程）建设征地补偿和拆迁安置工作（以下简称征迁安置工作），维护征迁群众的合法权益，保障工程建设顺利进行，根据《大中型水利水电工程建设征地补偿和移民安置条例》以及国家有关法律法规，参照国务院南水北调工程建设委员会印发的《南水北调工程建设征地补偿和移民安置暂行办法》，结合我市引黄入冀补淀工程实际，制定本办法。

第二条　本办法适用于濮阳市境内引黄入冀补淀工程建设征迁安置工作。

第三条　征迁安置工作坚持以人为本，和谐征迁，兼顾国家、集体、个人利益，妥善安置征迁群众的生产、生活。

第四条　征迁安置工作坚持公开、公平和公正的原则，接受社会监督。

第五条　征迁安置工作实行省政府领导、市政府负责、县为基础、项目法人参与的管理体制。濮阳市引黄入冀补淀工程建设指挥部办公室（以下简称市入冀办）为我市引黄入冀补淀工程征迁安置工作的主管部门；引黄入冀补淀工程建设管理局（河北水务集团）为项目法人；各有关县（区）引黄入冀补淀工程建设指挥部办公室［以下简称县（区）入冀办］为本辖区内引黄入冀补淀工程征迁安置工作的主管部门，负责本辖区内征迁安置实施工作，保证征迁安置工作顺利实施。

第二章　征迁安置实施规划

第六条　征迁安置实施规划应当按照国家有关法律法规和有关设计规范以及水利部批准的初步设计进行编制。

第七条　市入冀办委托河南省水利勘测设计研究有限公司（以下简称设计单位）编制征迁安置实施规划设计大纲，充分征求各方意见，修改完善后报市人民政府批准，作为编制征迁安置实施规划的基本依据。

第八条　征迁安置实施规划由市入冀办会同县（区）人民政府组织编制，由设计单位承担编制任务。

第九条　征迁安置实施方案由县级人民政府制定，经设计单位分析论证后纳入征迁安置实施规划。

征迁安置实施规划由市入冀办组织审查，报濮阳市人民政府批准后实施。

第十条　实施规划阶段的实物指标，由设计、监理单位根据实施规划阶段的占地范围进行调查或复核，由县级人民政府组织公示。

第十一条　入冀工程建设用地由市入冀办协同市土地局、市林业局委托有资质的中介机构承担土地勘测定界和林地可研工作，各级征迁安置主管部门做好配合工作。

第十二条　征迁群众以农业生产安置为主,原则上在本村安置。

第十三条　单位迁建和电力、通信、广播电视、军事设施、水利工程及管道等专业项目恢复改建规划,按初步设计批复的方案和标准,在征求产权单位意见的基础上进一步复核投资。因扩大规模、提高标准和改变原功能增加的投资,由有关单位自行解决,不列入实施规划投资概算。

第十四条　入冀工程建设临时用地应按照国家和省有关规定编制复垦规划,恢复原有用途。

第十五条　经批准的征迁安置实施规划,是征迁实施的依据,有关各方应当严格执行,不得擅自调整;确需调整的按程序报批。

第三章　征地补偿

第十六条　入冀工程建设用地包括永久用地、临时用地和迁建用地。

第十七条　永久用地由县(区)入冀办填写用地申请表,经市入冀办审核签章后,在工程用地前按有关规定提交当地县(区)国土资源部门,县(区)国土资源部门负责组织报件,按审批程序组卷报批。

第十八条　临时用地由县(区)入冀办填写用地申请表,经市入冀办审核签章后,在工程用地前按有关规定向当地县(区)国土资源部门申请,县(区)国土资源部门负责办理用地手续。建设单位应严格按规定的用途、年限和使用要求使用临时用地。

第十九条　永久用地、迁建用地由县(区)入冀办负责征收;临时用地应根据工程建设用地计划和批准的实施规划,由县(区)入冀办与有关集体经济组织签订用地协议后组织签证移交。

第二十条　征迁安置补偿应严格按照批准的实施规划执行。

第二十一条　永久用地的土地补偿安置费、青苗补偿费和地面附着物补偿费,由县(区)入冀办拨付给有关集体经济组织;属于个人的应按权属予以兑付。

永久用地的土地补偿安置费标准按照河南省人民政府《关于调整河南省征地区片综合地价的通知》(豫政〔2013〕11号文件)执行。

社会保障费标准按照河南省人民政府《关于公布实施河南省征地区片综合地价社会保障费用标准的通知》(豫政〔2009〕87号文件)执行。

临时用地补偿费、地面附着物补偿费应按权属分解兑付到有关集体经济组织或农户。

第二十二条　其他集体财产补偿费由村集体经济组织按照《中华人民共和国村民委员会组织法》规定程序制定使用方案。

第二十三条　征迁群众个人补偿费包括房屋、附属物、农副业补偿费及搬迁运输费等,由县(区)入冀办负责兑付给征迁群众。

第四章　征迁安置实施

第二十四条　征迁安置工作包括征迁群众搬迁安置、单位迁建处理、专项工程恢复改建处理、永久用地征收以及临时用地征用、复垦、退还等。

第二十五条　征迁安置工作由县级人民政府负责,县(区)入冀办组织实施。

第二十六条 征迁群众的生产安置用地,由县(区)入冀办严格按照批准的实施规划和年度计划,及时调整到位。

第二十七条 居民安置用地应当按照批准的征迁安置实施规划确定的规模和标准,由县(区)入冀办负责落实。

居民安置点的场地平整以及连接路、供水、供电等基础设施,根据批准的实施规划,由县(区)入冀办组织乡(镇、办)、被占地村实施。

第二十八条 安置房屋由征迁居民自主建造,不得强行规定建房标准。县(区)入冀办应做好建房服务和指导工作,预防质量和安全事故。

第二十九条 征迁群众应在规定时限内由被占地村(组)统一组织或由征迁群众个人自主搬迁。县级人民政府要做好协调服务工作,加强安全管理。

第三十条 单位迁建,应按照批准的实施规划,由单位或其主管部门按照批准的实施规划明确的项目和投资,包干实施,在规定的时限内完成迁建任务。

第三十一条 需恢复改建处理的电力、通信、广播电视、军事设施、水利工程及管道等专项工程,由其行业主管部门按照批准的实施规划明确的项目和投资,包干实施,由市入冀办组织,在规定的时限内完成恢复改建处理任务。

第三十三条 工程临时用地复垦主体由市入冀办确定。临时用地使用完毕后,工程建设单位商县(区)入冀办办理土地返还、签证手续。

临时用地的复垦主体应按照批准的实施规划复垦方案开展工作,并在规定的时间内完成。

临时用地复垦费应由复垦主体按照批准的实施规划统一管理使用。

临时用地复垦完毕后,由县(区)入冀办会同土地主管部门组织有关单位及乡(镇、办)、村对复垦土地进行验收,并交付土地所有者。

第五章 实施管理

第三十四条 根据批准的征迁安置实施规划,市入冀办与县(区)入冀办签订征迁安置任务和投资包干协议。县(区)入冀办组织实施,县级人民政府负责管理。

专项设施的迁建处理,由市入冀办与有关单位或其主管部门签订征迁安置任务和投资包干协议。

第三十五条 年度征迁安置投资计划,由市入冀办依据批准的实施规划和工程建设进度要求编制。经市入冀指挥部核定后,逐级分解下达。

各级征迁安置工作主管部门和相关单位应维护年度征迁安置投资计划的严肃性,不得擅自调整。确需调整的,由市入冀办提出调整意见,报市入冀指挥部审批。

第三十六条 预备费的使用管理。预备费主要用于征迁安置实施中的实物指标错漏登、设计变更、政策变化等因素引发的不可预见的具体问题处理等。不得擅自用于提高实施规划批复的补偿标准,禁止用于单项处理而影响全面工作的项目。

预备费由市入冀指挥部管理。预备费的使用,由县(区)入冀办根据工作需要提出书面申请由市入冀办审批。预备费审批前应由市入冀办组织召开联席会议,形成会议纪要。预备费使用时必须有征迁设计单位、征迁监督评估单位的处理、认定意见。

第三十七条　征迁安置工作其他费由市入冀办统一管理,根据征迁安置工作进度拨付使用,具体使用办法另行制定。

第三十八条　征迁安置工作完成后,应按规定组织验收,具体验收办法另行制定。

第三十九条　各级征迁安置工作主管部门应建立健全征迁安置信息管理系统,做好信息交流、统计报表工作。

第四十条　各级征迁安置工作主管部门和有关单位,应按国家有关规定建立健全征迁安置工作档案,确保各类档案完整、准确和安全。各级档案主管部门负责本辖区内征迁安置工作档案管理的监督指导。

第四十一条　市、县人民政府要及时处理好当地影响工程建设的问题,预防和处置好征迁安置群体性事件,为工程建设提供良好的环境。同时,工程施工单位应科学文明施工,减少施工扰民事件发生。

第六章　资金管理

第四十二条　入冀工程征迁资金管理遵循责权统一、计划管理、专款专用、包干使用的原则。

第四十三条　市入冀办负责全市入冀工程征迁资金管理。征迁资金实行市、县(区)两级核算,县(区)为基础算核单位,乡(镇、办)、村为报账单位的管理体制。

第四十四条　各级征迁安置工作主管部门要严格遵守《会计法》,参照相关政策,建立健全财务管理制度。

第四十五条　市、县(区)入冀办应在一家国有或国家控股商业银行开设征迁安置资金专用账户,实行专户存储、专账核算。

第四十六条　市、县(区)入冀办要根据核定的年度征迁投资计划和实施进度及时拨付资金,不得无故拖延滞留。

第四十七条　征迁安置资金专款专用,任何单位和个人不得截留、挤占、挪用。

第四十八条　征迁安置资金应按规定的支付程序列支,严禁以拨代支。

第四十九条　各级征迁安置工作主管部门应当加强内部审计和检查,确保征迁安置资金安全。

第七章　监督管理

第五十条　市、县政府应当加强对本行政区域内征迁安置工作的督导。市、县(区)入冀办应当加强内部管理,定期向本级人民政府报告工作。

第五十一条　各级征迁安置工作主管部门和有关迁建单位有义务接受审计、监察、财政等部门依法对征迁安置资金使用情况进行的审计、监察和监督。

第五十二条　征迁安置工作实行监督评估制度。市入冀办委托中水北方勘测设计研究有限责任公司(简称监督单位)承担引黄入冀补淀工程(河南段)征迁安置监督评估工作。

征迁安置监督评估包括征迁安置实施情况监督评估和生产生活水平恢复情况监督评估。主要内容有工程建设征地所涉及的征地补偿、生产生活安置、单位迁建和专业项目迁建处理、临时占地复垦退还等的实施进行监督评估,对征迁安置进度、征迁安置质量、征迁资金的拨付和使用情况以及征迁生产生活水平的恢复情况等进行监督评估。各级征迁安置工作主管部门应积极配合,按要求提供相关征迁资料。

第五十三条　市、县政府应对征迁政策、安置方案、补偿标准等进行广泛宣传;对被占压实物的调查、补偿、资金兑付等情况,以行政村或居委会为单位及时张榜公示,接受群众监督。

第五十四条　市、县政府应当根据《信访条例》规定,做好征迁安置信访工作,保持社会稳定。

第五十五条　对在征迁安置工作中成绩显著的单位和个人,由市、县人民政府给予表彰奖励。

第五十六条　实施规划明确必须移交的土地,县、乡、村不得借故拖延征收、征用和拒交。任何单位和个人不得借故阻碍工程建设和征迁安置工作。对扰乱公共秩序,致使工程建设和征迁安置工作不能正常进行的,应给予批评教育,限期改正;情节严重的,由公安机关依照《中华人民共和国治安管理处罚法》的规定处罚;构成犯罪的,依法追究刑事责任。

第五十七条　对征迁安置工作中出现的问题,以及稽察、审计、监察、验收中发现的问题,责任单位必须及时整改。对违反有关法律法规的,要依法给予行政处罚;对有关责任人员,依法给予行政处分;构成犯罪的,依法追究刑事责任。

第八章　附　则

第五十八条　本办法由濮阳市引黄入冀补淀工程建设指挥部办公室负责解释。

第五十九条　各县(区)可根据本办法,结合本辖区具体情况制定实施细则。

第六十条　本办法自发布之日起施行。

附录三 关于征迁安置工作有关问题的会议纪要

濮阳市引黄入冀补淀工程建设指挥部办公室

征迁会议纪要

[2015]01 号

关于征迁安置工作有关问题的会议纪要

2015 年 12 月 15 日，濮阳市引黄入冀补淀工程建设指挥部办公室组织召开关于征迁安置工作有关问题的专题会议，参会的人员有濮阳市引黄入冀补淀工程建设指挥部办公室、河北省引黄入冀补淀工程建设管理局河南建设部、河南省水利勘测设计研究有限公司、天津市冀水工程咨询中心、河北天和监理有限公司、河北省水利工程局、中国水利第十一工程局有限公司、中水北方勘测设计研究有限责任公司等单位的相关人员（名单附后），经过与会人员的讨论，形成纪要如下：

一、关于永久用地问题。

1. 河北省建设管理局河南建设部应于 2015 年 12 月 20 日前

· 1 ·

提交工程建设用地整体方案，明确工程整体建设计划和用地计划，明确各工程项目建设用地时间；濮阳市建设指挥部办公室根据施工方案作出用地安排。

2. 施工单位应对接收使用的土地进行管理，埋设红线界桩，避免对红线外土地的影响。

3. 对处理由于工程变更引起的用地变更，各参建单位应及时沟通协商，及时提出用地方案。

4. 濮阳市建设指挥部对已具备移交条件的用地应按时组织移交施工单位，并协助施工单位进场开工。

二、关于临时用地问题。

1. 河北省建设管理局河南建设部应于 2015 年 12 月 20 日前提交工程建设临时用地整体方案，明确工程建设临时用地整体计划和具体时间。

2. 河北省建设管理局河南建设部应尽快完善已征用的临时用地使用手续，应向濮阳市建设指挥部办公室提交由施工、监理、工程设计和建管局四方签字盖章审定的用地方案，明确使用功能、亩数核算、使用期限、返还时间、用地工程布置图等。

3. 施工单位应对接收使用的土地妥善管理，埋设红线界桩，避免对红线外土地的影响；除弃土场临时用地外，其他临时用地应按照合同和规范进行耕作层剥离。

4、濮阳市建设指挥部对已具备移交条件的用地应及时组织履行交接手续，移交施工单位并协助施工单位及时进场开工。

三、关于征迁协调机制问题。

1、依据征迁安置工作管理体制，项目法人应参与征迁安置工作，各参建单位都是征迁工作的相关单位，都应积极配合征迁工作。

2、建立联席会议制度。各参建单位应定期召开联席会议，通报工程建设和征迁进展情况，解决有关问题，明确各方任务。

3、建立信息共享制度。有关工程建设和征迁安置工作达成的一致意见应形成会议纪要作为信息的载体，作为各方共同执行的依据。按上级要求，坚持工程建设和征迁安置工作旬报制度，濮阳市建设指挥部与河北建管局建设部互相通报情况。

参会人员：

濮阳市建设指挥部办公室： 李相朝　鲁志安　赵卫东
关勤学　商鑫

河北省建设管理局河南建设部： 李巍　苏文华

河南省水利勘测设计研究有限公司： 应乃武　李小舟

天津市冀水工程咨询中心： 田平

河北天和监理有限公司： 冯子成

-3-

河北省水利工程局：

中国水利第十一工程局有限公司： 郑杏厂　张江然
彦志强

中水北方勘测设计研究有限责任公司： 赵银河　窜敬伟
李腾飞

· 236 ·

附录四 引黄入冀补淀工程（河南段）征迁安置监督评估工作大纲

一、任务由来

2015年9月23日,河北水务集团与濮阳市引黄入冀补淀工程建设指挥部签订了委托协议。确定濮阳市引黄入冀补淀工程建设指挥部负责引黄入冀补淀工程河南段的征迁安置和建设环境协调等工作。按照委托任务和分解概算,引黄入冀补淀工程河南段征迁安置总费用为102 445.59万元,由濮阳市引黄入冀补淀工程建设指挥部包干使用。

2015年10月8日,河北水务集团发布了引黄入冀补淀工程（河南段）征迁安置监督评估招标公告及引黄入冀补淀工程（河南段）工程建设招标公告,中水北方勘测设计研究有限责任公司参与投标后中标了引黄入冀补淀工程（河南段）征迁安置监督评估项目。为了配合征迁工作的开展,中水北方勘测设计研究有限责任公司随即成立了引黄入冀补淀工程（河南段）征迁安置监督评估部。

二、工程概况

引黄入冀补淀工程是国务院确定的172个重大水利工程之一,属2015年必须开工的27个水利工程项目。可研报告2015年7月31日国家发改委以发改农经〔2015〕1785号文批复,初步设计报告2015年9月23日国家水利部以水规计〔2015〕370号文批复,批复工程总投资42.41亿元,其中濮阳段22.7亿。该工程由国家和河北省政府共同投资兴建,国家发改委批复建设单位和项目法人为河北水务集团,河北水务集团全面负责招标投标和工程建设管理工作,濮阳市负责移民征迁和群众工作。根据9月23日引黄入冀补淀工程建设指挥部与河北水务集团签订的《引黄入冀补淀工程（河南段）征迁安置委托协议》,濮阳段征迁安置费用共计102 445.59万元。

根据初步设计批复文件和河北水务集团与濮阳市引黄入冀补淀工程建设指挥部签订的委托协议,本工程搬迁总人口共773人,拆迁房屋总面积为49 643.45 m²（含渠首段1 656.04 m²）;永久占地总面积为9 048.57亩,其中濮阳县5 185.03亩（含渠首段294.88亩）,开发区1 746.07亩,示范区266.52亩,清丰县1 764.94亩,濮阳市属54.72亩,安阳市内黄县20.35亩,濮阳安阳争议地10.94亩;临时占地总面积为5 894.04亩,其中濮阳县4 052.04亩（含渠首段468.14亩）,开发区984.5亩,清丰县857.5亩。

根据初步设计报告,专项设施包括输变电工程设施、通信（广电）工程设施、军事设施及管道,共涉及专项管线246条/处,其中电力线路97条,变压器10台;通信（广电）线路144条、通信基站1处;军事光缆2处;各类管道3处。采取恢复、改建、保护、一次性补偿等处理方式进行专项处理。专业项目复建投资共1 480.27万元（含文物保护发掘费242.27万元）。

根据初步设计报告,本工程河南段涉及 5 家单位,分别为曾小邱中心小学、开发区水利局、濮阳市环境卫生管理处、濮水河管理处、加油站。渠首段涉及 3 家单位,分别为濮阳市渠村节制闸管理处、渠村水管站、渠村灌区管理所。其中曾小邱中心小学和濮阳市环境卫生管理处采取整体搬迁处理,其他 6 家均采取一次性补偿处理。引黄入冀补淀工程(河南段)征迁安置主要实物指标和投资基本情况详见附表 4-1。

三、监督评估依据

根据本工程征迁安置监督评估合同书的要求,征迁安置监督评估的依据如下:
(1)国家有关法律、法规、规章、规范性文件和规程规范。
(2)国家有关大中型水利水电工程移民政策。
(3)经批准的移民安置规划大纲和移民安置规划。
(4)经批准的移民安置规划设计文件及设计变更。
(5)项目法人与地方人民政府签订的移民安置协议。
(6)移民安置年度计划。
(7)移民安置监督评估合同。
(8)其他有关文件。

四、监督评估工作程序

根据本工程征迁安置监督评估合同书的要求,征迁安置监督评估单位应按照下列程序实施征迁安置监督评估。
(1)按照合同组建项目征迁安置监督评估机构,选派总监督评估师和监督评估师,进驻现场。
(2)按照征迁安置监督评估工作大纲和征迁安置年度计划,编制征迁安置监督评估实施细则。
(3)按照征迁安置监督评估工作大纲和实施细则开展征迁安置监督评估工作,编制并向委托方提交征迁安置监督评估报告。

五、监督评估的工作内容

监督评估项目部本着"守法、诚信、公正、科学"的原则,按合同条款约定的监督评估服务内容为濮阳市指挥部提供优质服务。主要从进度控制、质量控制、投资控制、合同管理、信息管理五个方面进行征迁安置监督评估工作。

(一)征迁安置进度控制
(1)协助濮阳市指挥部起草征迁安置任务及投资包干协议,以及参与该协议的补充完善;协助审查实施方提交的征迁安置兑付方案,对实施方编制的征迁安置实施计划和有关问题提出审核意见。
(2)对征用土地及附属物的范围、性质、类别、权属及补偿标准参与界定。
(3)对征迁安置的实物指标,工程量(含变更部分)、兑付标准进行认定。

附表 4-1 引黄入冀补淀工程（河南段）征迁安置基本情况统计表

序号	市/机构	县/区	位置	搬迁安置（人）	生产安置（人）	房屋（m²）	土地（亩）合计	永久用地	临时用地	补偿投资（万元）分区投资	本次投资	初设批复投资	备注
1	濮阳市	濮阳县	渠首段			1 656.04	761.52	293.38	468.14	3 405.92	3 496.25	3 591.67	1. 渠首段生产安置人口计入河南段；2. 本次投资不含初设批复的前期工作费、前期勘测设计费，计费征安县征魏安；3. 分区投资不含勘测设计费和监督评估费；4. 黄河水利委员会合用地是管理机构建设用地
2		濮阳县	河南段	721	2 285	38 159.10	8 470.05	4 886.15	3 583.90	56 769.52	58 241.90	59 797.23	
3		小计		721	2 285	39 815.14	9 231.57	5 179.53	4 052.04	60 175.44	61 738.15	63 388.90	
4		开发区	河南段	38	185	6 181.19	2 730.57	1 746.07	984.50	17 958.04	18 468.41	19 007.53	
5		示范区	河南段	9	16	1 030	266.52	266.52		2 540.68	2 613.08	2 689.56	
6		清丰县	河南段	5	148	2 617.12	2 618.44	1 760.94	857.50	12 472.37	12 827.18	13 201.98	
7		市属	河南段				54.72	54.72		6 103.7	6 136.42	6 187.67	
8		合计		773	2 634	49 643.45	14 901.82	9 007.78	5 894.04	99 250.23	101 783.24	104 475.64	
9	安阳市	内黄县	河南段				20.35	20.35		99.67	102.33	105.14	
10		争议地	河南段				10.94	10.94		101.33	104.03	106.88	
11	黄河水利委员会		河南段				8	8		384	384	384	
12			渠首段				1.5	1.5		72	72	72	
13			小计				9.5	9.5		456	456	456	
14		渠首段小计				1 656.04	763.02	294.88	468.14	3 477.92	3 568.25	3 663.67	
15		河南段小计		773	2 634	47 987.41	14 179.59	8 753.69	5 425.90	96 429.31	98 877.35	101 479.99	
16		总计		773	2 634	49 643.45	14 942.61	9 048.57	5 894.04	99 907.23	102 445.6	105 143.66	

（4）按照批准的征迁安置实施规划，参与征迁安置实施计划的制订，按照项目建设进度的要求，督促实施方采取切实措施，实现征迁安置目标要求。当实施进度发生较大偏差时，及时向濮阳市指挥部提出调整控制性进度建议，对征迁安置工作进行全过程监督评估，并参与验收工作。

（5）根据上级批准的征迁安置实施年度计划和专业实施复建设计，对各类征迁安置项目的实施进度进行监控。及时向濮阳市指挥部反映征迁安置计划的执行情况。

（二）征迁安置质量控制

（1）协助濮阳市指挥部审查实施方提交的征迁安置实施计划。

（2）对征迁安置有关工作进行检查和监督。

（3）参与征迁安置资金计划编制，对征地等各种补偿投资拨付、使用进行监督。

（4）建立征迁安置建立信息管理制度，定期向濮阳市指挥部报告。对各类征迁安置和专项工程建设信息进行收集、整理、建立档案，定期汇总和编制征迁安置监督评估工作报告，对征迁安置项目实施情况进行监督检查，不符合要求的要及时责令整改。对征迁安置工作中存在突出问题和发生重大事件时及时报告。

参与各阶段的专项验收和征迁安置验收并提交各相应阶段的监督评估报告。

（5）协助地方政府征迁安置执行机构对征迁安置工作人员进行必要的业务培训和政策学习。

（6）对征迁安置的有关问题进行协调。

（7）完成濮阳市指挥部提出的有关问题监督评估。

（8）完成征迁安置监督评估工作验收报告。

（9）受濮阳市指挥部委托召开征迁安置问题协议会议，及时、公正、合理地做好各有关方面的协调工作；参加有关解决征迁安置实施问题的例会。

（三）征迁安置投资控制

（1）监督征迁安置补偿资金的拨付、使用。

（2）对征迁安置的实物指标、兑付标准、资金支付进行认定。

（3）督促征迁安置资金按计划及时到位，检查征迁安置资金的使用情况，监督实施方按审定的规模、标准和投资进行实施。

（4）参与征迁安置规划设计成果审核以及漏项、设计方案变更等审查，提出监督评估意见。

（四）合同管理

监督评估项目部根据《合同法》及国家、省、市有关部门出台的征迁安置工作方针、政策，在满足总体计划和分年度计划的情况下，应实施方的要求，参与各方的合同的签署。合同条款还应符合国家、省、市征迁安置部门出台的方针政策，合同价款原则上不突破市批准的实施规划（包干方案）的资金，合同的期限（工期）应与总体进度计划和分项进度计划一致。

监控合同（协议）的履行情况，主要有以下方面的要求：

（1）合同（协议）双方当事人按照合同（协议）的约定，必须全面履行各自权利和义务。

(2)对合同履行中发生的争议,应督促当事人进行协商,避免因争议而影响到征迁安置实施进度,乃至影响到项目的开工建设。对不能解决的争议,应按《合同法》的规定进行变更或解除合同。对实施中出现的合同变更、计划调整进行确认,严格控制变更申报的程序。

(3)对合同索赔,监督评估工程师应监督责任方按合同法的规定或合同约定赔付。

(4)实施方应将合同副本或复印件报监督评估部,监督评估部将合同编号,对履行中协调解决的合同争议、会议纪要、合同变更、索赔等资料整理、装订。

(五)信息管理

在濮阳市引黄入冀补淀工程建设指挥部、监督评估项目部、实施方之间建立信息传递系统,利用高效的办公条件进行信息传递。准确、及时、全面收集、整理征迁安置工作过程中各类工作信息,并与相关单位共享。对工作信息进行及时、必要的加工处理,采取表格、图形等直观方式,反映征迁安置工作进度、投资、质量情况。主要采集以下信息内容:

(1)国家、省、市有关征迁安置工作的政策法规和规范。

(2)国家、省、市政府职能部门的有关文件、信函、传真(电话)。

(3)批准的有关设计文件及设计资料。

(4)省、市批复的征迁安置工作文件。

(5)在征迁安置实施工作中发生的各种文字信息、数据信息、图片及影像资料。

(6)监督评估工作各种文件,包括监督评估工程师的监督评估记录、监督评估工作月报、监督评估日志、监督评估书面通知等。

(7)与征迁安置和工程建设有关的资料。

将所收集到的信息按有关规定进行分类归档,加强监督评估资料管理,确保资料完整、分类明确、管理规范,并最终一次性移交相关档案资料。同时对实施方档案资料管理工作进行咨询服务、指导、检查档案资料的收集、分类和归档工作。结合征迁安置工作实际对信息内容进行分析、评价,对影响投资、进度、质量等方面的偏差问题提出处理意见,及时向实施方反馈。

六、工作成果

监督评估部根据监督评估合同和实际工作时间节点要求向濮阳市引黄入冀补淀工程建设指挥部提供以下工作成果:

(1)征迁安置监督评估规划(工作大纲)。

(2)征迁安置监督评估细则。

(3)征迁安置监督评估工作月报。

(4)征迁安置监督评估工作年报。

(5)征迁安置监督评估工作总结报告。

(6)工程完结后的归档资料。

附录五 引黄入冀补淀工程(河南段)移民安置生产生活水平监督评估调查报告(第二次)

1 概 述

1.1 项目简介

1.1.1 工程简介

引黄入冀补淀工程是在兼顾河南、河北沿线部分地区农业用水的前提下,为白洋淀实施生态补水。沿线总灌溉面积465.10万亩(河南省灌溉面积为193.1万亩,河北省灌溉面积约为272万亩),同时工程实施后可为白洋淀湿地生态系统良性循环提供可靠水源保障,根据《水利水电工程等级划分及洪水标准》(SL 252—2000),最终确定工程为Ⅰ等工程。

经总体线路比选及局部线路比选,引黄入冀补淀工程最终确定的输水线路自河南省濮阳市濮阳县渠村引黄闸引水,全线基本沿已有线路,全长481.656 km。

河南省境内输水线路为:自渠村引黄闸引水,经1#枢纽分流入南湖干渠后汇入第三濮清南干渠,沿第三濮清南干渠至金堤河倒虹吸,经皇甫闸、顺河闸、范石村闸,走第三濮清南西支至苏堤阳邵节制闸向西北,至清丰县阳邵乡南留固村穿卫河入东风渠,河南境内全长约83.538 km。

渠道的扩挖改建导致原有部分建筑物遭到影响和破坏,需重建或改建,同时由于功能和运行方式的调整,还需增加沉沙池、节制闸等部分建筑物。经布置,河南段长约83.538 km的渠线内共需新建、重建、改建各类建筑物263座,其中沉沙池1座,节制闸13座,倒虹吸4座,跨渠桥梁128座,分水口门118座,排水涵管2座。

1.1.2 工程进展

依据2016年10月19日濮阳市引黄入冀补淀工程现场推进会及2016年2月22日濮阳市引黄入冀补淀工程进展专题会精神,要求加快施工进度,务必实现5月1日全线通水的目标。截至2017年3月底,土地方面,已完成调查复核永久征地9 368.33亩(含原渠道土地面积),占永久征地总任务的100%,完成调查复核临时占地4 806.61亩,占临时占地总任务的82%;房屋方面,已完成房屋拆迁任务的100%;专项设施方面,已完成专项设施迁建总任务量的95%。

1.1.3 资金拨付及使用情况

根据初步设计批复文件和河北水务集团与濮阳市引黄入冀补淀工程建设指挥部签订的委托协议,引黄入冀补淀工程濮阳市建设征地移民安置批复投资共10.244 5亿元,其中濮阳县段54 228.733万元,开发区段15 347.485万元,示范区段2 315.245 5万元,清丰县(含内黄)11 414.713万元,市属19 139.413万元。截至2017年2月26日,河北水务集团拨付至濮阳市引黄入冀补淀工程建设指挥部移民征迁资金100 709.28万元,包含临时用地耕地占用税3 846.28万元。拨付征迁协议内资金96 863万元。

濮阳市引黄入冀补淀工程建设指挥部根据河南省水利水电勘测设计研究有限公司设计代表处下达的补偿清单下拨建设征地移民补偿资金,截至2017年3月31日,已下拨资金 76 740.81 万元。其中：濮阳县 46 651.88 万元，开发区 15 102.65 万元，示范区 2 206.36 万元，清丰县 11 181.48 万元，市属 1 598.439 万元。

截至 2017 年 3 月 31 日，拨付征迁协议内资金 96 863 万元，市指挥部根据征迁进度已下达县(区)建设征地移民安置补偿资金 76 740.81 万元。

1.2 调查依据及范围

1.2.1 调查依据

(1)《中华人民共和国土地管理法》(2004 年 8 月修订)；

(2)《国务院关于深化改革严格土地管理的决定》(国发〔2004〕28 号)；

(3)《大中型水利水电工程建设征地补偿和移民安置条例》(国务院令第 471 号)；

(4)《大中型水利工程移民安置监督评估管理暂行规定》(根据水利部办公厅办移民〔2014〕124 号文件修订)；

(5)《水利水电工程移民安置监督评估规程》(SL 716—2015)；

(6)《河南省人民政府关于调整河南省征地区片综合地价的通知》(豫政〔2013〕11 号)；

(7)《濮阳市统计年鉴》(2016)；

(8)《2016 年濮阳市国民经济和社会发展统计公报》；

(9)《清丰县 2016 年国民经济和社会发展统计公报》；

(10)《关于濮阳县 2016 年国民经济和社会发展计划执行情况及 2016 年计划》；

(11)濮阳市引黄入冀补淀工程建设指挥部相关文件；

(12)濮阳县引黄入冀补淀工程建设指挥部相关文件；

(13)清丰县引黄入冀补淀工程建设指挥部相关文件；

(14)濮阳经济技术开发区管委会引黄入冀补淀工程征迁指挥部相关文件；

(15)濮阳市城乡一体化示范区引黄入冀补淀工程建设指挥部相关文件；

(16)经批准的移民安置规划大纲、移民安置规划和征迁安置实施方案；

(17)移民安置进度计划；

(18)其他相关文件。

1.2.2 调查范围

引黄入冀补淀工程建设征地范围包括渠道工程用地、建筑物工程用地、管理用地等永久征地，其中建筑物工程用地包括倒虹吸、沉沙池和桥梁引道用地。施工临时用地包括施工营地(含生活及文化福利设施、仓库、油库、混凝土及砂石料堆放场、施工机械保养站、钢木加工厂、风水电系统等用地)、施工道路、弃渣场、临时堆土场、导流渠等。本阶段征地范围根据在初步设计阶段批复基础上调整的施工图征地范围确定。

工程用地范围涉及濮阳市濮阳县、开发区、城乡一体化示范区、清丰县 4 个县(区)以及安阳市内黄县，涉及濮阳县 34 个行政村、开发区 31 个行政村、城乡一体化示范区 5 个行政村、清丰县 28 个行政村和内黄县 2 个行政村共计 100 个行政村以及单位用地、公路及水域等国有土地。按所占土地的用途，分为渠道工程用地、建筑物工程用地、施工用地、管理机构用地四部分；按土地的用地性质分为永久征地和临时用地。

1.2.2.1 永久征地

本工程永久征地范围采用由工程设计施工图设计阶段确定的成果，包括渠道工程用地、建筑物工程用地、管理用地，其中建筑物工程用地包括倒虹吸、沉沙池和桥梁引道用地。

1）渠道工程用地

扩（改）建渠道，填方渠段以左右外坡脚线外扩 3 m 作为永久占地边线，挖方渠段以左右外河口线外扩 1 m 作为永久占地边线。

2）建筑物工程用地

（1）倒虹吸以建筑物轮廓线外扩 15 m 作为永久征地范围界限；

（2）渠系节制闸、分水闸均位于渠道范围内，以渠道占地线控制；

（3）桥梁引道在渠道永久征地范围以外的部分，以引道外坡脚外扩 1 m 作为永久征地范围界限。

3）管理机构用地

根据工程管理规划，设管理段 3 个，按行政区划分为渠首段、濮阳县段和清丰县段，每处占地面积分别为 1.5 亩、4 亩、4 亩，管理机构用地面积共 9.50 亩。

本阶段永久征地面积共计 9 327.73 亩。

1.2.2.2　临时用地

以初步设计为基础，根据施工图阶段的施工组织设计确定施工临时用地。

临时用地范围包括施工营地（含生活及文化福利设施、仓库、油库、混凝土及砂石料堆放场、施工机械保养站、钢木加工厂、风水电系统等用地范围）、施工道路、弃渣场、临时堆土场、导流渠等。

各种临时用地面积共 5 894.03 亩，根据工程施工进度安排，按使用年限进行补偿。

调查范围涉及濮阳市濮阳县、开发区、城乡一体化示范区、清丰县 4 个县（区）征地影响村和移民安置村。总用地面积 15 221.8 亩，其中永久征地 9 327.7 亩，管理机构用地 9.5 亩，临时用地 5 894.0 亩。永久征地濮阳县 5 328.72 亩，开发区 1 731.9 亩，示范区 256.32 亩，清丰县 1 836.7 亩，濮阳市属 151.7 亩，安阳市内黄县 22.5 亩；临时占地总面积为 5 894.0 亩，其中濮阳县 3 701.1 亩，开发区 447.8 亩，示范区 14.5 亩，清丰县 489.5 亩，市属 1 239.9 亩；涉及农村居民拆迁 90 户、442 人；拆迁各类房屋 53 087.2 m²。本工程设计基准年为 2014 年，规划设计水平年为 2016 年。基准年生产安置人口 2 345 人，规划水平年生产安置人口 2 365 人。具体调查范围见附表 5-1。

附表 5-1　移民监督评估调查范围

序号	县（区）	村	安置户数（户）	安置用地（亩）	样本户	安置方式
1	濮阳县	南湖村	19	11.8	28	后靠集中安置
2	濮阳县	王月城村	20	12.8	20	后靠集中安置
3	开发区	南新习	6	1.5	15	后靠分散安置
4	开发区	天阴村	3	0.8	14	后靠分散安置
5	示范区	后范庄	2	0.5	12	后靠分散安置
6	清丰县	苏堤村	0	0	11	
合计			50	27.4	100	

1.3 样本选择的原则、方法及比例

1.3.1 样本选择的原则

此次工程涉及濮阳市 4 个县区,32 个行政村,拆迁户 90 户,生产安置人口 2 365 人,总体量大,情况复杂。在本底调查过程中,样本选择要遵循全面性、代表性等原则。

(1)样本的全面性。工程涉及濮阳市的 4 个县(区),分别涉及搬迁和征迁两种形式,此处样本选择覆盖 4 个县(区),全部覆盖工程涉及的县(区)。

(2)样本具有代表性。一是涉及征地面积广的村庄。南村湖是引水口,涉及征地面积最多,问题最多,矛盾最尖锐,代表性最强。二是涉及搬迁户数较多的村庄。王月城村涉及搬迁户数 20 户。

1.3.2 样本选择的方法

此次调查是一种非全面性抽样调查,采用典型调查和随机抽样相结合的样本选择方法。选择南湖村、王月城村、苏堤村等问题较多的典型村庄,此外,通过随机抽样的方法选择其他县(区)的 3 个村庄。

1.3.3 样本选择的比例

涉及农村居民拆迁 90 户、442 人,副业 120 家,单位 13 家,规划水平年生产安置人口 2 365 人。按照《水利水电工程移民安置监督评估规程》(SL 716—2015)规定的样本抽取要求:样本村比例应为涉及村(社区)、组的 5% ~20%,工程涉及 32 个村,监测抽取样本村 6 个,抽样比例 18.8% ;样本户比例不低于 5% ,按比例抽取不足 100 户,按照 100 户抽取,移民户不足 100 户应全部抽取,工程涉及搬迁户 90 户,抽取样本户 50 户,另外在后靠分散安置中再抽取 50 户作为样本户,共计抽取 100 户作为样本户,样本户和样本村保持一致。本次调查的样本户按照本底调查抽取的样本比例选择,仍按照抽取 100 户作为样本。

1.4 调查的组织与分工

1.4.1 调查分工

为顺利开展评估工作,中水北方勘测设计研究责任有限公司委托河海大学中国移民研究中心承担监测评估工作。河海大学中国移民研究中心接受委托后,成立了"引黄入冀补淀工程(河南段)移民安置生产生活水平监测评估工作组"(简称评估工作组)。评估工作组由承担过大中型水利水电工程移民监测的教授、讲师以及研究生组成。河海大学中国移民研究中心参与此次评估的人员及职责分工详见附表 5-2。

附表 5-2 移民监督评估工作组成员及职责分工

姓名	职称	项目职责	单位
余文学	教授、博士	评估工作组组长	河海大学中国移民研究中心
黄莉	讲师、博士	问卷设计、方案制定	河海大学中国移民研究中心
吴保林	硕士	调查与报告撰写	河海大学中国移民研究中心
张东	硕士	调查与报告撰写	河海大学中国移民研究中心
王丽娇	硕士	调查与报告撰写	河海大学中国移民研究中心
王俊君	硕士	调查与报告撰写	河海大学中国移民研究中心

1.4.2 调查实施过程

2017年4月,评估工作组根据引黄入冀补淀工程(河南段)移民安置生产生活水平监测评估细则,制订本次调查实施方案,方案经中水北方公司、濮阳市引黄入冀补淀工程指挥部审查通过后开始实施,首先对工程影响的搬迁和外出安置移民搬迁进程进行初步了解。评估工作组分别使用问卷调查法、个案访谈法、实地观察法、座谈法、文献研究等方法,广泛听取各级移民干部和移民的意见,深入收集涉及工程移民搬迁和安置的各类文件。具体本调查实施过程详见附表5-3、附图5-1~附图5-4。

附表5-3 移民监督评估调查实施过程

日期	地点	参加人员	工作内容
2017年4月23日	濮阳市指挥部	评估工作组人员	与市指挥部、中水北方公司等负责人交流,明确此次监测评估的目的、任务、范围、调查方案等相关内容
2017年4月24日上午	清丰县指挥部、苏堤村	评估工作组人员	在苏堤村实地调查,了解苏堤村移民工作实施中的问题,访谈苏堤村村支书、村主任、会计,并请样本户填写问卷; 与清丰县指挥部等负责人访谈,收集资料
2017年4月24日下午	示范区指挥部、后范庄村	评估工作组人员	在后范庄村实地调查,了解后范庄村移民工作实施中的问题,访谈后范庄村村支书、村主任、会计,并请样本户填写问卷
2017年4月25日上午	开发区指挥部、新习乡政府、南新习村	评估工作组人员	与开发区指挥部等负责人访谈,收集资料; 在南新习村实地调查,了解南新习村移民工作实施中的问题,访谈南新习村村支书、村主任、会计,并请样本户填写问卷
2017年4月25日下午	胡村乡政府、天阴村	评估工作组人员	在天阴村实地调查,了解天阴村移民工作实施中的问题,访谈天阴村村支书、村主任、会计,并请样本户填写问卷
2017年4月26日上午	濮阳县指挥部、南湖村	评估工作组人员	在南湖村实地调查,了解南湖村移民工作实施中的问题,访谈南湖村村支书、村主任、会计,并请样本户填写问卷; 与濮阳市指挥部、中水北方公司相关负责人访谈,收集资料
2017年4月26日下午	王月城村	评估工作组人员	在王月城村实地调查,了解王月城村移民工作实施中的问题,访谈天阴村村支书、村主任、会计,并请样本户填写问卷; 向市指挥部、中水北方公司等部门汇报近日实地调研情况,总结调研结果

附图 5-1　后范庄村实地调查

附图 5-2　天阴村实地调查

附图 5-3　苏堤村实地调查

附图 5-4　王月城村实地调查

2　项目区域经济社会基本情况

2.1　项目区自然地理概况

　　濮阳市位于河南省东北部,黄河下游,冀、鲁、豫 3 省交界处。东南部与山东省济宁市、菏泽市隔河相望,东北部与山东省聊城市、泰安市毗邻,北部与河北省邯郸市相连,西部与河南省安阳市接壤,西南部与河南省新乡市相倚。地处北纬 35°20′0″ ~ 36°12′23″,东经 114°52′0″ ~ 116°5′4″,东西长 125 km,南北宽 100 km。全市总面积为 4 188 km²。

　　地貌系中国第三级阶梯的中后部,属于黄河冲积平原的一部分。地势较为平坦,自西南向东北略有倾斜,海拔一般在 48 ~ 58 m。濮阳县西南滩区局部高达 61.8 m,清丰县巩营镇里直集西南仅 44.2 m。平地约占全市面积的 70%,洼地约占 20%,沙丘约占 7%,水域约占 3%。濮阳境内有河流 97 条,多为中小河流,分属于黄河、海河两大水系。过境河主要有黄河、金堤河和卫河。另外，较大的河流还有天然文岩渠、马颊河、潴龙河、徒骇河等。

濮阳市位于中纬地带，常年受东南季风环流的控制和影响，属暖温带半湿润大陆性季风气候。特点是四季分明，春季干旱多风沙，夏季炎热雨量大，秋季晴和日照长，冬季干旱少雨雪。光辐射值高，能充分满足农作物一年两熟的需要。年平均气温为 13.3 ℃，年极端最高气温达 43.1 ℃，年极端最低气温为 -21 ℃。无霜期一般为 205 d。年平均日照时数为 2 454.5 h，平均日照百分率为 58%。年太阳辐射量为 118.3 kcal/cm²，年有效辐射量为 57.9 kcal/cm²。年平均风速为 2.7 m/s，常年主导风向是南风、北风。夏季多南风，冬季多北风，春秋两季风向风速多变。年平均降水量为 502.3 ~ 601.3 mm。

濮阳市土地面积 4 188 km²，其中耕地占 57.09%，人均 0.071 hm²(1.07 亩)。其基本特征是：地势平坦，土层深厚，便于开发利用；垦殖率较高，但人均占有量少，后备资源匮乏。濮阳市土地开发利用历史悠久。绝大部分已开辟为农田，土地垦殖率 87.5%。除生产建设和生活用地外，宜农而尚未开垦的荒地已所剩无几。濮阳市的土壤类型有潮土、风砂土和碱土 3 个土类，9 个亚类，15 个土属，62 个土种。潮土为主要土壤，占全市土地面积的 97.2%，分布在除西北部黄河故道区以外的大部分地区。潮土表层呈灰黄色，土层深厚，熟化程度较高，土体疏松，沙黏适中，耕性良好，保水保肥，酸碱适度，肥力较高，适合栽种多种作物，是农业生产的理想土壤。风砂土有半固定风砂土和固定风砂土两个亚类，主要分布在西北部黄河故道，华龙区、清丰县和南乐县的西部。风砂土养分含量少，理化性状差，漏水漏肥，不利耕作，但适宜植树造林，发展园艺业。碱土只有草甸碱土一个亚类，主要分布在黄河背河洼地。碱土因碱性太强，一般农作物难以生长，改良后可种植水稻。

2.2 项目区经济社会基本情况

2.2.1 项目区经济发展基本情况

根据主体工程设计及施工组织设计提供的征地红线图，引黄入冀补淀工程(河南段)主要影响到濮阳市濮阳县、开发区、城乡一体化示范区、清丰县 4 个县(区)的 32 个行政村。濮阳市位于河南省东北部，黄河下游，北与河北省邯郸市交界，西与安阳市、滑县、汤阴县接壤，西南与长垣县毗邻，东与山东省泰安市、济宁市接壤，东北与山东省聊城市接壤，东南与山东省菏泽市接壤，是连接山东、河北的重要城市。近年来，濮阳市经济发展迅速，各项经济指标均有较大幅度增加，主要经济指标表详见附表 5-4。

附表 5-4　2016 年工程涉及市县主要经济指标

地区 经济指标	生产总值 （亿元）	第一产业 增加值 （亿元）	第二产业 增加值 （亿元）	第三产业 增加值 （亿元）	财政收入 （亿元）	农民年人 均纯收入 （元）	城镇居民 年可支配 收入(元)	人均生产 总值(元)
濮阳市	1 443.75	161.88	807.19	474.68	109.12	10 622	26 482	36 638
濮阳县	376.2	42.1	241.2	92.9		11 074	24 039	33 835
开发区	95	—	—	—		10 971	—	—
清丰县	223.8	41.5	128.0	54.4	11.04	12 052	21 423.6	32 446
示范区	—	—	—	—	—	—	—	—

濮阳位于中原经济区、京津冀经济区和山东半岛蓝色经济区的交汇处,是河南省距离港口最近、最便捷的省辖市,是中原经济区的重要出海通道和对外开放的前沿城市。

此外,濮阳还是是国家重要的商品粮生产基地,粮棉油主产区之一。石油、天然气、盐、煤等地下资源丰富,是中原油田所在地,是国家重要的石油化工基地、石油机械装备制造基地。濮阳发展优势明显,投资条件良好,是中部最具发展活力的地区之一。

2.2.2 项目区社会基本情况

濮阳市辖 2 区 5 县,即华龙区、开发区、濮阳县、清丰县、南乐县、范县、台前县。2012年 8 月,河南省委、省政府正式批复成立濮阳市城乡一体化示范区,成为全市新型城镇化的龙头,全市经济社会发展新的增长极。

濮阳市交通便利。正在建设的晋豫鲁铁路通道横穿濮阳市,在台前县与京九铁路交汇,列入《中原经济区规划》的郑济客专过境濮阳在示范区设站,与已开工的郑渝客专连成一线,将形成我国西南腹地到东北沿海的客运通道;规划的菏泽—濮阳—邯郸铁路向两端延伸,将形成我国西北直通东南沿海地区的另一条便捷铁路运输通道。大广高速、德商高速、106 国道、212 省道贯穿南北,南林高速、范辉高速、101 省道横穿东西。距濮阳仅半小时车程的豫东北机场即将开工建设。

濮阳是中华民族发祥地之一,是国家历史文化名城。人文资源丰富,上古文化(颛顼遗都)、春秋文化(卫国都城)、杂技文化(中华杂技之乡)、龙文化(中华龙都)、字文化(字圣故里)、姓氏文化(张姓祖根地)、民间工艺(麦秆画、草辫)、红色文化(冀鲁豫边区革命根据地)、油田文化等交相辉映,共同形成濮阳厚重的历史文化底蕴。

在人口统计方面,2016 年,全市总人口 394.06 万人,常住人口 362.71 万人。出生人口 5.27 万人,出生率 13.4‰;死亡人口 2.71 万人,死亡率 6.9‰;自然变动净增人口 2.56万人,自然增长率 6.5‰。常住人口城镇化率 42.0%。在教育方面,全年全市普通高等教育招生 0.52 万人,在校生 1.12 万人,毕业生 0.24 万人。中等职业技术教育招生 1.32 万人,在校生 3.81 万人,毕业生 1.26 万人。普通高中招生 2.58 万人,在校生 7.20 万人,毕业生 2.20 万人。初中招生 5.76 万人,在校生 17.97 万人,毕业生 5.18 万人。小学招生 7.64 万人,在校生 39.37 万人,毕业生 5.77 万人。特殊教育招收残疾儿童 141 人,在校 490 人。幼儿园在园幼儿 15.21 万人。

濮阳市社会治安形势总体稳定,但改革向纵深处发展,错综复杂的社会利益关系导致突发事件或者不稳定事件发生的概率依然存在,特别在征地拆迁和土地调整方面容易引发群众上访事件,因此此次工程建设在此方面应当倍加重视。通过此次监督评估实地调查发现,工程影响各县(区)近三年均无较大规模群体性事件或信访事件;此外工程影响各区县都具备非常完善的维稳机制,包括维稳工作责任机制、情报搜集研判机制、矛盾纠纷排查机制、社会稳定风险评估机制、网络舆情监控机制、应急处置机制、综合治理考评奖惩机制等,保证了将不稳定事件和突发事件发生的概率降到最低。

3 样本村(社区)、组基本情况

此次移民安置监督评估范围主要是受工程影响的河南省濮阳县、开发区、城乡一体化示范区、清丰县 4 个县(区)。2017 年 4 月,在项目办工作人员的配合下,监督评估工作人员通过实地调研的方式实施移民安置监督评估。引黄入冀补淀工程(河南段)有14个行政村涉及搬迁安置,且安置方式均为本村后靠集中安置或本村后靠分散安置,因此本次监督评估依旧按照本底调查所选取4个县区的苏堤村、天阴村、南新习村、王月城、南湖村、后范庄村等6个样本村(社区)、组,抽样比率42.86%,通过对抽样村(社区)、组的基本情况进行问卷调查和访谈,以掌握移民生产生活水平现状及变化情况。本次监督评估调查的主要内容包括人口情况和劳动力从业结构、生产资料及生产条件、基础设施和公共服务设施、收入情况和生活条件、村级(社区)组织建设等情况。

3.1 社会构成情况

南湖村位于濮阳县渠村乡西北部,位于平原地区,截至2017年4月底,全村现有910户、总人口4 120人,农业户口4 076人。该村共有劳动人口1 780人,外出务工人口810人。村域内河网密布,全村共有耕地2 752.64亩,种植作物以小麦、玉米、花生等为主。

王月城村位于濮阳县海通乡西北部,截至2017年4月底,全村共有270户,总人口1 051人,农业人口1 034人。该村共有劳动人口500人,其中从事农业劳动的人口240人,外出务工人口为260人。该村共有耕地585.31亩,其中园地5亩,林地10亩,小麦、玉米各种植1季。

南新习村位于濮阳市经济技术开发区新习乡,截至2017年4月底,全村共有340户,总人口共计1 540人,农业人口1 470人。该村共有劳动人口780人,其中从事农业劳动的人口共320人,外出务工人口共计460人。该村共计耕地1 675.51亩,村民多种植小麦、玉米。

天阴村位于濮阳市经济技术开发区胡村乡北部,截至2017年4月底,全村共有235户,总人口1 335人,其中农业人口1 135人,非农业人口200人。该村共有劳动人口700人,其中农业劳动人口500人,外出务工人口200人。该村共有耕地2 720.95亩,村民主要种植小麦、玉米、大豆等作物。

苏堤村位于清丰县阳邵乡西北部,截至2017年4月底,全村共有298户,总人口1 180人,农业人口1 042人。该村共有劳动人口780人,其中农业劳动人口420人,外出务工人口360人。该村共有耕地916.3亩,该村位于黄河冲积平原下淤上壤土,地势平坦,土层深厚,质地良好,属潮土土类,水资源条件好,种植作物主要为小麦、玉米、棉花等为主。

后范庄村位于示范区西部,截至2017年4月底,全村共有265户,总人口913人,全部为农业人口。该村共有劳动力460人,其中农业劳动力310人,外出务工人口150人。该村共有耕地1 421.46亩,全部为水浇地,土质良好。并且该村位于大广高速东侧,交通便利,出行方便。

样本村的人口构成情况和劳动力从业情况具体详见附图5-5、附表5-5。

与上一次监督评估结果相比,此次样本村人口构成情况和劳动力情况发生了一些变化,不仅在人口数量上随时间推移发生了一些变动,而且总体比重方面也出现了与上一次监督评估结果不同的地方。首先从总量上来看,6个样本村的总劳动力数量存在差异,南湖村的总劳动力数量最多,达到1 780人,依次分别为南新习村、苏堤村、天阴村、王月城村和后范庄村,苏堤村劳动力数量增加;其次从比例上来看,各个样本村劳动力从业情况依旧存在差异,其中南新习村外出务工人口所占比例相较农业劳动力所占比例较高,达到59.0%,而其他5个村庄的外出务工人口所占比例分别为52.0%、46.2%、45.5%、32.6%、28.6%,但总体上外出务工劳动力占劳动力总数的比重增加。

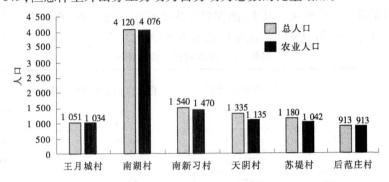

附图5-5　样本村人口构成情况

附表5-5　样本村劳动力从业情况

村庄	农业劳动力			外出务工人口	
	总劳动力（人）	人数（人）	农业劳动力/总劳动力（%）	人数（人）	外出务工人口/总劳动力（%）
王月城村	500	240	48.00%	260	52.00%
南湖村	1 780	970	54.50%	810	45.50%
南新习村	780	320	41.03%	460	58.97%
天阴村	700	500	71.43%	200	28.57%
苏堤村	780	420	53.85%	360	46.15%
后范庄村	460	310	67.39%	150	32.61%

3.2 自然资源及环境情况

自然资源包括生物资源、农业资源、国土资源、海洋资源、气象资源、能源资源、水资源等多种资源。6个样本村均位于河南省濮阳市,在地理位置上正处于黄河下游,属于黄河冲积平原的一部分,地势较为平坦,潮土表层呈灰黄色,土层深厚,熟化程度较高,土体疏松,沙黏适中,耕性良好,保水保肥,酸碱适度,肥力较高,适合栽种多种作物,是农业生产的理想土壤,因此5个样本村的土地利用程度较高,且处于暖温带半湿润大陆性季风气候,区域内中小河流较多,光辐射值高,能充分满足农作物一年两熟的需要,土地资源条件和水资源条件等自然资源条件结合使得该区域成为我国重要的商品粮生产基地,粮棉油主产区之一,但是由于该区域河流径流量较小,比较干旱,多种植小麦、玉米等耐旱作物,。

同时该区域内由于湖相沉积发育广泛,下第三系沉积很厚,对油气生成及储存极为有利。在该区域内已探知的主要矿藏是石油、天然气、煤炭,还有盐、铁、铝等。石油、天然气储量较为丰富,且质量好,经济价值高。地质资料表明,最大储油厚度为1 900 m,平均厚度1 100 m,生油岩体积为3 892 km^3。据其生油岩成熟状况、排烃及储盖条件,经多种测算方法估算,石油远景总资源量达十几亿吨,天然气远景资源量2 000亿~3 000亿 m^2。

本区石炭至二叠系煤系地层分布面积为 5 018.3 km²,煤储量 800 多亿 t,盐矿资源储量初步探明 1 440 亿 t,天然的矿产资源使得该区域成为中原油田所在地。

目前,6 个样本村耕地资源情况详见附表 5-6。与上一次监督评估结果相比,样本村耕地资源数量没有发生变化。其中,南湖村作为工程主要施工地,耕地占地依旧最多,减少了 738.36 亩,减少 21.15%;后范庄村耕地占地最少,减少了 7.54 亩,减少 0.37%。

附表 5-6 样本村耕地资源情况

村庄	原有耕地面积 （亩）	现有耕地面积 （亩）	工程永久占地面积 （亩）	耕地减少 百分比（%）
王月城村	634	585.31	48.69	7.68
南湖村	3 491	2 752.64	738.36	21.15
南新习村	1 688	1 675.51	12.49	0.74
天阴村	2 730	2 720.95	9.05	0.33
苏堤村	946	916.30	29.70	3.14
后范庄村	1 429	1 421.46	7.54	0.53

3.3 生产结构及水平

生产结构主要是指采用什么样的方式或什么样的经济形式进行生产。由于 6 个样本村均属于粮棉油生产基地,即主要以农业生产为主,因此生产结构监测评估主要对农业生产结构为对象,关注样本村农业生产各部门和各部门内部的组成及其相互之间的比例关系。

3.3.1 农田水利情况

农田水利条件是改善农田水分状况,防治旱、涝、盐、碱灾害,以促进农业稳产高产的基本保证。6 个样本村的农田水利建设以灌溉井为主要形式,每个村庄均建设有灌溉井。

与上一次监督评估结果相比,由于工程项目征地的深入实施,样本村有的因耕地减少灌溉井数量也相应减少,有的样本村为方便耕作增加了灌溉井数量。具体表现为,南湖村的灌溉井数量减少到了 34 个,天阴村减少到了 48 个,王月城村减少到了 30 个;但南新习村增加到了 54 个,苏堤村增加到了 25 个,后范庄村增加到了 65 个。详见附图 5-6。

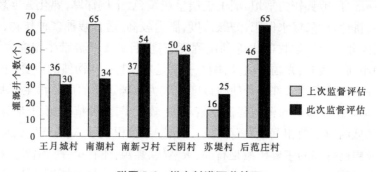

附图 5-6 样本村灌溉井情况

3.3.2 农业生产结构情况

农业生产结构主要是农业生产部门中的种植业、林业、牧业、副业、渔业等组成情况和比重。从附图 5-7 可以看出,6 个样本村农业生产结构仍然以农业种植业为主,其中以粮食作物为主,经济作物为辅。从数量上来看,南湖村粮食作物的数量依然最多,达 2 662.6 亩;而苏堤村和南湖村的经济作物数量最多,为 90 亩;南新习村则依然种植粮食作物,经济作物种植面积为 0。

与上一次监督评估相比,6 个样本村农业生产结构没有发生变化。

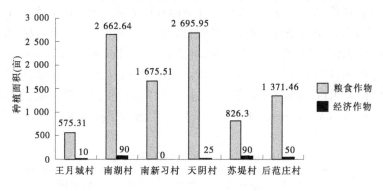

附图 5-7　样本村农业生产结构情况

3.3.3　农业生产产值情况

通过此次监督评估,6 个村的农业生产产值均发生了一些变化,受此次工程永久占地影响大小不同的地区,农业生产总量也受到了不同程度的影响。较本底调查结果部分地区有所增长,也有部分地区产量相应减少。附表 5-7 反映了 6 个样本村农业生产产值情况。王月城村 2016 年粮食总产量 368 t,农业总产值 292.76 万元,较上次监督评估结果减少了 2%;南湖村 2016 年粮食总产量 1 691 t,农业总产值 803.32 万元,较上次监督评估结果减少了 5%,其中的原因则是南湖村受影响耕地比重较大;南新习村 2016 年粮食总产量 645 t,农业总产值 309.37 万元,与上次监督评估结果基本保持一致;天阴村 2016 年粮食总产量 1 650 t,农业总产值 791.87 万元,与上次监督评估结果基本一致;苏堤村

附表 5-7　样本村年产值情况

村庄	2015 年		2016 年		农业总产值增幅百分比（%）
	粮食总产量	农业总产值	粮食总产量	农业总产值	
	t	万元	t	万元	
王月城村	375	298.73	368	292.76	−2
南湖村	1 780	845.60	1 691	803.32	−5
南新习村	642	307.93	645	309.37	0.5
天阴村	1 635	784.67	1 650	791.87	0.92
苏堤村	403	246.76	509	281.3	1.4
后范庄村	750	371.06	797	394.44	6.3

2016 年粮食总产量 509 t,农业总产值 281.3 万元,较上次监督评估结果增加了 1.4%,经了解苏堤村耕地受工程影响较小,且亩产值较前一年有所提高;后范庄村 2016 年粮食总

产量797 t,农业总产值394.44万元,较上次监督评估结果增加了6.3%,其原因和苏堤村一致。

3.4 生活条件及水平

3.4.1 样本村生活条件情况

6个样本村的生活条件状况到监测评估截止日没有发生变化。具体的生活条件仍通过出行条件、生活必需品拥有率、生活环境等指标进行衡量。通过附表5-8可知6个样本村的生活条件情况,从出行条件来看,王月城村、南湖村、南新习村、天阴村、苏堤村、后范庄村这6个样本村距离等级公路分别是0 km、2 km、0.6 km、4 km、3 km、0 km,而距集市的距离分别是2 km、1 km、0.7 km、3 km、2.5 km、1.5 km;从就医条件来看,王月城村、南湖村、南新习村、天阴村、苏堤村、后范庄村这6个样本村距离乡镇医院的距离分别是4 km、1.5 km、1.5 km、3 km、2.6 km、1.5 km;具体的生活设备拥有率与上次监督评估结果一致。

附表5-8　样本村生活条件情况

村庄	距等级公路距离	距集市距离	距乡镇医院距离	电视拥有率	冰箱拥有率	洗衣机拥有率	手机电话拥有率	使用燃气灶具比例
	km	km	km	%	%	%	%	%
王月城村	0	2	4	100	100	100	100	80
南湖村	2	1	1.5	100	92	91	100	85
南新习村	0.6	0.7	1.5	90	98	96	100	88
天阴村	4	3	3	96	90	90	90	90
苏堤村	3	2.5	2.6	90	90	85	95	82
后范庄村	0	1.5	1.5	90	60	85	90	85

3.4.2 样本村基础设施条件情况

通过监督评估结果显示,6个样本村的基础设施由于工程实施影响较小,较上次监督评估结果没有发生变化。基础设施包括交通、邮电、供水供电等公共工程设施和公共生活服务设施。对6个样本村的基础设施条件现状进行实地调查,6个样本村的基础设施条件详见附表5-9、附表5-10。

3.4.3 村组织建设状况

同样,在此次监督评估过程中,村组织建设状况可以从村干部配备、党支部配备、村务公开率、群众参与度、群众满意度等多维度分析。

与上次监督评估结果相比,6个样本村村组织建设状况发生了一些变化,主要体现在村干部人员配备数量的变化上,详见附表5-11。

附表 5-9　样本村基础设施状况

村庄	供电状况	通信			人畜饮水			其中:自来水用户	集中供水用户	分散用户	旱井供水用户	交通道路			沼气
	通电户比例	有线电视是否到村	有线电话信号是否到村	移动电话信号是否覆盖	水源	安全卫生用水比例	用水方式					出村道路硬化率	村内道路硬化率	是否通机排道	沼气入户率
	%	是/否	是/否	是/否		%		%	%	%	%	%	%	是/否	%
王月城村	100	是	是	是	自来水	100	自来水	100	100			100	40	是	30
南湖村	100	是	是	是	自来水	100	自来水	100	100			100	45	否	
南新刁村	100	是	是	是	旱井供水	100	旱井供水				100	100	35	否	
天阴村	100	是	是	是	旱井供水	100	旱井供水				100	100	30	是	
苏堤村	100	是	是	是	自来水	100	自来水	100	100			100	50	是	
后范庄村	100	是	是	是	自来水	100	自来水	100	100			100	50	是	

3.5 收入构成及水平

3.5.1 样本村村民收入情况

农民人均纯收入是指农村住户当年从各个来源得到的总收入相应地扣除所发生的费用后的收入总和。农民人均纯收入是一项重要的统计指标,反映了地区农村居民收入的平均水平,同时也是对移民生产生活水平恢复监测评估的重要依据。通过对此次监督评估问卷数据的统计分析得出,6个样本村人均纯收入均有所增长,其中南新习村涨幅最高,为9.6%;苏堤村涨幅最低,为5.3%。王月城村民的人均纯收入水平依旧最高,为10 239.1元;苏堤村人均纯收入水平依旧最低,为7 574.5元。样本村人均纯收入水平差距较大,但相比上一次监督评估结果均有不同程度的增长。具体的人均纯收入变化情况详见附表5-12。

附表5-10 样本村公共设施状况

村庄	教育				卫生		文化	商业
	校舍面积	在校学生	教师	7~15岁入学率	医疗诊所	医生	文化室	商店
	m²	人	人	%	个	人	个	个
王月城村	350	180	6	100	1	1	1	4
南湖村	600	400	10	100	1	1	1	2
南新习村	500	320	8	100	2	3	0	0
天阴村	480	200	7	100	1	1	1	1
苏堤村	400	32	4	100	2	2	0	1
后范庄村	—	—	—	—	1	1	1	6

附表5-11 样本村村组织建设状况

村庄	村干部配备	党支部设备	村务公开率	群众参与度	群众满意度
	人	人	%	%	%
王月城村	5	3	100	100	100
南湖村	11	3	100	100	100
南新习村	5	3	100	100	100
天阴村	2	2	100	100	100
苏堤村	5	0	100	100	100
后范庄村	5	5	100	100	100

附表 5-12　样本村村民人均纯收入变化情况

村庄	人均纯收入（元）		涨幅（%）
	上次监督评估	此次监督评估	
王月城村	9 559.1	10 239.1	7.11
南湖村	8 736.5	9 556.7	9.39
南新习村	8 227.6	9 021.1	9.64
天阴村	7 394.7	7 921.4	7.12
苏堤村	7 191.4	7 574.5	5.33
后范庄村	9 258.3	10 100.0	9.09

3.5.2　样本村村民收入构成情况

农民收入构成是全面了解农村居民收入、消费、生产、积累和社会活动情况的重要指标。农民人均纯收入主要由工资性收入、家庭经营性收入、财产性收入、转移性收入等四部分构成。附表 5-13 是 6 个样本村村民收入构成情况表，从表中可以看出，样本村村民主要收入来源是工资性收入、家庭经营性收入和财产性收入，转移性收入占比则较少，与上一次监督评估结果相比变化不大。具体的村民收入结构状况详见附表 5-13。

附表 5-13　六个样本村村民收入构成状况

村庄	工资性收入	家庭经营性收入	财产性收入	转移性收入
	%	%	%	%
王月城村	67.0	30.3	2.2	0.5
南湖村	72.2	24.2	3.3	0.4
南新习村	71.4	26.5	1.8	0.3
天阴村	85.9	12.7	1.2	0.2
苏堤村	75.6	18.3	3.9	2.3
后范庄村	88.6	8.5	2.6	0.3

3.5.3　样本村贫困人口状况

由于我国贫困线标准的不定期调整，目前的贫困线标准约为 3 000 元。从此次监督评估结果可以发现，南湖村的贫困户人口最多，达 78 人，南新习村和后范庄村贫困户人口最少，分别为 13 人、5 人；天阴村的五保户人口最多，为 13 人，后范庄村的五保户人口最少，为 2 人。

与上一次监督评估结果相比，6 个样本村的贫困人口以及贫困户情况均发生变化，贫困户人口比例总体减少,五保户人口比例则基本维持不变。样本村贫困人口的具体情况详见附表 5-14、附表 5-15。

附表 5-14   六个样本村贫困户变化情况

村庄	2015 年		2016 年		贫困户增减百分比
	贫困户(低保户)	贫困户比例	贫困户(低保户)	贫困户比例	
	人	%	人	%	
王月城村	30	2.9%	26	2.50%	-0.4%
南湖村	900	21.4%	900	20.60%	-0.3%
南新习村	12	0.8%	13	0.80%	0.02%
天阴村	41	3.04%	41	1.82%	-0.8%
苏堤村	57	4.96%	56	4.84%	-0.1%
后范庄村	46	4.98%	38	4.56%	-0.8%

附表 5-15   六个样本村五保户变化情况

村庄	2015 年		2016 年		五保户增减百分比
	五保户	五保户比例	五保户	五保户比例	
	人	%	人	%	
王月城村	8	0.8%	12	1.1%	0.4%
南湖村	10	0.2%	12	0.3%	0.05%
南新习村	6	0.4%	5	0.3%	-0.09%
天阴村	11	0.8%	13	1.0%	0.1%
苏堤村	12	1.0%	3	1.0%	-0.01%
后范庄村	5	0.6%	2	0.2%	-0.3%

4   样本户基本情况

本次调查仍然按照本底调查选取的样本,涉及濮阳市的濮阳县、开发区、示范区、清丰县 4 个县(区),具体包括南湖村、王月城村、新南习村、天阴村、后范村和苏堤村 6 个村庄,但由于实际情况,部分样本户不在家中导致资料无法获取,因此对此部分样本户进行了调整和补充。为准确说明项目区受影响家庭的社会经济情况,本次调查主要采取问卷的形式,以移民家庭作为分析单位,以入户访谈的方法收集资料,拟收集 100 份问卷,实际回收 100 份问卷,有效问卷 100 份。

4.1 家庭人口素质及从业情况

评估工作组对抽样的 100 户移民家庭进行了仔细的入户统计,在 100 户家庭中,总人口 511 人,其中女性人口为 260 人,占样本总数的 51%;男性人口为 251 人,占样本总数的 49%。

在就业方面。劳动人口为 272 人,占总人数的 53%。其中外出打工 132 人,占样本总数的 26%。非农生产的人数为 45 人,占样本总数的 9%。

在文化素质方面,文盲人数为 73 人,占样本总数的 14%,小学文化人数 184 人,占样本总数的 36%,初中人数 176 人,占样本总数的 34%,高中人数 59 人,占样本总数的 12%,大专以上 19 人,占样本总数的 4%。详细情况见附表 5-16。

与上一次监督评估结果相比,本次调查的家庭人口素质及从业情况变化较小。

4.2 主要生产资料及生产水平

4.2.1 生产资料基本情况

对被调查的 100 户农户进行生产资料和生产水平的调查,在土地方面,样本耕地面积总量为 424.4 亩,户均 4.24 亩,人均 0.83 亩。在农机具方面,共有插秧机 1 台,收割机 2 台,微型耕整机 6 台,犁、耙 21 个,胶轮车 15 辆,水泵 38 个。

在种植作物方面,主要种植水稻、小麦和玉米。其中水稻种植面积为 123.6 亩,户均种植 1.24 亩,主要集中于南湖村;小麦的种植面积为 448 亩,户均种植 4.48 亩;玉米的种植面积为 302 亩,户均种植 3.02 亩;豆类种植面积为 11 亩,薯类种植面积为 5.25 亩,小麦、玉米、豆类、薯类种植较为广泛。

附表 5-16 样本村家庭人口素质及从业情况

类别	分类	人数(人)	比例
样本人口	总人口	511	—
性别	男性	251	49%
	女性	260	51%
就业	劳动力	272	53%
	外出打工	132	26%
	非农生产	45	9%
文化素质	文盲	73	14%
	小学	184	36%
	初中	176	34%
	高中	59	12%
	大专及以上	19	4%
人口组成	农业人口	497	97%
	非农业人口	14	3%

在养殖情况方面,共养家禽 297 只,户均 3 只,家畜 654 头,户均 6.5 只,主要集中于王月城村。生产及种植的详细情况见附表 5-17。

附表 5-17　主要生产资料情况

类别	分类	单位	总量	户均	人均
土地	耕地面积	亩	424.4	4.2	0.83
农机具	插秧机	台	1	0.01	
	收割机	台	2	0.02	
	微型耕整机	台	6	0.06	
	犁、耙	个	21	0.2	
	胶轮车	辆	15	0.2	
	水泵	个	38	0.4	
种植面积	水稻	亩	123.6	1.2	
	小麦	亩	448	4.5	
	玉米	亩	302	3.0	
	豆类	亩	11	0.1	
	薯类	亩	5.3	0.5	
养殖情况	家禽	只	297	3	
	家畜	头	654	6.5	

与上一次监督评估结果相比,耕地面积减少 50 亩,人均土地占有量由 0.89 亩降为 0.83 亩,农机具的数量变化较小,农作物种植面积相应减少,养殖情况大致相当。

在样本户农作物种植结构方面,小麦种植面积占耕地面积的 50.35%,玉米种植面积占耕地面积的 33.94%,水稻种植面积占耕地面积的 13.89%,薯类种植面积各占耕地面积的 0.59%,豆类种植面积各占耕地面积的 1.24%,详见附图 5-8。

与上一次监督评估结果相比,本次调查样本户种植结构未发生较大变化。

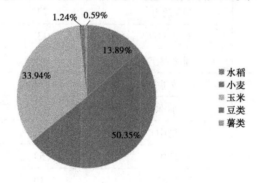

附图 5-8　样本户种植结构情况图

4.2.2　生产水平情况

根据被调查的 100 户农户的基本情况,在家庭经营性收入情况调查中,有效问卷为 100 户,其中有 74 户只来源于种地,22 户来源于养殖,还有 3 户既种地又养殖,1 户来源于经营超市。其基本生产情况经过计算如附表5-18。

与上一次监督评估结果相比，家庭经营性收入来源结构变化较小，单位亩产值则有所增长。

附表5-18　样本村生产水平情况

项目	养殖收入（万元/年）	种植收入（万元/年）	种植用地（亩）	2015年亩产值（万元/亩·a）	2016年亩产值（万元/亩·a）	亩产值增长百分比
数量	88.76	33.26	112.41	0.28	0.30	7.2%

4.3　生活条件及水平

4.3.1　样本户家庭财产情况

对被调查的100户农户进行生活条件的调查，其中，房屋面积的有效问卷为100户，生活用品和交通工具的有效问卷为100户。

在住房条件方面，调查样本的房屋总面积15 426.24 m²，户均154.26 m²。在主要生活用品方面，共有电视机127台，洗衣机97台，冰箱74台，固定电话8部，手机232部，热水器68台，燃气灶78个，电磁炉52台，电脑47台，空调34台。

在交通运输工具拥有方面，共有汽车16辆，拖拉机40台，机动三轮车42辆，摩托车40辆，电动车82辆，自行车88辆。

与上一次监督评估结果相比，由于大部分影响户房屋已经完成拆迁，安置房正在建设或者尚未建设的未统计入内，因此人均房屋面积方面有所下降。其他影响户家庭财产的变化方面不大，总体略有增长。样本户家庭财产详见附表5-19，样本村新建房屋和安置点情况如附图5-9、附图5-10。

附表5-19　样本户家庭财产表

类别	分类	单位	总量	户均
房屋	房屋面积	m²	16 911.06	169.11
主要生活用品	电视机	台	127	1.27
	洗衣机	台	97	0.97
	冰箱	台	74	0.74
	固定电话	部	8	0.08
	手机	部	232	2.32
	热水器	台	68	0.68
	燃气灶	个	78	0.78
	电磁炉	台	52	0.52
	电脑	台	47	0.47
	空调	个	34	0.34

类别	分类	单位	总量	户均
交通运输工具	汽车	辆	16	0.16
	拖拉机	台	40	0.40
	机动三轮车	辆	42	0.42
	摩托车	辆	40	0.40
	电动车	辆	82	0.82
	自行车	辆	88	0.88

附图 5-9　正在新建房屋(南新习村)　　　　附图 5-10　集中安置点(王月城村)

4.3.2　样本户消费水平及消费结构情况

在家庭消费与支出方面,样本户总支出额为 389.15 万元/年,户均支出 3.89 万元。其中食品支出 290.91 万元,户均支出 2.91 万元;衣着支出 13.54 万元,户均 0.13 万元;居住支出 2.31 万元,户均 0.02 万元;家用设备用品及服务支出 11.03 万元,户均支出 0.11 万元;医疗保险支出 48.83 万元,户均支出 0.49 万元;交通通信支出 3.85 万元,户均 0.04 万元;文教娱乐用品及服务支出 16.69 万元,户均 0.17 万元;其他商品及服务支出 1.65 万元。具体情况见附表 5-20。

与上一次监督评估结果相比,本次调查样本户总支出额增加了 28 万元,增长幅度为 7.75%。其中各项支出均有所增长,据样本户反映,其原因则是一方面各项物价较以前有所上涨;另一方面是样本户消费水平在不断提高,消费结构更加合理。但在所有家庭支出中,食品支出、医疗保险支出、文教娱乐用品及服务支在总支出中仍占较大比例。

与上一次监督评估结果相比,本次调查在人均支出结构上变化较小。具体表现为,在人均支出结构中,食品支出的比例依然最大,达到总支出的 74.87%,医疗保险支出占总支出的 12.63%,文教娱乐用品及服务支出占比 4.34%,家庭设备、用品及服务支出占比 2.89%,衣着支出占比 3.42%。具体情况见附图 5-11。

附表 5-20　家庭支出结构统计表 （单位:万元）

种类	总支出额	户均支出	人均支出
合计	389.15	3.89	0.76
食品支出	290.91	2.91	0.569
衣着支出	13.54	0.13	0.026
居住支出	2.31	0.02	0.005
家庭设备、用品及服务支出	11.03	0.11	0.022
医疗保险支出	48.83	0.49	0.096
交通通信支出	3.85	0.04	0.008
文教娱乐用品及服务支出	16.69	0.17	0.033
其他商品及服务支出	1.65	0.02	0.003

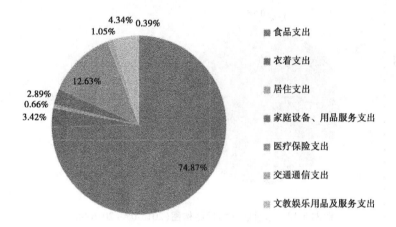

附图 5-11　人均支出结构统计图 （2015-08～2016-08）

4.4　收入构成及水平

4.4.1　样本户家庭收入情况

对被调查的 100 户农户进行纯收入构成及水平的调查,家庭总收入为 495.81 万元,户均纯收入为 4.96 万元,人均纯收入为 0.97 万元,其中,工资性收入为 368.89 万元,家庭经营性收入为 111.78 万元,财产性收入为 12.59 万元,转移性收入为 2.55 万元。具体情况见附表 5-21。

与本底调查相比,本次调查样本户家庭收入增加了 40.71 万元,增长幅度为 8.9%。

附表 5-21　家庭纯收入结构统计表　　　　　　　　　（单位:万元）

种类	纯收入	户均纯收入	人均纯收入
家庭总收入	495.81	4.96	0.97
工资性收入	368.89	3.69	0.72
家庭经营性收入	111.78	1.12	0.22
财产性收入	12.59	0.13	0.02
转移性收入	2.55	0.03	0.01

在被调查家庭的收入结构方面,工资性收入占的比例最大,达到74.4%,家庭经营性收入占的比例为22.5%,转移性收入占的比例为0.5%,财产性收入的比例为2.5%,具体情况见附图5-12。

与上一次监督评股结果相比,被调查家庭的收入结构中工资性收入占比减少,其他收入比重增加。

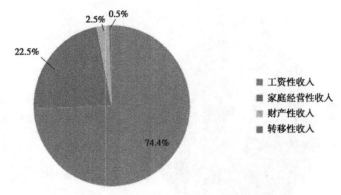

附图 5-12　家庭收入情况结构图(2015-08 ~ 2016-08)

4.4.2　收支对比情况

在收支对比方面,样本人均纯收入0.97万元,人均支出0.76万元;户均纯收入4.96万元,户均支出3.89万元。具体情况见附图5-13、附图5-14。

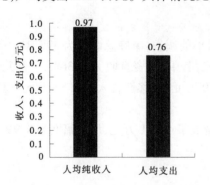

附图 5-13　人均纯收入与支出对比图

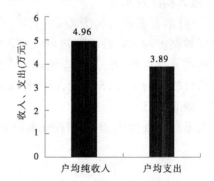

附图 5-14　户均纯收入与支出对比图

与上一次监督评估结果相比,样本户均纯收入、户均支出,样本人均纯收入、人均支出均有所增长。样本户均纯收入增加0.41万元,户均支出增加0.28万元。

4.5 社会关系

在此次调查的过程中,根据对样本村居民访谈和对村干部访谈中可以得出,本工程对村内社会关系的影响较小。从影响范围来看,工程占地面积除南湖村以外都较小;从安置方式来看,均为村内分散安置和村内集中安置,这对村内原有的社会关系没有造成破坏。

首先,从调查的样本户之间的关系来看,在熟人社会中,血缘关系和地缘关系是其中的主要特征。以王月城村为例,在抽样的20户中,有13户为王姓,有4户是同辈份的兄弟关系。在南新习村调查的3户中,有2户也是兄弟关系。在后范庄村调查的12个样本户全为同姓。村民之间生活和谐,社会稳定。

其次,村民与政府之间的关系方面,上一次调查中发现的问题,例如因为政府征地补偿方案的调整,引起部分村民不满,在此次调查中,这种现象基本消除。主要原因是村内提供了较好的地段供拆迁户重新建房,且在建设新房过程中政府也给予了很多帮助,拆迁户均表示比较满意。但在南新习村调查中发现,由于村内宅基地资源非常紧张,村内没有空地供建设新房。在涉及的5户拆迁户中,有4户仍住在被拆迁了一半的老房子中,还有1户暂居住在村内卫生室中。针对此问题,拆迁户意见较大,还需提出切实的措施予以解决,防止矛盾激发。

在村民和村干部的关系方面,村民对村干部较为信任,对于村干部的工作也较为支持。在入户调查中,村民普遍支持引黄入冀工程的建设,并对村干部的宣传表示认可。同时,村干部也比较了解农民的需求,积极反映农民所面临的问题,维护农民的利益,例如南新习村村干部正在商讨可行方案对村内拆迁户进行安置,同时也在申请为村内建设一块可供村民健身休闲娱乐的场所。因此,村民和村干部之间的关系也较为稳定。

5 移民满意度调查

此次监督评估通过问卷、座谈和实地调查等多种方式了解6个样本村移民在搬迁后的整体生产生活恢复情况,包括移民生产安置、移民生活安置、移民知情权参与权监督权等权益保护、弱势群体保护、移民适应性调整等方面。移民满意度调查问卷共发放100份,有效回收100份。总的来说,较上一次监督评估结果,6个样本村移民对生产生活安置效果满意度大大提升,但在某些方面移民安置工作还需改进,具体分析如下。

5.1 移民生产安置满意度

移民生产安置是移民受水利工程征地影响生产资料而解决移民生计问题的有效措施。在本次调查的6个样本村中,本工程共占地845.83亩,主要集中在濮阳县的南胡村和王月城村。因此在耕地数量方面,南湖村和王月城村移民和受影响样本户的满意度稍低,出现3户对此表示不满意,其中2户来自南湖村,1户来自王月城村。其他方面,通过调研发现,由于对移民均采取村内安置,未发生居住地的远距离搬迁,在耕地质量、耕作半径和劳动力安置与就业机会方面较以前没有发生变化,因此6个村的样本户满意度较高,均达到90%以上,没有不满意情况。详见附表5-22、附图5-15。

附表 5-22　移民生产安置满意度情况

项目	满意	基本满意	不满意
	%	%	%
耕地数量	83	14	3
耕地质量	92	8	0
耕作半径	95	5	0
劳动力安置与就业机会	94	6	0

附图 5-15　因开挖河道受影响的耕地（南湖村）

5.2　移民生活安置满意度

移民生活安置是移民受水利工程征地拆迁影响生活资料而恢复移民生活水平问题的有效措施。在本次调查的 6 个样本村中,因本工程影响共有 51 户样本户房屋被拆迁,同样主要集中在王月城村和南湖村。因本次安置方式均为本村后靠集中安置和本村后靠分散安置,所以基本没有改变原有的村容村貌以及样本户的生活环境,在水、电、路等基础设施方面满意度较高。

但在居住条件方面满意度稍低,并出现 3 户不满意情况。其原因则是大部分房屋目前都处于新建过程中,部分样本户目前借住在亲戚家中或者选择租房,另外一部分仍居住在被拆迁了一半的老房屋中,居住条件相比以前有所降低。其中在南新习村 5 户样本户被拆迁中,有 3 户样本户目前村内没有相应足够的宅基地予以建房,其意见较大,对居住条件表示不满意。

此外,因河道开外导致扬尘比较大,6 个样本村村民普遍反映该问题引起日常生活便利程度降低。详见附表 5-23,附图 5-16、附图 5-17。

5.3　移民合法权益及弱势群体保护满意度

通过实地走访调查,发现移民合法权益及弱势群体基本得到了较好的保护。因为关乎自身权益补偿,移民对补偿标准、安置方案都非常了解,政府相关部门对移民政策的宣传和安置信息的公开工作获得了广大移民群众的认可,不存在移民群众不满意的情况。但移民间不免有矛盾与冲突,以天阴村为例,由于前期政策宣传和移民工作充分,村里对征迁无太大意见,基本满意。但由于村里各户土地界址不清,在补偿时存在争议,目前村干部正在帮忙协调。详见附表5-24。

附表5-23　移民生活安置满意度情况

项目	满意	基本满意	不满意
	%	%	%
居住条件	82	15	3
生活用水条件	93	7	0
用电条件	100	0	0
交通条件	86	14	0
通信条件	100	0	0
电视信号	100	0	0
日常生活便利程度	84	16	0
医疗卫生条件	90	10	0
子女上学条件	100	0	0

附图5-16　被拆一半的房屋（王月城村）

附图5-17　工程引发的扬尘（苏堤村）

附表5-24　移民合法权益及弱势群体保护情况

项目	满意	基本满意	不满意
	%	%	%
移民政策宣传	100	0	0
移民安置信息公开	100	0	0
移民申诉与抱怨的接待与处理	88	12	0
公众参与和协商	95	5	0
贫困户的安置	90	10	0

　　针对移民中的弱势群体如老人、贫困户等，各级地方政府尽量站在移民角度，以开发区新习乡南新习村为例，其中一户搬迁户中有高龄带病老人，拆迁前村里移民干部耐心做

思想工作,将其暂时搬迁到大队的卫生室里居住,目前该户移民正在选址建房,拆迁安置工作顺利进行。

5.4 移民社会适应性调整满意度

移民社会适应性调整是指移民在异地搬迁后,适应新的生活环境、建立新的社会关系的过程,这也是移民生产生活恢复情况的重要标志。由于在此次工程影响范围内的影响户均采取本村后靠集中安置或后靠分散安置,对移民原有的生活环境和社会关系网络没有造成太大影响,因此移民样本户在社会适应性调整方面满意度非常高。详见附表5-25。

附表 5-25　移民社会适应性调整情况

项目	满意	基本满意	不满意
	%	%	%
移民搬迁后社会交往	100	0	0
移民搬迁后生活习惯	100	0	0
移民搬迁后社会关系的变化与调整适应	100	0	0

6　基本评价

本次调查的范围是工程征地和移民安置涉及的濮阳市开发区、城乡一体化示范区、濮阳县、清丰县征地影响村和移民安置村。本工程涉及农村居民拆迁 90 户、442 人,拆迁各类房屋 53 087.29 m²;副业 125 家;单位 13 家。总用地面积 15 221.76 亩,其中永久征地 9 327.73 亩,管理机构用地 9.5 亩,临时用地 5 894.03 亩。本工程设计基准年为 2014 年,规划设计水平年为 2016 年。水平年生产安置人口 2 635 人。本次调查的对象涉及所有受影响的四个区县,遵循代表性的原则,依据本底调查的样本村,对农民进行了入户问卷调查,最终得到有效问卷 100 份。对受影响县(区)指挥部工作人员、乡(镇)工程推进主要负责人、6 个样本村村干部进行访谈,作为本次评价分析的材料。

本次调查中,主要从样本村基本情况、样本户基本情况、移民满意度调查等方面展开论述。

在样本村基本情况方面,受影响 6 个样本村均位于平原地区,土层深厚,肥力较高,临近黄河,灌溉和排涝设施较为完善,土地利用程度较高。农作物种植种类丰富,主要以小麦、玉米、水稻、豆类、薯类为主。村庄附近均有等级公路,村内道路基本全部硬化,村民交通出行方便;样本村集市(商店)、医院(诊所)、学校等基础公共设施完善,村民的生产生活便利;水、电、网络通信的入户率在 95% 以上,部分村通天然气,村民家中均拥有现代家用电器,生活条件良好。

在样本户基本情况方面,本次共调查样本村 100 户。样本户人口共计 511 人,其中男性 251 人,女性 260 人。样本户中高中以下学历人口占 80% 以上,劳动力素质不高;因河道工程征迁,移民安置占地,样本户人均耕地仅 0.83 亩,可利用土地资源较为紧张;样本户主要收入来源为外出打工和在家务农,极少数样本户收入来源于家庭养殖和农产品加工,收入来源较为单一;样本户支出较为多元,食品支出、医疗支出较为突出;样本户收入增长速度提高,为7.95%,且支出增长7.75%,样本户持续增收的压力减小。

在移民满意度调查情况方面,从移民生产安置、移民生活安置、移民知情权参与权监督权等权益保护、弱势群体保护、移民适应性调整等多维度反映样本村移民在征地或拆迁后的满意度状况。样本户整体满意度较高,对移民拆迁工作表示认可,对干部工作表示支持。

与上一次调查结果相比,6个样本村发生的变化主要集中在耕地数量、房屋面积、村民收入和支出情况、移民满意度等方面。耕地数量较少,房屋面积减少、村民收入和支出增长,移民满意度整体上升。在样本村户人口、生产资料、家庭主要生活用品、交通运输工具、主要农机具等方面变化不大。

总的来说,在指挥部的坚强领导和地方政府、影响村干部的大力支持和配合下,移民安置补偿工作基本完成,工程推进较为顺利,各影响村的河道正在开挖和整治,预计5月底即可实现通水。在此过程中,各方面冲突与矛盾的控制较为合理,积极回应村民和合理诉求。

按照相关规定,在移民搬迁后,其生活生产水平应恢复到搬迁以前的水平。这是衡量移民工作成败的重要标准之一,在此次调查之后,调查组将对受影响区农民进行追踪,并定期进行回访监测,实时掌握移民生产生活情况。

附录六　移民安置监督评估日志

日期	12月5日	星期	五
天气	晴	温度	

工作地点:引黄入冀指挥部

参加人员:业主、设计、监理

内容:(1)参加业主早餐会,会上明确下周完成沉沙池临地拨款(遗留)、卫河倒虹吸临地补偿、金堤河新增临地补偿款、示范区渠道永久占地补偿款和实施管理费的下拨。

存在问题:	处理方法:

其他事项:

记录人:李腾飞　　　　　　　　　　　　总监督评估师:

附录七　引黄入冀补淀工程(河南段)建设征地拆迁安置监督评估年报

1　概　况

1.1　工程概况

引黄入冀补淀工程是国务院确定的172个重大水利工程之一,工程规模为Ⅰ等工程。工程河南省境内输水线路自渠村引黄闸引水,经1#枢纽分流入南湖干渠后汇入第三濮清南干渠,沿第三濮清南干渠至金堤河倒虹吸,经皇甫闸、顺河闸、范石村闸,走第三濮清南西支至苏堤阳邵节制闸向西北,至清丰县阳邵乡南留固村穿卫河入东风渠。工程涉及濮阳市濮阳县、开发区、城乡一体化示范区、清丰县以及安阳市内黄县,全线长度84.538 km。渠线内共需新建、重建、改建各类建筑物263座,其中沉沙池1座,节制闸13座,倒虹吸4座,跨渠桥梁128座,分水口门118座,排水涵管2座。

引黄入冀补淀工程是在兼顾河南、河北沿线部分地区农业用水的前提下,为白洋淀实施生态补水。沿线总灌溉面积465.10万亩(河南省灌溉面积为193.1万亩,河北省灌溉面积约为272万亩),同时工程实施后可为白洋淀湿地生态系统良性循环提供可靠水源保障。

1.1.1　征迁安置工作概况

工程由国家和河北省政府共同投资兴建,国家发展和改革委员会批复建设单位和项目法人为河北水务集团。2015年9月23日,河北水务集团与濮阳市引黄入冀补淀工程建设指挥部签订了委托协议,协议约定濮阳市引黄入冀补淀工程建设指挥部征迁安置工作范围为濮阳市两县两区、安阳市内黄县、濮阳市与安阳市争议区,不含河北省邯郸市魏县;协议约定引黄入冀补淀工程河南段征迁安置总费用为102 445.59万元,不含初设批复的前期工作费、前期勘测设计费和魏县征迁安置费。费用由濮阳市引黄入冀补淀工程建设指挥部包干使用。

征迁安置过程中实行"政府领导、分级负责、县为基础、项目法人参与"的实施管理体制。濮阳县、开发区、示范区和清丰县政府成立各县(区)引黄入冀补淀建设指挥部,负责征地拆迁工作的具体实施。各县(区)指挥部受市指挥部直接领导,负责征地拆迁工作的实施和协调工作,组织居民进行生产开发和搬迁,进行技术培训,协调解决实施过程中的具体问题,是实施的最直接、最基本的责任单元。

2015年10月8日,河北水务集团发布了引黄入冀补淀工程(河南段)征迁安置监督评估招标公告及引黄入冀补淀工程(河南段)工程建设招标公告,中水北方勘测设计研究有限责任公司参与投标后中标引黄入冀补淀工程(河南段)征迁安置监督评估项目。为了配合征迁工作的开展,中水北方勘测设计研究有限责任公司随即成立了引黄入冀补淀工程(河南段)征迁安置监督评估部。2015年11月8日监督评估项目部人员开始进驻现场开展监督评估工作。

引黄入冀补淀工程用地范围涉及濮阳县 34 个行政村、开发区 31 个行政村、城乡一体化示范区 5 个行政村、清丰县 28 个行政村和内黄县 2 个行政村共计 100 个行政村以及单位用地、公路及水域等国有土地。工程总用地面积 15 221.76 亩,其中永久征地 9 318.23亩,管理机构用地 9.5 亩,临时用地 5 894.03 亩。

专项设施包括输变电工程设施、通信(广电)工程设施、军事设施及管道,共涉及专项管线 220 条/处,其中电力线路 79 条;通信(广电)线路 115 条、通信基站 2 处;军事光缆 2处;各类管道 22 处。采取恢复、改建、保护、一次性补偿等处理方式进行专项处理。专业项目复建投资共 2 129.009 9 万元(含文物保护发掘费 242.27 万元)。

本工程河南段涉及 13 家单位,其中濮阳县 8 家,开发区 3 家,示范区 2 家,均为补偿处理,补偿费用共计 966.906 1 万元。涉及农村居民拆迁 90 户、442 人;副业 125 家;单位13 家;拆迁各类房屋 53 087.29 m²。本工程设计基准年为 2014 年,规划设计水平年为2016 年,水平年生产安置人口 2 365 人。

引黄入冀补淀工程(河南段)征迁安置主要实物指标和投资基本情况详见附表 7-1。

附表 7-1 引黄入冀补淀工程(河南段)征迁安置主要实物指标和投资基本情况表

行政区		户数(户)	人口(人)	土地(亩)			房屋(m²)	投资(万元)
				合计	永久	临时		
濮阳市	濮阳县	73	366	9 029.79	5 328.72	3 701.07	40 869.96	54 228.732 9
	开发区	13	58	2 179.60	1 731.85	447.75	8 422.59	15 347.485 2
	示范区	3	13	270.83	256.32	14.51	944.04	2 315.245 5
	清丰县	1	5	2 326.14	1 836.68	489.46	2 850.7	11 297.067 8
	市属			1 391.27	151.68	1 239.59		1 939.413
濮阳市合计		90	442	15 197.95	9 305.25	5 892.70	53 087.29	102 327.944 4
安阳市内黄县				23.81	22.48	1.33		117.645 6
工程总计		90	442	15 221.76	9 327.73	5 894.03	53 087.29	102 445.59

1.1.2 征迁安置总进度计划

为满足工程实施需要,根据引黄入冀补淀工程施工进度安排,2015 年度计划征地拆迁投资补偿共计 16 760.498 1 万元,2016 年计划完成征地拆迁投资补偿共计 85 605.051 9 万元,2017 年完成征地拆迁全部任务。

2 监督评估工作

2.1 监督评估机构设置

为了更好的服务于项目,积极开展引黄入冀补淀工程(河南段)建设征地拆迁安置监督评估工作,根据本项目的特点以及征迁安置监督评估合同的具体要求,分为监督评估 1组、监督评估 2 组和监测评估 3 组 3 个小组,对项目进度、质量、投资实行控制,实施合同和信息管理。各小组的工作内容及组织结构图如附图 7-1 所示。

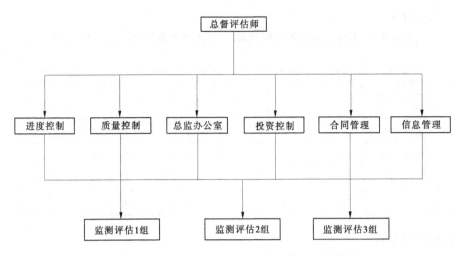

附图 7-1　引黄入冀补淀工程监督评估组织结构图

2.2　监督评估人员设备配备情况

引黄入冀补淀工程征迁安置监督评估部设置监督评估总监 1 名,副总监督评估总监 2 名。总监督评估师根据项目进展情况,合理适当调配人员进场,高峰期现场人数满足合同约定要求,2016 年现场主要人员和设备投入情况如下。

2.2.1　设备投入

附表 7-2　引黄入冀补淀工程(河南段)征迁安置监督评估部投入设备资源统计表

序号	设备名称	单位	数量	备注
1	丰田 SUV	辆	1	
2	起亚 SUV	辆	1	
3	台式机电脑	台	1	组装
4	联想笔记本电脑	台	1	
5	联想笔记本电脑	台	1	
6	HP 打印复印扫描一体机	台	1	
7	佳能数码照相机	部	1	
8	尼康数码相机	部	2	
9	三星照相机	部	2	
10	得利碎纸机	台	1	
11	文件档案柜	组	2	
12	小天鹅洗衣机	台	1	
13	海尔冰箱	台	1	

2.2.2 人员情况

附表7-3　引黄入冀补淀工程(河南段)2016年监督评估人员数量统计表

(单位:人次)

序号	人员类型	1月	2月	3月	4月	5月	6月	7月	8月	9月	10月	11月	12月
1	总监督评估师	1	1	1	1	1	1	1	1	1	1	1	1
2	副总监督评估师	2	2	2	2	2	2	2	2	2	2	2	2
3	监督评估师	19	6	3	3	3	9	3	3	3	3	3	3
4	其他人员	3	3	3	3	3	3	3	3	3	3	3	3
	小计	25	12	9	9	9	15	9	9	9	9	9	9

2.3 监督评估范围

对濮阳县、开发区、城乡一体化示范区、清丰县4个县(区)所涉及的实物量核查、补偿费兑付、土地移交、生产生活安置和专项设施恢复等各项目的实施进行监督评估。

2.4 监督评估目的

监督本工程监督评估的合同目标分为进度控制目标、质量控制目标、投资控制目标以及移民生活水平情况监测四个方面:

(1)进度控制目标:满足主体工程进展需要。按照上级确定的总进度计划,将进度目标分解为实物核查、征地、安置、房屋及专项工程恢复等分目标,跟踪并适时分析各目标进度,保证征迁工作进度满足主体工程建设需求。

(2)质量控制目标:贯彻征地政策、落实征地拆迁安置规划,征地拆迁安置工程质量满足合同质量要求,确保数据准确、程序规范、落实到位。

(3)投资控制目标:通过监督评估体系的控制,确保被征迁农民的利益,确保各级征地拆迁安置资金支付、足额拨付,满足征地拆迁安置需要,无滞留、无挪用。各级资金管理制度健全,资金拨付使用程序符合规定,资金使用方向正确,确保资金使用预期效果的如期实现。

(4)移民生活水平情况监测:监测评估的任务,包括监测评估征迁搬迁的实施进度和社会经济等内容。重点是生产生活安置情况、企事业迁建与恢复情况、收入水平恢复情况、合法权益保护情况、机构运行管理情况、征地拆迁资金执行情况等。

2.5 监督评估主要任务和方法

2.5.1 征迁政策宣传动员工作

通过网络平台、无线电播、广播电视和报纸等多种形式宣传项目政策及补偿标准,2015年11月30日市指挥部印制了《引黄入冀补淀工程(河南段)征迁安置宣传手册》。在实施过程中,监督评估单位就征地拆迁安置发现的热点、难点问题现场从政策层面上给予解释、宣传。

2.5.2 基底调查评估工作

对征地拆迁生产生活情况开展基底调查,采用典型调查和随机抽样相结合的样本选择方法,了解和掌握征地拆迁前的生产生活水平、生产生活方式、就业方式等情况。主要包括:调查监督评估县(区)、村的经济社会情况,收集相关统计资料;对样本村、户进行基本情况调查。

2.5.3 实物指标复核工作

监督评估部配合征迁设计单位、市指挥部及地方征迁安置实施机构对个人和单位提出的复核内容进行复核。复核程序:

(1)在实施过程中,因错漏登引起的实物指标变化由发生变化的单位和个人提出申请,乡(镇)人民政府报县级引黄入冀补淀工程建设指挥部进行初核。

(2)对初核过程中确有错漏登的实物指标,由县指挥部以正式文件报送市指挥部。市指挥部组织征迁设计单位、监督评估单位、勘测定界单位、县(区)指挥部、乡村干部等相关单位和个人共同对现场进行勘查,对勘查中存在的问题由设计单位提出处理意见,监督评估单位现场见证,并做好影像资料的留存工作。

2.5.4 征迁联席会议工作

征迁安置实施过程中发现的问题,通过现场勘查,无法现场确定或存在争议的,由市指挥部组织开展引黄入冀补淀工程征迁联席会议共同会上商议讨论。监督评估部根据现场情况,听取各方代表建议,依照国家相关规范要求,提出合理的建议。通过协商,最后各方会上达成统一处理意见。

2.5.5 补偿费用公示工作

为保证征迁资金的及时拨付和合法使用,加强征迁资金公示环节管理,监督评估部针对濮阳市四县区的资金公示和兑付程序制定了一套规范程序和表格。要求依据设计清单,各县(区)按要求进行个人、集体实物指标明细、数量、补偿标准、补偿费用公示,每次公示时间不得少于 3 d。公示期间,各县(区)通知监督评估部,监督评估部参与公示见证,并留存照相、摄像资料。监督评估部采取会议讲座,现场座谈,定期抽查等方式,帮助各县(区)规范公示程序。

2.5.6 征迁资金拨付工作

实物指标补偿费用公示 3 d 无异议后,各乡(镇)人民政府直接将补偿资金发放个人并办理认可手续。对于资金拨付情况,由各县(区)组织进行汇总统计,定期将汇总情况交市指挥部和监督评估部。监督评估部人员对地方政府资金兑付情况进行不定期检查,并将检查结果及时报送市指挥部。协助市指挥部开展征迁资金拨付情况内部审计工作,督促各县(区)按照整改要求,及时纠正资金拨付过程中存在的问题。

2.5.7 专项设施迁建工作

通过现场查勘,检查核实专业项目的数量是否与实施规划相符,是否符合行业相关规范要求。实施阶段,要求所有参建单位,必须严格执行行业规范的规定,严格执行基本建设程序,认真落实项目法人责任制、招标投标制、建设监理制和合同管理制。参加专业项目的验收工作,核查施工资料和资金拨付、使用情况。

2.5.8 施工环境协调工作

配合市指挥部积极组织开展施工环境协调工作。积极推进征迁土地清障工作,督促各县(区)按要求及时办理土地移交,确保了施工单位能够顺利进场。并在施工过程中,帮助施工单位协调各方关系,确保施工工作顺利开展。

2.5.9 征迁安置例会工作

濮阳市引黄入冀补淀工程建设指挥部为更好地完成引黄入冀补淀工程(河南段)建设征地移民安置工作,市指挥部办公室建立了早例会制度。实施从2015年10月14日起每天08:00在指挥部召开早例会,汇报前天工作、通报情况,安排部署任务。市指挥部2016年10月27日,从濮上园搬至世纪阳光酒店办公,早餐会制度改为每周一召开周例会的形式开展。监督评估项目部参与了每次会议。各工作组分别就工作开展情况做了较为详细的汇报,市指挥部的领导就征迁安置相关工作中待定事项及标准要求做了明确指示。我部在总结以往工作经验的基础上,对征迁安置工作提出了一些建议与意见。

2.6 监督评估工作情况

2.6.1 参加征迁联席会议情况

2016年监督评估部共参加濮阳市引黄入冀补淀工程建设指挥部组织的征迁联席会议32次,其中濮阳县问题会议征迁联席会议8次,开发区问题征迁联席会议9次,示范区问题征迁联席会议1次,清丰县问题征迁联席会议6次,灌溉影响专题联席会议2次,专项设施问题联席会议4次,全市问题征迁联席会议2次。征迁会议情况见附表7-4。通过征迁联席会议,解决了征迁安置过程中遇到的各种问题,同时会议听取各方意见,最终达成统一共识。征迁设代依据会议纪要,结合现场实际情况,最终下达征迁安置补偿清单,

附表7-4 2016年引黄入冀补淀工程(河南段)征迁安置监督评估会议统计表

序号	会议名称	会议时间 (年-月-日)	备注
1	濮阳县渠村乡、清丰县阳邵乡错漏登附着物问题的联席会议	2016-01-11	
2	开发区附着物补偿清单存在问题申请复核的报告及其他相关问题的联席会议	2016-01-23	
3	濮阳县永久占地附着物复核问题联席会议	2016-03-04	
4	清丰县固城段、大屯段、韩村段、阳邵段集体房屋及附属物复核有关问题的联席会议	2016-03-12 2016-03-18	
5	开发区附着物复核等有关问题的联席会议	2016-03-13	
6	濮阳县水利和道路设施补偿、占地附着物复核等有关问题联席会议	2016-04-06	
7	开发区段征迁复核工作有关问题的联席会议	2016-04-06 2016-04-07	
8	清丰县征迁用地有关问题的联席会议	2016-04-07	
9	濮阳市引黄入冀补淀工程施工期间停水对城市水系影响问题的联席会议	2016-04-12	
10	濮阳市引黄入冀补淀工程施工期间停水对农业灌溉影响问题的联席会议	2016-04-13	

序号	会议名称	会议时间 （年-月-日）	备注
11	专业项目设施迁建和保护工作专题联席会议	2016-04-13	
12	开发区王助镇西郭寨村改线段有关问题专题联席会议	2016-04-25	
13	引黄入冀补淀工程灌溉影响有关事项的专题联席会议	2016-04-25	
14	清丰县征迁工作有关问题的联席会议	2016-05-25	
15	示范区征迁工作有关问题的联席会议	2016-05-30	
16	濮阳县征迁工作有关问题的联席会议	2016-05-31	
17	专项管道迁建保护方案及相关工作的联席会议	2016-06-22	
18	濮阳市引黄入冀补淀工程有关问题的联席会议	2016-06-30	
19	开发区王助镇西郭寨村段征迁复核有关问题联席会议	2016-07-04	
20	清丰县工程建设有关问题联席会议	2016-07-18	
21	开发区房屋征迁复核有关问题工作联席会议	2016-08-02	
22	濮阳县房屋征迁及其他问题的联席会议	2016-08-18 ~ 2016-08-19	
23	关于清丰县、内黄县征迁工作联席会议	2016-08-29	
24	濮阳县打通施工通道有关问题的联席会议	2016-09-12	
25	濮阳县征迁工作有关问题的联席会议	2016-10-20	
26	开发区征迁问题的联席会议	2016-10-22	
27	开发区段征迁工作若干问题的联席会议	2016-11-11	
28	引黄入冀城区段工程开工协调主任办公会	2016-11-08	
29	沿线农村电力设施迁建问题联席会议	2016-11-24	
30	清丰县征迁工作联席会议	2016-12-10	
31	濮阳县征迁工作有关问题联席会议	2016-12-11	
32	关于开发区征迁和实施环境联席会议	2016-12-17	

2.6.2 征迁安置监督评估文件情况

2016 年监督评估部完成监督评估月报编制工作 12 份，完成并报送市指挥部引黄入冀补淀工程征迁补偿款核查情况说明报告 4 份，完成监测评估《引黄入冀补淀工程（河南段）移民安置生产生活水平监督评估本底调查报告》。针对征迁安置监督评估过程中发现的问题，及时报送市指挥部，2016 年编制完成监督评估通知 3 份，完成监督评估函和建议文件共 10 份，详见附表 7-5。

附表 7-5   2016 年引黄入冀补淀工程(河南段)征迁安置监督评估文件统计表

文件编号	文件名称	发文日期 (年-月-日)	备注
中水补淀监字〔2016〕1 号	关于成立引黄入冀补淀工程(河南段) 征迁安置监督评估部的函	2016-03-23	
中水补淀监字〔2016〕2 号	关于加强征迁资金公示环节管理的函	2016-03-23	
中水补淀监字〔2016〕3 号	关于征迁资金公示及拨付管理问题的函	2016-04-28	
中水补淀监字〔2016〕4 号	关于征迁资金公示兑付统计上报的函	2016-05-09	
中水补淀监字〔2016〕5 号	关于加快征迁资金公示兑付统计上报的函	2016-05-31	
中水补淀监字〔2016〕6 号	关于开发区征迁资金上报资料存在问题的函	2016-06-20	
中水补淀监字〔2016〕7 号	关于报送监督评估工作大纲及实施细则的函	2016-01	
中水补淀监字〔2016〕8 号	关于征迁资金上报资料存在问题的函	2016-07-27	
中水补淀监字〔2016〕9 号	关于专业项目处理情况存在问题的函	2016-07-27	
中水补淀监字〔2016〕10 号	关于下一步顺利开展监督评估工作的建议	2016-08-24	

2.6.3   生产生活水平本底调查情况

2016 年监督评估部组织对工程影响的搬迁和外出安置搬迁前生产生活水平进行摸底调查。遵循全面性、代表性等原则,采用典型调查和随机抽样相结合的样本选择方法,本次本底调查选取 4 个县(区)的苏堤村、天阴村、南新习村、王月城、南湖村、后范庄村等6 个样本村(社区)、组,抽样比率 42.86%。

调查过程中评估工作组分别使用问卷调查法、个案访谈法、实地观察法、座谈会法、文献研究等方法,广泛听取各级移民干部和移民的意见,深入收集涉及工程移民搬迁和安置的各类文件。最终得到有效问卷 100 份,并和受影响区域的县(区)指挥部工作人员、四个乡(镇)的政府主要负责人以及 6 个村的村干部进行了访谈。

附表 7-6   本底调查范围

序号	县(区)	村	基准年搬迁 安置人口 (人)	水平年搬迁 安置人口 (人)	安置户数 (户)	安置用地 (亩)	样本户	备注
1	濮阳县	南湖村	500	500	144	60	28	生产安置
2	濮阳县	王月城村	104	105	20	12.60	20	搬迁
3	开发区	南新习村	14	14	5	1.68	15	5 户搬迁
4	开发区	天阴村	9	9	4	1.08	14	4 户搬迁
5	示范区	后范庄村	9	9	2	1.08	12	2 户搬迁
6	清丰县	苏堤村	5	5	1	0.60	11	1 户搬迁
合计			641	642	176	77.04	100	

通过对抽样村(社区)、组的基本情况进行问卷调查,建立移民搬迁前生活水平本底,为移民生产生活水平恢复情况监督评估奠定基础。本底调查的主要内容包括人口情况和劳动力从业结构、生产资料及生产条件、基础设施和公共服务设施、收入情况和生活条件、村级(社区)组织建设等情况。

2.7 征迁安置规划的调整情况

2015 年 11 月 8 日,进场以来,监督评估部依据设计清单和初步设计报告,积极配合市指挥部、征迁设计、勘测定界、河北建管局河南建设部、各县乡征迁安置实施管理机构等单位开展全面复核工作。

2016 年 12 月 14 日,河南省政府移民工作领导小组办公室组织专家对河南省水利勘测设计研究有限责任公司编制的《引黄入冀补淀工程(河南段)建设拆迁安置实施规划报告》进行了审查,对比初步设计报告,征迁安置规划做出调整情况如下。

2.7.1 征用土地

与初步设计相比,永久征地面积增加 279.16 亩,主要原因为:

(1)根据河北水利厅、河北水务集团与濮阳市引黄入冀补淀工程建设指挥部的会商纪要〔2016〕4 号,以及《濮阳市引黄入冀补淀工程建设指挥部办公室征迁会议纪要》(〔2016〕26 号),增加滩区征地 199.04 亩。

(2)渠首渠道部分变化增加 16.52 亩。

(3)根据河北省引黄入冀补淀工程建设管理局河南建设部《关于引黄入冀补淀工程巡视路(清丰段)线路变更的函》(引黄河南建〔2015〕011 号)、《关于连同新习镇巡视道路的函》(引黄河南建〔2016〕025)、《关于清丰段巡视道路局部连通的函》(冀引黄局河南部〔2016〕027 号)三个文件,增加清丰县从右岸调整到左岸并连通征地 42 亩,增加开发区约 700 m、清丰县约 300 m 巡视道路征地共计 7.63 亩。

(4)根据河北省引黄入冀补淀工程建设管理局河南段建设部《关于配合范石分水闸征迁工作的通知》(冀引黄局河南部〔2016〕66 号)增加清丰县范石闸永久征地 11.09 亩。

(5)土地勘界实测面积增加 2.88 亩。

2.7.2 房屋及附属设施

与初设相比,房屋面积增加 3 354.00 m^2,主要原因为:

(1)根据项目业主河北水务集团与濮阳市会商纪要〔2016〕5 号,以及《濮阳市引黄入冀补淀工程建设指挥部办公室征迁会议纪要》(〔2016〕26 号),同意毛寨村行政村打铁庄自然村房屋由补偿占压房屋改为补偿全村房屋,增加人口 44 人,房屋面积 1 400 m^2。

(2)对房屋全面复核,对巡视道路占压房屋全面复核及调查,增加房屋面积 1 312 m^2。此外桥梁征地范围调整引起房屋面积有所变化,并对提出错漏登房屋附属物进行复核增减。

2.7.3 零星树木、机井、坟墓

与初设相比,零星树木、机井、坟墓均有减少,主要原因为初设阶段沉沙池弃渣场临时用地位置未定,临时用地均按水浇地未详查,采用推算指标。实施阶段对临时用地详查,按实际地类,并对零星树木、坟墓、机井进行了详查,数量均有所减少。

2.7.4 专业项目

与初设相比,减少 20 条(处),其中输电线路及台区减少 13 条,通信线路减少 27 条,

管道增加 20 条。

3 征迁安置工作

3.1 建设征地完成情况

2016 年,已完成调查复核永久征地 9 176.05 亩(含原渠道土地面积),完成调查复核临时占地 4 654.12 亩。其中濮阳县完成调查复核永久征地 5 128.72 亩,占本区任务的 98.83%,完成调查复核临时用地 3 701.07 亩;开发区完成调查复核永久征地 1 731.85 亩,完成调查复核临时用地 447.75 亩;示范区完成调查复核永久征地 256.32 亩,完成临时用地 14.51 亩;清丰县完成调查复核永久征地 1 836.68 亩,完成调查复核临时用地 489.46 亩;安阳内黄县永久征地 22.48 亩,临时用地 1.33 亩,详见附表 7-7。

附表 7-7 引黄入冀补淀工程(河南段)征迁进展情况统计表

区县	永久征地			临时用地		
	已完成(亩)	复核量(亩)	复核率	已完成(亩)	复核量(亩)	复核率
濮阳县	5 328.72	5 328.72	100%	3 701.07	3 701.07	100%
开发区	1 731.85	1 731.85	100%	447.75	447.75	100%
示范区	256.32	256.32	100%	14.51	14.51	100%
清丰县	1 836.68	1 836.68	100%	489.46	489.46	100%
内黄县	22.48	22.48	100%	1.33	1.33	100%
小计	9 176.05	9 176.05	100%	4 654.12	4 654.12	100%
市属	151.68	151.68	100%	1 293.91	0	0
合计	9 327.73	9 327.73	100%	5 948.03	4 654.12	78.24%

3.2 房屋拆迁任务完成情况

2016 年,已完成房屋拆迁任务 217 户,共计房屋面积 37 001 m^2,搬迁人口 697 人。其中,濮阳县拆迁房屋 166 户,搬迁人口 639 人,拆迁房屋面积 25 783.22 m^2;开发区拆迁房屋 47 户,搬迁人口 40 人,拆迁房屋面积 8 134.2 m^2;示范区拆迁房屋 3 户,搬迁人口 13 人,拆迁房屋面积 944.04 m^2;清丰县拆迁房屋 2 户,搬迁人口 5 人,拆迁房屋面积 2 139.69 m^2。

3.3 征迁资金拨付情况

2016 年,河北水务集团拨付濮阳市征迁资金 100 708.28 万元。濮阳市引黄入冀补淀工程建设指挥部根据河南省水利水电勘测设计研究有限公司设计代表处下达的补偿清单下拨建设征地移民补偿资金,截至 2016 年 12 月 31 日,拨付征迁协议内资金 96 863 万元,市指挥部根据征迁进度已下达县(区)建设征地移民安置补偿资金 87 469.463 9 万元。其中拨付征迁协议内资金 75 623.18 万元,拨付耕地占补平衡费 8 000 万元,拨付临时耕地占用税 3 846.283 9 万元(不包含在委托协议内)。占濮阳市建设征地移民安置补偿总资金的 73.82% ,占已到位资金的 78.07% 。

3.4 征迁资金使用情况

截至 2016 年 12 月 31 日,市指挥部根据征迁进度已下达县(区)建设征地移民安置补偿资金 75 623.18 万元。其中:

(1)濮阳县 45 993.03 万元(耕地占补平衡费 6 000 万元,耕地占有税 2 993 万元,机构开办费 93 万元,实施管理费 650 万元),为濮阳县批复资金的 84.81% 。

(2)清丰县 11 163.27 万元(耕地占有税 321 万元,机构开办费 38 万元,实施管理费 108 万元),为清丰县批复资金的 95.54% 。

(3)开发区 14 662.82 万元(耕地占有税 321 万元,机构开办费 45 万元,实施管理费 190 万元),为开发区批复资金的 95.27% 。

(4)城乡一体化示范区 2 205.62 万元(其中耕地占有税 43 万元,机构开办费 10 万元,实施管理费 38 万元),为示范区批复资金的 97.80% 。

(5)市属 1 598.44 万元,占总任务的 8.35% ,详见附表 7-8 ~ 附表 7-10。

附表 7-8　引黄入冀补淀工程 2016 年征迁资金拨付情况统计表

编号	分区	批复资金 (万元)	已拨付资金 (万元)	完成率(%)	备注
一	濮阳市	102 445.59	75 623.18	73.82%	
1	濮阳县	54 228.73	45 993.03	84.81%	
2	开发区	15 347.49	14 662.82	95.54%	
3	示范区	2 315.25	2 205.62	95.27%	
4	清丰县	11 414.71	11 163.27	97.80%	含内黄县
5	市属	19 139.41	1 598.44	8.35%	含专项
二	占补平衡费		8 000.00		
三	临时用地占用税		3 846.28		
	合计	102 445.59	87 469.463 9	85.38%	

附表7-9　2016年濮阳市征迁资金拨付使用情况统计表

序号	项目名称	资金量（万元）	资金流向单位	下拨时间	拨付依据	拨付文件	土地（亩）永久用地	土地（亩）临时用地	房屋（m²）	备注
1	拨付征迁安置补偿资金（金堤河倒虹吸）	1 117.73	濮阳县指挥部办公室	2015-10-23	豫水设函[2015]293号	濮入冀指办[2015]3号	255.22		144.11	
2	拨付征迁安置补偿资金（卫河倒虹吸）	794.049 5	清丰县指挥部办公室	2015-10-23	豫水设函[2015]293号	濮入冀指办[2015]4号	172.45		13.53	
3	预拨征迁安置资金（沉沙池、1号枢纽）	14 000	濮阳县指挥部办公室	2015-10-27	豫水设函[2015]295号	濮入冀指办[2015]5号	3 003.17			
4	拨付征迁安置资金（沉沙池、1号枢纽剩余部分）	1 873.107 8	濮阳县指挥部办公室	2015-10-29	豫水设函[2015]295号	濮入冀指办[2015]6号				
	本月小计	17 784.887 3					3 430.84		157.64	
5	拨付机构办开费	186	濮阳县、开发区、示范区、清丰县	2015-11-05	市指挥部会议纪要	濮入冀指办[2015]11号				
6	拨付王芝河村永久征地补偿款调整增加	3.102	濮阳县指挥部办公室	2015-11-06	豫水设函[2015]297号	濮入冀指办[2015]12号				
7	拨付濮阳县部分单位补偿款	206.036	濮阳县指挥部办公室	2015-11-16	豫水设函[2015]307号	濮入冀指办[2015]13号			1 294.43	
8	拨付金堤河倒虹吸临时用地与永久用地新增机井补偿款	9.464 7	濮阳县指挥部办公室	2015-11-23	豫水设函[2015]308号	濮入冀指办[2015]14号		35.28		分别为93万元、45万元、10.38万元
9	拨付永久占地部分耕地占用税	3 614	濮阳市引黄工程管理处	2015-11-26	冀水务函[2015]6号	濮入冀指办[2015]16号				
	本月小计	4 018.602 7						35.28	1 294.43	

续附表 7-9

序号	项目名称	资金量(万元)	资金流向单位	下拨时间	拨付依据	拨付文件	土地(亩) 永久用地	土地(亩) 临时用地	房屋(m²)	备注
10	拨付集体及个人财产补偿费	65.022 8	濮阳县指挥部办公室	2015-12-02	豫水设函[2015]310号	濮入冀指办[2015]17号			720.97	
11	预拨濮阳县沉沙池临时用地补偿费	500	濮阳县指挥部办公室	2015-12-04	初步清单	濮入冀指办[2015]18号				
12	拨付实施管理费	585	濮阳县、开发区、示范区、清丰县指挥部	2015-12-07	市指挥部会议纪要5号	濮入冀指办[2015]19号				分别为300万元、140万元、25万元、120万元
13	预拨示范区征迁安置补偿资金	1 500	示范区指挥部办公室	2015-12-08	初步清单	濮入冀指办[2015]20号				
14	拨付金堤河新增临时用地补偿费	5.356 6	濮阳县指挥部办公室	2015-12-09	豫水设函[2015]319号	濮入冀指办[2015]21号		37.07		
15	拨付沉沙池临时用地剩余补偿费	106.064 4	濮阳县指挥部办公室	2015-12-11	豫水设函[2015]322号	濮入冀指办[2015]22号		2 854.72		濮指办[2015]18号已预拨500万元
16	拨付卫河倒虹吸临时用地补偿费	58.585 9	清丰县指挥部办公室	2015-12-11	豫水设函[2015]323号	濮入冀指办[2015]23号		91.17		
17	拨付调整增加的林木补偿费	9.557 9	濮阳县指挥部办公室	2015-12-20	引黄设移[2015]1号	濮入冀指办[2015]24号				
18	拨付调整增加的附着物补偿费	253.318	濮阳县指挥部办公室	2015-12-20	引黄设移[2015]2号	濮入冀指办[2015]25号				
19	拨付永久用地社会保障费	1 342.191 7	濮阳县、清丰县指挥部办公室	2015-12-20	豫水设函[2015]293号、豫水设函[2015]295号	濮入冀指办[2015]26号				分别为1 299.553 3万元、42.638 4万元

续附表 7-9

序号	项目名称	资金量（万元）	资金流向单位	下拨时间	拨付依据	拨付文件	土地（亩）永久用地	临时用地	房屋（m²）	备注
20	预拨开发区、清丰县征正安置费	13 000	开发区、清丰县指挥部办公室	2015-12-22	《引黄入冀补淀工程（河南段）征正安置委托协议》	濮入冀指办[2015]27号				分别为8 000万元、5 000万元
21	预拨沉沙池以下渠道部分征正安置补偿费	8 000	濮阳县指挥部办公室	2015-12-25	初步清单	濮入冀指办[2015]29号				
22	拨付示范区征正安置补偿资金余款	476.657 1	示范区指挥部办公室	2015-12-28	引黄设移[2015]3号	濮入冀指办[2015]30号	274.16		845.05	濮指办[2015]20号已预拨1 500万元
23	拨付沉沙池下游渠道永久用地及附着物剩余补偿资金	2 176.656 3	濮阳县指挥部办公室	2015-12-31	引黄设移[2015]4号	濮入冀指办[2015]31号	1 905.5			
	本月小计	28 078.410 7					2 179.66	2 982.96	1 566.02	
24	拨付调整增加的林木补偿费	11.565 6	濮阳县指挥部办公室	2016-01-01	引黄设移[2016]1号	濮入冀指办[2016]1号				
25	拨付永久用地及附着物剩余补偿资金	2 556.354 7	清丰县指挥部办公室	2016-01-06	引黄设移[2016]3号	濮入冀指办[2016]2号	1 678.69			
26	拨付沉沙池2#营地及施工道路临时用地补偿资金	40.748	濮阳县指挥部办公室	2016-01-11	引黄设移[2016]5号	濮入冀指办[2016]3号		29.37		
27	预拨开发区征正安置资金	3 000	开发区指挥部办公室	2016-01-11	引黄设移[2016]4号	濮入冀指办[2016]4号	679.4			
28	濮阳县渠村乡工程用地及附着物更正补偿资金	358.131 6	濮阳县指挥部办公室	2016-01-14	引黄设移[2016]8号	濮入冀指办[2016]5号				
29	濮阳县部分排地占补平衡费	4 000	濮阳县指挥部办公室	2016-01-14	冀水务函[2016]8号	濮入冀指办[2016]6号				

序号	项目名称	资金量（万元）	资金流向单位	下拨时间	拨付依据	拨付文件	土地（亩） 永久用地	土地（亩） 临时用地	房屋（m²）	备注
30	清丰县阳邵段部分工程用地及附着物更正补偿资金	1.714 5	清丰县指挥部办公室	2016-01-17	引黄设移[2016]7 号	濮人冀指办[2016]7 号				
31	拨付濮阳县西台上村临时用地补偿资金	2.966 1	濮阳县指挥部办公室	2016-01-23	引黄设移[2016]9 号	濮人冀指办[2016]9 号		23.92		
32	拨付开发区 2 标预制梁场临时用地补偿资金	9.516 1	开发区指挥部办公室	2016-01-23	引黄设移[2016]11 号	濮人冀指办[2016]10 号				
33	拨付开发区永久用地剩余征正安置补偿资金	363.182	开发区指挥部办公室	2016-01-28	引黄设移[2016]6 号、引黄设移[2016]4 号、引黄设移[2016]12 号	濮人冀指办[2016]13 号	1 082.8			
	本月小计	10 344.178 6					3 440.89	53.29		
34	拨付开发区调整后 2 标预制梁场临时用地补偿资金	3.606 6	开发区指挥部办公室	2016-03-01	引黄设移[2016]11 号、引黄设移[2016]13 号	濮人冀指办[2016]14 号		23.35		土地面积因冈引黄设移[2016]13 号变化
35	拨付濮阳县旧沿渠施工道路临时用地补偿资金	118.234 7	濮阳县指挥部办公室	2016-03-01	引黄设移[2016]15 号	濮人冀指办[2016]15 号		222.63		
36	拨付开发区沿渠施工道路临时用地补偿资金	97.417 5	开发区指挥部办公室	2016-03-11	引黄设移[2016]16 号	濮人冀指办[2016]16 号		76.1	3.32	
37	拨付开发区调整后部分永久用地补偿资金	22.498	开发区指挥部办公室	2016-03-12	引黄设移[2016]17 号	濮人冀指办[2016]17 号	0.36			
38	拨付濮阳县曾小部学校及团壁争议房屋补偿费	429.679 7	濮阳县指挥部办公室	2016-03-12	引黄设移[2016]18 号	濮人冀指办[2016]18 号			1 739.62	
39	拨付清丰县临时用地补偿费	85.624 4	清丰县指挥部办公室	2016-03-18	引黄设移[2016]14 号	濮人冀指办[2016]19 号		359.27		

续附表 7-9

序号	项目名称	资金量(万元)	资金流向单位	下拨时间	拨付依据	拨付文件	土地(亩) 永久用地	土地(亩) 临时用地	房屋(m²)	备注
40	拨付濮阳县永久、临时征地补偿费(调整)	70.466 5	濮阳县指挥部办公室	2016-03-24	引黄设移[2016]19号	濮入冀指办[2016]21号				
41	拨付开发区新习乡永久征地补偿费(调整)	7.575 2	开发区指挥部办公室	2016-03-24	引黄设移[2016]20号	濮入冀指办[2016]22号				
42	拨付濮阳县第一批拆迁房屋补偿费	684.775 2	濮阳县指挥部办公室	2016-03-28	引黄设移[2016]21号	濮入冀指办[2016]24号			7 779.84	
43	拨付濮阳县第二批沿渠施工道路临时用地补偿费	6.503 3	濮阳县指挥部办公室	2016-03-28	引黄设移[2016]22号	濮入冀指办[2016]25号		6.71		
44	拨付清丰县部分工程用地及附着物更正补偿资金(调整)	5.939 2	清丰县指挥部办公室	2016-03-28	引黄设移[2016]23号、引黄设移[2016]03号	濮入冀指办[2016]26号	-0.14			土地减少,附属物增加
	本月小计	1 532.320 3					0.22	688.06	9 522.78	
	关于下达引黄入冀补淀工程实施管理费的通知	303	濮阳县、清丰县、开发区、城乡一体化示范区	2016-04-06		濮入冀指办[2016]29号				
45	开发区濮阳职业技术学院永久征地补偿费(调整)		开发区指挥部办公室	2016-04-14	引黄设移[2016]24号	濮入冀指办[2016]31号				因学院与边界变化做调整
46	拨付濮阳县工程用地及附着物补偿资金(调整)	18.122 8	濮阳县指挥部办公室	2016-04-14	引黄设移[2016]25号	濮入冀指办[2016]32号	0.25	4.73	76.72	
	开发区部分工程用地补偿费(调整)	16.166 2	开发区指挥部办公室	2016-04-14	引黄设移[2016]26号	濮入冀指办[2016]33号				
47	拨付开发区新习乡新增巡视路永久征地补偿费	23.206 2	开发区指挥部办公室	2016-04-20	引黄设移[2016]28号、冀引黄局河南部[2016]036号	濮入冀指办[2016]35号	4.61			

序号	项目名称	资金量（万元）	资金流向单位	下拨时间	拨付依据	拨付文件	土地（亩）永久用地	土地（亩）临时用地	房屋（m²）	备注
48	拨付开发区6#、8#临时用地补偿费	54.649	开发区指挥部办公室	2016-04-20	引黄设移[2016]29号	濮入冀指办[2016]36号		210.19	33	
49	本月小计	415.144 2					4.86	214.92	109.72	
50	关于拨付开发区调整后部分工程用地补偿费的通知	2.178	开发区指挥部办公室	2016-04-25	引黄设移[2016]30号	濮入冀指办[2016]37号				大棚设施调整
51	关于拨付清丰县杨韩村新增临时用地补偿费的通知	1.683 2	清丰县指挥部办公室	2016-04-25	引黄设移[2016]33号	濮入冀指办[2016]38号		10.22		杨韩村养渣场
52	关于拨付清丰县部分工程用地补偿费的通知	28.665 3	清丰县指挥部办公室	2016-04-26	引黄设移[2016]27号	濮入冀指办[2016]40号	1.56	1.47		
53	关于拨付清丰县阳邵乡新增巡视道路永久征地补偿费的通知	13.029 6	清丰县指挥部办公室	2016-04-26	引黄设移[2016]31号	濮入冀指办[2016]41号	3.02			
54	关于拨付濮阳县秦安集村工程用地补偿费的通知	4.461 9	濮阳县指挥部办公室	2016-04-29	引黄设移[2016]32号	濮入冀指办[2016]42号				地表调整
55	关于城乡一体化示范区顺河闸临时用地补偿费的通知	5.707 2	示范区指挥部办公室	2016-04-29	引黄设移[2016]35号	濮入冀指办[2016]43号		11.55		顺河闸临时用地
56	关于下达引黄入冀补淀工程灌溉影响损失补偿资金的通知	3 000	濮阳县、清丰县、开发区、城乡一体化示范区	2016-04-29		濮入冀指办[2016]44号				灌溉影响损失补偿资金

续附表 7-9

序号	项目名称	资金量(万元)	资金流向单位	下拨时间	拨付依据	拨付文件	土地(亩)		房屋(m²)	备注
							永久用地	临时用地		
	本月小计	3 055.725					4.58	23.24		
57	关于拨付开发区王什村永久用地补偿费的通知	2.152 2	开发区指挥部办公室	2016-05-05	引黄设移[2016]37号	濮入冀指办[2016]46号				地类归属调整
58	关于拨付开发区10#弃渣场临时用地补偿费的通知	18.005 9	开发区指挥部办公室	2016-05-05	引黄设移[2016]39号	濮入冀指办[2016]47号		117.4		10#弃渣场
59	关于拨付濮阳县部分耕地占补平衡费的通知	2 000	濮阳县指挥部办公室	2016-05-13		濮入冀指办[2016]49号				耕地占补平衡费
60	关于拨付开发区8#弃渣场增加临时用地补偿费的通知	1.279	开发区指挥部办公室	2016-05-13	引黄设移[2016]41号	濮入冀指办[2016]50号				8#弃渣场
61	关于拨付清丰县亦堤村有关费用的通知	2.174	清丰县指挥部办公室	2016-05-13	引黄设移[2016]44号	濮入冀指办[2016]51号				过渡期生活、小型水利水电
62	关于拨付示范区增加房屋补偿费的通知	0.656	开发区指挥部办公室	2016-05-13	引黄设移[2016]45号	濮入冀指办[2016]52号				无房屋面积
63	关于拨付开发区第一批拆迁房屋补偿费的通知	2.097 1	开发区指挥部办公室	2016-05-13	引黄设移[2016]46号	濮入冀指办[2016]53号			67	第一批房屋补偿费
64	关于拨付濮阳县过渡期生活补助等有关费用的通知	681.165 5	濮阳县指挥部办公室	2016-05-25	引黄设移[2016]42号	濮入冀指办[2016]58号				过渡期生活、边角地、小型水利水电
65	关于拨付濮阳县岳辛庄村沿渠道路临时用地增加补偿费的通知	0.269 6	濮阳县指挥部办公室	2016-05-25	引黄设移[2016]43号	濮入冀指办[2016]59号		0.5		岳辛庄临时道路

序号	项目名称	资金量（万元）	资金流向单位	下拨时间	拨付依据	拨付文件	土地（亩）永久用地	土地（亩）临时用地	房屋（m²）	备注
66	关于拨付第一批临时用地复耕费、腐殖土剥离费的通知	2 293.278 4	濮阳县、清丰县、城乡开发区一体化示范区	2016-05-25	引黄设移〔2016〕48 号	濮人冀指办〔2016〕60 号				土地复耕、耕作层剥离
67	关于拨付开发区 2 标临时用地增加补偿资金的通知	0.68	开发区指挥部办公室	2016-05-25	引黄设移〔2016〕51 号	濮人冀指办〔2016〕61 号				2 标临时用地 4 家双棺
68	关于濮阳县第一批拆迁房屋增加补偿费的通知	1.849	濮阳县增加补偿费	2016-05-26	引黄设移〔2016〕52 号	濮人冀指办〔2016〕62 号				增加房屋补偿
70	关于调整濮阳县部分单位房屋补偿费的通知	0	濮阳县指挥部办公室	2016-05-30	引黄设移〔2016〕47 号	濮人冀指办〔2016〕63 号			181.42	灌区管理房由砖混调整为砖木，核减附属房
71	关于拨付开发区 2 标临时用地增加补偿资金的通知	0.344 8	开发区指挥部办公室	2016-05-30	引黄设移〔2016〕54 号	濮人冀指办〔2016〕64 号		0.2		2 标 10#养土场临时用地有 2 家：1 家单棺，1 家双棺
	本月小计	3 003.952						117.1	181.42	
72	关于拨付清丰县阳部间临时用地补偿费的通知	0.499 7	清丰县指挥部办公室	2016-06-03	引黄设移〔2016〕53 号	濮人冀指办〔2016〕65 号		4.03		
73	关于拨付清丰县部分工程用地补偿费的通知	5.420 1	清丰县指挥部办公室	2016-06-08	引黄设移〔2016〕34 号	濮人冀指办〔2016〕67 号				经补偿调整，补充清单中增加费用
74	关于拨付濮阳县渠村乡拆迁房屋补偿费的通知	398.291 9	濮阳县指挥部办公室	2016-06-08	引黄设移〔2016〕38 号	濮人冀指办〔2016〕68 号			4 581.8	

续附表 7-9

序号	项目名称	资金量（万元）	资金流向单位	下拨时间	拨付依据	拨付文件	土地（亩）永久用地	临时用地	房屋（m²）	备注
75	关于拨付濮阳县1标2#、4#弃渣场临时用地补偿费的通知	19.924 6	濮阳县指挥部办公室	2016-06-08	引黄设移[2016]50号	濮人冀指办[2016]69号		121.43		1标弃土场临时用地有25家双棺，2株零星树
76	关于拨付示范区部分工程用地及附属物补偿费的通知	15.023 2	示范区指挥部办公室	2016-06-08	引黄设移[2016]56号	濮人冀指办[2016]70号		0.89		增加后示范区进退灌站1处，需补偿单位房屋及附属设施
77	关于拨付开发区第二批拆迁房屋补偿费的通知	344.869 6	示范区指挥部办公室	2016-06-17	引黄设移[2016]49号	濮人冀指办[2016]80号			3 960.67	
78	关于拨付濮阳县1标3#弃渣场临时用地补偿费的通知	10.578 2	濮阳县指挥部办公室	2016-06-17	引黄设移[2016]58号	濮人冀指办[2016]81号		44.93		1标3#弃土场临时用地有19家双棺，7株零星树
79	关于拨付清丰县绕行道路临时用地补偿费的通知	0.281 6	清丰县指挥部办公室	2016-06-17	引黄设移[2016]59号	濮人冀指办[2016]82号		1.19		所征临时用地范围内有零星树木23株
80	关于下达内黄县引黄人冀补淀工程实施管理费的通知	10	清丰县指挥部办公室	2016-06-17		濮人冀指办[2016]83号				实施管理费由清丰县指挥部办公室转拨内黄县征迁部门
81	关于调整濮阳县部分单位房屋补偿费的通知	21.005 9	濮阳县指挥部办公室	2016-06-22	引黄设移[2016]47号	濮人冀指办[2016]84号				集体房屋调整为单位房屋增加补偿费
82	关于拨付濮阳县第二批拆迁房屋补偿费的通知	1 234.113 1	濮阳县指挥部办公室	2016-06-22	引黄设移[2016]61号	濮人冀指办[2016]85号			17 223.76	

序号	项目名称	资金量（万元）	资金流向单位	下拨时间	拨付依据	拨付文件	土地（亩）永久用地	土地（亩）临时用地	房屋（m²）	备注
83	关于拨付引黄人冀补淀工程（河南段）临时用地部分排地占用税的通知	3 077	濮阳市引黄工程管理处	2016-07-01		濮人冀指办[2016]88号				引黄工程管理处代缴濮阳县2 510万元、开发区285万元、示范区9万元、清丰县273万元
84	关于拨付清丰县拆迁房屋补偿费的通知	304.621 7	清丰县指挥部办公室	2016-07-04	引黄设移[2016]40号	濮人冀指办[2016]89号			3 177.43	
	本月小计	5 448.836 9						172.67	28 944.66	
85	关于拨付开发区第三批拆迁房屋补偿费的通知	135.326 7	开发区指挥部办公室	2016-07-04	引黄设移[2016]64号	濮人冀指办[2016]90号			2 181.32	
86	关于下达开发区引黄人冀补淀工程实施管理费的通知	300	开发区指挥部办公室	2016-07-13	引黄设移[2016]62号	濮人冀指办[2016]91号				开发区实施管理费300万元
87	关于拨付第二季土地补偿费的通知	534.742 5	濮阳县、清丰县、开发区、城乡一体化示范区	2016-07-06		濮人冀指办[2016]93号				濮阳县413.204 7万元、开发区52.526 3万元、示范区1.542 6万元、清丰县57.468 9万元（内黄县0.164 9万元）
88	关于拨付清丰县范石同新增永久征地补偿费的通知	46.709 4	清丰县指挥部办公室	2016-07-06	引黄设移[2016]63号	濮人冀指办[2016]94号	11.09		20.5	新增永久
89	关于拨付开发区调整后部分附着物补偿费的通知	2.9	开发区指挥部办公室	2016-07-04	引黄设移[2016]71号	濮人冀指办[2016]95号				

序号	项目名称	资金量（万元）	资金流向单位	下拨时间	拨付依据	拨付文件	土地（亩）永久用地	土地（亩）临时用地	房屋（m²）	备注
90	关于拨付濮阳县子岸镇文寨村鱼塘设施补偿费的通知	2.796	濮阳县指挥部办公室	2016-07-04	引黄设移〔2016〕72号	濮人冀指办〔2016〕96号				鱼塘设施费
91	关于拨付濮阳县南湖弃土场进场道路临时用地补偿费的通知	8.628 3	濮阳县指挥部办公室	2016-07-14	引黄设移〔2016〕74号	濮人冀指办〔2016〕99号		10.47		
92	关于拨付清丰县范石闸临时用地补偿费的通知	1.458 3	清丰县指挥部办公室	2016-07-14	引黄设移〔2016〕75号	濮人冀指办〔2016〕100号		5.97		
93	关于拨付清丰县大屯沟、古城沟临时用地补偿费的通知	2.096	清丰县指挥部办公室	2016-07-14	引黄设移〔2016〕76号	濮人冀指办〔2016〕101号		7.58		
94	关于拨付开发区西郭寨村永久征地补偿费的通知	25.255 6	开发区指挥部办公室	2016-07-18	引黄设移〔2016〕77号	濮人冀指办〔2016〕104号	0.18		755.92	
	本月小计	1 059.895					11.27	24.02	2 957.74	
95	关于拨付开发区西郭寨村永久征地补偿费的通知	40.645 2	开发区指挥部办公室	2016-08-01	引黄设移〔2016〕36号	濮人冀指办〔2016〕107号				
96	关于拨付清丰县部分排地占平衡费的通知	2 000	清丰县指挥部办公室	2016-08-05		濮人冀指办〔2016〕108号				
97	关于下达清丰县引黄人冀补淀工程实施管理费的通知	116	清丰县指挥部办公室	2016-08-05		濮人冀指办〔2016〕109号				

续附表 7-9

序号	项目名称	资金量（万元）	资金流向单位	下拨时间	拨付依据	拨付文件	土地（亩）永久用地	土地（亩）临时用地	房屋（m²）	备注
98	关于拨付濮阳县渠首段1标临时用地补偿费的通知	83.580 1	濮阳县指挥部办公室	2016-08-08	引黄设移[2016]57号	濮入冀指办[2016]110号		200.97		
99	关于调整濮阳县永久征地补偿费的通知	8.799 3	濮阳县指挥部办公室	2016-08-08	引黄设移[2016]82号	濮入冀指办[2016]111号				
100	关于拨付开发区调增临时用地及拆迁房屋补偿费的通知	66.060 5	开发区指挥部办公室	2016-08-16	引黄设移[2016]83号	濮入冀指办[2016]119号			347.98	
101	关于拨付开发区S101桥临时用地补偿费的通知	4.282 1	开发区指挥部办公室	2016-08-19	引黄设移[2016]81号	濮入冀指办[2016]121号		1.36		
102	关于调整开发区部分永久征地补偿费的通知	5.619 7	开发区指挥部办公室	2016-08-26	引黄设移[2016]88号	濮入冀指办[2016]122号				
103	关于调整濮阳县部分农村房屋及附属物补偿费的通知	87.245 2	濮阳县指挥部办公室	2016-08-26	引黄设移[2016]89号	濮入冀指办[2016]123号				
	本月小计	2 836.312 1						202.33	347.98	
104	关于拨付开发区丙郭寨村副业设施补偿费的通知	4.832 8	开发区指挥部办公室	2016-09-02	引黄设移[2016]86号	濮入冀指办[2016]124号			64.78	
105	关于拨付清丰县房屋及附属物补偿费的通知	33.001 5	清丰县指挥部办公室	2016-09-05	引黄设移[2016]91号	濮入冀指办[2016]127号				
106	关于拨付濮阳县工程用地附属物补偿费的通知	14.274 6	濮阳县指挥部办公室	2016-09-12	引黄设移[2016]80号	濮入冀指办[2016]133号				

序号	项目名称	资金量（万元）	资金流向单位	下拨时间	拨付依据	拨付文件	土地（亩） 永久用地	土地（亩） 临时用地	房屋（m²）	备注
107	关于调整内黄县工程用地补偿费的通知	4.952 6	清丰县指挥部办公室	2016-09-12	引黄设移[2016]90 号	濮人冀指办[2016]134 号				
108	关于调整开发区部分工程用地补偿费的通知	4.188 5	开发区指挥部办公室	2016-09-12	引黄设移[2016]93 号	濮人冀指办[2016]135 号	0.43	3		
109	关于拨付示范区顺河闸新增临时用地补偿费的通知	0.256 7	示范区指挥部办公室	2016-09-12	引黄设移[2016]94 号	濮人冀指办[2016]136 号		2.07		
110	关于拨付濮阳县黄河滩区引水渠下游 550 m 内附属物补偿费的通知	101.78	濮阳县指挥部办公室	2016-09-19	引黄设移[2016]96 号	濮人冀指办[2016]138 号				
111	关于拨付清丰县卫河倒虹吸新增临时用地补偿费的通知	0.121 5	清丰县指挥部办公室	2016-09-21	引黄设移[2016]95 号	濮人冀指办[2016]139 号		0.98		
112	关于拨付 S307 绕行道路临时用地补偿费的通知	1.932 3	濮阳县指挥部办公室	2016-09-21	引黄设移[2016]97 号	濮人冀指办[2016]140 号		4.49		
	本月小计	165.340 5					0.43	10.54	64.78	
113	关于拨付清丰县部分附属物补偿费的通知	28.612 4	清丰县指挥部办公室	2016-10-11	引黄设移[2016]99 号	濮人冀指办[2016]144 号			15.75	
114	关于拨付农村问题处理费的通知	720	濮阳县、清丰县、开发区、城乡一体化示范区	2016-10-13		濮人冀指办[2016]145 号				

序号	项目名称	资金量（万元）	资金流向单位	下拨时间	拨付依据	拨付文件	土地（亩）永久用地	土地（亩）临时用地	房屋（m²）	备注
115	关于拨付濮阳县实施管理费灌溉影响处理费的通知	300	濮阳县指挥部办公室	2016-10-13		濮人冀指办[2016]146号				实施管理费200万元,灌溉影响处理费100万元
116	关于拨付示范区附属物补偿费的通知	1.844 6	示范区指挥部办公室	2016-10-15	引黄设移[2016]100号	濮人冀指办[2016]147号				
117	关于拨付濮阳县黄河滩区引水渠土地及附着物补偿费的通知	872.467	濮阳县指挥部办公室	2016-10-15	引黄设移[2016]101号	濮人冀指办[2016]148号	199.04	12.9		
118	关于拨付濮阳县王月城村搬迁安置补偿费的通知	171.724 7	濮阳县指挥部办公室	2016-10-16	引黄设移[2016]102号	濮人冀指办[2016]149号	4.72			
	关于拨付濮阳县实施管理费的通知	500				濮人冀指办[2016]150号				
119	关于拨付濮阳县部分农村房屋及附属物补偿费的通知	77.304 2	濮阳县指挥部办公室	2016-10-26	引黄设移[2016]105号	濮人冀指办[2016]151号				
120	关于拨付开发区部分工程用地及附属物补偿费的通知	37.006 7	开发区指挥部办公室	2016-10-24	引黄设移[2016]104号	濮人冀指办[2016]152号	0.19	12.9	15.75	
	本月小计	2 708.96					203.95			
121	关于拨付搬迁安置补偿费的通知	456.558 8	濮阳县、清丰县、开发区、城乡一体化示范区	2016-11-11	引黄设移[2016]92号	濮人冀指办[2016]156号	34.48			

序号	项目名称	资金量(万元)	资金流向单位	下拨时间	拨付依据	拨付文件	土地(亩) 永久用地	土地(亩) 临时用地	房屋(m²)	备注
122	关于拨付开发区桥梁绕行道路临时用地补偿费的通知	3.060 5	开发区指挥部办公室	2016-11-11	引黄设移[2016]106 号	濮入冀指办[2016]157 号		3.04		
123	关于拨付开发区部分单位房屋补偿费的通知	241.720 2	开发区指挥部办公室	2016-11-11	引黄设移[2016]107 号	濮入冀指办[2016]158 号				
124	关于拨付开发区 8# 养土场新增临时用地补偿费的通知	4.948 2	开发区指挥部办公室	2016-11-11	引黄设移[2016]108 号	濮入冀指办[2016]159 号		9.04		
125	关于拨付濮阳县毛寨村打铁庄房屋补偿费的通知	269.547 1	濮阳县指挥部办公室	2016-11-11	引黄设移[2016]109 号	濮入冀指办[2016]160 号				
126	关于拨付开发区部分附属物补偿费的通知	12.255 6	开发区指挥部办公室	2016-11-11	引黄设移[2016]110 号	濮入冀指办[2016]161 号				
127	关于拨付濮阳县工程用地附属物补偿费的通知	151.561 2	濮阳县指挥部办公室	2016-11-14	引黄设移[2016]111 号	濮入冀指办[2016]163 号		7.47		
128	关于拨付开发区工程用地及附属物补偿费的通知	28.475 4	开发区指挥部办公室	2016-11-16	引黄设移[2016]112 号	濮入冀指办[2016]168 号	4.55	0.81		
	下达南乐县灌溉影响损失补偿费的通知	30		2016-11-23		濮入冀指办[2016]169 号				
	拨付开发区特殊问题处理费的通知	122		2016-11-21		濮入冀指办[2016]170 号				
	拨付清丰实施管理费特殊问题处理费	225		2016-11-23		濮入冀指办[2016]171 号				

序号	项目名称	资金量（万元）	资金流向单位	下拨时间	拨付依据	拨付文件	土地（亩） 永久用地	土地（亩） 临时用地	房屋（m²）	备注
129	关于拨付开发区部分临时用地补偿费的通知	0.934 0	开发区指挥部办公室	2016-11-28	引黄设移[2016]115 号	濮人冀指办[2016]175 号		3.66		
130	关于拨付濮阳县 1 标桥梁绕行道路临时用地补偿费的通知	3.409 2	濮阳县指挥部办公室	2016-11-29	引黄设移[2016]114 号	濮人冀指办[2016]176 号		7.54		
	本月小计	1 549.470 2					39.22	12.01		
131	拨付永久占地剩余青苗地占用税	1 115.22	引黄工程管理处			濮人冀指办[2016]184 号				
	拨付临时耕地占用税的通知	769.283 9	引黄工程管理处			濮人冀指办[2016]185 号				
	关于拨付濮阳县工程用地及附属物补偿费的通知	117.365 6	濮阳县指挥部办公室	2016-12-21	引黄设移[2016]120 号	濮人冀指办[2016]187 号				
132	关于拨付清丰县部分附属物补偿费的通知	0.789 8	清丰县指挥部办公室	2016-12-20	引黄设移[2016]118 号	濮人冀指办[2016]188 号				
133	关于拨付清丰县口门、绕行道路临时用地补偿费的通知	2.431 8	清丰县指挥部办公室	2016-12-20	引黄设移[2016]119 号	濮人冀指办[2016]189 号		7.58		
134	关于拨付临时用地2017年麦季土地补偿费的通知	581.981 5	濮阳县、清丰县、开发区、城乡一体化示范区	2016-12-23	引黄设移[2016]121 号	濮人冀指办[2016]190 号				濮阳县 467.072 1 万元,开发区 53.192 2 万元,示范区 1.799 2 万元,清丰县 59.918 0 万元
	本月小计	2 059.866						18.78		

县（区）	10 月	11 月	12 月	1 月	2 月	3 月	4 月	5 月
濮阳县	16 990.84	3 304.603	12 715.53	413.411 3	1 309.659	168.122 8	1 490.462	2 493.017
开发区	0	366	8 140	3 372.698	131.097 3	164.021 4	457.178	265.560 2
示范区	0	53	2 001.657	0	0	13	69.707 2	3.550 7
清丰县	794.049 5	295	5 221.224	2 558.069	91.563 6	70	774.378 1	241.823 6
县（区）	6 月	7 月	8 月	9 月	10 月	11 月	12 月	合计
濮阳县	1 691.121	434.629	179.624 6	117.986 9	2 321.496	818.953 7	1 543.578	45 993.03
开发区	344.869 6	516.008 6	116.607 5	9.021 3	187.006 7	459.381 5	133.372 2	14 662.82
示范区	15.023 2	1.524 6	0	0.256 7	21.844 6	12.977 5	13.079 2	2 205.621
清丰县	320.823 1	107.732 6	116	38.075 6	178.612 4	228.157 5	127.759 6	11 163.27

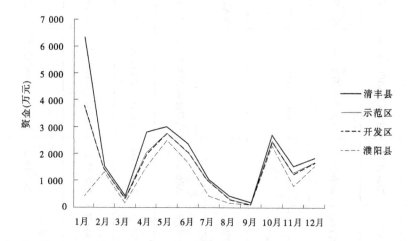

附图 7-2　2016 年各县（区）每月拨付资金情况图

3.5　征迁补偿资标准执行情况

土地补偿安置费采用河南省人民政府《关于调整河南省征地区片综合地价的通知》标准，社保费采用《关于公布各地征地区片综合地价社会保障费用标准的通知》标准。临时用地补偿费按地类及使用年限补偿。

临时用地补偿标准：①水田每亩一季补偿 1 334 元，水浇地每亩一季补偿 1 240 元，菜地每亩一季补偿 1 870 元。②林地、园地、苗圃、养殖水面土地第一季按水浇地或水田补偿当季产值；菜地只补偿当季产值。

房屋及主要附属设施补偿标准见附表 7-11。

附表7-11　房屋及主要附属设施补偿单价汇总表　　　　（单位:元）

序号	工程或费用名称	单位	单价	序号	工程或费用名称	单位	单价
一	房屋补偿费			3	大口井	眼	2 000
（一）	农村房屋			4	厕所	个	600
1	砖混房屋	m²	791	5	牲畜栏	个	656
2	砖木房屋	m²	771	6	电话	部	200
3	附属房	m²	313	7	有线电视	个	300
（二）	单位房屋			8	门楼	个	2 200
1	砖混房屋	m²	949	9	地窖	个	480
2	砖木房屋	m²	925	三	机井、坟墓及零星树木		
二	附属物补偿费			1	机井	眼	20 000
1	砖围墙	m²	105	2	坟墓	冢	1 500
2	混凝土晒场	m²	90	3	用材成树	株	100

3.6 资金公示兑付检查情况

3.6.1 征迁资金阶段性检查

2016年4月22～27日,监督评估部会同濮阳市指挥部对各县(区)征迁资金公示及拨付情况进行了阶段性检查。发现各县(区)存在公示程序不符合要求、公示表格格式不规范,资料整理归档不规范,未按要求及时上报公示表格、影像资料和公示统计结果且领款程序不规范,部分县(区)没有补偿资金签字确认表等问题。

针对本次专项检查结果,组织召开督导会议,针对出现的问题进行整改,对以后征迁资金公示和拨付程序进行规范管理。对不符合要求的单位下达监督评估通知(建议)书,并要求整改,以满足审计部门检查和最终验收的要求。

3.6.2 征迁补偿款资金专项审查

监督评估部会同市指挥部办公室财务监督科、财务科、征迁安置协调科开展了引水入冀补淀项目首次征迁补偿款资金专项审计。

2016年8月9～11日,工作组对濮阳县海通乡、渠村乡、子岸乡及庆祖镇分别进行了审计,共抽查8个村的永久用地补偿费和5个村的临时占地补偿兑付情况,涉及下拨资金4 819.937万元,实际公示资金4 388.082 6万元;抽查到户(集体)补偿款签收凭证57份,56份同公示情况一致,渠村关寨村、巴寨村由于缺少安置赔偿款无签收凭证,未能核对;兑付核实共抽取16户走访,除4人未联系上,其余各户收到相应款项,电话访问11户,除1人未能联系上,其余各户收到相应款项。

2016年11月8日,对清丰县阳邵乡、大屯乡、韩村乡、固城乡的审计中,共抽查16个村永久用地补偿费和两个村的临时占地补偿兑付情况,涉及下拨资金3 996.67万元,公示资金1 678.58万元;抽查到户(集体)补偿款签收凭证24份,19份同公示情况一致,其中韩村乡未对公示资料整理存档,未核对;入户调查 19 户,除 3 人未联系上,其余各户收到相应款项。

2016 年 11 月 15~17 日,对开发区濮上办、濮水办、皇甫办、胡村乡、王助乡、新习乡第一笔约 1.1 亿元预拨款进行了审计,共抽查 13 个村永久用地补偿费兑付情况,涉及下拨资金 3 522.82 万元,公示资金 3 521.45 万元;抽查到户(集体)补偿款签收凭证 29 份,15 份同公示情况不一致,主要原因为个别村所有补偿款公示到村集体或村小组,实际兑付到村民个人;入户调查 16 户,除 3 户未联系上,其余各户收到相应款项。

2016 年 12 月 15 日,对城乡一体化示范区开州办第一笔预拨资金及补充清单(引黄设移〔2015〕3 号)共计 1 976.66 万元进行了检查,共核查 5 个村的补偿款兑付情况,已公示资金 1 675.82 万元,未公示资金 159.62 万元,实际兑付资金 1 756.35 万元,未兑付资金 79.09 万元,抽查到户(集体)补偿款签收凭证 5 份。

3.7 专项设施迁建情况

2016 年,设计单位完成部分专项的方案审查工作,提出设计意见。市指挥部依据设计意见、专项方案和专项实施单位签订了协议。专项设施迁建正在逐步推进,2016 年年底已完成专项任务的 90%,部分专业项目迁建正在进行当中。

3.8 建设征地移交情况

为保证施工单位顺利进场,维护农民的合法权益,濮阳市引黄入冀补淀工程建设指挥部组织开展征迁土地移交工作。截至 2016 年 12 月 31 日,完成永久征地移交 9 176.05 亩,完成永久征地移交任务 100%。完成临时用地移交 4 654.12 亩,完成临时用地移交任务 100%。征迁土地移交情况见附表 7-12。

附表 7-12　引黄入冀补淀工程征迁土地移交情况统计表

县(区)	永久征地			临时用地		
	已移交	应移交	百分比	已移交	应移交	百分比
濮阳县	5 328.72	5 328.72	100%	3 701.07	3 701.07	100%
开发区	1 731.85	1 731.85	100%	447.75	447.75	100%
示范区	256.32	256.32	100%	14.51	14.51	100%
清丰县	1 836.68	1 836.68	100%	490.79	490.79	100%
内黄县	22.48	22.48	100%	—	—	—
合计	9 176.05	9 176.05	100%	4 654.12	4 654.12	100%

注:安阳市内黄县征地工作由清丰县统一管理,应移交土地面积不包括管理用地。

3.9 征迁安置验收情况

2016 年开展两次验收工作,分别是 11 月 17 日,开展 6#弃土场耕作层剥离验收,验收合格通过。7 月 19 日,在市指挥部组织召开南湖村 1 800 亩临时用地剥离层验收,因堆土不足,要求整改后重新验收。

4　综合评价

监督评估部 2015 年 11 月 8 日进场以来,在濮阳市引黄入冀补淀工程建设指挥部的正确领导,濮阳县、开发区、示范区、清丰县地方政府和征迁实施机构以及河南省勘测设计研究有限责任公司设计等单位的全力配合下,顺利完成了2016年征迁安置任务。2016年基本完成建设征地工作,逐步推进专项设施迁建工作,在确保征迁群众合法利益的同时,积极推动项目进展,共同想方法、谋出路,攻坚克难,齐心协力,为施工单位的顺利进场以及引黄入冀全线的开工提供了强有力的保障。

作为国家172个重点项目之一,由于工程工期紧,任务重。在没有编制完成征迁安置实施规划的条件下,监督评估工作开展受到制约,无法有效发挥监督作用。为确保征迁安置质量,积极参加市办组织的各类联席会议,听取各方代表意见,并积极为市指挥部出谋划策,做好征迁工作参谋的角色。积极配合设代、县(区)指挥部开展实物指标调查复核工作,不厌其烦地向群众解释国家征迁法规和政策,严格按照规范要求进行实物量的核定。重点关注征迁资金公示兑付情况,多次到各县(区)进行技术指导,并参与各乡村公示过程,联合市指挥部定期检查或抽查公示兑付情况,发现问题及时报告市指挥部,督促各县(区)按照要求及时整改。

截至2016年12月30日,引黄入冀补淀工程(河南段)征迁安置工作整体质量较好,对前期存在协调问题都能及时发现并整改,在指挥部的组织协调下,相关单位部门积极参与,就有关问题进行研究处理,很好地解决了征迁工作问题,同时也保障了征迁工作进度。

5 下一步工作计划

(1)继续加强对建设征地移民安置工作的全过程的监督,做好对现场调查复核情况的见证工作,发现问题及时报市办督促整改。

(2)加强征地实物指标复核工作的现场巡查,及时了解掌握实施进度。

(3)监督检查专项设施迁建进度情况,对发现的问题报市办予以督办整改。

(4)按照征迁程序,严格要求移民征迁资金公示兑付质量,继续对以前未按监督评估要求下拨的资金要严格管理,限时按要求上报公示兑付资料。

(5)积极参加征迁安置工作相关会议,并对相关问题提出处理监督评估意见和建议。

(6)积极参与专项设施协议的制定,按征迁要求履行协议支付程序。

(7)积极参与市办组织协调财务、督查监督评估组成的联合审计工作小组,对各县(区)征迁补偿资金和使用情况进行审计。

(8)参与单项工程验收,提前开始整理竣工资料,为工程最后的竣工验收做准备。

(9)积极参与建设征地征迁其他各项工作,为实现5月顺利通水任务,积极配合市办开展工作。

(10)监督检查居民点建设情况,参与居民点建设验收工作。监督生产开发项目安置落实情况,参与审查开发项目规划,保障失地群众的合法利益。

6 问题和建议

6.1 存在问题

(1)实施方案滞后,监督评估缺乏依据。

12月14日,引黄入冀补淀工程征迁安置实施规划通过专家评审。2016年项目开工以来,由于缺乏实施规划,致使开展工作受到制约。

(2)征迁资金公示及兑付问题。

实施单位未对乡村征迁工作进行有效组织领导,对监督评估提出的问题不能够积极响应,各县(区)不能主动开展征迁兑付情况的自检自查工作。通过本次征迁补偿资金核查发现各县(区)普遍都存在问题,我部已经协同市办监督科对各县(区)所存在的问题以正式文件通知的形式告知各县(区)指挥部,望各县(区)积极整改落实。

(3)群众阻工问题较多。

建设征地任务虽然已经大部分完成,但施工单位仍然无法顺利进场施工,个别县(区)存在群众非法阻工的现象。

6.2 意见和建议

(1)市指挥部应尽快提供本项目工程的征迁安置实施方案、征迁安置进度计划等相关资料,以便于监督评估部编制工作计划,推进下一步工作的顺利开展。

(2)依照本次征迁补偿资金核查问题整改通知的要求,希望市办积极督促各县(区)高度重视,加强组织领导,落实整改责任,制定整改措施和整改期限,积极进行整改,尽快将整改完成情况以正式文件形式报送市指挥部。

(3)积极开展施工环境协调工作,构建群众上访反馈渠道。做好群众解释宣传工作,维护群众的利益。对于无理取闹,非法阻工的行为,可采取强硬措施解决。

相关照片见附图7-3~附图7-14。

附图7-3 11月11日清丰县财务培训会

附图7-4 11月11日天阴村开展调查评估

附图7-5 12月14日实施规划评审会

附图7-6 12月8日文物专项现场查勘

附图7-7　4月4日泰安集现场调查复核

附图7-8　示范区征迁资金管理检查

附图7-9　3月12日开发区公示兑付

附图7-10　3月20日全线交地情况巡查

附图7-11　金堤河倒虹吸地面附着物调查

附图7-12　7月18日海通乡现场公示

附图 7-13　新习乡李凌平村资金公示　　　　附图 7-14　开发区王助镇资金兑付公示